Entwurfsbegleitende Leistungsanalyse mit UML, MARTE und Generalisierten Netzen

von

Dr.-Ing. Evelina Koycheva

Oldenbourg Verlag München

Dr.-Ing. Evelina Koycheva ist Projektkoordinatorin und bearbeitet komplexe Themen
der Automatisierung. Zuvor war sie als wissenschaftliche Mitarbeiterin am Institut für
Automatisierungstechnik der Technischen Universität Dresden tätig.

Dieses Werk wurde als Dissertation unter dem Titel „Entwurfsbegleitende Leistungsanalyse mit der Unified Modeling Language, dem UML Profile for Modeling
and Analysis of Real-time and Embedded Systems und Generalisierten Netzen" 2010
an der Technischen Universität Dresden verteidigt.

Bibliografische Information der Deutschen Nationalbibliothek

Die Deutsche Nationalbibliothek verzeichnet diese Publikation in der Deutschen
Nationalbibliografie; detaillierte bibliografische Daten sind im Internet über
http://dnb.d-nb.de abrufbar.

© 2013 Oldenbourg Wissenschaftsverlag GmbH
Rosenheimer Straße 145, D-81671 München
Telefon: (089) 45051-0
www.oldenbourg-verlag.de

Das Werk einschließlich aller Abbildungen ist urheberrechtlich geschützt. Jede Verwertung
außerhalb der Grenzen des Urheberrechtsgesetzes ist ohne Zustimmung des Verlages unzulässig
und strafbar. Das gilt insbesondere für Vervielfältigungen, Übersetzungen, Mikroverfilmungen
und die Einspeicherung und Bearbeitung in elektronischen Systemen.

Lektorat: Dr. Gerhard Pappert
Herstellung: Constanze Müller
Einbandgestaltung: hauser lacour
Gesamtherstellung: Books on Demand GmbH, Norderstedt

Dieses Papier ist alterungsbeständig nach DIN/ISO 9706.

ISBN   978-3-486-71526-2
eISBN 978-3-486-73077-7

FÜR MEINE ELTERN

NIKOLA KOYCHEV (IN MEMORIAM)
UND ROSSITZA KOYCHEVA

DANKSAGUNG

Eine Promotion ist ein langfristiges Projekt, das nur dann mit einem erfolgreichen Ende gekrönt wird, wenn die begleitenden Umstände es ermöglichen. Die Umstände ihrerseits werden oftmals von Personen beeinflusst. In den folgenden Absätzen möchte ich einigen Personen danken, die die Umstände so beeinflusst haben, dass sie in der einen oder anderen Art und Weise zum Erfolg meines Dissertationsprojektes beigetragen haben.

Einen besonderen Dank möchte ich Herrn *Prof. Dr. techn. Klaus Janschek* aussprechen, nicht nur dafür, dass er mir die Möglichkeit gegeben hat, an dem von ihm geleiteten Institut zu promovieren. Vielmehr habe ich neben den konstruktiven Diskussionen immer seine Fähigkeit geschätzt, den richtigen Ausgleich zwischen Fordern und Fördern zu finden und so Geplantes zum Erfolg zu führen.

Als Nächster verdient *Prof. Dr. rer. nat. Oliver Rose* meinen tiefsten Dank und Respekt. Allemal möchte ich ihm für die Übernahme des Gutachtens danken, einzigartig finde jedoch seine Gabe, Dinge – ob wissenschaftlichen oder alltäglichen Charakters – ganz einfach aussehen zu lassen. Durch diese Eigenschaft hat er mir – gerade im Endspurt – viel Kraft und Mut gegeben. Ich schätze mich glücklich, ihn zu kennen und hoffe, dass er diese Fähigkeit auch in unserem immer komplizierter werdenden Alltag behält.

Ich möchte mich zutiefst auch bei *Prof. Dr. Dr. Krassimir Atanassov* bedanken, der als Erster das Potential zum wissenschaftlichen Arbeiten in mir erkannte, mich massiv ermutigte zu promovieren und aktiv in der Themenfindung mitwirkte. Die ganze Zeit der Bearbeitung begleitete er mich – trotz der großen Distanz – fachlich und organisatorisch mit beeindruckendem Elan.

Ein ganz großes Dankeschön bekommt Frau *PD Dr.-Ing. Annerose Braune*, die mir über die vielen Jahre stets mit Rat und Tat beiseite stand. Mein nächster tiefster Dank geht an *Dipl.-Ing. Stefan Hennig* für die vielen wertvollen Diskussionen und für die Übernahme der undankbaren Aufgabe des Korrekturlesens. Für das Korrekturlesen möchte ich mich auch bei Herrn *Michael Unglaub* bedanken, der für diesen Zweck sogar einige Urlaubstage opferte.

Ich danke *Dipl.-Ing. Thomas Kaden* dafür, dass er mich bei Lehraufgaben immer so sehr unterstützte, dass diese mit der vorliegenden Promotion vereinbar wurden. *Prof. Dr.-Ing. habil. Klaus Röbenack* danke ich zum einen für die Teilnahme am Promotionsverfahren, zum anderen für die persönlichen Gespräche, die die ganze Fakultät anders – besser – aussehen ließen. Danke auch Frau *Petra Möge*, die bei organisatorischen Belangen immer eine aufmerksame und kompetente Gesprächspartnerin für mich war. Ich danke auch allen anderen Kollegen und Mitarbeitern des Instituts für Automatisierungstechnik der TU Dresden dafür, dass sie eine Umgebung schufen, in der viele Ideen entstanden, aber auch zahlreiche Experimente durchgeführt und unzählige Zeilen Text mit verschiedensten Zwecken geschrieben wurden.

Bei der Entwicklung der Software, die im Rahmen dieser Arbeit entstand, verdienen zwei Meilensteine und die damit verbundenen Organisationen und Personen erwähnt zu werden. Zum einen spielte ein von der *Herbert-Quandt-Stiftung* finanziertes Pilotprojekt eine große Rolle, denn in dessen Rahmen gelang mir zusammen mit *M. Sc. Trifon Trifonov* der erste Nachweis der praktischen Realisierbarkeit des Ansatzes dieser Arbeit. Den zweiten Meilenstein stellt die innovative Lösung von der Studienarbeit von *Dipl.-Ing. Stephan Ziehl* dar, die der kontinuierlichen Weiterentwicklung der Software in dieser Arbeit ein Ende setzte.

Nicht zuletzt möchte ich mich bei meiner Familie bedanken – für die richtige Erziehung und die gezielte Förderung wichtiger Eigenschaften und Kompetenzen sowie für den Weg, den sie vor mir anlegten, um diesen Bildungsgrad erreichen zu können. Sowohl meine Eltern (mein Vater selbst promovierter Ingenieur) als auch meine Schwester *Natalia Nacheva* sind mir stets ein Vorbild gewesen.

Ein besonderer Dank geht an meinen Ehemann *Dipl.-Inf. Janis Petrov*, der mir immer beiseite stand, mich unterstütze und bekräftigte und in den unzählbaren Stunden, die ich am Rechner verbrachte, mir so viel abnahm, wie es nur ging. Der mehrfachen Belastung durch Beruf und Familie ist er in beeindruckender Art gerecht geworden.

Abschließend – und in die Zukunft blickend – möchte ich meiner Faszination davon und meiner Dankbarkeit dafür zum Ausdruck bringen, dass unsere Kinder – *Melanie* und *Alex* – obwohl sie mich über lange Zeit mit zahlreichen anderen Pflichten und Aufgaben teilen mussten, sich zu solchen wunderbaren (kleinen) Menschen entwickelt haben.

Dresden, Oktober 2011   *Evelina Koycheva*

KURZFASSUNG

Heutzutage werden die Leistungseigenschaften von Informations- und Automatisierungslösungen meistens während ihrer Inbetriebnahme festgestellt. Werden dann Leistungsmängel erkannt, sind Änderungen notwendig, die zwingend zusätzliche Zeit und Investitionskosten nach sich ziehen. Ein Verfahren, das die Lokalisierung und Behebung von Leistungsdefiziten schon in den frühen Entwurfsphasen, insbesondere vor der kostenintensiven Softwareimplementierung und Hardwarebeschaffung, erlaubt, ist von höchster Bedeutung, um Kosten- und Zeitplanüberschreitungen im Projekt zu vermeiden. Diese Arbeit schlägt einen Ansatz zur frühen Leistungsbewertung auf Modellebene vor, der die Verifikation von Systemeigenschaften bereits während der Design-Phase ermöglicht.

Der entwickelte Ansatz nutzt zur Systemmodellierung die Modellierungssprache UML (*Unified Modeling Language*). Die Erweiterung des Systemmodells um Leistungseigenschaften erfolgt durch die Annotierung der UML-Elemente mit MARTE-Stereotypen (*UML Profile for Modeling and Analysis of Real-time and embedded Systems*). Obwohl ein MARTE-annotiertes UML-Modell die leistungsrelevanten Eigenschaften des zu untersuchenden Systems weitestgehend abbilden kann, ist aufgrund der mangelnden semantischen Formalität des Modells keine direkt darauf basierende Leistungsanalyse möglich. Deshalb wird dieses Modell in eine formale Domäne überführt, die seine Auswertung erlaubt. Die Leistungsanalysedomäne stellt in dieser Arbeit die Klasse der Generalisierten Netze (GN), ein Petri-Netz-basierter Ansatz höherer Ebene, dar.

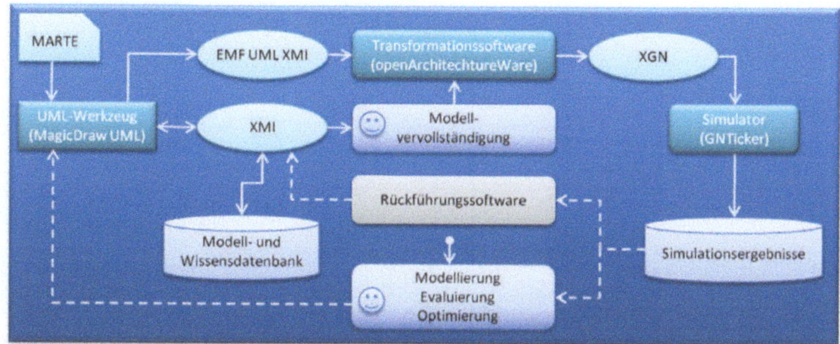

SCHEMA DES FRAMEWORKS ZUR FRÜHEN LEISTUNGSBEWERTUNG

Für die Überführung des MARTE-annotierten UML-Entwurfes in Generalisierte Netze wurde eine umfassende Methodik auf Basis von Modell-zu-Modell-Transformationen erarbeitet. Damit sind die Transformationsregeln auf Metamodellebene definiert, wobei für UML und für MARTE jeweils ein separates Regelwerk spezifiziert wurde. Diese Vorgehensweise sichert eine hohe Wiederverwendung des Konzeptes.

Für die Anwendung des vorgestellten Ansatzes wurde das im Bild schematisch dargestellte Framework entwickelt. Ein UML-Werkzeug mit MARTE-Unterstützung exportiert das annotierte UML-Modell; eine Transformationssoftware importiert dieses und überführt es in ein GN-Modell. Das GN-Modell wird einem Simulator zugeführt. Die Ergebnisse aus der Simulation des GN-Modells dienen der Systemverifikation und -optimierung und können partiell in das Ausgangsmodell zurückgeführt werden. Die Schnittstellen zwischen den Werkzeugen sind XML-basiert – XMI (*XML Metadata Interchange*) bildet das annotierte UML-Modell und XGN (*XML for Generalized Nets*) die GN-Modelle im XML-Format ab.

Zwei Fallstudien verifizieren den erarbeiteten Ansatz sowie die Funktion des Frameworks.

INHALTSVERZEICHNIS

Abkürzungsverzeichnis

AOM	*Aspect Oriented Modeling*
AADL	*Architecture Analysis and Design Language*
ATL	*ATL Transformation Language*
CPU	*Central Processing Unit*
CSM	*Core Scenario Model*
DOM	*Document Object Model*
DRM	*Detailed Resource Modeling*
DSPN	*Discrete and Stochastic Petri Nets*
EG	*Execution Graphs*
EMF	*Eclipse Modeling Framework*
EMPA	*Extended Markovian Process Algebra*
EQN	*Extended Queuing Network*
ERM	*Entity-Relationship-Modell*
FDT	*Formal Description Techniques*
FIFO	*First In First Out*
GCM	*Generic Component Model*
GN	*Generalized Nets*
GPL	*General Public License*
GPML	*General Purpose Modeling Language*
GQAM	*Generic Quantitative Analysis Modeling*
GRM	*Generic Resource Modeling*
GSPN	*Generalized Stochastic Petri Nets*
GSSMC	*General State Space Markov Chain*
HLAM	*High-Level Application Modeling*
ICM	*Intermediate Constructive Model*
INS	*Inertial Navigation System*
IRS	*Inertial Reference System*
KLAPER	*Kernel LAnguage for PErformance and Reliability analysis*
LAN	*Local Area Network*
LGPN	*Labeled Generalized Stochastic Petri Nets*
LQN	*Layered Queueing Network*
LTS	*Labeled Transition Systems*
M2M	*Model-to-Model*
MARTE	*UML Profile for Modeling and Analysis of Real-time and Embedded Systems*
MDA	*Model Driven Architecture*
MDPE	*Model-Driven Performance Engineering*
MOF	*Meta-Object Facility*
MSC	*Sequence Charts*

Navaids	*Navigational Aids*
NFP	*Non-functional Property*
oAW	*openArchitectureWare*
OCL	*Object Constraint Language*
OMG	*Object Management Group*
PAM	*Performance Analysis Modeling*
PCM	*Palladio Component Model*
PEPA	*Performance Evaluation Process Algebra*
PLC	*Programmable Logic Controller*
PN	*Petri-Netz*
PUMA	*Performance by Unified Model Analysis*
QN	*Queueing Network*
QVT	*Query/View/Transformation*
RSM	*Repetitive Structure Modeling*
SADT	*Structured Analysis and Design Technique*
SAM	*Schedulability Analysis Modeling*
SDL	*Specification and Description Language*
SDPN	*Stochastic and Deterministic Petri Nets*
SPA	*Stochastic Process Algebra*
SPE	*Software Performance Engineering*
SPL	*Software Product Line*
S-PMIF	*Software Performance Model Interchange Format*
SPS	*Speicherprogrammierbare Steuerung*
SPT	*UML Profile for Schedulability, Performance and Time*
TCP	*Transmission Control Protocol*
TIPM	*Tool Independent Performance Model*
TSPM	*Tool Specific Performance Model*
UCM	*Use Case Maps*
UML	*Unified Modeling Language*
UML-RT	*UML Real Time*
VSL	*Value Specification Language*
WS	*Web Service*
XGN	*XML for Generalized Nets*
XMI	*XML Metadata Interchange*
XML	*eXtensible Markup Language*
XSD	*XML Schema Definition*
XSLT	*eXtensible Stylesheet Language Transformations*

I EINLEITUNG

1 MOTIVATION

Automatisierungslösungen sind typischerweise durch einen hohen Grad an Systemheterogenität und -komplexität geprägt. Die Entwurfsmodelle neu zu entwickelnder Automatisierungssysteme müssen eine Vielzahl an Systemeigenschaften wie Softwarefunktionen, Hardwareeigenschaften, technisch-physikalische Besonderheiten, Interaktionsweise und -häufigkeit mit der Umgebung, etc. berücksichtigen und aneinander anpassen. Die Heterogenität dieser Systemeigenschaften stellt hohe Anforderungen an Modellierer und Modellierungsmittel und macht die Entwurfsmodelle, zusammen mit der immer größer werdenden Systemkomplexität, besonders anfällig gegenüber Spezifikations- und Entwurfsfehlern. Gleichzeitig erhöhen herrschende Markttendenzen den Druck, indem die kürzeren Produktlebenszyklen zwingend auch die Entwicklungszeiten für neue Lösungen verringern, während die wachsende Konkurrenz für sinkende Produktpreise sorgt und damit die Projektkostenrahmen schrumpfen lässt. Die Entwicklung von Automatisierungslösungen stellt somit eine besonders anspruchsvolle Aufgabe dar, bei der, in möglichst kurzer Zeit, mit minimalen Kosten, eine unter Beherrschung einer bemerkenswerten Komplexität und Heterogenität, möglichst fehlerfreie Lösung entstehen soll, die, einmal fertig gestellt, allen an sie gestellten Anforderungen gerecht werden kann.

Bei den gestellten Anforderungen unterscheidet man grundsätzlich zwischen funktionalen und nicht-funktionalen Anforderungen, wobei die funktionale Fehlerfreiheit der Lösungen aus Anwendersicht heutzutage als nahezu selbstverständlich betrachtet und die Produktqualität fast ausschließlich an der Erfüllung zahlreicher nicht-funktionaler Anforderungen gemessen wird. Die nicht-funktionalen Anforderungen[1] umfassen ganz verschiedene Aspekte wie beispielsweise Sicherheit (*Security*[2]), Zuverlässigkeit (*Reliability*), Verfügbarkeit (*Accessibility*), Wartbarkeit (*Maintainability*), Benutzerfreundlichkeit (*Usability*) oder Portierbarkeit (*Portability*). Die Wichtigkeit des jeweiligen Aspekts variiert je nach Anwendungsgebiet; fast unabdingbar präsent sind im technischen Bereich allerdings Anforderungen an die Systemleistung (*Performance*). Zu den wichtigsten Leistungsmetriken von Automatisierungssystemen zählen die gemittelte bzw. maximale Antwortzeit der kompletten Lösung oder ausge-

---

[1] In vielen Fällen ist es sehr schwierig, eine klare Grenze zwischen funktionalen und nicht-funktionalen Anforderung und Systemeigenschaften zu ziehen. Da auch die „nicht-funktionalen" Eigenschaften mit der Funktionalität des Systems kollaborieren, trifft man in diesem Kontext öfter auf den aus der Soziologie kommenden Begriff der <u>extra</u>-funktionalen Eigenschaften und Anforderungen.

[2] In dieser Arbeit werden für viele Begriffe in Klammern und in kursiver Schrift ihre englischen Bezeichnungen angegeben.

wählter Programmroutinen (gemessen an der Differenz zwischen Anfrage und Rückantwort bzw. zwischen Auftragseingang und Auftragsfertigstellung) sowie der Durchsatz (Anzahl beantworteter Anfragen bzw. erledigter Aufträge pro Zeiteinheit) und die Auslastung der eingesetzten Ressourcen (Zeit, in der sie besetzt waren). Einen guten und ausführlichen Überblick über diese und weitere Merkmale der Systemleistung bietet [81].

Gegenwärtig werden die Leistungseigenschaften einer neuen Lösung zumeist während der Inbetriebnahme festgestellt, d.h. nachdem die Software implementiert, die Hardware gekauft und deren Integration erfolgt ist. Werden dann Leistungsmängel erkannt, sind Änderungen notwendig[3], die zwingend zusätzliche Zeit und Investitionskosten nach sich ziehen. Es ist bekannt [90], dass die Beschaffung von zusätzlicher Hardware[4] nicht immer eine Lösung für Leistungsprobleme darstellt, denn die Systemarchitektur könnte Engpässe aufweisen, die die Erhöhung der Leistung durch die zusätzliche Hardware verhindern [153]. Dazu zeigte es sich in den letzten Jahren, dass mit der steigenden Komplexität die Leistungsdefizite einer Lösung nicht auf Code-Ebene lokalisiert und durch Optimierungstechniken behoben werden können, weil sie häufig auf Entscheidungen aus den früheren Design-Phasen zurückzuführen sind [49]. In solchen Fällen muss unter Umständen der gesamte Prozess der Implementierung und Inbetriebnahme wiederholt werden (geschätzte 40% der Gesamtkosten, s. [1], Tendenz steigend). In extremen Fällen ist, zusätzlich zur Neukonzipierung, ein Ersatz der existierenden durch neue Hardware notwendig (30-42% Kostenanteil für die Bereiche der Steuerungs- bzw. Automatisierungstechnik, [1]). Sämtliche Änderungen haben nicht nur ihren finanziellen Mehraufwand, sie hindern auch die termingerechte Projektfertigstellung. Die Mehrkosten für eine entwurfsbegleitende Leistungsanalyse belaufen sich hingegen nach [153] auf etwa 1-3% der Gesamtprojektkosten. Eine gute Integration in den Engineering-Prozess vorausgesetzt, ist diese zeitlich ebenso mit einem minimalen Aufwand verbunden.

Diese Erkenntnisse lassen schließen, dass die Lokalisierung und Behebung von Leistungsdefiziten schon in den frühen Entwurfsphasen, insbesondere vor der Softwareimplementierung und Hardwarebeschaffung, von höchster Bedeutung sind, um Kosten- und Zeitplanüberschreitungen zu vermeiden. Die künftigen Produkte können dadurch rechtzeitig, bereits auf Modellebene, so konzipiert werden, dass sie eine gewünschte Qualitätsstufe in Bezug auf die Systemleistung erreichen. Nicht anforderungskonforme Lösungen können früh genug ausgeschlossen werden und die Durchführung des Projekts fokussiert allein auf zielführende Alternativen. Darüber hinaus sichert die fristgemäße Produkteinführung zusammen mit dem eingehaltenen Projektkostenrahmen einen klaren Wettbewerbsvorteil für den Produkthersteller. Für die Wahl einer zielführenden Umsetzung empfiehlt es sich:

---

[3] Connie Smith spricht in [152] vom „fix-it-later"-Prinzip: "Make it run, make it run right, make it run fast."
[4] Das sogenannte „kill-it-with-iron"-Prinzip, auch bekannt durch die Abbreviatur „Kiwi-Methode".

- alternative Implementierungsvarianten miteinander zu vergleichen, um die optimale Lösung für eine bestimmte Menge Anforderungen und Rahmenbedingungen abgrenzen zu können;

- Leistungsgrößen wie beispielsweise Antwortzeiten des künftigen Systems für eine Reihe gewünschter Szenarien zu ermitteln und gegen Einhaltung der gestellten Leistungsanforderungen zu prüfen;

- Leistungsengpässe zu lokalisieren und zu beseitigen oder zumindest zu entschärfen.

Das Ziel dieser Arbeit ist es, neue Beiträge zu liefern, um die Analyse und Optimierung von Systemleistung bereits in den frühen Phasen der Produktentwicklung zu ermöglichen.

2 GRUNDSÄTZE DER FRÜHEN LEISTUNGSANALYSE

Die Idee zur Durchführung der Leistungsanalyse während der frühen Phasen der Systementwicklung wurde bereits 1990 von Connie U. Smith in [149] vorgestellt. Seitdem wuchs das Interesse an einer zufriedenstellenden Realisierung stetig und es wurden einige Konzepte für eine prognostische Leistungsanalyse vorgeschlagen. Ein grundlegendes Problem der Leistungsbewertung auf Modellebene ist, dass das Entwurfsmodell (*design model*), aus dem später die soft- und hardwaretechnische Realisierung entsteht, und das Leistungsanalysemodell (*performance analysis model*), mit dessen Hilfe die Systemleistung analysiert wird, meistens unterschiedliche Modellierungstechniken verwenden. Wegen der fehlenden gemeinsamen Modellbasis beinhalten die bekannten Ansätze zur frühen Leistungssicherung einen Vorgang der Überführung des Entwurfs- in das Analysemodell, dem der faktische Prozess der Leistungsbewertung folgt. Daher lassen sich die bisherigen Konzepte durch eine gemeinsame Vorgehensweise verallgemeinern. Sie beginnt immer mit der Modellierung des Verhaltens und ggf. der Architektur des künftigen Systems. Diese Modelle werden dann in ein entsprechendes Leistungsanalysemodell transformiert, auf dessen Basis die Systemeigenschaften und die Erfüllung der an die Leistung gestellten Anforderungen geprüft werden. Manche Konzepte bieten zusätzlich eine Rückführung von Analyseergebnissen in das Entwurfsmodell. Der Begriff der Transformation ist hier ganz breit zu verstehen, denn durch die Verallgemeinerung fallen darunter auch die Extraktion relevanter Informationen oder das Auffinden von bekannten Mustern. Bild 2.1 veranschaulicht den generischen Ablauf der heute bekannten Leistungsbewertungsansätze. In den folgenden Absätzen werden diese in Gruppen klassifiziert und näher charakterisiert.

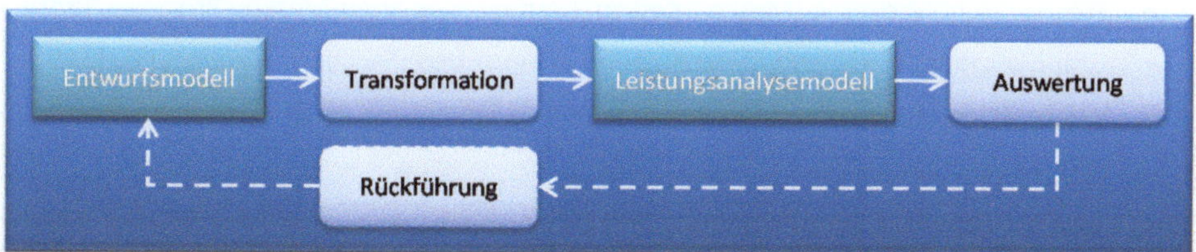

BILD 2.1 GENERISCHES VORGEHEN BEI DER MODELLBASIERTEN LEISTUNGSANALYSE

2.1 METHODEN DER ENTWURFSMODELLIERUNG

Für die Entwurfsmodellierung von Automatisierungs-, Telekommunikations- und Informationssystemen existiert eine Vielzahl an Modellierungsmitteln und Methoden. Zu den meist verbreiteten gehören:

- Automaten [76];
- Petri-Netze ([130], [144]);

- formale Beschreibungstechniken (*Formal Description Techniques*, FDT) wie die *Message Sequence Charts* (MSC, [80]) bzw. *Specification and Description Language* (SDL, [79]);
- *Entity-Relationship-Modelle* (ERM, [35]);
- *Structured Analysis and Design Technique* (SADT, [101]);
- *Statecharts* [66];
- *Use Case Maps* (UCM, [32]) sowie
- die *Unified Modeling Language* (UML, [122]).

Für eine ausführliche Beschreibung existierender Modellierungstechniken und deren Klassifizierung wird auf [169] verwiesen.

Optimalerweise beschreibt das Entwurfsmodell neben der Architektur und dem Verhalten des Systems auch dessen Leistungseigenschaften sowie die zu erfüllenden leistungsrelevanten Anforderungen. Die Art der Anreicherung der Modelle mit diesen leistungsrelevanten Informationen erfolgt, soweit vorgesehen, durch proprietäre Methoden oder, neuerdings verstärkt, durch die Anwendung von Standard-Mitteln wie die UML-Profile SPT (*UML Profile for Schedulability, Performance and Time*, [114]) und MARTE (*UML Profile for Modeling and Analysis of Real-time and Embedded Systems*, [120]).

2.2   METHODEN DER LEISTUNGSANALYSEMODELLIERUNG

Für die Leistungsanalysemodellierung nutzen die gebräuchlichsten Verfahren meistens (mindestens) eine der folgenden Techniken:

- Stochastische Prozesse (Markov-Ketten, Markov- und Semi-Markov Prozesse, [84]);
- Graphenmodelle, insbesondere Ausführungsgraphen (*Execution Graphs*, EG, [149]);
- Warteschlangenmodelle (*Queueing Network*, QN, [106], [81]) und ihre Erweiterungen:
  - o Erweiterte Warteschlangenmodelle (*Extended Queueing Network*, EQN, [92]);
  - o Geschichtete Warteschlangenmodelle (*Layered Queueing Network*, LQN, [145]), eine strukturierte Form der EQN;
- Stochastische Prozessalgebren (SPA, [73]);
- Petri-Netz-basierte Modelle (PN, [110]), insbesondere
  - o DSPN (*Deterministic and Stochastic Petri Nets*, [103], [37]);
  - o GSPN (*Generalized Stochastic Petri Nets*, [102]) und ihre Erweiterung LGSPN (*Labeled GSPN*, [30]);
- Simulationsmodelle wie ereignisorientierte und prozessorientierte Simulationsmodelle, die auf keinem der vorher genannten Modelle basieren [34].

2.3 METHODEN DER TRANSFORMATION

Die automatisierte Transformation von einem Systemmodell in ein Leistungsanalysemodell kann nach einer der unten aufgezählten Methoden erfolgen:

- *Model Traversal*: Bei diesem Vorgehen wird das *Document Object Model* (DOM, [172]) des XML-basierten (*eXtensible Markup Language*, [170]) Entwurfsmodells geparst und aus den dort getroffenen Elementen ihre äquivalenten Objekte aus dem Leistungsanalysemodell erzeugt; anschließend werdend diese geeignet miteinander verbunden.

- XSLT (*eXtensible Stylesheet Language Transformations*, [173]): XSLT ist eine übliche Methode, um im XML-Format enthaltene Information zu extrahieren und in ein gewünschtes, ggf. wieder XML-basiertes Zielformat zu überführen.

- Graphgrammatik (*Graph Grammar*): Das Entwurfsmodell wird dabei als eine Abstraktion eines Graphen betrachtet; darin wird nach Mustern gesucht, um aus ihnen über eine Grammatik den Graphen des Analysemodells abzuleiten [178].

- *Model-to-Model*-Transformation (M2M): Bei dieser Methode werden auf einer hohen Abstraktionsebene Relationen zwischen den Elementen der Metamodelle der Quell- und der Zieldomäne (Entwurfs- bzw. Leistungsanalysemodells) definiert. Beliebte M2M-Sprachen sind ATL [51] oder der Standard der OMG (*Object Management Group*, [127]) QVT (*Query/View/Transformation*, [116]).

2.4 METHODEN DER AUSWERTUNG

Die Auswertung der Leistungsanalysemodelle kann analytisch, simulativ oder durch die kombinierte Anwendung beider Methoden in Form eines sogenannten hybriden Verfahrens erfolgen (vgl. [81], S. 30-33). Analytische Methoden verwenden feste mathematische Gesetze, um gesuchte Leistungsmetriken aus bekannten Parametern zu errechnen. Als Beispiel seien hier die Berechnung der Zykluszeit in einem Erreichbarkeitsgraphen eines zeitbewerteten Petri-Netzes [82] oder die Berechnung der mittleren Antwortzeit in einem Warteschlangenmodell als Funktion der Ankunfts- und Bearbeitungsrate der zu bearbeitenden Aufträge (s. [81], Teil VI) zu erwähnen. Bei den simulativen Methoden wird versucht, einen bestimmten Ablauf im zu untersuchenden System durch ein simulationsfähiges Modell nachzubilden. Während der Simulation des Modells werden statistische Informationen über die gesuchten Kenngrößen gesammelt und anschließend zusammengefasst. Für mehr Details in Bezug auf die Auswertung per Simulation sei auf [93] verwiesen.

2.5   METHODEN DER RÜCKFÜHRUNG

Aktuell ist eine einzige Methode zur Ergebnisrückführung in das ursprüngliche Entwurfsmodell bekannt ([83], [104]): Bei UML-Modellen mit Profil-Annotierung werden Stereotype und Eigenschaftswerte um die Größen aus der Leistungsbewertung erweitert oder auch teilweise dadurch ersetzt. Der Prozess wird durch die XMI (*XML Metadata Interchange*)-Import-/Export-Schnittstellen des UML-Werkzeugs realisiert (vgl. Abschnitt 6.2).

3 VORANGEGANGENE ARBEITEN

Die Literatur bietet eine Vielzahl an Ansätzen zur Leistungsanalyse auf Modellebene, die in den folgenden Abschnitten kurz vorgestellt werden. Diese stellen – konform zum generischen Vorgehen aus Bild 2.1 – jeweils eine querliegende Kombination der obigen Methoden dar. Somit können sie nach verschiedenen Merkmalen klassifiziert werden. In der nachstehenden Übersicht wurde eine Gruppierung nach der Art des Leistungsanalysemodells (s. Abschnitt 2.2) gewählt.

3.1 WARTESCHLANGENMODELLE

Die meisten der vorgeschlagenen Ansätze nutzen zur Leistungsanalyse Warteschlangen und ihre Erweiterungen EQN und LQN. Einer der ältesten Ansätze in dieser Gruppe und im Bereich der modellbasierten Leistungsanalyse überhaupt ist das SPE-Verfahren (*Software Performance Engineering*) von Smith [149]. Die ersten Ansätze für eine Leistungsbewertung verwendeten zur Entwurfsmodellierung Ausführungsgraphen (beim SPE-Verfahren), Use Case Maps oder SDL/MSC. Von Woodside et al. [181] stammt eine Methode zur Ableitung von LQN aus der kommerziellen Software-Entwurfsumgebung *ObjecTime Developer*[5] mittels eines prototypischen Werkzeugs namens *Performance Analysis Model Builder* (PAMB). PAMB zeigt die Ergebnisse der Leistungsanalyse in Form von annotierten MSC an. In [136] stellen Petriu und Woodside einen Ansatz vor, in dem sie LQN aus Use Case Maps generieren, wobei der Transformationsprozess durch das Werkzeug UCM2LQN vorgenommen wird. Des Weiteren präsentieren Petriu et al. [131] eine Methodik zur Leistungsannotierung von UCM. In [135] und [139] legen die Autoren bei der Modellierung mit UCM das Augenmerk auf das Requirements Engineering. Als repräsentative Beispiele für die Erweiterung um Leistungsparameter und Auswertung von SDL-Modellen können Bozga et al. [31] sowie Mitschele-Theil und Müller-Clostermann [109] erwähnt werden. Beim Verfahren von Andolfi et al. [3] werden MSC oder Labeled Transition Systems (LTS, [4]) als Eingabe für einen Algorithmus benutzt, der daraus QN automatisch erstellt. Dieses Verfahren untersucht den Grad der Parallelisierung zwischen den Komponenten und ihre dynamischen Abhängigkeiten auf Basis ihrer ausgetauschten Nachrichten.

Nach der Einführung von UML (UML 1.0 wurde im Jahr 1997 verabschiedet) fokussierten die Forschungsaktivitäten fast ausschließlich auf diese Modellierungstechnik. Den ersten Ansatz zur Erweiterung von UML-Diagrammen um Leistungsattribute stellte Kähkipuro [83] vor. In seinem Ansatz werden erweiterte Diagramme über eine textuelle Beschreibung in EQN transformiert. Zu ihrer wahlweise analytischen oder simulativen Auswertung existiert das

---

[5] http://www.objectime.com/

prototypische Werkzeug OAT (*Object-oriented performance modelling and analysis tool*). Auch die Anhänger des SPE-Ansatzes Smith und Williams beschreiben in [153] einen Ansatz, bei dem aus dem Entwurfsmodell (in Anlehnung an die SPE-Methode) ein Softwaremodell in Form von Ausführungsgraphen sowie ein QN-basiertes Hardware/Software-Modell gebildet werden. Das Entwurfsmodell besteht dabei aus UML-Klassen-, Verteilungs- und durch MSC-Eigenschaften erweiterten Sequenzdiagrammen. Diese können dann computergestützt durch die Werkzeuge SPE-ED oder HIT ausgewertet werden. Für eine ausführliche Darstellung des SPE-Ansatzes mit aktiven und abgeschlossenen relevanten Arbeiten bis zum Jahr 2007 sowie der Vorstellung beider Werkzeuge und über 140 relevanten Quellen sei auf [150] verwiesen.

Cortellessa et al. folgen in ihren Arbeiten [43], [45], [41] ebenso dem Ansatz von Smith und Williams und leiten LQN bzw. EQN aus UML-Diagrammen ab, indem sie als Zwischenschritt einen erweiterten Ausführungsgraphen mit allen relevanten Leistungsdaten erstellen. Eine Anwendung des Ansatzes präsentiert Alsaadi 2004 in [2]. Cortellessa und Mirandola [44] stellen die Methode PRIMA-UML vor, die Grassi und Mirandola speziell für mobile Systeme erweiterten [60]. Einen weiteren Ansatz für mobile Applikationen zeigen Pustina et al. [142], die ebenso QN aus SPT-annotierten UML-Diagrammen erzeugen. In [143] wird das Werkzeug *UML to Queueing Networks* (kurz das U2Q-Tool) vorgestellt. In einem später erschienenen Verfahren [42] von Cortellessa et al. werden SPT-annotierte UML-Diagramme über ATL-Transformationen in QN überführt. Die Grundlage für viele Ansätze, die mit SPT-annotierten UML-Diagrammen hantieren und geschichtete Warteschlangen als Leistungsanalysemodell verwenden, liefern Petriu und Woodside durch ihre konzeptionelle Betrachtung in [137]. Eine der Erweiterungen dieses Konzepts findet man in [186]. In einem späteren Beitrag [185] stellt Xu ein regel-basiertes Framework vor und erwähnt für ihren Ansatz die potenzielle Möglichkeit der Annotierung der UML-Diagramme mit dem MARTE-Profil. Bertolino et al. [27] beschreiben eine andere Methode für die Überführung von UML-Diagrammen mit SPT-Annotierung in LQN namens Propean (*PROject PErformance ANalysis*), die ebenso dem SPE-Ansatz folgt. Einen tiefer gehenden Blick in die „Schichten" der geschichteten Warteschlangen und ihrer Ableitung aus SPT-annotierten UML-Diagrammen bietet Woodside in [179]. Von Balsamo und Marzolla stammt ein Verfahren zur Auswertung auf Architekturebene [17]. Als Grundlage dienen dabei UML-Verteilungs-, Anwendungsfall- und Aktivitätsdiagramme – wieder mit dem SPT-Profil annotiert –, die dann als sogenannte *„multiclass Queueing Network models"* dargestellt werden. Eine weitere Überführung von UML in QN, die mehrere Diagramme (Klassen-, Komponenten- und Verteilungsdiagramme für die Struktur und Sequenz- und Kollaborationsdiagramme für das Systemverhalten) integriert, erfasste Hoeben [75].

D'Ambrogio [47] betrachtet die Leistungsbewertung im Kontext der modellgetriebenen Architektur (*Model Driven Architecture*, MDA, [126]) und transformiert SPT-annotierte UML-Diagramme in QN auf Metamodellebene, indem sie sich bei der Entwurfsmodellierung und der Transformation nur der von der OMG verabschiedeten Standard-Mittel bedient.

Berardinelli et al. [20] betrachten Performance in einem umfassenderen Kontext zusammen mit der Verfügbarkeit und der Zuverlässigkeit eines Systems. Für alle drei nicht-funktionalen Eigenschaften berücksichtigen die Verfasser eine andere Methode zur Auswertung; die Systemleistung lassen sie über die Generierung von LQN analysieren.

Huang et al. nutzen in ihrem Beitrag [77] die Möglichkeiten der aspektorientierten Modellierung (AOM), um die Leistungseigenschaften von Middleware in den Design-Prozess einzubeziehen. Die Auswertung des „verwebten" Modells erfolgt dann in LQN, die rechnergestützt gelöst werden.

Zwei 2008 erschienene Beiträge von Tawhid und Petriu [158], [159] haben ihren Fokus auf der Leistungsanalyse von Software-Produktlinien (SPL). Die Autoren transformieren das sogenannte SPL-Modell, das aus MARTE-annotierten UML-Diagrammen (Verteilung- und Sequenzdiagrammen) besteht, über ATL nach LQN, die anschließend evaluiert werden.

In [39], [40] stellen Constant et al. den PerSiForm-Ansatz (*PERformance engineering based on SImulation of FORMal functional models*) vor. Die Methode sieht zur Annotierung von UML-Diagrammen ein proprietäres Profil vor. Die damit annotierten Diagramme werden über ATL zunächst in gefärbte Petri-Netze und dann in QN transformiert. Ein Workbench simuliert abschließend die generierten QN.

Einige vorgeschlagene Methoden zur frühen Leistungsbewertung setzen einen Schwerpunkt auf *komponentenbasierte Systeme*. Das erste Verfahren, das sich speziell mit komponentenbasierten Software-Architekturen [157] beschäftigte, ist in [57], [58] präsentiert. Es untersucht das Zusammenwirken von Komponenten bei Client/Server-Systemen und erstellt EQN auf Basis von UML-Klassen- und Kollaborationsdiagrammen. Bertolino und Mirandola [28], [29] schlagen den Ansatz CB-SPE und das zugehörige CS-SPE-Werkzeug vor. Die Methode, die aus zwei Ebenen, der Komponenten und der Anwendungsebene, besteht, folgt dem SPE-Ansatz. Das Entwurfsmodell basiert auf SPT-annotierter UML. Weitere komponentenbasierte Ansätze mit QN-basiertem Analysemodell exponieren Wu et al. [183], [184], Chen et al. [36], Liu et al. [98] und Kounev [87]. Mehr Information zu diesem Forschungsgebiet kann unter anderem [90] entnommen werden.

Eine andere Gruppe Ansätze befasst sich damit, *Architekturmuster* für bestimmte Klassen von Systemen zu finden, sodass dem zu analysierenden System ein bekanntes korrespondierendes Leistungsanalysemodell gegenübergestellt werden kann. Das CLISSPE-Verfahren (*CLIent/Server Software Performance Evaluation*, [105]) umfasst eine Sprache zur Beschreibung von Client, Server und Netzwerken [107], [108]. Ein Compiler generiert aus der Struktur (UML-Anwendungsfall- und Klassendiagramme) und der Systemdynamik (UML-Kollaborationsdiagramme) QN und berechnet deren Lösung. Petriu et al. stellen drei ähnliche Verfahren [65], [132], [134] vor, bei denen die Systemarchitektur (SPT-annotierte UML) durch Architekturmuster (z.B. Client/Server, Broker, Layers) beschrieben und mittels Graphgrammatiken in ein LQN transformiert wird. Die Implementierung der Transformation erfolgt in XSLT. Von denselben Autoren stammt auch ein innovativer Ansatz über die Leistungsanalyse von SPT-annotierten UML-Diagrammen auf Basis der aspektorientierten Modellierung, dargestellt in [148], dem ein konzeptionell ähnlicher Beitrag [133] im Jahr 2007 folgt.

3.2   ANSÄTZE, BASIEREND AUF STOCHASTISCHEN PROZESSALGEBREN

Unter den Verfahren, die als Leistungsanalysemodell stochastische Prozessalgebren (SPA) verwenden, ist zunächst der umfassende Beitrag [38] von Clark et al. zu erwähnen, der sich den existierenden stochastischen Prozessalgebren und ihrer rechnergestützten Lösung widmet. Zu den populärsten SPA gehören TIPP (*TIme Processes and Performability evaluation*, [71], EMPA (*Extended Markovian Process Algebra*, [24], [26]) und PEPA (*Performance Evaluation Process Algebra*, [56], [72]). Jede der Algebren wird durch ein entsprechendes Werkzeug unterstützt – TIPPtool, TwoTowers und PEPA Workbench, respektive. Welche Eigenschaften die Ausdrucksstärke der jeweiligen Prozessalgebra und die durch sie erzielbaren Ergebnisse beeinflussen, wird von Herrmanns et al. in [70] diskutiert.

Einer der ersten Beiträge zur automatischen Generierung von SPA- aus UML-Modellen stammt von Pooley [141]. Dort werden aus Kollaborationsdiagrammen mit eingebetteten Zustandsdiagrammen PEPA-basierte Systembeschreibungen extrahiert. Bernardo et al. definieren in [23] eine Architekturbeschreibungssprache namens ÆMPA, deren Semantik durch EMPA angegeben wird. In [13], [14], [25] wird von Bernardo et al. Æmilia – eine Weiterentwicklung von ÆMPA – vorgeschlagen. Æmilia unterstützt den Entwickler durch syntaktische Konstrukte für Architekturkomponenten und Verbindungen zwischen ihnen. In [33] wird die konzeptionelle Überführung von UML- in PEPA-Modelle diskutiert. Der Beitrag stellt kurz die Werkzeuge ArgoUML [161] und PEPA Workbench vor. Im Jahr 2008 präsentierten Tribastone und Gilmore [162], [163] eine neue Anwendung von PEPA, indem sie PEPA-Modelle aus MARTE-annotierten UML-Sequenz- bzw. Aktivitätsdiagrammen generierten. Ihr Ansatz wurde als Plug-In für das Werkzeug *Rational Software Architect*[6] (RSA v7) implementiert. Gilmore et al. verwenden in [55] PEPA für die Leistungsbewertung von serviceorientierten Archi-

---

[6] http://www-01.ibm.com/software/awdtools/architect/swarchitect/

tekturen (SOA). Das Entwurfsmodell liegt bei ihnen in UML unter Verwendung beider Profile UML2SOA[7] und MARTE vor.

3.3   PETRI-NETZ-BASIERTE ANSÄTZE

Zu den Pionierarbeiten, die zur Leistungsauswertung Petri-Netze verwenden, gehören [85] und [86]. In ihrem dort vorgestellten Ansatz erstellen King und Pooley GSPN manuell aus UML-Kollaborations- und Zustandsdiagrammen. Die analytische Auswertung kann anschließend werkzeuggestützt durch das Tool SPNP[8] vorgenommen werden.

Lindemann et al. verwenden für ihren Ansatz [96], [97] einen generalisierten Semi-Markov Prozess – GSSMC (*General State Space Markov Chain*), mit dem sie anschließend proprietär annotierte und in DSPN überführte UML-Zustands- und Aktivitätsdiagramme auswerten. Der Prozess wird durch das Werkzeug DSPNexpress 2000 automatisiert.

Ein weiteres Verfahren zur Erstellung von GSPN aus UML-Diagrammen stammt von Bernardi et al. [21]. Der Aufbau des GSPN-Modells erfolgt nach dem Kompositionalitätsprinzip, d.h. die Elemente der UML-Zustands- und Sequenzdiagramme werden zunächst in separate Petri-Netze übertragen und dann über gleichnamige Stellen in ein Netz pro Diagramm und abschließend in einem GSPN für das Gesamtmodell zusammengesetzt. Nach einem ähnlichen Prinzip generieren López-Grao et al. [99], [100] LGSPN aus verschiedenen UML-Diagrammen und speichern diese im GreatSPN[9]-Format. Zum ersten Mal wird auf das Potenzial einer Methode zur Leistungsbewertung, nämlich der (L)GSPN, hingewiesen, um alle Modellierungssichten der UML – repräsentiert durch die Aktivitäts-, Sequenz- und Zustandsdiagramme – abzubilden.

Gómez-Martínez und Merseguer stellen in [59] das Werkzeug ArgoUML dar. Es erlaubt die Modellierung in UML sowie die Annotation des Modells mit SPT und generiert automatisch GSPN aus den annotierten UML-Modellen. Das im Format GreatSPN gespeicherte Petri-Netz kann dann extern ausgewertet und die Analyseergebnisse in ArgoUML zurückgeführt werden. In einem weiteren Ansatz betrachten Bernardi et al. [22] die Performance als einen Teilaspekt der *Dependability*[10]-Eigenschaften eines Systems. Zur Deckung aller Eigenschaften erweitern sie das MARTE-Profil und wenden dann verschiedene Techniken für deren Auswertung an. Für die quantitative Bewertung von Leistung verwenden sie dabei DSPN. Der Prozess ist aufgrund der nicht standardkonformen Erweiterung halbautomatisiert. Perez-

---

[7] http://www.uml4soa.eu/
[8] http://people.ee.duke.edu/~kst/
[9] http://www.di.unito.it/~greatspn
[10] Dependability ist ein Sammelbegriff für viele nicht-funktionale Eigenschaften, darunter Availabilty, Reliability, Integrity, Safety und Maintainability; siehe auch [91].

Palacin und Merseguer untersuchen in [129] die Leistung von selbstkonfigurierender serviceorientierter Software, indem sie sie in DSPN-Modelle überführen.

Trowitzsch et al. stellen in [165], [166], [167], [188] einen Ansatz sowie eine Fallstudie für die Leistungsbewertung von technischen Systemen auf Basis von GSPN vor. Als Entwurfsmodell dienen dabei SPT-annotierte UML-Zustandsdiagramme.

3.4   Simulationsbasierte Ansätze

Ein beachtliches Schaffenswerk auf dem Gebiet der simulationsbasierten Leistungsbewertung leisteten Arief und Speirs [5], [6], [7], [8], indem sie ein Verfahren für die automatische Generierung von prozessorientierten Simulationsmodellen aus UML-Klassen- und Sequenzdiagrammen entwickelten. In ihrem Ansatz überführen die Autoren das Entwurfsmodell zunächst in die XML-basierte *Simulation Modelling Language* (SimML), aus der sie dann ein Simulationsprogramm generieren. Das Modell und die Implementierung bleiben dadurch unabhängig voneinander. Es wurden zwei Back-Ends – in C++Sim[11] und in JavaSim[12] – implementiert. Dem Konzept mit der Zwischenspeicherung des Simulationsmodells im XML-Format folgen auch Hennig et al. [67], [68], [69]. Ihr Simulator basiert auf dem OMNet++-Paket [168]. Die Ergebnisse der diskreten Simulation können in das UML-Modell zurückgeführt werden. Ein ähnliches Vorgehen findet man beim Projekt „*Performance Modelling for ATM Based Applications and Services*" (PERMABASE) von Walters et al. [174]. Dort erhalten UML-Modelle zunächst eine Zwischendarstellung in CMDS (*Composite Model Data Structure*), aus der automatisch simulationsfähige Performance-Modelle generiert werden. Die Ergebnisse können in CMDS zurückgeführt werden. Analog gehen auch Fritsche et al. [52], [53], [54] vor, indem sie bei ihrem „*Model-Driven Performance Engineering*"-Prozess (MDPE) aus SPT bzw. MARTE annotierten UML-Diagrammen ein unabhängiges TIPM (*Tool Independant Performance Model*) extrahieren, es dann in ein TSPM (*Tool Specific Performance Model*) überführen und abschließend in der konkreten Realisierung in das Simulationswerkzeug AnyLogic[13] importieren. Die Transformation erfolgt in ATL, weiterhin ist eine Rückführung von Simulationsergebnissen in das Entwurfsmodell vorgesehen.

Im Verfahren von de Miguel et al. [48] werden UML-Diagramme um Zeiten und Ressourcennutzungen in einem proprietären Format erweitert. Daraus werden dann anhand des *Simulation Model Generators* äquivalente Simulationsmodelle erstellt. Nach der Simulation können die Ergebnisse in das Ursprungsmodell zurückgeführt werden. Balsamo und Marzolla fokussieren in ihrem Ansatz [15], [16], [104] auf die simulative Bewertung von Leistung bei

---

[11] http://cxxsim.ncl.ac.uk/.
[12] http://javasim.codehaus.org/
[13] http://www.xjtek.com/

Systemarchitekturen. Das Entwurfsmodell liegt dabei in Form von SPT-annotierten UML-Diagrammen vor und wird vom Werkzeug umlPSI (*UML Performance Simulator*) automatisch in das prozessorientierte Simulationsmodell transformiert. Der Ansatz unterstützt ebenso einen Feedback-Mechanismus.

Cortellessa et al. [46] entwickelten die MOSES-Methode für UML-RT[14]. Weitere Ansätze, die Simulationsmodelle zur Performance-Auswertung verwenden, finden sich bei Hillston und Wang [74] und Bennet et al. [19].

3.5 Nutzung von Intermediären Formaten

In diesem Abschnitt werden bekannte intermediäre Formate zusammengestellt, die auf keiner der obigen Technik zur Leistungsbewertung basieren, sondern die leistungsrelevante Information aus dem Entwurfsmodell extrahieren und zwischenspeichern. Daraus können dann unterschiedliche Leistungsanalysemodelle erzeugt werden.

Das Problem der Generierung mehrerer Leistungsanalysemodelle aus derselben Beschreibung wird zum ersten Mal in [138] adressiert. In diesem und einigen folgenden Artikeln [182], [140] zeigen die Verfasser die Überführung von SPT-annotierten UML-Diagrammen in das intermediäre Format CSM (*Core Scenario Model*). Diese CSM-Modelle können dann zur Auswertung der Performance in PN, QN oder LQN transformiert werden. Somit besteht das Verfahren aus zwei Schritten: U2C (*UML to Core*) und C2P (*Core to Performance*). Die Methode ist auch unter dem Namen *Performance by Unified Model Analysis* (PUMA) bekannt. In 2007 zeigt Woodside [177] die Anwendung desselben Verfahrens für MARTE-annotierte Diagramme und LQN als Analysemodell.

Für den SPE-Ansatz sehen Smith et al. [151] das XML-basierte *Software Performance Model Interchange Format* (S-PMIF) vor.

Ein weiteres intermediäres Format für komponentenbasierte Systeme – KLAPER (*Kernel LAnguage for PErformance and Reliability analysis*) – führen Grassi et al. [61], [62] ein. Einige Anwendungen dieses Formats zeigen [63] und [64], wobei der letzte Beitrag das Thema nochmals im Kontext der modellgetriebenen Architektur betrachtet und zur Transformation zwischen UML und KLAPER sowie KLAPER und Zielmodell den OMG-Standard QVT einsetzt. Sabetta et al. fokussieren in [146] auf die Transformation von UML in KLAPER über Graphgrammatiken, indem sie das Augenmerk auf dem Abstraktionsgrad der Modelle in der Kette legen. Für komponentenbasierte Systeme wurde auch das PCM (*Palladio Component Model*)

---

[14] UML-RT: UML zur Modellierung für Echtzeitanwendungen, s. http://software-kompetenz.de/?2535

von Becker et al. [18] und das ihm ähnliche, jedoch nicht so detaillierte Format *Intermediate Constructive Model* (ICM) von Moreno und Merson [111] vorgestellt.

3.6   LITERATUREMPFEHLUNG

Eine gute Literaturaufstellung, die viele der im Jahr 2007 existierenden Ansätze beinhaltet, liefert Woodside in [178]. Die dort vorgenommene Klassifizierung richtet sich nach der Annotierung des Entwurfsmodells. Ein weiteres lesenswertes Werk stellt [49] dar. Neben der ausführlichen Charakterisierung der Methoden für Entwurfsmodellierung und Leistungsbewertung umfasst die Arbeit eine ausführliche Darstellung vieler hier erwähnter Ansätze sowie ihre Vergleichsanalyse. Eine Übersicht über Werkzeuge für Performance-Modellierung und/oder -auswertung bietet [156]. Woodside et al. [180] veröffentlichten 2007 einen interessanten Beitrag über die Zukunft der Leistungsanalyse. Smith und Williams fassten in [154] *"Best Practices for Software Performance Engineering"* zusammen.

4 Evaluation des Ist-Zustandes und Zielsetzung

Aus der großen Vielfalt an existierenden Ansätzen und Methoden, die im Kapitel 3 vorgestellt wurden, konnte sich bis dato keiner rigoros durchsetzen und in der Praxis etablieren. Daher soll eine Charakterisierung des Wunschverfahrens zur frühen Leistungsbewertung ausgearbeitet werden, um darauf aufbauend den aufgeführten Stand der Technik kritisch zu analysieren und um nach Gründen für die eingeschränkte Akzeptanz der bekannten Verfahren zu suchen. Der Ausgleich der lokalisierten Defizite soll dann in das Zentrum eines neu zu erarbeitenden Verfahrens für frühe Leistungsanalyse rücken.

4.1 Anforderungen an Verfahren zur frühen Leistungsanalyse

Ein entwurfsbegleitendes Verfahren zur frühen Leistungsanalyse hat zumindest folgende Anforderungen zu erfüllen:

A1. Um die Eigenschaften unterschiedlicher Systeme adäquat abbilden zu können, soll die im Verfahren eingesetzte Entwurfsmodellierungssprache über ausreichende Mittel für die Modellierung von verschiedenen Abstraktionsgraden und Systemsichten verfügen. Die Leistungsanalysedomäne des Verfahrens soll dementsprechend weitgehend in der Lage sein, die modellierten Inhalte geeignet zu übernehmen.

A2. Das Entwurfsmodell soll sich einfach um Leistungseigenschaften und -anforderungen erweitern lassen.

A3. Das erweiterte Entwurfsmodell (Leistungsmodell) soll die realitätsnahe und ausreichend präzise Abbildung der leistungsrelevanten Eigenschaften des betrachteten Systems erlauben. Die Leistungsanalysedomäne des Verfahrens soll die modellierten Inhalte vollständig übernehmen können.

A4. Das Verfahren soll bereichsübergreifend anwendbar sein, jedoch zumindest den Anforderungen der Automatisierungs- und Informationstechnik genügen.

A5. Die Leistungsanalysedomäne soll tunlichst keine Restriktionen bei der Bildung des Leistungsmodells verursachen und für eine möglichst große Klasse Leistungsmodelle zuverlässig zu einer Lösung führen.

A6. Der Benutzer des Verfahrens soll eine durchgängige Werkzeugunterstützung erfahren. Das Leistungsanalysemodell soll methodologisch, automatisiert und ohne die Notwendigkeit des Fachwissens aus dem Leistungsmodell gewonnen werden können. Die Implementierung des Verfahrens soll benutzerfreundlich, effizient und wiederverwendbar sein.

A7. Die Ergebnisse aus der Leistungsauswertung sollen korrekt, präzise und eindeutig sein und sich in das ursprüngliche Modell zurückführen lassen. Bereits vorhandene Analyseergebnisse sollten zur Unterstützung künftiger Projekte in Form einer Wissensdatenbank gehalten werden.

4.2 EVALUATION DES STANDES DER TECHNIK

Dieser Abschnitt identifiziert einige auffallende Charakteristika des bekannten Standes der Technik in Form von Thesen und beurteilt mögliche Konzepte für die Realisierung der im Abschnitt 4.1 gestellten Anforderungen.

1. Trotz zahlreicher Möglichkeiten der Bildung des Entwurfsmodells nutzen nur wenige Ansätze eine andere Modellierungstechnik als UML.

Um die Leistung eines Systems auf Modellbasis auswerten zu können, müssen unterschiedliche Systemaspekte, d.h. Hardwarearchitektur, Funktionalität und Systemumgebung, in einem möglichst identischen Kontext beschrieben werden, denn erst durch ihre Kollaboration wird die Systemleistung quantitativ bewertbar. UML entwickelte sich in den letzten Jahren zu einem Quasi-Standard für den objektorientierten Softwareentwurf und bietet durch ihre 14 verschiedenen Diagrammtypen (aktuell in der Version 2.3) so viele Modellierungsmöglichkeiten wie keine andere Modellierungssprache. Architekturen können genauso gut abgebildet werden wie Systemverhalten und zwar aus verschiedenen Perspektiven. Die grafische Notation von UML ist selbst für (unerfahrene) Spezialisten aus unterschiedlichen Fachbereichen intuitiv klar. UML ist ein Standard der *Object Management Group*, erfreut sich teilweise dadurch einer sehr guten Werkzeugunterstützung und kann durchgängig in allen Phasen der Systementwicklung eingesetzt werden. Somit scheint UML die richtige Wahl für die Entwurfsmodellierung zu sein. Dies erklärt ihre Beliebtheit in der Forschung auf diesem Gebiet. Auch in der Automatisierung, die heutzutage immer noch heterogene Methoden und Techniken für die verschiedenen Aufgaben, Ebenen und Phasen verwendet, wächst die Verbreitung von UML, indem in ihren Eigenschaften das Potenzial für den Ausgleich des aktuell fehlenden standardisierten, durchgängigen Modellierungsmittels gesehen wird.

2. Viele Autoren (z.B. [75], [86]) stellen nur eine Fallstudie ohne eine systematisierte Methode für den angewandten Ansatz vor.

Solche Arbeiten sind als exemplarische Darstellungen anzusehen und bieten keineswegs die notwendige Allgemeingültigkeit der Transformationsregeln zwischen UML und Leistungsanalysedomäne, um daraus ein automatisiertes Framework entwickeln zu können. Eine eindeutige Systematik ist jedoch in Bezug auf den gewünschten hohen Automatisierungsgrad für die Ableitung des Leistungsanalysemodells aus dem Entwurfsmodell vollkommen unentbehrlich.

3. Nur wenige Ansätze handhaben mehrere Diagrammarten für die Verhaltensmodellierung.

Auch wenn im Kapitel 3 nicht bei jedem Ansatz konkret auf die unterstützen Diagrammarten eingegangen wurde, zeigt die tiefer gehende Analyse des Standes der Technik, dass lediglich der Ansatz von López-Grao et al. ([99], [100]) mehr als zwei UML-Verhaltensdiagramme berücksichtigt. UML erlaubt prinzipiell eine Modellierung des Systemverhaltens in drei verschiedenen Sichten – aktionsbasiert (mit dem Schwerpunkt auf Tätigkeiten und Funktionen), interaktionsbasiert (mit Augenmerk auf die Kommunikation) und zustandsbasiert. Jede Diagrammart weist eigene Besonderheiten auf, sodass die Anwendbarkeit eines Ansatzes, beispielsweise für Aktionen, nicht per se auf einer Interaktion oder Zustandsmaschine gegeben ist. Sofern überhaupt möglich, ist die Unterstützung weiterer Modellierungssichten von einer und derselben Methode keineswegs trivial. Diese selektive Dienlichkeit stellt eine Einschränkung für den Modellierer dar, indem sie ihn daran hindert, die volle Ausdrucksstärke von UML auszunutzen. Ein Ansatz, der alle drei Beschreibungsformen unterstützt und diese auch entsprechend an die Architekturmodelle geeignet knüpft, ist durchaus wünschenswert.

Der Vollständigkeit halber ist zu erwähnen, dass der angesprochene Ansatz von López-Grao, der als einziger diese Idee aufgreift, zwei prinzipielle Nachteile aufweist: die Nutzung von SPT (s. Punkt 4) und die Verwendung von LGSPN als Leistungsanalysemodell (s. Punkt 6).

4. Viele einschlägige Arbeiten zeigen die Wichtigkeit der nahtlosen Integration von Leistungsmetriken und -anforderungen in das Entwurfsmodell; die meisten Ansätze basieren auf einer standardisierten Annotierung.

Ansätze, die keine Annotierung des Entwurfsmodells vorsehen und alle leistungsrelevanten Informationen erst in das Leistungsanalysemodell eingeben lassen, sind einer Entwurfsautomatisierung nicht zugänglich. Bereits 2001 adressiert Kähkipuro [83] die Notwendigkeit der Erweiterung der analysierten UML-Diagramme um Leistungsparameter. Diesem Bedarf kam die OMG nach und verabschiedete im Jahr 2003 die Version 1.0 des *UML Profile for Schedulability, Performance and Time*, kurz SPT, von dem nach einer Überarbeitung im Jahr 2005 die Version 1.1. entstand [114]. Trotz der Nachbesserung konnten einige konzeptionelle Mängel dieser Spezifikation nicht beseitigt werden, sodass die OMG eine Neuentwicklung beschloss. Das neue Profil, das SPT ersetzt, nennt sich *UML Profile for Modeling and Analysis of Real-time and embedded Systems* (MARTE) und wurde nach zwei Beta-Versionen im November 2009 standardisiert [128]. MARTE beseitigt alle bekannten Fehler von SPT, ist durch sein neuartiges Konzept bei Notwendigkeit erweiterbar und scheint nun auf eine deutlich höhere Akzeptanz durch den Anwender zu stoßen. Da es sich bei MARTE um einen Standard-Erweiterungsmechanismus handelt, lässt es sich problemlos in gängige UML-Werkzeuge einbinden. Für MARTE als junges Profil existieren nur noch punktuelle Betrachtungen auf konzeptioneller Ebene und keine umfassenden Methodologien.

5. Die vorgeschlagenen Ansätze beziehen sich weitgehend auf die Anwendungsgebiete der Informations- und Kommunikationstechnik und lassen bei der Modellierung den für Automatisierungssysteme typischen Einflussfaktor der Systemleistung – den technischen Prozess – außer Acht.

Lediglich der Ansatz von Trowitzsch [165] berücksichtigt erkennbar Besonderheiten eines technischen Prozesses, indem der Autor in seine Modelle Steuersignale für eine Zugsteuerung einbezieht. Allerdings weist sein Ansatz den unter Punkt 3 aufgeführten Nachteil auf, da er sich auf Zustandsdiagramme beschränkt.

Ein für das Gebiet der Automatisierungstechnik brauchbarer Ansatz beachtet explizit die technischen Gegebenheiten des zu untersuchenden Systems. Der hier zu entwickelnde Ansatz soll das Augenmerk auf diese Besonderheit legen.

6. Selbst nach vielen Jahren Forschung auf dem Gebiet ist keine Konvergenz bei den verwendeten Methoden für die Leistungsanalysemodellierung zu erkennen.

Keine der oben aufgeführten Leistungsanalysemethoden konnte sich bis dato konzeptionell durchsetzen. Diese Tatsache erklärt sich daraus, dass alle betrachteten Methoden in bestimmten Hinsichten und/oder Anwendungsfällen Nachteile aufweisen. Die wichtigsten Defizite der verwendeten Modellierungsmethoden lassen sich wie folgt zusammenfassen.

➢ WARTESCHLANGENMODELLE

Die meisten Ansätze zur frühen Leistungsanalyse verwenden als Leistungsanalysemodell Warteschlangen und ihre Erweiterungen LQN und EQN. Die große Verbreitung der QN ist größtenteils der Tatsache geschuldet, dass sie weitgehend erforscht, auch von Nicht-Spezialisten relativ schnell verstanden werden und leicht anwendbar sind. Diese Einfachheit der Methode erkauft man sich jedoch durch eine erzwungene simplifizierte Sicht auf das System, die die heterogenen und komplexen Eigenschaften der heutigen Systeme bei weitem nicht abbildet. Als zwei der gravierendsten Nachteile der QN seien die Schwierigkeit, Information synchron auszutauschen, insbesondere mit Verzweigungen und Zusammenführungen vernünftig zu hantieren und die fehlenden Konzepte für die detaillierte Modellierung des Komponentenverhaltens genannt. Warteschlangen mögen daher für Auswertungen auf Architekturebene gute Dienste leisten, aber für die Bewertung der im Bereich der Automatisierungs-

und Informationstechnik essentiellen Systemfunktionalität fehlt ihnen die notwendige Ausdrucks- und Analysekraft.

> ### STOCHASTISCHE PROZESSALGEBREN

Prozessalgebren stellen zwar eine handhabbare Lösung für die Auswertung von Verhalten dar, jedoch bieten sie keine Möglichkeit, Ressourcen explizit zu modellieren. Daraus resultieren Schwächen bei der Abbildung von simultaner Akquirierung von Ressourcen. Zudem können Erscheinungen, die auf die Überlastung einer Ressource zurückzuführen sind, nicht ermittelt werden.

> ### PETRI-NETZ-BASIERTE MODELLE

Den Petri-Netz-basierten Methoden wird vorgeworfen, Hardware- und Softwarestrukturen auf einer anderen Abstraktionsebene nicht wiedererkennbar abzubilden, beispielsweise indem eine Ressource durch eine flache und nicht abgrenzbare Reihe von Transitionen und Stellen repräsentiert wird. Zudem wachsen Petri-Netze bei komplexen Entwürfen unverhältnismäßig schnell im Vergleich zum Ursprungsmodell. Beide Nachteile treffen zwar auf die klassische Variante der Petri-Netze zu, in ihren zahlreichen Weiterentwicklungen wurde jedoch immer wieder versucht, diese Nachteile zu überwinden. Eine gelungene Modifikation, die diese Mängel kompensiert, sind die von Atanassov vorgeschlagenen Generalisierten Netze (*Generalized nets*, GN, [10]). Bei ihnen sind Transitionen ein komplexes Objekt, das hierarchisch über den Stellen angesiedelt ist und sich damit leicht einer Ressource mit einer bestimmten Funktionalität (die Semantik der angebundenen Stellen) gegenüberstellen lässt. Zudem können Generalisierte Netze über ein Hierarchiekonzept in Elemente eines übergeordneten Netzes eingebettet werden, sodass ein GN-Modell per se die gleiche Granularität wie das Entwurfsmodell behalten kann und damit seine Größe sich stets proportional zum Ausgangsmodell entwickelt. Petri-Netze sind dem typischen Automatisierungstechniker bekannt und er denkt problemlos in dieser Domäne. Sind Änderungen am Leistungsmodell vorzunehmen, beispielsweise weil UML und MARTE unzureichende Modellierungsmittel für immanente Systemeigenschaften bieten (hier sei beispielhaft die Unterscheidbarkeit der Ereignisse in der Systemlast erwähnt), ist das für Automatisierungsingenieure meist eine leicht zu lösende Aufgabe. Aus diesen Gründen wurden die Generalisierten Netze als ein potenziell sehr gut geeignetes Mittel für die Bildung des Leistungsanalysemodells eingestuft. Durchgeführte Pilotuntersuchungen [88], [147] bestätigen deren hohen Eignung.

> ### SIMULATIONSMODELLE

Die Leistungsbewertung anhand von Simulationsmodellen ist ein generischer Ansatz, denn die Abbildung der Systemfunktionalität ist weitgehend ohne Einschränkungen möglich. Beim Stand der Technik fällt auf, dass lediglich die Methoden dieser Gruppe verstärkt eine Ergebnisrückführung vorsehen. Als nachteilig werden bei den Simulationsmodellen der Aufwand der Implementierung und der Prozess der Auswertung erwähnt [49], [89]. Insbesondere die Planung der Simulationsexperimente (ihre Anzahl und Länge) sowie die anschließende statistische Auswertung der gesammelten Ergebnisse fallen im Vergleich zu den analytischen Methoden negativ ins Gewicht. Dazu berichtet die Literatur [89] über unzureichende Genauigkeit der durch bekannte Simulationsmodelle erzielten Ergebnisse.

> INTERMEDIÄRE FORMATE

Intermediäre Formate sollen die Flexibilität bei der Leistungsanalyse erhöhen, indem sie durch die Integration einer „universellen" Zwischendarstellung viele unterschiedliche Analysemodelle aus einer Systembeschreibung ableiten lassen. Zu dieser Idee sei gesagt, dass die Notwendigkeit der Überführung des Entwurfsmodells in das Leistungsanalysemodell unter anderem mit der Tatsache zusammenhängt, dass beide Domänen unterschiedliche Aufgaben durch unterschiedliche Methoden lösen. Daraus folgt, dass zwischen ihnen und damit zwischen Quell- und Zieldomäne einer Transformation immer eine gewisse (strukturelle sowie semantische) Differenz existiert. Verläuft die Transformation über mehrere Zwischenmodelle, summieren sich mehrere Differenzen. Als Ergebnis erhält man ein Zielmodell, das sich vom Ursprung in aller Regel semantisch mehr unterscheidet, als wäre es in einer Stufe verarbeitet. Die zur Schließung der vorhandenen Differenzen notwendigen Annahmen, deren Anzahl durch die Intermediäre steigt, bergen die Gefahr der falschen Interpretation der Ergebnisse seitens des Benutzers.

Die Autoren dieser Ansätze versprechen sich eine Vereinfachung der Transformationsregelwerke, indem bei M Anzahl Techniken für Entwurfsmodelle und N Anzahl Leistungsanalysetechniken statt M x N nur noch M + N Transformationen zu implementieren sind. Wie im Punkt 1 bereits vermerkt wurde, wird für die Entwurfsmodellierung fast ausschließlich UML genutzt. Unter der Annahme, dass das Leistungsanalysemodell extrahiert wird, statt das vorhandene Systemmodell proaktiv zu überführen (vgl. dazu Einleitung zu Teil III, Seite 82), können die verschiedenen UML-Diagrammarten als eine generalisierte Modellierungsform (UML) betrachtet werden. Somit ist M=1. Bei M=1 ist M + N stets größer als M x N. Das bedeutet, dass bei dieser Konstellation der Implementierungsaufwand durch die (zusätzliche) Transformation in das intermediäre Format sogar erhöht statt reduziert wird.

7. Einige Arbeiten (z.B. [47], [146]) schreiben geeigneten Transformationsmethoden und dadurch optimierten Transformationsprozessen eine Schlüsselrolle beim Erfolg des Ansatzes zur Leistungsbewertung zu.

Die Transformation des Entwurfsmodells in ein Leistungsanalysemodell kann, wie bereits eingangs (Abschnitt 2.3) erwähnt wurde, durch mehrere Techniken realisiert werden. Dazu zählen Model Traversal (ad-hoc-Transformation), XSLT, Graphgrammatiken, QVT und andere M2M-Methoden. Der *optimale* Transformationsprozess ist durch die Möglichkeit einer leichten und vollständigen Automatisierung charakterisiert und bleibt aus Gründen der Effizienz in der Implementierung sowie zur Erleichterung der späteren Analyse des Systems transparent, d.h. nachvollziehbar, selbst wenn mehrere Schritte notwendig sind. Optimalerweise lässt er die Komplexität der Transformationsregeln einen vernünftigen Rahmen behalten und Korrespondenzen zwischen Quell- und Zielmodell erkennen. Die bevorzugte Transformation soll skalierbar sein, d.h. selbst bei großen und komplexen Modellen soll kein Leistungsverlust bei ihrer Ausführung zu beobachten sein. Das Transformationsregelwerk soll sich möglichst einfach und fehlerfrei implementieren lassen.

Während bei den ersten drei oben aufgezählten Methoden die Bearbeitung mehr oder weniger die Konformität zum Quellmodell gewährleistet, ist für die Validität des Zielmodells implizit innerhalb der Transformationsregeln Sorge zu tragen. Bei der M2M-Transformation ist die Konformität zur Quell- und Zieldomäne gleichzeitig gesichert, denn man arbeitet auf Basis von Relationen zwischen existierenden Elementen in beiden Metamodellen. Die Fehleranfälligkeit der Implementierung und die Komplexität der Regeln sinken dabei erheblich. Außerdem erlauben die Werkzeuge für Modell-zu-Modell-Transformationen die Arbeit mit vordefinierten Objekten, die den Domänenbestandteilen entsprechen. Die dort meist vorhandenen unterstützenden Mechanismen wie Autovervollständigung, Hervorhebungen und Debugging vereinfachen bedeutend den Realisierungsprozess. Einige Werkzeuge erkennen wiederkehrende Ausdrücke, Muster und Schleifen und berechnen die notwendigen Terme dafür einmalig, wodurch eine deutlich höhere Performance bei der Transformation erreicht wird. Solche Mechanismen sind bei dem Model Traversal, XSLT und den Graphgrammatiken nicht bekannt. QVT ist zudem als OMG-Standard ein weiterer Bestandteil eines zusammengehörenden Frameworks und dadurch vollständig kompatibel zu UML. Somit scheint eine Implementierung der Transformation in QVT oder einer ähnlichen M2M-Sprache die zweckdienlichste zu sein.

8. Leistungsmodelle können prinzipiell analytisch oder simulativ ausgewertet werden. Die meisten im Kapitel 3 aufgeführten Techniken basieren auf analytischen Methoden.

Analytische Methoden erlauben von ihrem Ansatz her eine Leistungsevaluierung mit höchster Aussagekraft, ihre praktische Anwendbarkeit ist jedoch auf mehr oder weniger vereinfachte und standardisierte Systeme begrenzt. Sprengen die Eigenschaften und die Komplexität des untersuchten Systems die Möglichkeiten des Analysemodells, was bei den heutigen komplexen Systemen eher der Regelfall sein darf, sind Anpassungen vorzunehmen oder Einschränkungen bei der Modellierung erforderlich. Das analysierte Modell weicht dann nicht selten stark vom gewünschten Zielsystem ab, sodass die Qualität der Aussagen erheblich sinkt. Unter Umständen ist keine analytisch basierte Aussage mehr möglich, etwa in Fällen, bei denen das untersuchte System nie den stationären Zustand erreicht, den die Analysemethode meist voraussetzt. Einen allgemeineren Ansatz, der die Verifikation von komplexen Systemen mit heterogenen Eigenschaften erlaubt, stellen simulationsbasierte Verfahren dar. Auf dieser Basis lassen sich die leistungsrelevanten Eigenschaften des zu untersuchenden Systems weitgehend ohne Restriktionen modellieren und experimentell evaluieren. Die Simulationsexperimente sind jedoch oft durch lange Simulationszeiten gekennzeichnet und stellen gelegentlich hohe Anforderungen an die Rechenressourcen. Da beide Evaluierungsmethoden Vor- und Nachteile haben, ist eine simulationsbasierte Auswertung als generischer Ansatz zu bevorzugen, jedoch sollte das Leistungsanalysemodell für einfache Entwurfsmodelle die Möglichkeit anbieten, das betrachtete System auch in analytischer Weise schnell, einfach und effizient auszuwerten. Die in Punkt 6 favorisierten Generalisierten Netze bieten die entsprechenden Voraussetzungen für beide Auswertungsmethoden – neben der Möglichkeit der Simulation können durch ihren strukturellen Aufbau in Form von Synchronisationsgraphen ebenso bekannte Analysemethoden wie z.B. die Extraktion und Analyse des Erreichbarkeitsgraphen des GN angewandt werden.

4.3   ZIELE DER ARBEIT UND EIGENE BEITRÄGE

Aus den bisherigen Betrachtungen des aktuellen Kapitels 4 wird ersichtlich, dass keiner der bekannten Ansätze den Anforderungen aus dem Abschnitt 4.1 genügt. Das Ziel dieser Arbeit ist daher die Erarbeitung *eines neuen Ansatzes* zur Verifikation nicht-funktionaler Eigenschaften, insbesondere *Leistungseigenschaften* wie maximale Antwortzeiten von bestimmten Routinen, Durchsatz und Auslastung der verwendeten Systemressourcen in den *frühen* Phasen der Systementwicklung, der alle der im Abschnitt 4.1 gestellten Anforderungen A1 bis A7 erfüllt. Insbesondere sind gelungene Konzepte aus dem Stand der Technik zu übernehmen und erkannte Defizite auszugleichen. Dies bedeutet im Einzelnen:

➤ UML scheint am besten die Erwartungen an die für ein entwurfsbegleitendes Leistungsanalyseverfahren optimale *Modellierungssprache* (vgl. Anforderung A1) zu treffen. Die Eignung von UML wird zudem durch ihre weit verbreitete Anwendung in den bisher bekannten Ansätzen bestätigt. Sie stellt daher auch das im neuen Ansatz verwendete Modellierungsmittel dar.

Im Unterschied zu den bisher vorgeschlagenen Ansätzen, die nur wenige Diagrammarten behandeln und somit dem Modellierer wertvollen Gestaltungsraum nehmen, unterstützt der neue Ansatz weitgehend die Modellierungsmöglichkeiten von UML und erfüllt am ehesten die Anforderung A1. Insbesondere ist die zufriedenstellende Handhabung der drei

verschiedenen Sichten auf das Systemverhalten – aktions-, interaktions- und zustandsba-
siert – hervorzuheben.

➤ Zum Konzept von UML gehört der standardisierte Erweiterungsmechanismus der Profile. Unter Nutzung des UML-Profils MARTE ist es möglich, durch eine Art *Annotierung* der UML-Elemente leistungsrelevante Systemeigenschaften oder Anforderungen nahtlos in den UML-Entwurf zu integrieren. Somit erfüllen UML und das MARTE-Profil die gestellte Anforderung an das Verfahren zur Leistungsanalyse A2 und sollen als Mittel für die Bildung des Leistungsmodells im zu erarbeiteten Ansatz dienen.

In der Literatur finden sich nur punktuelle Betrachtungen des MARTE-Profils. Wie bei UML gilt hier auch, dass die gänzliche Unterstützung des Ausdruckspotentials von MARTE vom Leistungsanalyseverfahren zu einer erheblichen Verbesserung des Engineering-Prozesses beitragen kann. Der in dieser Arbeit erarbeitete Ansatz stellt eine in Bezug auf den leistungsrelevanten Teil des MARTE-Profils vollständige Methodologie vor. Eine solche Methodologie ist bisher noch nicht bekannt und wird damit erstmalig der Anforderung A3 gerecht.

➤ Bis dato wird der inhärente technische Prozess bei *Automatisierungslösungen* in den bekannten Verfahren zur frühen Leistungsanalyse nicht hinreichend berücksichtigt.

Der technische Prozess gehört zu den essentiellen leistungsbestimmenden Faktoren bei Automatisierungslösungen und dessen Berücksichtigung ist für die Leistungsanalyse im Bereich der Automatisierungstechnik unentbehrlich. Der Fokus des neuen Verfahrens liegt auf den Besonderheiten der automatisierungstechnischen Systeme und gleicht somit das obige Defizit aus. Da ein Automatisierungssystem bis auf den technischen Prozess die gleichen leistungsrelevanten Komponenten aufweist wie ein typisches Informationssystem, ist dieses speziell auf den Bereich der Automatisierungstechnik fokussierte Verfahren direkt auf Informationssysteme anwendbar und genügt somit der Anforderung A4.

➤ Selbst wenn das Leistungsmodell alle notwendigen Leistungseigenschaften und -anforderungen beinhaltet, bleibt die fehlende Möglichkeit einer anschließenden Simulation oder Leistungsanalyse des annotierten UML-basierten Entwurfes ein offenes Problem. Es ist eine Überführung der bereits existierenden Entwürfe in eine andere Modellrepräsentation erforderlich, die eine Verifikation des Modells gestattet.

Aus der Reihe der Methoden zur Leistungsbewertung scheinen die Generalisierten Netze, eine Art Petri-Netze höherer Ebene, am besten geeignet zu sein. Diese sind ein ausdrucksstarkes Mittel, das die gewöhnlichen Schwächen der Petri-Netz-Ansätze kompensiert und sowohl analytisch als auch simulativ ausgewertet werden kann. Im neu erarbeiteten Ver-

fahren wird das Leistungsmodell bei seiner Überführung in die Domäne der Generalisier-
ten Netze durch zahlreiche Maßnahmen formalisiert. Durch den generelleren Ansatz zur
Modellauswertung – die Simulation – kann dann, konform zur Anforderung A5, für jedes
formal korrekte Systemmodell eine geeignete Lösung gefunden werden. Insbesondere
gegenüber anderen weit genutzten analytischen Methoden wie Warteschlangennetzen
bringt das neue Verfahren entscheidende Vorteile, denn Letztere sind nur für bestimmte
Systemklassen und -muster anwendbar.

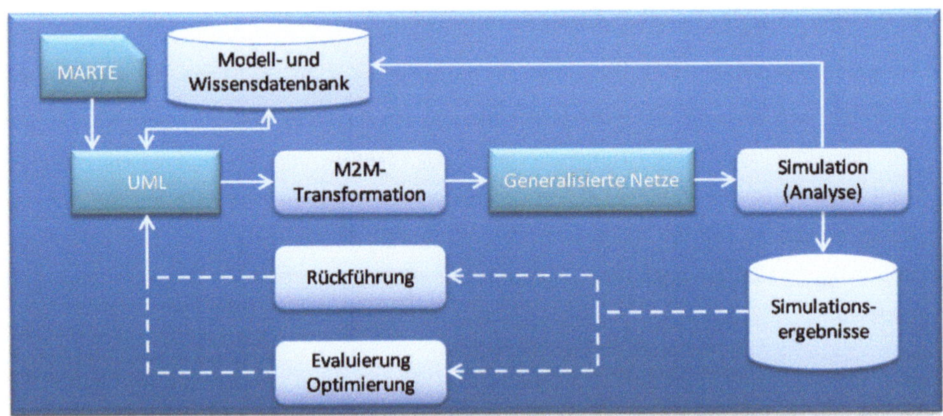

BILD 4.1 SCHEMA DES ZU REALISIERENDEN FRAMEWORKS ZUR FRÜHEN LEISTUNGSBEWERTUNG

➢ Die Überführung des Leistungsmodells in das Leistungsanalysemodell ist systematisch
und automatisiert anhand von M2M-*Transformation*en zu realisieren. Die anschließende
Auswertung soll werkzeuggestützt erfolgen.

Der Grad der Automatisierung bei der Generierung und Auswertung des Leistungsanaly-
semodells ist ein entscheidendes Kriterium für die Akzeptanz eines Verfahrens. Die meis-
ten bekannten Ansätze verfügen über eine unzureichende Automatisierung des Transfor-
mations- und Auswertungsprozesses, größtenteils aufgrund ihrer mangelnden zugrunde
liegenden Systematik. Der in dieser Arbeit entwickelte neue Ansatz gewährt konform zur
Anforderung A6 eine durchgängige Werkzeugunterstützung (vgl. das dem generischen
Ablauf vom Bild 2.1 folgende Realisierungsschema im Bild 4.1). Eine leistungsoptimierte
Transformationssoftware, die die umfassende Methodologie für die Überführung von
UML- und MARTE-Elementen in Generalisierte Netze realisiert, agiert als Bindeglied zwi-
schen dem UML-Modellierungswerkzeug und dem Simulator, der nach der Transformati-
on die Auswertung des Leistungsanalysemodells übernimmt. M2M-Transformations-
sprachen erlauben eine deutlich effizientere Entwicklung sowie eine viel höhere Wieder-
verwendung im Vergleich zu anderen gängigen Sprachen wie XSLT.

> Die erzielten Simulationsergebnisse sollen in das ursprüngliche Modell *zurückführbar* sein. Für komplexere Zusammenhänge bieten sie die notwendige Basis für eine nachträgliche, tiefergehende Bewertung, ggf. über externe Analysewerkzeuge. Die gewonnenen Erkenntnisse unterstützen die Optimierung des Entwurfs und sollen als Hilfestellung für künftige Projekte in einer *Daten- und Wissensbasis* mit annotierten Modellbibliotheken und (leistungsbezogenen) Erfahrungswerten gehalten werden (vgl. Bild 4.1).

Die Rückführung von Analyseergebnissen in das ursprüngliche Modell erlaubt eine möglichst schnelle und nachvollziehbare Interpretation der bei der Auswertung erzielten Ergebnisse und damit auch der Leistungseigenschaften des modellierten Systems. Eine Rückführung ist prinzipiell nur dann möglich, wenn das Leistungs- und Leistungsanalysemodell den gleichen Abstraktionsgrad aufweisen, denn nur wenn die Korrespondenz zwischen den Elementen beider Domänen erhalten bleibt, können die erzielten Analyseergebnisse eindeutig zugeordnet werden. Die Wahrung der Korrespondenzen zwischen den Elementen beider Domänen in beide Richtungen der Transformation stellt einen hohen analytischen und wissenschaftlichen Anspruch dar. Bei vielen Leistungsanalysedomänen wie etwa den stochastischen Prozessalgebren ist dies schon prinzipiell sehr eingeschränkt möglich. Der hier neu erarbeitete Ansatz kommt dem Anspruch entgegen und erlaubt die Rückführung vieler Simulationsergebnisse in das Ausgangsmodell. Er unterstützt zudem die Arbeit mit einer Wissensbasis und erfüllt somit die Anforderung A7 Verfahren zur frühen Leistungsanalyse.

4.4 AUFBAU DER ARBEIT

Zur Erfüllung der oben gesetzten Ziele und damit aller Anforderungen des Abschnitts 4.1 ist diese Arbeit wie folgt aufgebaut:

- *Teil II* führt die notwendigen theoretischen Grundlagen für den zu erarbeitenden Ansatz ein. Es werden die Begriffe der Metamodellierung, die Fundamente von UML, MARTE und QVT eingeführt und die leistungsrelevanten Komponenten eines Automatisierungssystems erläutert. Es werden Grundbegriffe, Definition und Funktionsweise der Generalisierten Netze angegeben.
- Im *Teil III* sind alle Transformationsregeln spezifiziert – zunächst für alle leistungsrelevanten MARTE-Elemente und dann für damit geeignet annotierte UML-Elemente verschiedener Diagramme. Illustriert werden die Regeln durch automatisierungsrelevante Beispiele.
- Teil IV erläutert die softwaretechnische Realisierung der Transformationsregeln in einem zusammenhängenden Framework.

- *Teil V* zeigt zwei Fallstudien mit prinzipiell unterschiedlichen Zielstellungen und verifiziert die Methodologie und Implementierung des Ansatzes.
- *Teil VI* fasst die Arbeit zusammen und gibt einen Ausblick für weitere Tätigkeiten.
- Im *Teil VII* befindet sich der Anhang mit vielen, den Arbeitskern begleitenden Informationen.

II THEORETISCHE GRUNDLAGEN

Dieser Teil II beschreibt die notwendigen Grundlagen für die Realisierung des als Ziel festgelegten Frameworks zur frühen modellbasierten Leistungsanalyse. Wie in der Einleitung mehrmals erwähnt, stellen UML, MARTE und QVT Standards der *Object Management Group* dar. Diese werden nicht nur von derselben Organisation definiert und gepflegt, sondern folgen einem einheitlichen Paradigma – sie alle unterliegen einer einheitlichen Philosophie innerhalb des Rahmenwerks MOF (*Meta-Object Facility*, [115]). Daher wird im Folgenden ein kurzer Einblick in den MOF-Gedanken gewährt, um dann den Zusammenhang zwischen UML, dem MARTE-Profil und QVT zu betrachten. Die einzelnen Spezifikationen werden dann separat erläutert. Während UML und QVT auf einer eher konzeptionellen Ebene vorgestellt werden, bedarf das Verständnis der Arbeit einer ausführlichen Darstellung der Ziele, Struktur und Inhalt von MARTE. Nach der Vorstellung aller notwendigen Modellierungsmittel wird der Inhalt des Leistungsmodells festgelegt – es werden die relevanten Komponenten von Informations- und Automatisierungssystemen lokalisiert und es wird gezeigt, wie diese geeignet abzubilden sind. Eine Einleitung in die Theorie der Generalisierten Netze – der Zieldomäne der Transformation des Leistungsmodells – schließt den Teil II ab.

5 META OBJECT FACILITY (MOF)

MOF ist eine standardisierte, geschlossene Architektur zur Metamodellierung, die den Rahmen für viele Spezifikationen der OMG festlegt. MOF impliziert vier Ebenen, die den Zusammenhang zwischen realen Objekten (MOF-Ebene M0), ihren Modellen (M1), deren Metamodellen (M2) und wiederum deren Metametamodellen (M3) widerspiegeln (s. Bild 5.1). Die Philosophie dieser Strukturierung besteht darin, dass die Objekte der niedrigeren Ebene Instanzen der darüber liegenden darstellen. Folgen alle Modelle und Metamodelle dieser Philosophie, bleiben sie weitgehend kompatibel zu einander. Dafür sieht MOF auf ihrer höchsten Ebene nur noch Klassen vor, aus denen auf Ebene M2, auf der sich die Spezifikationen von UML und MARTE befinden, Attribute, Klassen und Instanzen abgeleitet wurden. Durch diese generischen Elemente werden nun spezielle Inhalte definiert, auf deren Grundlage die Modelle der realen Objekte gebildet werden.

Aus der Perspektive dieser Arbeit ist das konzipierte, jedoch in aller Regel in dieser Form noch nicht real existierende System, das analysiert werden muss, eine Instanz auf der Ebene M0. Damit dennoch Vorhersagen über seine Leistungseigenschaften getroffen werden können, wird für dieses System ein Modell gebildet. Dieses Modell (M1) wird durch UML-Elemente gebaut, die ihrerseits mit MARTE-Elementen annotiert werden. Welche Elemente zum Modellierungsumfang von UML und MARTE gehören und nach welchen Regeln sie anzuwenden sind, bestimmen die entsprechenden OMG-Spezifikationen, also die Metamodelle von UML und MARTE (M2). Anders gesagt ist ein Metamodell ein Regelwerk für die direkt darunter liegenden Modelle. Ein Modell (M1) hat stets konform zu seinem Metamodell (M2) zu sein.

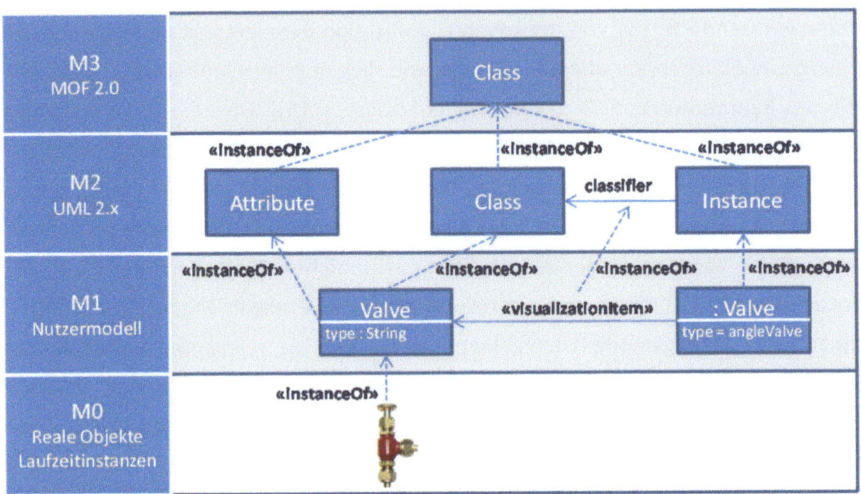

BILD 5.1 METAEBENEN IN MOF AM BEISPIEL EINES VENTILS

In der Zielsetzung der Arbeit wurde gefordert, dass die Überführung des Entwurfsmodells in das Leistungsanalysemodell nach einer klaren Systematik erfolgt. Dahinter verbirgt sich die Anforderung, dass die Transformation nicht an ein konkretes Modell (M1) angelehnt ist, sondern dass die Transformationsregeln über die notwendige Universalität verfügen, um auf alle Modelle, die zu einem bestimmten Metamodell konform sind, erfolgreich angewendet zu werden. Diese Anforderung ist nur dann zu erfüllen, wenn die Transformationsregeln auf der Metamodell-Ebene M2 definiert sind. Sie sollen spezifizieren, welche Metadaten von UML und MARTE mit welchen Metadaten aus dem Metamodell der Generalisierten Netze korrespondieren. Diese Regeln – die Transformationsinstanzen –, ausgeführt auf einem beliebigen annotierten UML-Modell, generieren dann ein ihm entsprechendes GN-Modell. Eine anschauliche Darstellung dieses Zusammenhangs im MOF-Sinne zeigt Bild 5.2. Die ausgefüllten Pfeilspitzen im Bild bezeichnen eine Instanziierung (die Spitze zeigt auf das Elternelement), die nicht ausgefüllten die Richtung der Transformation.

Im Bild 5.2 fallen zwei Sachverhalte auf:

- Die Metamodelle der Quell- (UML) und Zieldomäne (GN) werden von demselben Metametamodell – MOF (M3) – abgeleitet. Diese Konstellation ist durchaus empfehlenswert, denn die Konformität der Technologie vereinfacht in der Regel Definition und Implementierung des Transformationsregelwerks.

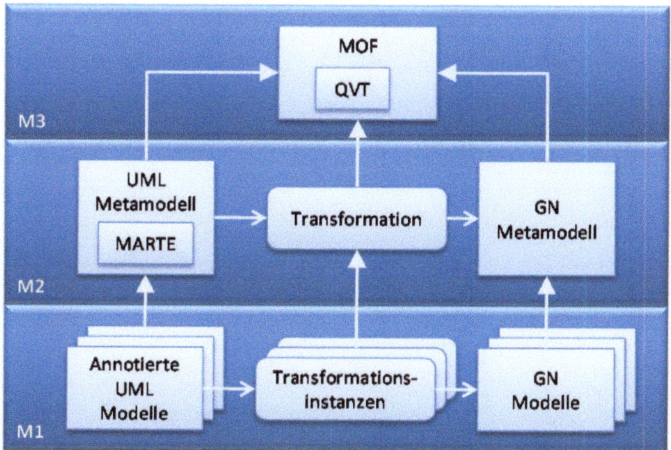

BILD 5.2 TRANSFORMATION AUF METAEBENE

- Die auf MOF-Ebene M2 spezifizierte Transformation wird von QVT (M3) abgeleitet. Eine kurze Beschreibung dieses Standards folgt im unmittelbar folgenden Abschnitt 6.1. Kapitel 6 führt in seinen zwei weiteren Abschnitten das Austauschformat für MOF-basierte Modelle XMI und eine MOF-konforme Erweiterung für Zusicherungen ein.

6 VERWANDTE SPEZIFIKATIONEN IM MOF-KONTEXT

6.1 QUERY / VIEW / TRANSFORMATION (QVT)

QVT [116] ist ein MOF-basierter OMG-Standard und wurde ins Leben gerufen, um den Entwicklern eine Sprache und Methodik in die Hand zu geben, mit der Metamodelle ineinander überführt werden können. QVT (oft auch als MOF QVT bezeichnet) ist ein Akronym für *Query / View / Transformation*. Die *Anfragen* (*queries*) sind als formale Ausdrücke zu verstehen, mit denen einzelne Elemente eines Modells ausgewählt werden können. Die QVT-Spezifikation geht nicht näher auf die Bedeutung der *Sichten* (*views*) ein. Mit *Transformationen* sind Beziehungen zwischen den Modellen gemeint. Für die Modell-zu-Modell-Transformation spezifiziert QVT drei unterschiedliche Sprachen. *Relations* und *Core* sind zwei deklarative Sprachen auf unterschiedlichen Abstraktionsebenen, für die ein normatives Mapping existiert. Die imperative Sprache *Operational Mapping* erweitert die obigen zwei, indem sie typische imperative Konstrukte (für Schleifen, Bedingungen, etc.) zur Verfügung stellt. Für weitere Details der QVT-Methodik sei hier auf [116] verwiesen. Für das Verständnis dieser Arbeit ist lediglich wichtig zu erwähnen, dass die Begriffe Relation bzw. Mapping hier in Anlehnung an den QVT-Standard verwendet werden, semantisch jedoch nicht die ganze Komplexität von QVT tragen. Als *Relationen* werden hier abstraktere Beziehungen zwischen Elementen bzw. Elementengruppen aus beiden Metamodellen bezeichnet. Die *Mappings* verfeinern dann die Relationen, indem sie die Transformation auch für detailliertere Angaben, etwa die Attribute der einzelnen Elemente festlegen. Zur grafischen Darstellung von Relationen bzw. Mappings werden im Teil III entsprechende Notationen eingeführt.

6.2 XML METADATA INTERCHANGE (XMI)

XML Metadata Interchange, kurz XMI [117], ist ein XML-basiertes Austauschformat für Modelle auf Basis von UML und allen anderen MOF-konformen Sprachen. XMI wurde von der OMG standardisiert, um die Interoperabilität zwischen Modellierungswerkzeugen zu gewähren. Leider unterscheiden sich die XMI-Ausprägungen der Werkzeughersteller heute noch so stark voneinander, dass die Mission des als universell gedachten Formates bis dato unerfüllt bleibt. Nichtsdestotrotz erlaubt der Export von UML-Modellen in XMI deren elektronische Bearbeitung über gängige, auf XML ausgerichtete Methoden. Einige davon wurden bereits in Abschnitt 2.3 aufgeführt.

6.3 OBJECT CONSTRAINT LANGUAGE (OCL)

Für die Definition von Zusicherungen in MOF-basierten (Meta-)Modellen existiert eine weitere OMG-Spezifikation – die von der *Object Constraint Language* [124], kurz OCL. OCL wird oft verwendet, um die Beziehungen zwischen den Elementen einer Spezifikation zu konkretisieren (M2). Auf MOF-Elene M1 spielt OCL insbesondere bei der Definition von Parametern und mathematischen Zusammenhängen im (UML-)Modell eine große Rolle.

7 UNIFIED MODELING LANGUAGE (UML)

Die *Unified Modeling Language* existiert aktuell in der Version 2.3 und dient der Spezifikation, Konstruktion, Visualisierung und Dokumentation von objektorientierten Modellen. Bei UML handelt es sich um eine sogenannte *General Purpose Modeling Language* (GPML), d.h. sie ist weder auf ein bestimmtes Vorgehensmodell noch auf eine konkrete Anwendungsdomäne hin ausgerichtet. UML wird durch die OMG-Standards *UML Infrastructure* [121] und *UML Superstructure* [122] spezifiziert, die im Folgenden näher erläutert werden. Der letzte Abschnitt 7.3 dieses Kapitels stellt noch kurz den Profilmechanismus als Erweiterungsmöglichkeit für UML vor.

7.1 INFRASTRUKTUR

Die *UML Infrastructure* spezifiziert die architektonischen Grundlagen von UML und legt im sogenannten *Core Package* die fundamentalen Elemente für die MOF-Ebene 2 fest, die dann für verschiedene Inhalte spezialisiert werden. Das Core-Paket definiert primitive Typen sowie eine minimale „Grundlagen-Sprache" *(Basic)* und postuliert Mechanismen für Abstraktionen, Konstrukte und Profile.

7.2 SUPERSTRUKTUR

Die Superstruktur von UML importiert die Infrastruktur, erweitert diese und spezifiziert auf deren Basis 14 verschiedene Diagrammarten, die dem Modellierer helfen, Systemstruktur und -verhalten aus ganz unterschiedlichen Perspektiven abzubilden. Die Taxonomie der UML-Diagramme nach [122] ist im Bild 7.1 dargestellt.

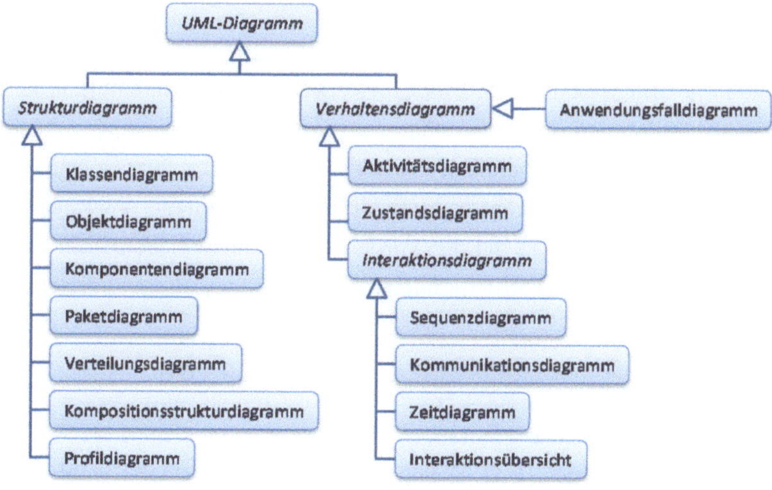

BILD 7.1 TAXONOMIE DER DIAGRAMME IN UML 2.3

7.2.1 STRUKTURDIAGRAMME

Zu den Strukturdiagrammen gehören in UML 2.3 sieben unterschiedliche Darstellungsformen. *Klassendiagramme* beschreiben Klassen und ihre Beziehungen untereinander. Meistens werden dort auch die Attribute und Methoden der Klassen mit ihren zugehörigen Typen spezifiziert. Das *Objektdiagramm* gibt eine konkrete Aufnahme eines Systems zur Laufzeit wieder. Das *Komponentendiagramm* stellt ebenso das System zur Laufzeit dar, abstrahiert jedoch von Details und fokussiert auf die Kommunikationsbeziehungen der einzelnen Komponenten. Das *Paketdiagramm* erlaubt es, Klassen und andere Komponenten in Paketen zu strukturieren. Eine Verschachtelung der so gebildeten Einheiten hilft den gewünschten Detaillierungsgrad des Modells zu wählen. Das *Verteilungsdiagramm* bildet die Verteilung von Software- auf Hardwarekomponenten ab und zeigt die möglichen Kommunikationswege zwischen den Hardwareknoten. Das *Kompositionsstrukturdiagramm* zeigt einheitlich das Innere eines Classifiers (s. [122]) und dessen Wechselwirkung mit seiner Umgebung. Die neueste Diagrammart in UML ist das *Profildiagramm*, was benutzerdefinierte Stereotype, Eigenschafen (*tags*) und Zusicherungen (*constraints*) visualisiert.

7.2.2 VERHALTENSDIAGRAMME

Zu den UML-Verhaltensdiagrammen zählen die Aktivitäts-, Zustands- und Interaktionsdiagramme, wobei die letzte Art wiederum vier verschiedene Ausprägungen erfahren kann (s. Bild 7.1). Diese erlauben die Modellierung des Systemverhaltens aus drei verschiedenen Blickwinkeln – aktions-, zustands- und interaktionsbasiert. Je nach Diagrammart wird die Systemdynamik als eine Reihenfolge von Aktionen, Zuständen oder Nachrichten dargestellt. Kapitel 13 betrachtet diese Verhaltensdiagramme – gebündelt mit ihrer Überführung in die GN-Domäne – sehr umfassend, weshalb hier auf ihre weitere Charakteristik verzichtet wird.

Ein Anwendungsfalldiagramm zeigt Akteure, Anwendungsfälle und die Beziehungen zwischen ihnen. Die UML-Spezifikation ordnet die Anwendungsfalldiagramme in der UML 2.x den Verhaltensdiagrammen zu. Da allerdings ein Anwendungsfalldiagramm zum einen in der Regel keine Reihenfolge der Anwendungsfälle ablesen lässt und somit nur eingeschränkt die Systemdynamik abbilden kann, zum anderen viel mehr strukturelle Ähnlichkeiten mit den Strukturdiagrammen aufweist als mit den Verhaltensdiagrammen, werden Anwendungsfalldiagramme in dieser Arbeit als Strukturdiagramm – wie in den älteren Versionen von UML 1.x – interpretiert.

7.2.3 ERFÜLLUNGSEBENEN (COMPLIANCE LEVELS)

Die Sprachelemente von UML werden in vier sogenannten *Compliance Levels L0* bis *L3* eingruppiert. Die Erfüllungsebene *L0* deckt sich mit dem Inhalt der Infrastruktur. Auf Ebene *L1* befinden sich dann die „*Basics*", d.h. die abstraktesten Elemente, die auf Ebene *L2* durch die sogenannten „*Intermediate*"-Elemente konkretisiert werden. Erfüllungsebene *L3* beinhalten die sehr speziellen oder die sogenannten „*Complete*"-Elemente. Diese Arbeit schränkt sich in ihrer Betrachtungen auf die Ebenen *L0* bis *L2* ein.

7.3   DER UML-PROFILMECHANISMUS

UML spezifiziert als GPML lediglich allgemeine Konstrukte, die sich auf keine spezielle Domäne beziehen. Um UML dennoch auch für speziellere Aufgaben anwendbar zu machen, wurde ein Erweiterungsmechanismus konzipiert, der sich in der Definition von UML-Profilen ausdrückt. UML-Profile erlauben es, die Modellelemente so zu annotieren, dass ihnen eine domänenspezifische Semantik zukommt. Dafür sind in UML Stereotype, Elementeigenschaften und Zusicherungen zulässig (vgl. Profildiagramm im Abschnitt 7.2.1). Für einige Gebiete mit hoher Nutzung wurden seitens der OMG bereits Profile standardisiert. Hier wären das *UML Testing Profile* [118], das *UML Profile for Quality of Service and Fault Tolerance Characteristics and Mechanisms* [123] sowie die zwei bereits genannten – und für die hier verfolgten Ziele essentiellen – Profile mit Bezug auf die Leistungsmodellierung SPT und MARTE erwähnt.

Das folgende Kapitel 8 gewährt einen Überblick in das MARTE-Profil, dessen Stereotype und ihre Eigenschaften das Entwurfsmodell um die notwendige leistungsrelevante Information ergänzen.

8 Das MARTE-Profil

Im November 2009 verabschiedete die OMG nach zwei Beta-Versionen den neuen Standard MARTE, das als Akronym für *„UML Profile for Modeling and Analysis of Real-time and Embedded Systems"* [128] steht und die Aufgabe hat, die Modellierungssprache UML 2.x derart zu erweitern, dass der Entwurf und die Analyse von Echtzeit- und eingebetteten Systemen ermöglicht werden. Dieser neue Standard soll das bis dato dieses Gebiet abdeckende *UML Profil for Schedulability, Performance and Time* (SPT) ersetzen. Das SPT-Profil stieß nach seiner Verabschiedung nur auf eine sehr begrenzte Akzeptanz. Erkannte Gründe dafür sind seine Festprägung auf die veraltete UML 1.x, die fehlende Kompatibilität zu anderen (OMG-) Standards sowie die sehr eingeschränkte bis komplett fehlende Möglichkeit der Erweiterung des Profils. Mit der Konzeption von MARTE sollten nun diese Defizite ausgeglichen werden, weshalb es strikt nach dem standardisierten Definitionsprozess für UML-Profile entworfen wurde. Somit wird einerseits die Kompatibilität des Profils nicht nur zu UML, sondern auch zu anderen etablierten UML-Erweiterungen wie beispielsweise zur OCL, zum *UML Profile for Systems Engineering* (SysML) oder zu anderen UML-Profilen sichergestellt; andererseits ist MARTE leicht erweiterbar und kann sogar in Verbindung mit anderen, nicht UML-konformen Modellierungstechniken wie die AADL (*Architecture Analysis and Design Language*, [155]) verwendet werden. Zur Zeit der Ausarbeitung des Kerns dieser Arbeit befand sich MARTE noch in der sogenannten Finalisierungsphase, sodass die hier verwendeten Begriffe und Zusammenhänge teils dessen Version Beta 2 [120], teils der ersten offiziell verabschiedeten Version 1.0 [119] entnommen wurden. Es sei jedoch angemerkt, dass zwischen beiden Versionen keine gravierenden Unterschiede existieren.

MARTE kann theoretisch in jedem gängigen UML-Werkzeug als Plug-In, Add-On oder Vergleichbare angebunden werden. Dadurch wird ein unifizierter Entwicklungsprozess mit UML und in MARTE abgebildeten Aspekten der Echtzeit- und eingebetteten Systeme ermöglicht. MARTE kann, wie das UML-Modell selbst, über die OMG-Standardschnittstelle XMI exportiert werden. Die gängigen Werkzeugrealisierungen erzeugen für ein UML-Projekt mit MARTE-Annotierungen in der Regel lediglich eine einzige, beide Teile zusammenfassende XMI-Datei. Das so exportierte UML-Modell ermöglicht dann den Übergang zur Methode der Leistungsbewertung.

Die MARTE-Profilspezifikation besteht neben einem einleitenden Teil sowie zahlreichen Anhängen aus den folgenden drei Hauptkapiteln:

- Die *MARTE Foundations* führen folgende Grundkonstrukte ein:
  - ○ die notwendigen Basiselemente *CoreElements*,

- o die Typen für nicht-funktionale Eigenschaften *NFP*s (*Non-Functional Proper-ties*) sowie
- o die Begriffe der Zeit (*Time*),
- o der Ressourcen (*GRM, Generic Resource Modeling*) und
- o der Allokation (*Alloc*).
- Das *MARTE Design Model* umfasst wiederum drei untergeordnete Modelldomänen:
  - o das *Generic Component Model* (*GCM*),
  - o das *High-Level Application Modeling* (*HLAM*) und
  - o das *Detailed Resource Modeling* (*DRM*).
- Das *MARTE Analysis Model* stellt das für diese Arbeit wichtigste Modell dar und beinhaltet:
  - o das Teilprofil *Generic Quantitative Analysis Modeling* (*GQAM)* sowie
  - o Modellierungsansätze zum *Schedulability Analysis Modeling* (*SAM*) und
  - o zur Leistungsbewertung (*Performance Analysis Modeling*, kurz *PAM*).

Der Anhang der Profilspezifikation umfasst die Spezifikation der *Value Specification Language* (*VSL*), die Beschreibung der grundlegenden Bibliothek *MARTELib*, das *Repetitive Structure Modeling* (*RSM*) und das Mapping zwischen Stereotypen des SPT- und MARTE-Profils. Bild 8.1 veranschaulicht die einzelnen Kapitel der MARTE-Spezifikation mit deren Inhalten und Abhängigkeiten.

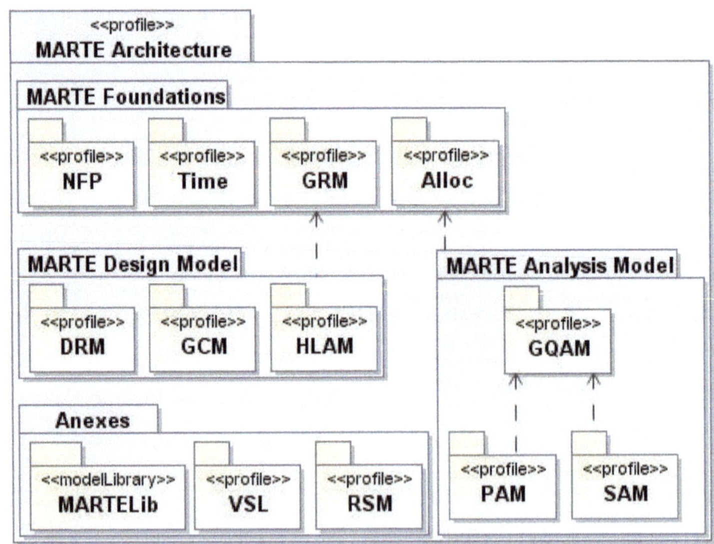

BILD **8.1** ARCHITEKTUR DES **MARTE**-PROFILS (IN ANLEHNUNG AN [120], S. 13)

In das UML-Modell, aus dem das Leistungsmodell extrahiert wird, werden in der Regel sowohl Elemente der *MARTE Foundations* als auch Aspekte der Co-Modellierung von Soft- und

Hardware des *MARTE Design Models* verwendet. Eine nähere Beschreibung dieser würde das Volumen dieser Arbeit jedoch bei weitem sprengen. Aus diesem Grund wird an dieser Stelle zur weiteren, diese Kapitel betreffenden Information auf die MARTE-Spezifikation verwiesen. In den folgenden Aufführungen wird das Hauptaugenmerk auf die Teilprofile *GQAM* und *PAM* (vgl. Bild 8.1) gelegt, deren Elemente bei der Leistungsmodellierung und -bewertung eine primäre Rolle spielen und deren Erläuterung zum Verständnis zwingend erforderlich ist. In diesem strukturellen Bezug soll noch erwähnt werden, dass *PAM* das Paket *GQAM* importiert bzw. einige seiner Elemente erbt; *GQAM* seinerseits nutzt weitere Basiskonstrukte aus den *MARTE Foundations*. Dieses Schachtelungsprinzip ist bei der späteren Modellanalyse unbedingt zu beachten, da den MARTE-Elementen aufgrund der importierten Eigenschaften eine spezielle Semantik zukommen kann. Deren Missachtung würde zwangsläufig zu Fehlinterpretationen der Modelle und der Ergebnisse der Analyse führen.

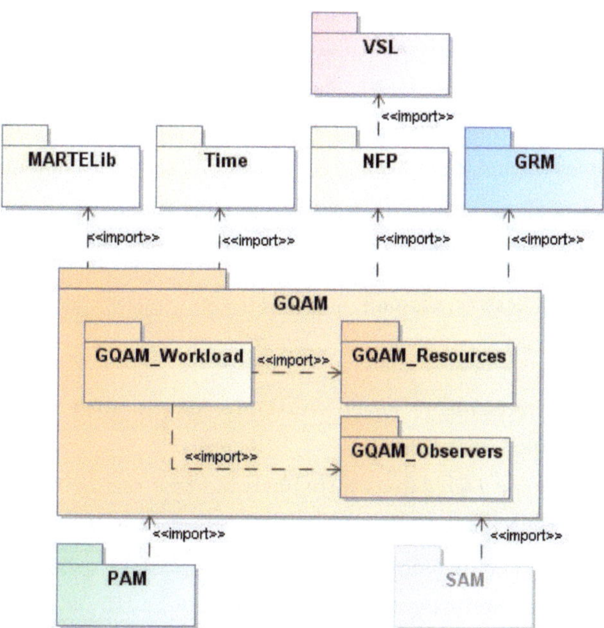

BILD 8.2 ABHÄNGIGKEITEN VON GQAM UND PAM

Die Zusammenhänge der Teilprofile *GQAM* und *PAM* sind im Bild 8.2 in Form eines UML-Paketdiagramms dargestellt. Die folgenden Betrachtungen beziehen sich lediglich auf Elemente, die unmittelbar Leistungseigenschaften beschreiben. Dazu zählen, wie bereits in diesem Abschnitt erwähnt, insbesondere Elemente der Pakete *GQAM* und *PAM*. Zum besseren Verständnis werden zusätzlich auch einige Ressourcen-bezogene Elemente des Pakets *GRM* eingeführt. Nachfolgend wird für jedes MARTE-Element textuell aufgeführt, welchem Paket

(*GRM*, *GQAM* oder *PAM*) es primär zuzuordnen ist. Elemente des Pakets *SAM* werden wegen ihrer eher niedrigen Relevanz zu den verfolgten Zielen außer Acht gelassen.

Vor der detaillierten Betrachtung der einzelnen MARTE-Elemente soll noch erwähnt werden, dass in dieser Arbeit für sie mehrere Begriffe synonym verwendet werden, was auf ihren Doppelcharakter zurückzuführen ist. Zum einen ist das MARTE-Profil in Teilprofile unterteilt, die aus Sicht der UML Pakete darstellen. Pakete bestehen wiederum aus Klassen, denen zur Charakterisierung Attribute zugeordnet sind. Aus der Perspektive der Profildefinition sind die MARTE-Elemente jedoch Stereotype, die anstelle von Attributen Eigenschaften bzw. Tags besitzen. Daher werden fortan die Begriffe Element, Klasse und Stereotyp bzw. Attribut, Tag und Eigenschaft im Zusammenhang mit dem MARTE-Profil synonym für ein und dieselben Entitäten verwendet.

Die Eigenschaften der Stereotype in MARTE sind typisiert, wobei es sich dabei fast ausschließlich um Typen für die Beschreibung von nicht-funktionalen Eigenschaften bzw. Anforderungen handelt. Diese sind im MARTE-Paket *NFP* (*Non-Functional Properties*) definiert. Typische NFP-Typen sind *NFP_Real* oder *NFP_Duration*. Eine ausführliche Darstellung der NFP-Typen kann dem Kapitel 8 der MARTE-Spezifikation [120] entnommen werden. Die Zuordnung von Eigenschaftswerten (*tagged values*) geschieht dann nach den Regeln der *VSL* (s. Bild 8.1), die in Annex B derselben Spezifikation definiert ist (vgl. Bild 8.2).

Die leistungsrelevanten MARTE-Elemente wurden für die Ziele dieser Arbeit in vier Gruppen aufgeteilt:

* *Kontext-bezogene Elemente*: legen die Grenze des zu analysierenden Systems fest und definieren globale Parameter;
* *Workload-bezogene Elemente*: beschreiben die Last des Systems, d.h. die Art und Häufigkeit der von der Umgebung erzeugten Ereignisse wie beispielsweise von den Operatoren oder dem technischen Prozess;
* *Ressourcen*: spezifizieren die ausführende Plattform;
* *Schritte*: sind Repräsentanten des Systemverhaltens.

Die Gruppierung erfolgt nach der Semantik der Elemente, ist somit paketübergreifend und deckt sich als Folge dessen nicht zwingend mit der im Bild 8.2 dargelegten Einteilung von MARTE nach Paketen, die nach strukturellen Prinzipien geschieht. Eine solche semantische Gruppierung würde dennoch die Definition von übergeordneten Gruppenregeln erlauben, die dann für jedes einzelne Stereotyp und seine Eigenschaften zu konkretisieren sind.

In den folgenden Abschnitten wird – im Hinblick darauf, dass das MARTE-Metamodell in Kombination mit unterschiedlichen Modellierungssprachen verwendet werden kann – nur dessen UML-bezogene Repräsentation betrachtet. Typisch für diese ist die Voranstellung eines Präfixes, das die Zugehörigkeit des Stereotyps zu einem konkreten Paket kennzeichnet – „Ga-"-Stereotype sind im Paket *GQAM* spezifiziert, „Pa-" finden sich hingegen im Paket *PAM* wieder. Stereotype ohne Präfix stammen aus dem Paket *GRM*.

Im Folgenden wird jedes relevante Stereotyp kurz vorgestellt. Der einleitenden Definition folgt bei allen Stereotypen eine Tabelle mit Namen, Datentyp, Multiplizität und kurzer Beschreibung seiner Attribute. Evtl. definierte Vorgabewerte für die Elemente werden ebenso in den Tabellen angegeben. Alle Angaben orientieren sich dabei am Inhalt der MARTE-Spezifikation [119], [120]. In den zugehörigen Bildern wird unter dem Namen jedes Stereotyps in Klammern aufgezählt, welche UML-Elemente per Spezifikation damit annotiert werden können.

8.1 KONTEXT-BEZOGENE ELEMENTE

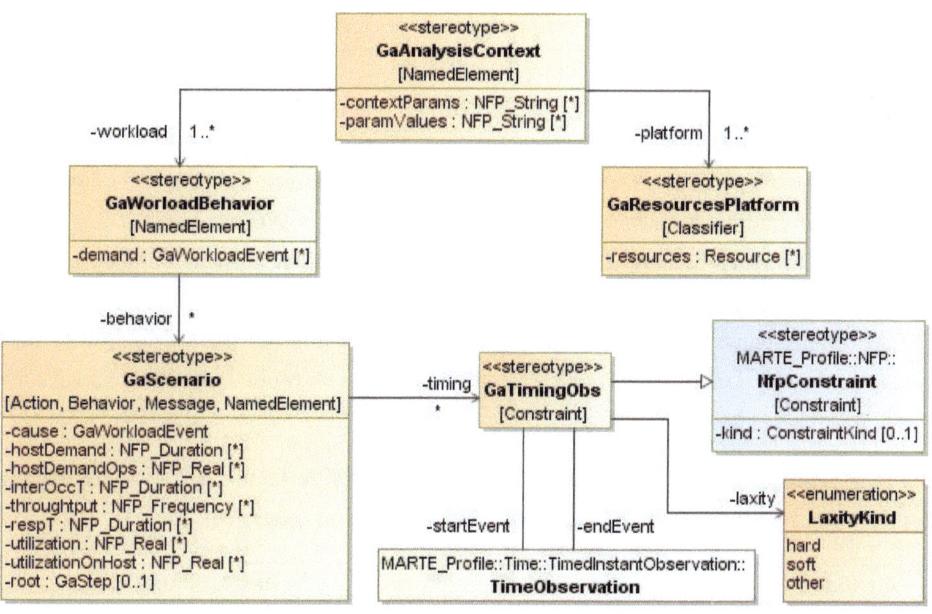

BILD 8.3 KONTEXT-BEZOGENE ELEMENTE IN MARTE

Die Gruppe der Kontext-bezogenen MARTE-Elemente definiert den Kontext bzw. den Rahmen der folgenden Leistungsanalyse. Sie umfasst fünf Stereotype, alle aus dem Paket *GQAM* – *GaAnalysisContext*, *GaWorkloadBehavior*, *GaResourcesPlatform*, *GaScenario* und *GaTimingObs*. Bild 8.3 zeigt die aufgezählten Klassen einschließlich ihrer Attribute und Beziehungen untereinander in Form eines Klassendiagramms. Dabei wurde zur kompletten Definition des Stereotyps *GaTimingObs* ein zusätzliches, originär nicht dieser Gruppe angehörendes MARTE-Element aus dem Paket *Time – TimeObservation*, hinzugezogen.

Zum Analysekontext gehören primär globale Parameter des zu analysierenden Systems (*GaAnalysisContext*), das relevante Systemverhalten samt seiner Triggerung durch die Systemumgebung (*GaWorkloadBehavior*) und die Plattform, auf der die Systemfunktionalität ausgeführt wird (*GaResourcesPlatform*).

Ein Szenario ist in MARTE eine grobgranulare Verhaltenseinheit, die durch das Stereotyp *GaScenario* gekennzeichnet wird und in der Regel einem UML-Verhaltensdiagramm (s. Abschnitt 7.2) entspricht. Über Szenarien können zeitbezogene Überwachungen veranlasst werden. Eine Überwachung knüpft an bestimmte Zeitereignisse im Modell und wird innerhalb des Stereotyps *GaTimingObs* spezifiziert.

In den nachfolgenden Abschnitten wird jedes Stereotyp dieser Gruppe und seine Attribute näher erläutert.

8.1.1   GaAnalysisContext (aus MARTE::GQAM)

Das Stereotyp *GaAnalysisContext* definiert den Bereich einer Studie bzw. Auswertung. Für dieses Element wurden in MARTE vier Attribute definiert, die in Tabelle 8.1 aufgelistet sind. *GaAnalysisContext* gibt die Diagramme an, die für eine bestimmte Analyse von Interesse sind (in der Regel darunter ein einziges Verhaltensdiagramm), und spezifiziert globale Variablen für diese Analyse. Die Bezeichner aller relevanten Variablen werden in der Eigenschaft *contextParams* aufgezählt, während ihre alpha-numerischen Werte separat unter *paramValues* aufgeführt werden (vgl. Tabelle 8.1). Die Reihenfolge der Variablen und deren Werte sind dabei unbedingt zu beachten. Dank der getrennten Führung von Namen und Wert lassen sich die Initialwerte der Parameter für die unterschiedlichen Simulationsgänge leicht variieren. Parallel damit variieren auch Eigenschaftswerte im Modell, die als Abhängigkeiten von den globalen Variablen definiert wurden.

Die zwei weiteren Tags des Stereotyps verweisen auf das Verhalten des zu analysierenden Systems (*workload*) sowie die genutzte Ressourcenplattform (*platform*).

Attribut	Typ	Beschreibung
contextParams	*NFP_String [*] {ordered}*	eine Reihe Variablen, die globale Eigenschaften des gegebenen Kontext widerspiegeln
paramValues	*NFP_String [*] {ordered}*	Alpha-numerische Werte der *contextParams*; die Reihenfolge der Aufzählung ist zu beachten, sodass eine eindeutige Zuordnung Parameter-Wert möglich bleibt

platform	GaResourcesPlatform [1..*]	Verweis auf die Beschreibung der Ressourcenplattform des *GaAnalysisContext* (s. Abschnitt 8.1.2)
workload	GaWorkloadBehavior [1..*]	Verweis auf das mit diesem *GaAnalysisContext* assoziierte *GaWorkloadBehavior* (s. Abschnitt 8.1.3)

TABELLE **8.1** ATTRIBUTE VON *GAANALYSISCONTEXT*

8.1.2 GARESOURCESPLATFORM (AUS MARTE:: GQAM)

Bei der Klasse *GaResourcesPlatform* handelt es sich um einen logischen Container für die Ressourcen, die in einem bestimmten *GaAnalysisContext* beansprucht werden können. In diesem Stereotyp werden die Ressourcen im Tag *resources* schlicht aufgezählt (vgl. Tabelle 8.2). Die inhaltliche Beschreibung von Ressourcen ist Abschnitt 8.3 zu entnehmen.

Attribut	Typ	Beschreibung
resources	Resource [*]	die Menge der Ressourcen, die dieser Container enthält

TABELLE **8.2** ATTRIBUTE VON *GARESOURCESPLATFORM*

8.1.3 GAWORKLOADBEHAVIOR (AUS MARTE::GQAM)

GaWorkloadBehavior ist ein weiterer logischer Container, der die in einem *GaAnalysisContext* enthaltene Szenarienmenge sowie ihren triggernden Workload beinhaltet (s. Tabelle 8.3). Die Szenarienmenge wird im Attribut *behavior* aufgeführt. Dabei handelt es sich um eine Liste von Elementen vom Typ *GaScenario*, die das Verhalten des modellierten Systems beschreiben. Der Einfluss der Systemumgebung auf diese Szenarien wird im Attribut *demand* in Form einer Reihe von *GaWorkloadEvents* beschrieben. Die Workload-bezogenen MARTE-Elemente werden ausführlicher im Abschnitt 8.2 betrachtet.

Attribut	Typ	Beschreibung
behavior	GaScenario [*]	bezeichnet das für die Analyse relevante Systemverhalten, ausgedrückt als Menge verschiedener Szenarien
demand	GaWorkloadEvent [*]	indiziert den Ereignisfluss (der Anfragen) an das System

TABELLE **8.3** ATTRIBUTE VON *GAWORKLOADBEHAVIOR*

8.1.4 GASCENARIO (AUS MARTE::GQAM)

Ein *GaScenario* definiert das als Reaktion auf einem Ereignisfluss zum Vorschein kommende Verhalten des zu analysierenden Systems. Ein Szenario stellt eine Sequenz von Aktionen dar, die die modellierten Ressourcen entsprechend beanspruchen. Die Vorgänger-Nachfolger-Beziehungen zwischen den Aktionen können komplexe Aufbauten aufweisen und beispielsweise Schleifen, Verzweigungen und Zusammenführungen beinhalten. Aktionen werden in der Leistungsmodellierung Schritte (*steps*) genannt und werden im folgenden Abschnitt 8.4 behandelt. Jedoch ist an dieser Stelle wichtig anzumerken, dass Schritte wiederum Szenarien beinhalten können. Systemverhalten – und dadurch auch MARTE-Szenarien – sind zudem in der Regel nicht-terminierende Einheiten, d.h. es handelt sich dabei um unendliche Zyklen, die durch die Workload-Anregung von ihrer Umgebung aus immer wieder initiiert werden. Das Stereotyp *GaScenario* verfügt über eine Reihe von Stereotypen, die in der Tabelle 8.4 expliziert werden.

Attribut	Typ	Beschreibung
cause	*GaWorkloadEvent [1..*]*	der das Szenario ansteuernde Workload
hostDemand	*NFP_Duration [*]*	die Beanspruchung der CPU in Zeiteinheiten, wenn alle Schritte an einem Host laufen
hostDemandOps	*NFP_Integer [*]*	die Beanspruchung der CPU in Operationseinheiten, wenn alle Schritte an einem Host laufen
interOccT	*NFP_Duration[*]*	das Intervall zwischen den erfolgreichen Initiierungen des Szenarios
throughput	*NFP_Frequency[*]*	die Durchschnittsfrequenz der Initiierungen des Szenarios
respT	*NFP_Duration[*]*	die Zeitdauer von der Initialisierung bis zur Beendigung einer Ausführung des Szenarios
utilization	*NFP_Real[*]*	die Auslastung des Szenarios, berechnet als Mittelwert der Szenario-Instanzen, die zu einem beliebigen Zeitpunkt aktiv sind
utilizationOnHost	*NFP_Real[*]*	die Belegung des Hostprozessors, wenn alle Schritte dieses Szenarios auf einem Host ausgeführt werden
root	*GaStep [0..1]*	der erste Schritt eines Szenarios
timing	*GaTimingObs [*]*	mit diesem Szenario assoziierte Zeitzusicherungen

TABELLE 8.4 ATTRIBUTE VON *GaScenario*

8.1.5 GaTimingObs (aus MARTE::GQAM)

Um Zeitbeobachtungen über ein *GaScenario* zu veranlassen, können in seiner Eigenschaft *timing* als *GaTimingObs* annotierte Elemente assoziiert werden (vgl. Bild 8.3, Tabelle 8.4), die den Beginn (*startEvent*) und das Ende (*endEvent*) des Beobachtungsintervalls definieren. Bei dem Stereotyp *GaTimingObs* handelt es sich um eine nicht-funktionale Zusicherung (*NfpConstraint,* siehe Generalisierungsbeziehung im Bild 8.3), d.h. eine Bedingung, die das System stets zu erfüllen hat. Ob es sich bei der angeforderten Zusicherung um eine harte (*hard*), softe (*soft*) oder benutzerdefinierte (*other*) Bedingung handelt, kann über das Attribut *laxity* festgelegt werden (siehe Aufzählungstyp *LaxityKind* sowie Beziehung zum Stereotyp im Bild 8.3). Die folgende Tabelle 8.5 fasst die zulässigen Attribute des Stereotyps und ihre Beschreibung zusammen.

Attribut	Typ	Beschreibung
laxity	*LaxityKind*	Art der Zusicherung
startEvent	*Time::TimedInstantObservation:: TimeObservation*	Ereignis, mit dem die Zeitüberwachung beginnt
endEvent	*Time::TimedInstantObservation:: TimeObservation*	das Ende der Überwachung kennzeichnendes Ereignis

TABELLE 8.5 ATTRIBUTE VON *GATIMINGOBS*

8.2 WORKLOAD-BEZOGENE ELEMENTE

Ein *GaAnalysisContext* kann Workloads besitzen (vgl. Bild 8.3). Workloads sind im Wesentlichen Signale, die die Systemumgebung sendet und durch deren Relevanz für das modellierte System die Ausführung von unterschiedlichen Szenarien bewirken, d.h. bestimmte Teile des Systemverhaltens zum Vorschein bringen. Typische Signalgeber sind bei Automatisierungslösungen das System bedienende Operatoren und der angebundene technische Prozess. Die Menge aller relevanten Workloads kann mit dem Begriff der Systemlast aus der Fachliteratur gleich gesetzt werden.

Im Bezug auf die Leistungsanalyse entspricht laut der MARTE-Spezifikation jeder Workload einer Datenverkehrsklasse, die einen entweder offenen (*open*) oder geschlossenen (*closed*) Funktionsmechanismus realisiert. Bei einem offenen Workload kommen die Ereignisse nach einem vordefinierten Muster mit einer vordefinierten Rate, beispielsweise nach einer Poisson-Verteilung, an. Eine weitere Alternative, offene Workloads zu definieren, stellen Traces dar. Geschlossene Workloads hingegen werden durch Ereignisflüsse gekennzeichnet, die durch eine feste Anzahl von aktiven oder potentiell aktiven Geräten bzw. Benutzern generiert werden. Die letzten beiden beanspruchen das modellierte System durch ihr Verhalten, bevor sie in eine sogenannte Denkzeitphase (*think time*) außerhalb der Systemgrenze übergehen, um dann eine neue Anfrage an das System zu senden und damit einen neuen Ausführungszyklus, noch Iteration genannt, zu initiieren. Ein System kann durch eine beliebige Kombination von offenen und geschlossenen Workloads getriggert werden.

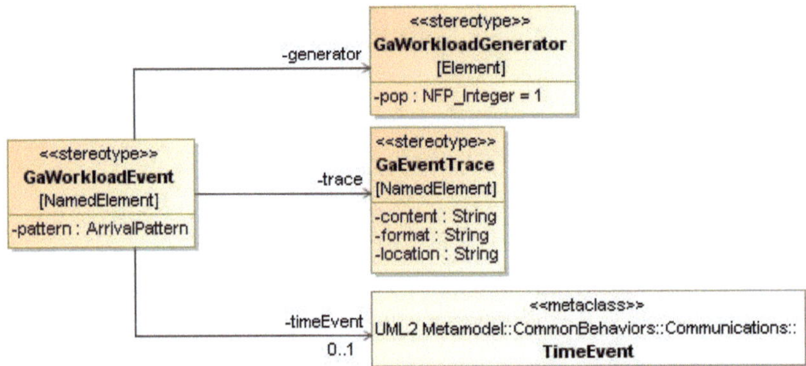

BILD 8.4 WORKLOAD-BEZOGENE ELEMENTE IN MARTE

Ein Workload wird in MARTE durch das Stereotyp *GaWorkloadEvent* deklariert. Seine Eigenschaftswerte beschreiben den konkreten Charakter des Workloads. Dazu stehen vier unterschiedliche Eigenschaften zur Verfügung, wobei zwei davon (*generator* und *trace*) eine Referenz auf andere Stereotype dieser Gruppe darstellen (vgl. Bild 8.4). Die weiter im Bild verwendete Klasse *TimeEvent* ist eine UML-Standardklasse zur Modellierung von Zeitereignissen, deren Definition [122] entnommen werden kann. Die folgenden Abschnitte erläutern die Workload-bezogenen Elemente.

8.2.1   GAWORKLOADEVENT (AUS MARTE::GQAM)

Ein *GaWorkloadEvent* definiert einen auf das betrachtete System gerichteten Ereignisfluss. Für diese Klasse wurden in MARTE vier Attribute spezifiziert (vgl. Tabelle 8.6), allerdings mit der Einschränkung, dass zu einem bestimmten Zeitpunkt nur eins dieser vier Attribute definiert werden kann. Durch das Attribut *pattern* wird das Ankunftsmuster der Ereignisse festgelegt. Dafür wurde der MARTE-Basistyp *ArrivalPattern* definiert, mit dessen Hilfe periodische, aperiodische, sporadische, irreguläre etc. Ereignisflüsse mit ihren Merkmalen modelliert werden können. Näheres dazu ist im Anhang D der MARTE-Spezifikation [120] zu finden. Eine weitere, bereits angesprochene Möglichkeit, einen offenen Workload zu beschreiben, ist die Referenz im Attribut *timeEvent* auf ein mit UML-Standardmitteln modelliertes Zeitereignis.

Attribut	Typ	Beschreibung
pattern	*MARTE::MARTE_Library:: BasicNFP_ Types:: ArrivalPattern [0..1]*	beschreibt das Ankunftsmuster der Ereignisse

generator	*GaWorkloadGenerator [0..1]*	Verweis auf den Workload-Generator, der die Ereignisse produziert
trace	*GaEventTrace [0..1]*	gibt eine Datei mit einem *GaEventTrace* (s. nächsten Abschnitt) an
timeEvent	*UML::CommonBehaviors:: SimpleTime: TimeEvent [0..1]*	Zeitereignis in der UML-Spezifikation, das die Anfrageereignisse triggert

TABELLE 8.6 ATTRIBUTE VON *GAWORKLOADEVENT*

Zwei weitere Alternativen, einen Workload zu modellieren, werden durch die Attribute *generator* und *trace* zur Verfügung gestellt. Sie stellen Referenzen auf Elemente von den Typen *GaWorkloadGenerator* bzw. *GaEventTrace* (vgl. Tabelle 8.6, siehe auch Bild 8.4) dar. Diese Stereotype werden nachfolgend definiert.

8.2.2 GaEventTrace (from MARTE::GQAM)

Ein *GaEventTrace* beschreibt einen Ereignisfluss von Anfragen oder sonstigen Initiierungen des Systems in serieller Form (in einer Datei). Zulässig für dieses Stereotyp sind die drei in der Tabelle 8.7 aufgeführten Attribute.

Attribut	Typ	Beschreibung
content	String [0..1]	beinhaltet die Serialisierung des *GaEventTrace* in Abhängigkeit vom Datei-Format (siehe nächste Zeile)
format	String [0..1]	gibt das Format des *GaEventTrace* an und erteilt gleichzeitig damit Information darüber, wie der String-Inhalt interpretiert werden soll
location	String [0..1]	dieses Tag stellt eine Alternative zum Einbetten des Ereignisflusses in das Stereotyp dar und bezeichnet den Ort, an dem ein Werkzeug die relevante Datei finden kann

TABELLE 8.7 ATTRIBUTE VON *GAEVENTTRACE*

8.2.3 GaWorkloadGenerator (aus MARTE::GQAM)

Ein *GaWorkloadGenerator* ermöglicht die Definition des System-Workloads in Form einer Zustandsmaschine, die eine (in der Regel wahrscheinlichkeitsbehaftete) Reihenfolge von systemansteuernden Ereignissen definiert. Ein *GaWorkloadGenerator* kann auch mehrere, sowohl unabhängige als auch identische Instanzen besitzen. Jede Instanz stellt dann einen separaten Benutzer oder eine andere Eingabequelle dar. Die Anzahl der Instanzen wird im Attribut *pop* (sofern *pop > 1*) angegeben (vgl. Tabelle 8.8).

Attribut	Typ / Vorgabewert	Beschreibung
pop	*NFP_Integer [0..1] = 1*	Anzahl der Instanzen des Generators

TABELLE 8.8 ATTRIBUTE VON GaWorkloadGenerator

8.3   RESSOURCEN

Ressourcen stellen physikalisch bzw. logisch persistente Einheiten, also Hardware- oder Softwarekomponenten, dar, die einen oder mehrere Dienste anbieten. Ressourcen und ihre Dienste sind die dem zu analysierenden System zur Verfügung gestellten Mittel, um erwartete Aufgaben durchzuführen und den gestellten Anforderungen gerecht zu werden.

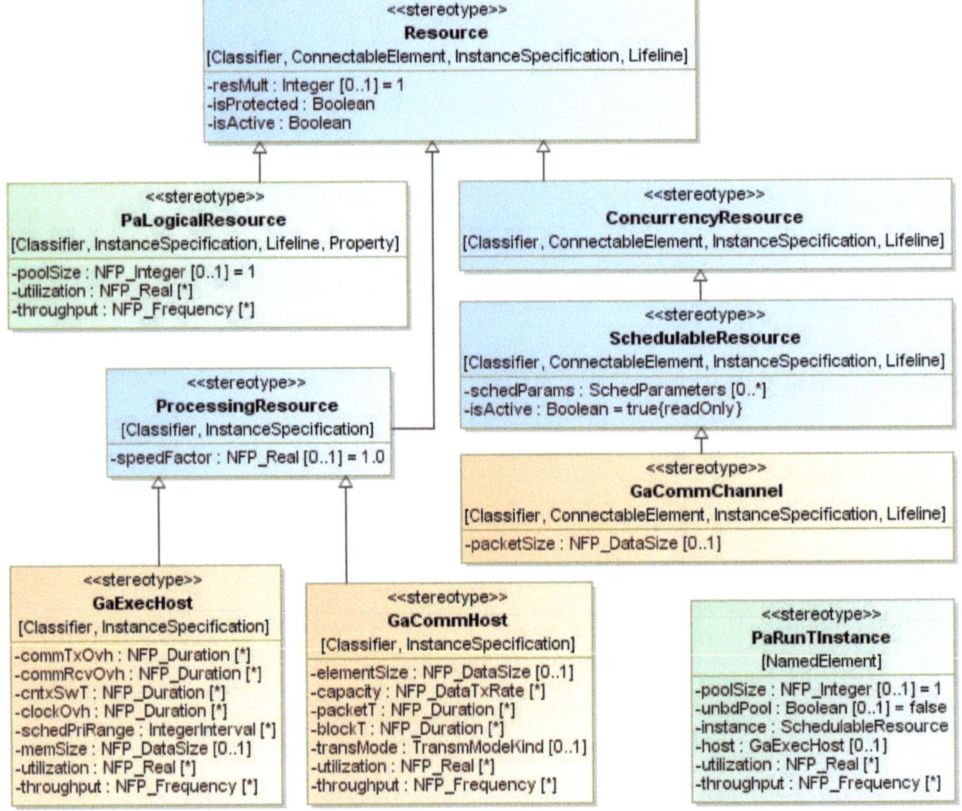

BILD 8.5 RESSOURCEN IN MARTE

Eine Ressource kann als eine „*Black Box*" (z.B. ein Echtzeit-Betriebssystem) modelliert werden, in welchem Fall nur die angebotenen Dienste nach außen sichtbar sind. Alternativ kann sie auch als eine „*White Box*" zusammen mit ihrer internen Struktur, d.h. mit ihren Betriebsmitteln auf niedrigeren Ebenen, dargestellt werden. Es ist Aufgabe des Modellierers, die Ressource sowie die Zusammenwirkung von Software- und Hardwareeinheiten und

-schichten geeignet abzubilden. Die Entscheidung, ob ein Element als Ressource im Plattformmodell (vgl. Bild 8.3 sowie Abschnitt 8.1.2) dargestellt werden soll, hängt mehr mit seiner Kritizität bezüglich seines Echtzeitverhaltens zusammen, als mit seiner Software- oder Hardwarenatur.

Die Ressourcenarten, die für die Leistungsmodellierung und -bewertung von Interesse sind und demnach dieser Gruppe angehören, sind im Klassendiagramm im Bild 8.5 grafisch dargestellt. Neben den üblich betrachteten Elementen der Pakete *GQAM* und *PAM* wird hier zwangsweise auf den Inhalt des MARTE-Pakets *GRM* zurückgegriffen, wo das verallgemeinernde Elternelement *Resource* spezifiziert wird. Alle weiteren Klassen dieser Gruppe bis auf die sogenannte *PaRunTInstance*, werden von dem generalisierten Element *Resource* abgeleitet (vgl. Bild 8.5). Die Laufzeitinstanz *PaRunTInstance* erbt direkt von dem UML-*NamedElement* [122]. Die Definition der einzelnen Ressourcenklassen und ihrer zulässigen Attribute ist Inhalt der folgenden Abschnitte.

8.3.1 Resource (aus MARTE::GRM)

Das Stereotyp *Resource* ist das übergeordnete MARTE-Element zur Beschreibung von Systemressourcen (s. Bild 8.5). Es stellt zum einen die Elternklasse zur Ableitung speziellerer Ressourcenklassen dar, zum anderen dient es dazu, generische Ressourcen im System aus einer breiteren holistischen Systemperspektive, die dem Modellierer sinnvoll erscheint, darzustellen.

Attribut	Typ/Vorgabewert	Beschreibung
resMult	Integer [0..1] = 1	gibt die Multiplizität der Ressource an; für *Classifier* kann *resMult* das Maximum der als verfügbar angesehenen Ressourceninstanzen spezifizieren; standardmäßig ist nur eine Instanz verfügbar
isProtected	Boolean [0..1]	ist der Wert dieses Attributs wahr, dann ist der Zugriff auf die Ressource durch eine *brokeringResource* (vgl. [119]) geschützt
isActive	Boolean [0..1]	ist der Wert dieses Attributs wahr, dann verfügt die Ressource über ein assoziiertes Anfangsverhalten, das ihr ermöglicht, ihre Dienste wahlweise autonom oder durch Ansteuerung und Animation von Verhalten an anderen Ressourcen zu erbringen

TABELLE 8.9 ATTRIBUTE VON RESOURCE

Tabelle 8.9 zeigt die Eigenschaften des Stereotyps *Resource*: An erster Stelle kann mit Hilfe des Attributs *resMult* die Anzahl der vorhandenen bzw. gewünschten Ressourceninstanzen spezifiziert werden. Des Weiteren besteht die Möglichkeit anzugeben, ob es sich um eine geschützte (*isProtected*) bzw. aktive (*isActive*) Ressource handelt. Bei geschützten Ressourcen übernimmt eine vorgeschaltete Einheit den Zugriff auf diese Ressource. Aktive Ressourcen charakterisieren sich durch Bearbeitungszeiten für die von ihnen angebotenen Dienste. Passive Ressourcen können akquiriert und freigegeben werden. Die Zeitdauer zwischen Akquirierung und Freigabe bestimmt der konkret modellierte Ablauf.

8.3.2   CONCURRENCYRESOURCE (AUS MARTE::GRM)

ConcurrencyResource bezeichnet eine geschützte aktive Ressource, die ihren Befehlsfluss parallel zu anderen *ConcurrencyRessource*s ausführt, wobei alle diese ihre Verarbeitungskapazität von einer potentiell anderen geschützten aktiven Ressource ergreifen. Die Parallelität kann physischen oder logischen Charakters sein – sofern logisch muss die liefernde Verarbeitungsressource durch eine bestimmte Policy vermittelt werden. Das Stereotyp besitzt keine Attribute.

8.3.3   SCHEDULABLERESOURCE (AUS MARTE::GRM)

Bei einer *SchedulableResource* handelt es sich um eine aktive, vom Element *ConcurrencyResource* abgeleitete Ressource mit der Befähigung, ein bestimmtes Vorgehen unter Verwendung fremder Verarbeitungskapazität durchzuführen. Die fremde Kapazität wird durch einen steuernden *Scheduler* (vgl. [120]) nach einer festgelegten Policy von einer anderen verarbeitenden Ressource geholt. Alle mit dem Scheduler verbundenen *SchedulableResources* konkurrieren auf Basis ihrer zugewiesenen konkreten Parameter um den Zugriff auf diese Kapazität. Ein typischer Fall für dieses Szenario ist das entstehende Konkurrenzverhältnis zwischen den Anwendungsprogrammen, wenn es um die Beanspruchung der gemeinsamen zentralen Verarbeitungseinheit (CPU) der Arbeitsstation geht. Dem Stereotyp gehört ein eigenes Attribut – *schedParams* (s. Tabelle 8.10).

Attribut	Typ	Beschreibung
schedParams	*SchedParameters [0..*]*	Parameter, auf deren Basis um Verarbeitungskapazität konkurriert wird

TABELLE 8.10 ATTRIBUTE VON *SCHEDULABLERESOURCE*

8.3.4   GACOMMCHANNEL (AUS MARTE::GQAM)

Durch das Stereotyp *GaCommChannel* werden logische Kommunikationskanäle zwischen *SchedulableResource*s definiert. Das Element ist von *SchedulableResource* (siehe oben) abgeleitet. Es besitzt zusätzlich ein eigenes Attribut zur Definition der Größe des über den Kanal zu verschickenden Pakets – *packetSize* (s. Tabelle 8.11).

Attribut	Typ	Beschreibung
packetSize	*NFP_DataSize [0..1]*	die Größe der Dateneinheit, die über den Kanal verschickt wird

TABELLE 8.11 ATTRIBUTE VON *GaCommChannel*

8.3.5 PROCESSINGRESOURCE (AUS MARTE::GRM)

Das Stereotyp ProcessingResource dient der Bezeichnung einer aktiven geschützten Verarbeitungsressource, deren Verarbeitungskapazität einer *SchedulableResource* (und folglich auch aller sie nutzenden Aktivitäten) zugeteilt wird. Im Allgemeinen handelt es sich dabei um die abstrakte Darstellung der Kapazitäten von Rechenressourcen, Kommunikationsmedien oder aktiven externen Einrichtungen. Der Zugriff auf die *ProcessingResource* wird, ähnlich wie bei einer *SchedulableResource* (vgl. Abschnitt 8.3.3), über einen *Scheduler* gesteuert, der mit ihr assoziiert ist. Das Stereotyp basiert direkt auf dem Element *Resource* und hat ein optionales Attribut (*speedFactor*), dessen Bedeutung der Tabelle 8.12 entnommen werden kann.

Attribut	Typ/Vorgabewert	Beschreibung
speedFactor	Real [0..1] = 1.0	ein relativer Faktor, der das Verhältnis zwischen der Verarbeitungsgeschwindigkeit der modellierten und der Geschwindigkeit einer für das beobachtete System definierten Bezugs-*ProcessingResource* ausdrückt; extern vorgenommene Messungen oder Schätzungen nehmen einen normativen Wert von 1.0 an

TABELLE 8.12 ATTRIBUTE VON *PROCESSINGRESOURCE*

8.3.6 GAEXECHOST (AUS MARTE::GQAM)

In der Leistungsmodellierung kann ein *GaExecHost* jede Einrichtung sein, die einen Ablauf ausführt. Meistens handelt es sich dabei um einen Prozessor, ferner sind jedoch Speicher und Peripheriegeräte eingeschlossen. *GaExecHost* erbt unter anderem das Element *ProcessingResource* (siehe oben), *ComputingResource* (aus *MARTE::GRM*) und *Scheduler* (aus *MARTE::GRM*) (vgl. [120]). Einen Überblick über seine zahlreichen Attribute gibt Tabelle 8.13.

Attribut	Typ	Beschreibung
commTxOvh	*NFP_Duration [*]*	Host-Verzögerung für Nachrichtenversand
commRcvOvh	*NFP_Duration [*]*	Host-Verzögerung für Nachrichtenempfang
cntxtSwT	*NFP_Duration [*]*	Kontextschaltzeit (*context switch time*)
clockOvh	*NFP_Duration [*]*	Übertaktung (*clock overhead*)
schedPriRange	*NFP_Interval [*]*	Bereich der von diesem Host angebotenen Prioritäten
memSize	*NFP_DataSize [0..1]*	Speichergröße
utilization	*NFP_Real [*]*	Hostauslastung, ausgedrückt als Mittel der beschäftigten Hosts (im Bereich von 0 bis *resMult*, s. Abschnitt 8.3.1)
throughput	*NFP_Frequency [*]*	Durchsatz des Hosts in verzeichneten Initialisierungen/Sek.

TABELLE 8.13 ATTRIBUTE VON GaExecHost

8.3.7   GaCommHost (aus MARTE::GQAM)

GaCommHost ist die Bezeichnung einer physischen Kommunikationsverbindung. Das Stereotyp erbt von den Elementen *CommunicationMedia* (aus *MARTE::GRM*), *Scheduler* (aus *MARTE::GRM*) (s. [120]) und *ProcessingResource* (s. Abschnitt 8.3.5) und impliziert damit auch ihre Attribute. Tabelle 8.14 schildert im oberen Teil die eigenen Tags des Stereotyps mit ihrer Bedeutung. Im unteren Teil der Tabelle befinden sich die vom Element *Communicationmedia* vererbten Attribute, kenntlich gemacht durch einen Stern (*) vor dem Namen. Deren Eigenschaftswerte werden bei der Leistungsmodellierung des Öfteren innerhalb des Stereotyps *GaCommHost* eingegeben, sodass ihre Aufführung in der Tabelle die gänzliche Interpretation des Stereotyps ermöglichen soll.

Attribut	Typ	Beschreibung
utilization	*NFP_Real [*]*	Hostauslastung
throughput	*NFP_Frequency [*]*	faktischer Durchsatz des Hosts
**elementSize*	*NFP_DataSize [0..1]*	charakterisiert die Größe der zu übermittelnden Elemente
**capacity*	*NFP_DataTxRate [*]*	Kapazität der Kommunikationsverbindung
**blockT*	*NFP_Duration [*]*	Zeit für die Übertragung eines für das konkret modellierte System als Quant festgelegten Elements, in der Regel des sogenannten Pakets, dessen Größe in *elementSize* spezifiziert wurde

*packetT	NFP_Duration [*]	Zeit, für die das Kommunikationsmedium gesperrt ist und bis zur vollständigen Übermittlung des aktuell anliegenden Quants keine Übertragung realisieren kann
*transMode	MARTELib:: MARTE_DataTypes:: TransmModeKind [0..1]	legt einen der Übertragungsmodi *simplex*, *half-duplex* oder *full-duplex* fest

TABELLE 8.14 ATTRIBUTE VON GACOMMHOST

8.3.8 PALOGICALRESOURCE (AUS MARTE::PAM)

Das Stereotyp *PaLogicalResource* wird direkt vom Stereotyp *Resource* abgeleitet und dient bei der Leistungsmodellierung der Bezeichnung von logischen Ressourcen. Als logische Ressource gilt eine Ressource, die eine Ausführungsumgebung zur Verfügung stellt, aber selbst keine Anweisungen ausführt (beispielsweise wechselseitiger Ausschluss, Schreibsperre, Pools aus Puffern oder Zugriffsinformationen). Eine *PaLogicalResource* kann explizit durch einen *AcqStep* oder *RelStep* übernommen bzw. freigegeben werden (vgl. Abschnitt 8.4.3 bzw. 8.4.4). Die Attribute von *PaLogicalResource* sind in der Tabelle 8.15 aufgelistet und erklärt. Logische Ressourcen, die Softwareprozesse darstellen, sind stattdessen mit *SchedulableResource* (s. Abschnitt 8.3.3) oder *PaRunTInstance* (siehe nächsten Abschnitt) zu annotieren.

Attribut	Typ / Vorgabewert	Beschreibung
poolSize	NFP_Integer [0..1] = 1	Anzahl der Ressourceneinheiten
utilization	NFP_Real [*]	die Belegung der Ressource, ausgedrückt als Mittel der belegten Ressourceneinheiten; wenn *poolSize* = 1, dann ist nur eine Einheit vorhanden und die Eigenschaft *utilization* zeigt dann die Wahrscheinlichkeit, dass diese Einheit besetzt ist
throughput	NFP_Frequency [*]	die Rate der Anfragen an die Ressource

TABELLE 8.15 ATTRIBUTE VON PALOGICALRESOURCE

8.3.9 PARUNTINSTANCE (AUS MARTE::PAM)

PaRunTInstance wurde definiert, um Laufzeitinstanzen von Prozessressourcen mit ihren (unterschiedlichen) Eigenschaften näher spezifizieren zu können. Üblicherweise sind das Elemente von Verhaltensdiagrammen wie Partitionen in Aktivitätsdiagrammen oder Lebenslinien (*lifelines*) in Interaktionsdiagrammen (s. dazu Abschnitte 13.4 und 13.5 sowie Anhang A). In der Praxis kommt es vor, dass mehrere Instanzen der gleichen Prozessklasse unterschiedliche Eigenschaften aufweisen, also sollten die Attribute dieses Stereotyps dazu verwendet werden, um diese Unterschiede kenntlich zu machen. Zudem übernimmt dieses Stereotyp die Aufgabe, die Verbindung zwischen Verhaltens- und Strukturdiagrammen durch die entsprechenden Referenzen aufzubauen. Die folgende Tabelle 8.16 fasst die sechs Attribute des Stereotyps zusammen.

Attribut	Typ / Vorgabewert	Beschreibung
poolSize	*NFP_Integer [0..1] = 1*	Anzahl der Threads für einen Prozess
unbddPool	*Boolean [0..1] = false*	wenn der Wert dieses Attributs wahr ist, dann bezeichnet es quasi unendliche Threads
instance	*MARTE::GRM:: SchedulableResource*	bezeichnet die *SchedulableResource*, die instanziiert wurde
host	*GaExecHost [0..1]*	der Host des Prozesses und dadurch für alle mit dieser Laufzeitinstanz assoziierten Schritte
utilization	*NFP_Real [*]*	die Belegung des Thread-Pools, ausgedrückt als Mittelwert aus den ausgelasteten Threads
throughput	*NFP_Frequency [*]*	die Empfangsrate der Nachrichten durch alle Threads im Prozess, zusammen genommen

TABELLE 8.16 ATTRIBUTE VON PARUNTINSTANCE

8.4   SCHRITTE

Schritte (*steps*) sind im MARTE-Kontext Bestandteile von Szenarien. Sie stellen Ausführungseinheiten dar und initiieren die Beanspruchung der Systemressourcen. Schritte beanspruchen nicht nur Verarbeitungsressourcen wie Prozessoren, sondern umfassen auch die Akquirierung und Freigabe von logischen Ressourcen. Außerdem umfassen Schritte die Inanspruchnahme von Diensten, die nicht im selben Szenario definiert sind, jedoch von anderen Komponenten desselben Systems, von der Plattform, der Umgebung oder einem externen System angeboten werden.

Die grundlegende Klasse dieser Gruppe ist *GaStep*, von der alle anderen Stereotype für Schritte abgeleitet werden. Die Klasse *GaStep* erbt ihrerseits das Stereotyp *GaScenario*, wodurch alle Stereotype dieser Gruppe neben ihren eigenen Attributen auch seine implizieren und dementsprechend mit Eigenschaftswerten belegen können. Das Stereotyp *GaStep* bietet eine allgemeine Beschreibungsform für Verhalten an, beispielsweise zur Darstellung einer Funktion. Die abgeleiteten Elemente decken hingegen speziellere Fälle ab wie z.B. die Akquirierung oder Freigabe von Ressourcen (*GaAcqStep*, *GaRelStep* und *PaResPassStep*). Des Weiteren beschreiben sie zweckmäßig Kommunikationsschritte (*GaCommStep*, *PaCommStep*) sowie die Handhabung von Diensten (*GaRequestedService*, *PaRequested-*

Service). Bild 8.6 stellt die Gruppe der Schritte und ihre Beziehungen untereinander und zu ihrem Elternelement *GaScenario* grafisch dar. Bis auf das Element des *GQAM*-Paketes *Ga-RequestedService*, das hauptsächlich zur Vervollständigung der Spezialisierungsbeziehungen in der Gruppe dargestellt wurde, werden alle Elemente dieser Gruppe in den nächsten Abschnitten näher erläutert.

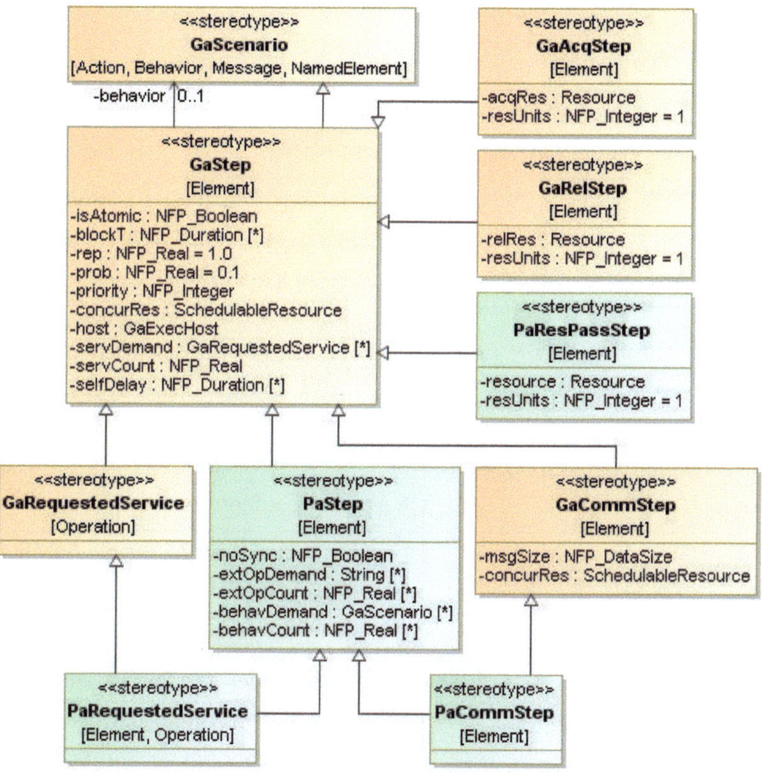

BILD 8.6 SCHRITTE IN MARTE

8.4.1 GASTEP (AUS MARTE::GQAM)

Das Stereotyp *GaStep* bietet eine allgemeine Form der Darstellung eines Ablaufschrittes und kann jedes beliebige UML-Element (vgl. Bild 8.6) annotieren. Zusätzlich zur Vererbungsbeziehung ist dieses Stereotyp mit dem Element *GaScenario* auch über die Assoziation *behavior* verbunden, die die Zugehörigkeit des annotierten Elements zu einem ausgewählten *GaScenario* deklariert[15]. Zu den wichtigen Eigenschaften von *GaStep* gehören die Bearbeitungszeit des Schrittes (*GaScenario::hostDemand*), reine Verzögerungszeiten innerhalb des Schrittes (*blockT*), die Anzahl der aufeinander folgenden Wiederholungen desselben Schrit-

---

[15] In der Regel ist diese Beziehung bei UML-Modellen durch die Zugehörigkeit eines Modellelementes zu einem Diagramm eindeutig identifiziert und somit als separate Angabe überflüssig.

tes (*rep*) sowie bei Verzweigungen, wie hoch die Wahrscheinlichkeit für die Ausführung des diesen Schritt beinhaltenden Zweiges ist (*prob*). Zwei weitere *GaStep*-Attribute fokussieren auf die von diesem Schritt aufgerufenen Dienste (*servDemand* und *servCount*) und es kann letztlich durch sein Attribut *concurRes* eine explizite Zuordnung zu einer Ausführungsressource vorgenommen werden. Eine vollständige Liste der stereotypeigenen Attribute befindet sich in der Tabelle 8.17.

Attribut	Typ / Vorgabewert	Beschreibung
isAtomic	*NFP_Boolean [0..1] = false*	wenn wahr, darf der Schritt nicht weiter dekomponiert werden
blockT	*NFP_Duration [*]*	reine Verzögerung, die zur Ausführung des Schrittes gehört; Denkzeiten werden bei der Leistungsmodellierung durch *blockT*-Werte repräsentiert
rep	*NFP_Real [0..1] = 1*	Anzahl Wiederholungen von Schleifen oder Operationen
prob	*NFP_Real [0..1] = 1*	Wahrscheinlichkeit eines Zweiges
servDemand	*GaRequestedService [*] {ordered}*	Liste der Operationen, die während der Schritt-Ausführung aufgerufen werden
servCount	*NFP_Real [*] {ordered}*	Liste aus realen Werten, die die Anzahl der Aufrufe für jede Operation aus der *servDemand*-Liste repräsentieren, in derselben Reihenfolge
concurRes	*SchedulableResource [0..1]*	der Prozess oder die Softwarekomponente, die den Schritt ausführen, normalerweise implizit durch die Zugehörigkeit des Schrittes zu einer *UML::Lifeline* oder *UML::Partition* angegeben
selfDelay	*NFP_Duration [*]*	eine Verzögerung innerhalb des Schrittes, deren Dauer durch den Schritt selbst gesteuert oder angefordert wird (beispielsweise eine sogenannte „*sleep time*"-Pause)

TABELLE 8.17 ATTRIBUTE VON GaStep

8.4.2   PaStep (aus MARTE::PAM)

Das Stereotyp *PaStep* wurde in MARTE speziell für die Leistungsmodellierung eingeführt und bekam aufgrund von Leistungsspezifika neben den allgemeineren, vom Element *GaStep* geerbten, fünf weitere Attribute. Tabelle 8.18 führt diese leistungsspezifischen Eigenschaften eines Ausführungsschrittes und ihre Bedeutung auf. Zur richtigen Interpretation des Stereotyps ist es von Bedeutung zu erwähnen, dass ein *PaStep* ohne in ihm verschachtelte Elemente einen elementaren sequenziellen Ausführungsschritt auf einem Host-Prozessor darstellt, während ein *PaStep* durch die Einbettung eines präzisierenden Szenarios eine umfangsreichere Verhaltenseinheit verkörpern kann.

Attribut	Typ / Vorgabewert	Beschreibung
noSync	*Boolean [0..1] = false*	die Deklaration eines Zweiges als asynchron – so wird der Schritt bezeichnet, der sich unmittelbar nach einer Verzweigung (*UML::ForkNode*, s. Abschnitt 13.4.4) befindet, für die keine entsprechende Synchronisation (*UML::JoinNode*, s. Abschnitt 13.4.4) existiert
extOpDemands	*String [*] {ordered}*	Menge von Operationen externer Services, die durch diesen Schritt beansprucht werden, in einer für die Umgebung verständlichen Form
extOpCount	*NFP_Real [*] {ordered}*	die Anzahl der für jede externe Operation gemachten Anfragen während der Schrittausführung, in der selben Reihenfolge wie in *extOpDemands*
behavDemands	*GaScenario [*] {ordered}*	Menge von Szenarien, die durch diesen Schritt aufgerufene Operationen spezifizieren; liefert eine alternative Möglichkeit zur Einbettung, um ein Szenario in einen Schritt einzuführen
behavCount	*NFP_Real [*] {ordered}*	die Anzahl der während einer Schrittabarbeitung gestellten Ausführungsaufforderungen an jede Operation aus *behavDemands*, in derselben Reihenfolge

TABELLE 8.18 ATTRIBUTE VON *PASTEP*

8.4.3 GaAcqStep (aus MARTE::GQAM)

Das Stereotyp *GaAcqStep* kennzeichnet einen Schritt, der eine Ressource akquiriert. Seine zwei Attribute mit ihrer entsprechenden Semantik sind der Tabelle 8.19 zu entnehmen.

Attribut	Typ / Vorgabewert	Beschreibung
acqRes	*Resource [0..1]*	die Ressource, die während der Schrittausführung akquiriert wird
resUnits	*NFP_Integer [0..1] = 1*	Anzahl der Ressourceneinheiten, die während der Schrittausführung akquiriert werden

TABELLE **8.19** ATTRIBUTE VON *GAACQSTEP*

8.4.4 GARELSTEP (AUS MARTE::GQAM)

Das Stereotyp *GaRelStep* bezeichnet einen Schritt, der eine akquirierte Ressource (s. letzten Abschnitt) wieder freigibt. Tabelle 8.20 schildert die Attribute von *GaRelStep*.

Attribut	Typ / Vorgabewert	Beschreibung
relRes	*Resource [0..1]*	die Ressource, die freigegeben wird
resUnits	*NFP_Integer [0..1] = 1*	zeigt an, wie viele Einheiten freigegeben werden

TABELLE **8.20** ATTRIBUTE VON *GARELSTEP*

8.4.5 PARESPASSSTEP

Die Klasse *ResPassStep* wird unmittelbar nach Verzweigungen verwendet, um auszudrücken, dass eine Ressource (Attribut *resource* in der Tabelle 8.21), die vor der Verzweigung akquiriert wurde, nach der Verzweigung nur von diesem Zweig genutzt wird. Soll diese Art der Nutzung für eine Mehrzahl von Ressourceneinheiten gelten, wird ihre Anzahl im Attribut *resUnits* angegeben (s. Tabelle 8.21). Bleiben nach dieser Zuordnung weitere akquirierte Ressourceneinheiten übrig, werden sie gemeinschaftlich von allen Zweigen genutzt.

Attribut	Typ / Vorgabewert	Beschreibung
resource	*Resource [0..1]*	die Ressource, deren Einheiten zugewiesen werden
resUnits	*NFP_Integer [0..1] = 1*	die Anzahl der Ressourceneinheiten, die zugewiesen werden

TABELLE **8.21** ATTRIBUTE VON *PARESPASSSTEP*

8.4.6 GACOMMSTEP (AUS MARTE::GQAM)

Das Stereotyp *GaCommStep* kennzeichnet eine Operation, die eine Nachricht von einem Ort zu einem anderen übermittelt, nämlich vom Host eines Schrittes zum Host des ihm folgenden Schrittes. Tabelle 8.22 stellt die Attribute eines mit *GaCommStep* annotierten Kommunikationsschrittes dar: durch Angaben in *msgSize* kann die Nachrichtengröße bei der Übermittlung definiert werden; das Attribut *concurResource* hingegen referenziert den übertragenden logischen Kanal.

Attribut	Typ	Beschreibung
msgSize	*NFP_dataSize [*]*	die Größe der Nachricht, die durch den Schritt übermittelt werden soll
concurResource	*MARTE::GRM:: Schedulab-leResource [0..1]*	der logische Kommunikationskanal, durch den die Nachricht befördert wird

TABELLE 8.22 ATTRIBUTE VON GACOMMSTEP

8.4.7 PaCommStep (aus MARTE::PAM)

Die Semantik von *PaCommStep* ist ähnlich der von *GaCommStep* (vgl. vorherigen Abschnitt), das ist also eine Operation, die eine Nachricht von einem Ort zu einem anderen übermittelt. Durch die Vererbung von *PaStep* (vgl. Bild 8.6) enthält das Stereotyp jedoch zusätzliche Verhaltensdefinitionen für Operationen, die während des Schrittes ausgeführt werden (externe Operationen und *behavDemand* für geschachtelte Szenarien). Die Nachrichtenbeförderung kann von einer Kombination aus Middleware und Netzwerkdiensten durchgeführt werden. Das Stereotyp besitzt nur vererbte und keine eigenen Attribute.

8.4.8 PaRequestedService (aus MARTE::PAM)

Bei *PaRequestedService* handelt es sich um ein zugleich von *PaStep* und *GaRequestedService* abgeleitetes MARTE-Stereotyp (vgl. Bild 8.6). Seine Semantik ist dementsprechend ähnlich der von *GaRequestedService*, d.h. das Stereotyp repräsentiert eine durch ein Systemobjekt gemachte Anfrage an eine Operation (vgl. [119], Abschnitt 15.3.2.11). Allerdings enthält es durch die Vererbung von *PaStep*, wie oben beim Stereotyp *PaCommStep*, zusätzliche Verhaltensdefinitionen für Operationen, die während des Schrittes ausgeführt werden, nämlich externe Operationen und *behavDemand* für geschachtelte Szenarien. Das Stereotyp *PaRequestedService* besitzt keine eigenen Attribute.

9 MODELLIERUNG VON AUTOMATISIERUNGSSYSTEMEN

Nach der Einführung der von UML und MARTE grundsätzlich zur Verfügung gestellten Modellierungsmittel stellt sich nun die Frage, welche von ihnen welche Inhalte des untersuchten Systems abbilden und in welcher Art sie in das Leistungsmodell einfließen. Zunächst gilt es zu bestimmen, welche Bestandteile eines Automatisierungssystems die Systemleistung beeinflussen können, um dann die für sie geeigneten Modellierungselemente zu identifizieren.

Sofern es sich beim zu untersuchenden System um eine Automatisierungslösung handelt, sind folgende Komponenten leistungsrelevant und demzufolge als integrale Bestandteile des Leistungsmodells zu betrachten:

- die System- und Anwendungs*software*,
- die *Hardware*plattform, auf der die modellierte Software läuft,
- das Verhalten der menschlichen *Operatoren*,
- die Eigenschaften des *technischen Prozesses* (einschließlich relevanter Sensoren und Aktuatoren, etc.).

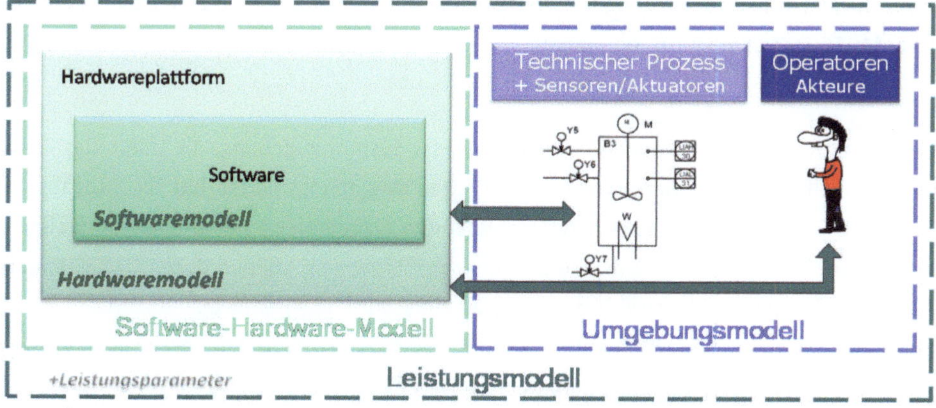

BILD 9.1 GENERISCHES LEISTUNGSMODELL EINES AUTOMATISIERUNGSSYSTEMS

Die Leistungseigenschaften aller dieser Komponenten sowie die an die Systemleistung gestellten Anforderungen, beide unter dem Überbegriff *Leistungsparameter* zusammengefasst, gehören ebenso unabdinglich zum Leistungsmodell eines Automatisierungssystems. Bild 9.1 stellt die Komponenten des Leistungsmodells für ein Automatisierungssystem sowie ihre Interaktionsstruktur dar. Unentbehrlich für das Leistungsmodell sind Komponenten, die das Verhalten (i.d.R. die Softwarefunktionalität, es könnte sich jedoch auch um die Beschreibung eines übergeordneten Prozesses handeln, vgl. Abschnitt 13.6) erfassen sowie die Beschreibung der Ereignisse, die dieses Verhalten beeinflussen. Die Hardware- sowie Umgebungskomponenten sind für das Leistungsmodell nicht zwingend und daher optional (bei der Optimierung von Prozessen beispielsweise werden sie gewöhnlich nicht modelliert). Bei Informationssystemen spielen abgesehen vom technischen Prozess die gleichen Faktoren eine Rolle. Daher sind alle Aussagen dieser Arbeit zur Leistungsmodellierung und -auswertung sowohl in der Automatisierungs- als auch in der Informationstechnik gültig und anwendbar.

BILDUNG DES HARDWARE-SOFTWARE-MODELLS

Bei der Softwaremodellierung sind aus Sicht der Leistungsbewertung weniger die strukturbezogenen, mit Klassen- und Anwendungsfalldiagrammen modellierten Eigenschaften der zu untersuchenden Software von Bedeutung. Vielmehr ist eine korrekte Beschreibung der Softwareabläufe nötig. Für die Modellierung von Softwareverhalten eignen sich die UML-*Aktivitäts-, Interaktions- und Zustandsdiagramme* in ihrer Standarddefinition, wobei die Besonderheiten des Systems über die zu wählende Modellierungssicht entscheiden. Prozesse sind mit den gleichen Mitteln wie Software abzubilden. Die Elemente der Verhaltensdiagramme sind mit den MARTE-Stereotypen für Schritte zu annotieren.

Hardwareknoten, ihre Eigenschaften und wechselseitigen Beziehungen untereinander bestimmen die Systemarchitektur und lassen sich in UML mit *Verteilungsdiagrammen* abbilden. Eine geeignete Annotierung für die Elemente dieser Diagrammart bietet die Gruppe mit den MARTE-Stereotypen für Ressourcen.

BILDUNG DES UMGEBUNGSMODELLS

Das Software-Hardware-Modell interagiert mit der Systemumgebung, die durch das Umgebungsmodell wiedergegeben wird (Bild 9.1). Das Umgebungsmodell hat die Aufgabe, die vom technischen Prozess und den Systembedienern erzeugten und empfangenen Ereignisse abzubilden. Diese externen, ein- und ausgehenden Ereignisse können durch UML-Standardelemente wie Signale (*AcceptEventActions*, vgl. Abschnitt 13.4) oder OCL-Ausdrücke modelliert werden. Essentiell für das Leistungsmodell und daher stets zu definieren sind jedoch die initiierenden, aus der Umgebung kommenden Ereignisse, die das modellierte Verhalten starten. Ihre Spezifikation erfolgt in MARTE durch die Mittel der Workload-bezogenen Stereotype. Workloads sind initiierenden Elementen (in dieser Arbeit noch als Wurzelknoten bezeichnet) anzuhängen, beispielsweise der ersten Nachricht eines Interaktionsdiagramms oder dem Startknoten einer Aktivität (vgl. dazu Kapitel 13, insbesondere Abschnitt 13.3).

In Tabelle 9.1 sind einige der wichtigen Modellierungsmöglichkeiten für die leistungsrelevanten Komponenten eines automatisierungstechnischen Systems aufgeführt. Empfehlungen für ihre Abbildung in UML befinden sich in der mittleren Spalte, die rechte Spalte listet zu ihnen passende MARTE-Stereotype auf.

Leistungsrelevante Komponente	**UML-Modellierung**	**MARTE-Gruppe**
Systemkontext	Inhalt aller UML-Diagramme	Kontext-bezogene Elemente; impliziter Inhalt des Modells
Software	Verhaltensdiagramme	Schritte
Hardware	Strukturdiagramme, insbesondere Verteilungsdiagramm	Ressourcen
Operatoren	Wurzelknoten von Verhaltensdiagrammen (vgl. Abschnitt 13.3); Signale; OCL-Ausdrücke; Akteure	Workload-bezogene Elemente; Schritte für Signale
technischer Prozess	Verhaltenseinheiten wie Aktionen, Nachrichten, Ereignisse und Signale in Verhaltensdiagrammen; OCL-Ausdrücke; Akteure	Workload-bezogene Elemente; Schritte, insbesondere unter Verwendung externer Operationen (s. *PaStep::extOpDemand*, Abschnitt 8.4.2)

TABELLE 9.1 MODELLIERUNG DER INTEGRALEN AT-KOMPONENTEN MIT UML UND MARTE

Bild 9.2 zeigt eine exemplarische Systemarchitektur, für deren Modellierung ein UML-Verteilungsdiagramm genutzt wurde. Die Elemente im Diagramm (vgl. Abschnitt 13.1) sind mit MARTE-Stereotypen aus der Gruppe der Ressourcen annotiert (vgl. Tabelle 9.1) und teilweise (Knoten) mit zusätzlichen Eigenschaftswerten versehen.

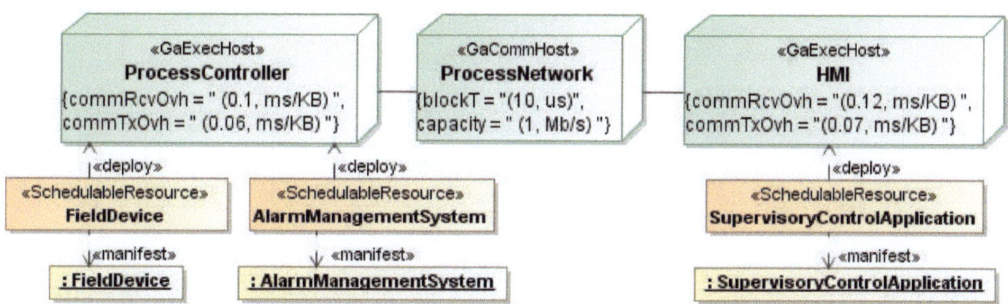

BILD 9.2 BEISPIEL FÜR EIN HARDWAREMODELL IN FORM EINES MARTE-ANNOTIERTES VERTEILUNGSDIAGRAMM

Im Bild 9.3 ist ein einfaches Verhaltensszenario dargestellt, das in Form eines MARTE-annotierten Sequenzdiagramms modelliert wurde. Die teilnehmenden Objekte (Ressourcen) sind Instanzen der Architektur (Bild 9.2) und tauschen Nachrichten (Schritte, vgl. Tabelle 9.1) aus. Auf die Darstellung der Attribute in den Methodenaufrufen sowie der meisten Eigenschaftswerte der Elemente wurde aus Übersichtlichkeitsgründen verzichtet.

Obwohl die leistungsrelevanten Systemkomponenten eines automatisierungstechnischen Systems mit UML und MARTE scheinbar geeignet abgebildet werden können, stoßen beide

Spezifikationen an ihre Grenzen, wenn es darum geht, unterscheidbare Instanzen in das Modell einzubeziehen. Dies trifft insbesondere auf die triggernden Ereignisse im Workload zu. So sind alle 1000 Ereignisse (*occurrences*) im Bild 9.3 identisch, denn sie besitzen keine Attribute, die sie charakterisieren oder unterscheidbar machen. Objekten können über Zusicherungen zwar Eigenschaften zugewiesen werden (beispielsweise durch die Zuweisung von Werten an Variablen), in diesem Fall gelten jedoch die spezifizierten Werte für alle Objekte. Die einzelnen Entitäten bleiben auch dann nicht identifizierbar. Dementsprechend verläuft die abgebildete Funktionalität auch für alle Ereignisse gleich und es ist nicht ohne Weiteres möglich, optionale eigenschaftsspezifische Schritte auszuführen, beispielsweise im Szenario von Bild 9.3 das Versenden nur ausgewählter kritischer Alarme zusätzlich auch per E-Mail oder Kurznachricht zu veranlassen. Das Problem kann im Hinblick auf die spätere Leistungsanalyse auf zwei Wegen gelöst werden. Eine Möglichkeit wäre, UML und/oder MARTE derart zu erweitern, dass die gewünschten Inhalte modellierbar werden. Nachteilig ist bei diesem Verfahren, dass keine Standard-Werkzeuge mehr genutzt werden können. Eine andere Alternative ist, diese Inhalte erst später in das Leistungsanalysemodell einzugeben. Vorausgesetzt werden in diesem Fall Kenntnisse über die Domäne des Leistungsanalysemodells.

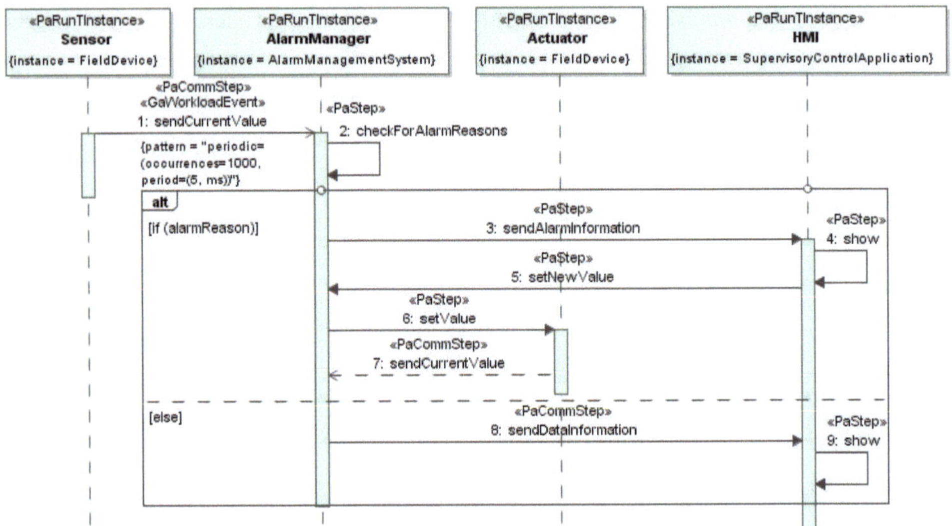

BILD 9.3 BEISPIEL FÜR VERHALTENSMODELLIERUNG ANHAND VON UML-SEQUENZDIAGRAMMEN UND MARTE

Als andere gravierendere Defizite bei der Modellierung mit UML, die unter anderem auch die Notwendigkeit der Überführung des Leistungsmodells in ein Leistungsanalysemodell auf einer anderen methodologischen Basis begründen, müssen folgende Auffälligkeiten aufgelistet werden:

- UML-Modelle stellen keine ausführbaren Modelle dar;
- UML ist semantisch nur semi-formal spezifiziert, was die eindeutige Interpretation von Modellen und Werten erheblich erschwert;
- in UML-Modellen fehlt es an einer geeigneten Möglichkeit, Zusammenhänge zur Ermittlung der Leistungsparameter einzupflegen. Beispielsweise kann die Auslastung einer Ressource erst dann ausgerechnet werden, wenn zusätzlich spezifiziert wird, dass es sich dabei um die Zeit handelt, in der die Ressource beansprucht wurde, bezogen auf das gesamte Beobachtungsintervall. UML sieht die Definition solcher Postulate nicht vor.

Daher ist die Auswertung der Information im annotierten UML-Modell nicht direkt möglich. Ein Lösungsansatz, mit dessen Hilfe die genannten Defizite ohne Mehraufwand für den Modellierer überwunden werden können, ist eine automatisierte Transformation der bereits bestehenden Leistungsmodelle in eine andere Modellierungsdomäne, die die Modellverifikation samt Leistungsanalyse ermöglicht. Diese Domäne stellen in dem hier verfolgten Ansatz die Generalisierten Netze dar, die im folgenden Kapitel vorgestellt werden.

10 GENERALISIERTE NETZE

10.1 HISTORISCHE ENTWICKLUNG DER PETRI-NETZE

Petri-Netze werden seit Jahrzehnten im Bereich der Automatisierungstechnik und Informationsverarbeitung erfolgreich angewendet. In ihrer klassischen Variante [130] zeigen sie jedoch einige Nachteile und Schwächen. Dazu zählen beispielsweise die schnell wachsende Größe und damit verbundene Unübersichtlichkeit des Modells, die willkürliche Lösung von Konflikten, die Einschränkung auf zeitlose Betrachtungen sowie die fehlende Möglichkeit mit lokalen und globalen Daten zu operieren. Die Bestrebung, diese Nachteile zu überwinden, führte zu zahlreichen Erweiterungen und Modifikationen der Petri-Netze. Zu den markantesten Erweiterungen bestimmter Petri-Netz-Klassen zählen:

- das Hinzufügen von speziellen Eigenschaften zu den Transitionen (Join-, Fork-, Makrotransitionen), Stellen (Entscheidungsstellen) und Kanten (Inhibitor- und Reset-Kanten);
- die Erweiterung der Marken um Attribute (beispielsweise Farben), um sie unterscheidbar (untereinander, aber auch zwischen lokal und global) zu machen;
- die Erweiterung um Zeitabgaben (Ablauf- bzw. Verzögerungszeiten) stochastischer oder deterministischer Natur;
- Steuerung des Markenflusses über logische Bedingungen, die Hilfe bei der Lösung von Konflikten, beim Treffen von Entscheidungen oder bei der Einführung von Prioritäten leisten [147].

Bei den in dieser Arbeit eine zentrale Stelle annehmenden Generalisierten Netzen handelt es sich um eine Verallgemeinerung dieser Erweiterungskonzepte.

10.2 GENERALISIERTE NETZE VS. ANDERE KLASSEN VON PETRI-NETZEN

Generalisierte Netze (GN) wurden im Jahr 1983 von Atanassov [9] vorgeschlagen und umfassen weitgehend die zu dieser Zeit bekannt gewesenen Petri-Netz-Modifikationen. Als einer der wichtigsten Unterschiede zwischen den GN und anderen Klassen von Petri-Netzen sei die semantisch mächtige Definition der *Transitionen* erwähnt. Während bei den anderen Klassen von Petri-Netzen die Grundelemente Transition und Stelle sich auf gleicher Ebene befinden, ergibt sich durch die neuartig definierte GN-Transition eine Art Hierarchie zwischen diesen beiden Grundelementen. Die Transition im Generalisierten Netz ist ein komplexes Objekt, das syntaktisch neben dem eigentlichen Transitionssymbol (s. Abschnitt 10.3) alle zugehörigen Eingangs- und Ausgangsstellen sowie verschiedene Indexmatrizen beinhaltet. Eine *Indexmatrix* definiert dabei die Kapazität der verbindenden Kanten für jede Transition, eine andere Indexmatrix beinhaltet die *Prädikate*, deren aktueller Wahrheitswert die Richtung des Markenflusses von den Eingangs- zu den Ausgangsstellen bestimmt. Die mit *true* beleg-ten Prädikate in der Indexmatrix weisen auf einen möglichen Pfad zwischen der Eingangs- und Ausgangsstelle hin. Prädikate können statt der Wahrheitswerte *true* und *false* auch mit beliebigen auswertbaren logischen Ausdrücken belegt werden. Diese werden dann dyna-misch ausgewertet. Es existiert eine einzige Einschränkung bezüglich der Prädikate und zwar, dass sie nicht von zukünftigen Ereignissen abhängen dürfen (vgl. dazu [10]). Dieser Mecha-nismus der Prädikatdefinition sorgt für eine sehr flexible Steuerlogik im Netz, indem für alle Paare {Eingangsstelle, Ausgangsstelle} derselben Transition verschiedene Bedingungen für die Markenübergänge zulässig sind. Die Definition der Transition als komplexes Objekt er-laubt zudem die Abbildung von Ressourcen in einem zusammenhängenden Kontext (in den anderen bekannten Petri-Netzen entsprechen einer Ressource mehrere Transitionen) und sichert somit das gleiche Abstraktionsniveau wie beim UML-Modell. Dadurch gelingt es, die Übersichtlichkeit auch im Leistungsanalysemodell beizubehalten; die Korrespondenz zwi-schen Quell- und Zieldomäne bleibt intuitiv klar.

Generalisierte Netze sind strukturell wie Synchronisationsgraphen aufgebaut und sind dem-zufolge – die richtige Anwendung der entsprechenden Mechanismen für Priorisierung, Mar-kenteilung bzw. -zusammenführung und Steuerlogik vorausgesetzt – *konfliktfrei*. Ferner kann der Zeitschritt für die Markenbewegungen in einem Generalisierten Netz auf einer beliebi-gen *Zeitskala* festgelegt werden.

Die *Marken* eines GN sind im Allgemeinen, im Unterschied zu den klassischen Petri-Netzen, unterscheidbare Instanzen mit eigenen Bezeichnern, die das Netz mit bestimmten Anfangs-charakteristiken betreten. Im Laufe ihrer Wanderung durch das Netz erwerben die Marken weitere Charakteristiken, die faktisch eine *Historie* der Ereignisse im Netz repräsentieren und demzufolge als Grundlage für eine anschließende Analyse dienen können. Durch die dynami-sche Änderung der Markencharakteristiken (z.B. der Markenpriorität) während der Simulati-on und/oder deren Auswertung (Vergleich der Ankunftszeiten) kann Einfluss auf die Mar-kenbewegungsdisziplin (*First In First Out, Fixed Priority*, etc.) genommen werden.

Über Generalisierte Netze wurden des Weiteren zahlreiche *Operatoren* (z.B. hierarchische, reduzierende, etc., siehe dazu [10]) definiert. Einige weitere Besonderheiten sind beispiels-weise die frei spezifizierbaren Kapazitäten für Kanten und Stellen sowie die Prioritäten für Transitionen, Stellen und Marken (zum Vergleich: (L)GSPN unterscheidet zwei Arten von Transitionen, die Reihenfolge der Aktivierung ist vorbestimmt).

Es folgt die Einführung einiger gängiger Begriffe aus der Domäne der Generalisierten Netze sowie ihre formale Definition.

10.3   GRUNDBEGRIFFE UND FUNKTIONSWEISE DER GENERALISIERTEN NETZE

Aufgrund des komplexen Charakters der Transition kann ein Generalisiertes Netz informal als eine Menge *Transitionen* betrachtet werden [10]. Eine GN-Transition stellt ein mehrteiliges Objekt dar (vgl. Abschnitt 10.4.1) und umfasst eine in einer besonderen Art grafisch darzustellende Gesamtheit aus *Stellen*[16], *Kanten*, dem *Transitions-* und dem *Bedingungssymbol*. Bild 10.1 zeigt exemplarisch eine GN-Transition mit je drei Eingangs- und drei Ausgangsstellen.

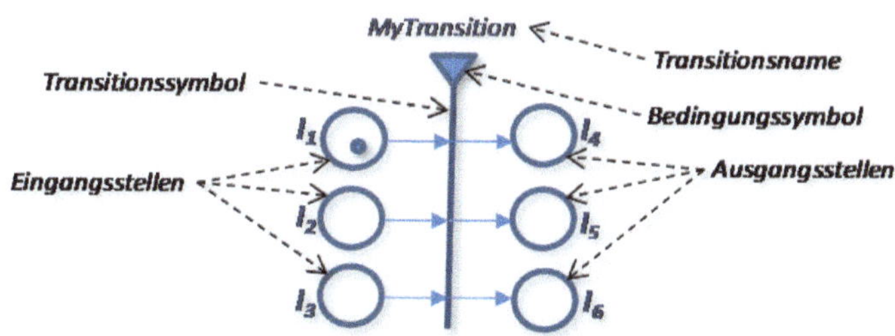

BILD 10.1 DAS OBJEKT TRANSITION IN GENERALISIERTEN NETZEN

Das Bedingungssymbol ist das Dreieck über der vertikalen Transitionslinie, die über gerichtete Kanten mit den Stellen der Transition verbunden ist. Ist die Kante auf das Transitionssymbol gerichtet, ist die Stelle eine *Eingangsstelle* für die Transition. Zeigt die Spitze hingegen auf die Stelle, handelt es sich um eine *Ausgangsstelle* für diese Transition. Die Ausgangsstelle einer Transition kann gleichzeitig auch eine Eingangsstelle einer anderen oder aber auch derselben Transition darstellen (Verbindung über eine Schleife). Jede Transition besitzt mindestens eine Eingangs- und eine Ausgangsstelle, wobei es sich dabei auch um dieselbe Stelle handeln kann.

Jede Stelle im Generalisierten Netz darf höchstens eine eingehende und eine ausgehende Kante besitzen. Stellen ohne eingehende Kanten nennen sich *Netzeingänge*, Stellen ohne ausgehende Kanten *Netzausgänge*. In den Netzeingängen werden gewöhnlich die Marken generiert, die Netzausgänge sammeln die Marken, die ihre Bewegung durch das Netz beendet haben.

Für jede Transition wird eine *Prädikatmatrix* (auch *Bedingung der Transition* genannt) mit der Dimension [m x n] erzeugt, wobei m die Anzahl der Eingangs- und n die Anzahl der Ausgangsstellen dieser Transition bezeichnen. Diese Indexmatrix stellt die Semantik hinter dem grafischen Bedingungssymbol dar. In jedes Feld dieser Matrix wird ein *Prädikat* eingetragen, das einen der booleschen Werte *true* und *false* besitzt oder aber einen beliebig komplexen logischen Ausdruck definiert. Jedes Prädikat bezeichnet einen möglichen Pfad zwischen Ein-

---

[16] In dieser Arbeit werden die Begriffe „Stelle" und „Platz" im Bezug auf die GN synonym verwendet.

gangsstelle (Zeile) und Ausgangstelle (Spalte) dieser Transition. Zur Veranschaulichung zeigt Bild 10.2 eine mögliche Indexmatrix für die im Bild 10.1 dargestellte Transition.

$r_{MyTransition}$	l_4	l_5	l_6
l_1	*true*	W_1	*false*
l_2	*false*	$\neg W_1$	*true*
l_3	W_2	*true*	*false*

$\underline{W_1 = \text{„logischer Ausdruck 1"}}$
$\underline{W_2 = \text{„logischer Ausdruck 2"}}$

BILD 10.2 INDEXMATRIX MIT PRÄDIKATEN

Die *Marken* im Netz (der kleine Kreis in Stelle l_1 im Bild 10.1) bewegen sich von den Eingangs- zu den Ausgangsstellen der Transition, falls die Prädikate im Moment der Auswertung, d.h. mit der aktuellen Aktivierung der entsprechenden Transition, einen wahren Wert besitzen. Andernfalls, d.h. wenn die Auswertung des entsprechenden Prädikats *false* ergibt, kann die Marke nicht passieren und verbleibt für diese Aktivierung der Transition in der entsprechenden Eingangsstelle. Für das gezeigte Beispiel bedeutet dies: bei einer Aktivierung der Transition *MyTransition* wird zunächst der aktuelle Wahrheitswert der Prädikate W_1 und W_2 geprüft. Wird W_1 als wahr gewertet, teilt sich die in der Stelle l_1 befindliche Marke (die Teilung geschieht nicht automatisch beim Übergang, sondern muss aktiv durch eine entsprechende charakteristische Funktion, s. Abschnitt 10.4.2, vorgenommen werden) und geht in die Stellen l_4 (bedingungslos) und l_5 (aufgrund der Auswertung von W_1) über. Eine sich in der Eingangsstelle l_2 eventuell befindliche Marke würde unter derselben Konstellation (nur) in die Ausgangstelle l_6 übergehen, weil die Prädikate für den Übergang in die Stelle l_4 (stets *false*) und in die Stelle l_5 aktuell (nicht W_1 ist *false*, wenn W_1 *true*) durch ihren Wahrheitswert keine Bewegung erlauben.

Die Aktivierung einer GN-Transition – die zwingende Voraussetzung für das Passieren einer Marke – findet zu vorgegebenen Zeitpunkten statt (s. nächsten Abschnitt). Sie kann jedoch zusätzlich von einer Bedingung, der sogenannten *Übergangsinvariable*, oder aus der Literatur auch als *Typ der Transition* (*transition condition*) bekannt, abhängig gemacht werden. Sie bestimmt, wie viele Marken in welchen konkreten Eingangsstellen der Transition vorhanden sein müssen, um Markenbewegungen über diese Transition zuzulassen.

Während des Aktivzustandes einer Transition kann nur eine Marke übergehen, die nach einem vordefinierten Algorithmus aus allen in den Eingangsstellen dieser Transition wartenden Marken ermittelt wird. Möglich ist jedoch bei den Generalisierten Netzen auch die paketweise Bewegung von Marken. Ein *Markenpaket* verhält sich wie eine Marke. Voraussetzung für diese Art der Fortbewegung ist, dass alle Marken im Paket von einer Eingangsstelle in dieselbe Ausgangsstelle übergehen.

Jede Stelle im Generalisierten Netz hat eine bestimmte *Kapazität*. Eine zusätzliche Bedingung für das Stattfinden einer Markenbewegung neben der Aktivierung der Transition und einem wahren Wahrheitswert des Prädikats ist somit, dass die empfangende Stelle ihre *Kapazität* nicht erreicht hat. Für Paketbewegungen kann die Definition einer maximalen Kapazität für die die beiden Stellen verbindende Kante sinnvoll sein. Zu beachten ist, dass die gemeinte Kante grafisch aus zwei separaten Teilen besteht – dem Pfeil zwischen Eingangsstelle und Transitionssymbol und diesem zwischen Transitionssymbol und Ausgangsstelle. Bei der grafischen Notation ist es nicht zwingend erforderlich, dass die zweite Kante am Ende der ersten beginnt.

Im zeitlichen Aspekt wird ein Generalisiertes Netz zunächst durch die Festlegung einer *Zeitskala* definiert. Da der Fokus dieser Arbeit auf der simulationsbasierten Auswertung der GN liegt, bestimmt die Zeitskala den Zeitschritt der Simulation. Für jedes Simulationsexperiment sind zusätzlich der Simulationsbeginn (in der Regel Zeitpunkt 0) und die Simulationsdauer anzugeben.

Marken können während der ganzen Simulation generiert werden. Im Regelfall werden dazu die Netzeingänge des Generalisierten Netzes verwendet. Bei ihrem Eintritt in das Netz besitzt jede Marke eine oder mehrere *Anfangscharakteristiken*. Bei jeder Bewegung der Marke durch das Netz können weitere Charakteristiken hinzugefügt werden.

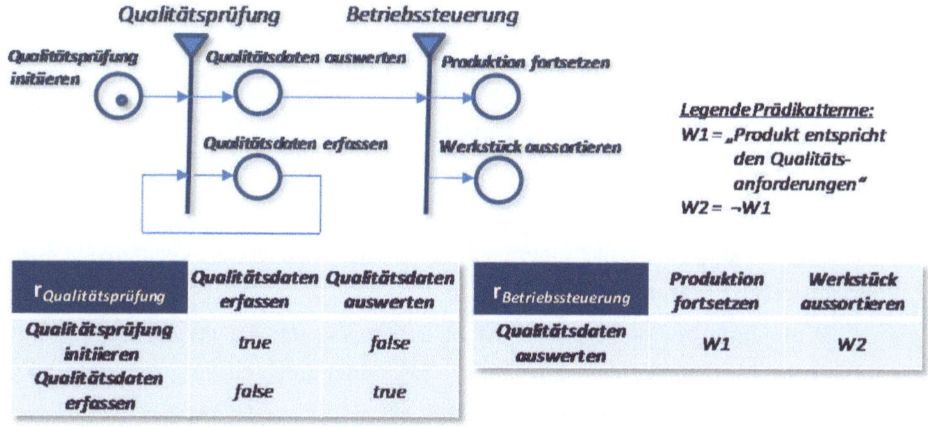

$r_{Qualitätsprüfung}$	Qualitätsdaten erfassen	Qualitätsdaten auswerten
Qualitätsprüfung initiieren	true	false
Qualitätsdaten erfassen	false	true

$r_{Betriebssteuerung}$	Produktion fortsetzen	Werkstück aussortieren
Qualitätsdaten auswerten	W1	W2

BILD 10.3 EIN TEILPRODUKTIONSPROZESS ALS GENERALISIERTES NETZ

Zur Veranschaulichung der wichtigsten Grundbegriffe zeigt Bild 10.3 ein einfaches Generalisiertes Netz, das einen Teil eines Produktionsprozesses modelliert. Die abgebildete Qualitätssicherung wird periodisch initiiert (Aktivierung der Transition *Qualitätsprüfung*) und erfasst dabei die qualitätsrelevanten Daten für die im Netzeingang (*Qualitätsprüfung initiieren*) vorhandene Marke (das Prädikat *true* in der Indexmatrix $r_{Qualitätsprüfung}$ bestimmt den bedingungslosen Übergang in die Stelle *Qualitätsdaten erfassen*). Die Marken stellen im Beispiel die Werktücke in der Produktion dar. Sie können wahlweise im selben Netz generiert (wenn nur dieser Teilprozess interessiert) oder von einem anderen Netz (Teilprozess) übernommen werden. Bei der nächsten Aktivierung der Transition *Qualitätsprüfung* werden die aufgenommenen Daten ausgewertet (Prädikat *true* zwischen den Stellen *Qualitätsdaten erfassen* und *Qualitätsdaten auswerten*); parallel dazu werden die Qualitätsdaten für das nächste Werkstück (für die Marke in der Stelle *Qualitätsdaten erfassen*) aufgenommen. Das Resultat aus der Auswertung wird als Charakteristik der Marke gespeichert, die bei der Aktivierung der Transition *Betriebssteuerung* evaluiert wird. Entsprachen die aufgenommenen Daten den Qualitätsanforderungen, wandert die Marke (das Werkstück) in die Stelle *Produktion fortsetzen* (Prädikat W1 in der Indexmatrix $r_{Betriebssteuerung}$), andernfalls wird das Werkstück aussortiert (W2 wird als wahr ausgewertet und bestimmt somit den Übergang in die Stelle *Werkstück aussortieren*).

10.4   FORMALE DEFINITION DER GENERALISIERTEN NETZE

Gemäß der Aussage aus dem vorigen Abschnitt kann ein Generalisiertes Netz als eine Menge Transitionen betrachtet werden. Nach der Einführung in die Begrifflichkeit der Domäne folgt nun die formale Definition der GN-Transition und der darauf aufbauenden formalen Definition der Generalisierten Netze im mathematischen Kontext.

10.4.1   DEFINITION DER GN-TRANSITION

Eine GN-Transition ist durch das folgende 7-Tupel beschrieben:

$$Z = <\, L',\ L'',\ t_1,\ t_2,\ r,\ M,\ \square\, >.$$

Die Elemente im 7-Tupel haben folgende Bedeutung:

- L' und L'' sind endliche, nicht leere Mengen, deren Elemente die *Eingangs-* bzw. *Ausgangsstellen* der Transition darstellen;
- t_1 ist der erste bzw. jeweils jeder nächste *Zeitpunkt der Aktivierung* der Transition. Der erste Zeitpunkt wird angegeben, alle folgenden durch die vorgegebene Funktion θ_1 errechnet (siehe Abschnitt 10.4.2);
- t_2 ist die *Dauer des Aktivzustandes* der Transition. Der Wert wird analog zu t_1 über eine Funktion θ_2 bestimmt, sodass sie nicht zwingend eine Konstante darstellen muss;
- r ist die bereits eingeführte *Prädikatmatrix*, deren Matrixelemente $r_{i,j}$ – die Prädikate – die Bewegung der Marken zwischen der i-ten Eingangs- und j-ten Ausgangsstelle

bestimmen. Nur wenn zum Zeitpunkt der Transitionsaktivierung das Prädikat $r_{i,j}$ als wahr ausgewertet wird, findet ein Markenübergang zwischen den entsprechenden Stellen i und j statt. Die Prädikatmatrix hat folgende allgemeine Darstellungsform:

r	l_1''	...	l_j''	...	l_n''
l_1'					
...			$r_{i,j}$		
l_i'					
			$(1 \leq i \leq m, 1 \leq j \leq n)$		
...					
l_m'					

- M bezeichnet die *Indexmatrix der Kantenkapazitäten*, oder kurz die *Kapazitätsmatrix*, die die gleiche Struktur wie die Prädikatmatrix aufweist:

M	l_1''	...	l_j''	...	l_n''
l_1'					
...			$m_{i,j}$		
l_i'					
			$(1 \leq i \leq m, 1 \leq j \leq n)$		
...					
l_m'					

Ihre Elemente $m_{i,j} \in \mathbb{N}$ definieren die Kantenkapazitäten der Transition. Eine so spezifizierte Kante besteht aus zwei gerichteten Linien, jeweils zwischen der Eingangsstelle i und dem Transitionssymbol sowie zwischen dem Transitionssymbol und der Ausgangsstelle j.

- Das Element $\square$ ist die Übergangsinvariable, die in Form eines booleschen Ausdrucks spezifiziert, welche Eingangsstellen einer Transition mindestens markiert sein müssen, damit die Transition feuern kann. Der boolesche Ausdruck $\square$ stellt somit die logische Verknüpfung (UND, ODER bzw. eine beliebige Kombination daraus) der Funktionen v_i dar. v_i sei eine Funktion, die bezeichnet, ob in der Stelle l_i' Marken vorhanden sind:

$$v_i = v(l_i') = \begin{cases} 1, \text{falls } \textit{mind. eine} \text{ Marke in Stelle } l_i' \text{ vorhanden, } l_i' \subset L' \\ 0, \text{falls } \textit{keine} \text{ Marken in Stelle } l_i' \text{ vorhanden, } l_i' \subset L' \end{cases}$$

Der folgende Ausdruck

$$\square = \wedge (v_1, v_2, ..., v_u)$$

bedeutet, dass in jeder der Eingangsstellen $l_1', l_2', ..., l_u'$ der Transition mindestens eine Marke vorhanden sein soll. Der Ausdruck

$$\square = \vee (v_1, v_2, ..., v_u)$$

hingegen ist so zu interpretieren, dass mindestens in einer der Eingangsstellen $l_1', l_2', ..., l_u'$ eine Marke vorhanden sein muss, damit die Transition aktiviert werden kann.

10.4.2   TUPELDEFINITION DER GENERALISIERTEN NETZE

Aufbauend auf der formalen Definition der Transition wird ein Generalisiertes Netz nach [10] durch das folgende 4-Tupel definiert:

$$E = \quad <<A, \pi_A, \pi_L, c, f, \theta_1, \theta_2>,$$
$$<K, \pi_k, \theta_K>,$$
$$<T, t°, t^*>,$$
$$<X, \Phi, b>>.$$

Die vier Felder des Tupels beziehen sich auf die Transitionen, Marken, Zeitangaben und Historie des Generalisierten Netzes, in derselben Reihenfolge wie im 4-Tupel. Die Nummerierung in der folgenden Aufzählung geht mit der Position des Feldes im 4-Tupel einher.

Es folgt die Erläuterung der einzelnen Elemente des Tupels.

1) Das Feld der **Transitionen** umfasst insgesamt sieben Elemente mit der jeweils nachstehenden Bedeutung:

    1.1)   *A* bezeichnet eine nicht leere *Menge von Transitionen* der im Abschnitt 10.4.1 beschriebenen Art;

    1.2) π_A ist die *Funktion der Transitionenprioritäten*: $\pi_A : A \rightarrow \mathbb{N}$; $\mathbb{N} = \{0, 1, 2, \ldots\} \cup \{\infty\}$;

    1.3) π_L ist die Bezeichnung der Funktion der *Stellenprioritäten*: $\pi_L : L \rightarrow \mathbb{N}$, wobei:

- $L = pr_1 A \cup pr_2 A$,
- $pr_i X$ bezeichnet die *i*-te Projektion der *n*-dimensionalen Menge *X*, $n \in \mathbb{N}$, $n \geq 2$ und $1 \leq i \leq n$ (*L* ist die Menge aller Stellen im Generalisierten Netz);

    1.4)   *c* steht für die die *Stellenkapazitäten* bestimmende Funktion: $c : L \rightarrow \mathbb{N}$;

    1.5)   *f* ist eine boolesche Funktion, die *den Wahrheitswert der Prädikate* $r_{i,j}$ bestimmt (kurz *Prädikatsfunktion*). Zulässige Werte für die Prädikatsfunktion *f* sind demzufolge *true* oder *false* bzw. Elemente der Menge $\{0, 1\}$[17];

    1.6) θ_1 bestimmt den nächsten *Zeitpunkt der Aktivierung* einer Transition: $\theta_1(t)=t'$, wobei $t, t' \in [T, T + t^*]$ (für die Definition von *T* und t^* siehe Punkt 3)) und $t \leq t'$. Der Wert dieser Funktion wird am Ende der aktuellen Aktivperiode neu berechnet und in der Variable t_1 (s. Abschnitt 10.4.1) gespeichert.

    1.7) θ_2 ist eine Funktion, die die *Dauer des Aktivzustandes* einer Transition bestimmt: $\theta_2(t)=t'$, wo $t \in [T, T + t^*]$ und $t' \geq 0$. Der Funktionswert wird im Zeitpunkt errech-

---

[17] Diese Funktion kann bei den sogenannten *Intuitionistic Fuzzy Generalized Nets* [12] auch andere Werte annehmen.

net, in dem die Transition feuert. Sollten die Transitionen des Generalisierten Netzes nicht gleichzeitig feuern, werden θ_1 und θ_2 für jede Transition separat bestimmt.

2) Das zweite Feld des 4-Tupels eines Generalisierten Netzes beschreibt seine **Marken** und deren Eigenschaften:

   2.1) *K* bezeichnet die nicht leere *Menge der Marken* im Generalisierten Netz. Die Darstellung dieser Menge erfolgt in der Form $K = U_{l \in Q^l} K_l$, wobei K_l die Menge der Marken, die vor der Stelle *l* warten und Q^l die Menge aller Eingangsstellen im Netz darstellt.

   2.2) $\pi_K : K \to \mathbb{N}$ ist die Funktion der *Markenprioritäten*;

   2.3) durch die Funktion θ_K wird der *Eintrittszeitpunkt einer Marke* ins Generalisierte Netz bestimmt: $\theta_K(\alpha)=t$, mit $\alpha \in K, t \in [T, T + t^*]$.

3) Es folgt das die **Zeitaspekte** des Generalisierten Netzes spezifizierende Feld:

   3.1) Als erstes Element darin spezifiziert *T* den *Startzeitpunkt eines Simulationsexperiments* mit dem definierten Generalisierten Netz. Dieser Zeitpunkt wird durch eine fixierte globale Zeitskala bestimmt;

   3.2) mit *t°* wird der *elementare Zeitschritt* dieser fixierten Zeitskala gekennzeichnet;

   3.3) t^* bestimmt die *Dauer der Simulation*.

4) Zuletzt gehören zur Definition des Generalisierten Netzes auch die Elemente, die eine Art **Speicher** darstellen und den vorangegangenen Ablauf im Netz abbilden.

   4.1) *X* stellt die *Menge der Anfangscharakteristiken* (Initialcharakteristiken) der Marken dar;

   4.2) durch die sogenannte *charakteristische Funktion* Φ wird spezifiziert, welche neuen Charakteristiken jede Marke bei ihrer Wanderung durch das Netz hinzu bekommt. Historisch hat sich etabliert, dass für jede Stelle im Netz eine eigene charakteristische Funktion spezifiziert wird, die besagt, wie mit den in dieser Stelle ankommenden Marken zu verfahren ist – welche ihrer Charakteristiken sind für eine Entscheidung relevant und welche davon müssen geändert bzw. hinzugefügt werden.

   4.3) die Funktion *b* gibt die *maximale Anzahl der Charakteristiken* an, die eine Marke während ihrer Bewegung im Generalisierten Netz bekommen kann, d.h. $b : K \to \mathbb{N}$. Bei einer Definition $b(\alpha)=\infty$ würde die Marke alle Charakteristiken behalten, bei $b(\alpha)=K < \infty$ speichert sie stets die letzten *K* Charakteristiken (die Anfangscharakteristik bleibt dabei immer erhalten).

10.4.3   Funktions-/Strukturbezogene Besonderheiten der Generalisierten Netze

Bei dem Erarbeiten eines Generalisierten Netzes ist es nicht zwingend erforderlich, alle Felder komplett zu spezifizieren. Netze mit fehlenden Elementen, anstelle derer in die Definition Sterne („*") eingefügt werden, nennen sich Reduzierte Generalisierte Netze [10]. In dieser Arbeit handelt es sich vorrangig um solche reduzierten Netze. Daher ist der Begriff „Generalisiertes Netz" eher als eine verkürzte Schreibweise für „Reduziertes Generalisiertes Netz" zu verstehen. Dennoch müssen einige GN-Elemente zur Sicherung der Simulationsfähigkeit zwingend definiert werden. Die Werte dieser Elemente ergeben sich im hier verfolgten Ansatz entweder unmittelbar aus dem UML-Modell oder – wenn keine entsprechende Information daraus abgeleitet werden kann – sie werden mit Vorgabewerten belegt, wobei diese Maßnahme als eine Art Formalisierung des Leistungsmodells zu betrachten ist. Die Formalisierung betrifft neben den fehlenden auch vorhandene, jedoch nur semi-formal spezifizierte Elemente wie beispielsweise die Bedingungen (*guards*) im UML-Modell.

Folgende Elemente, deren Aufzählung entsprechend der Tupelnummerierung aus Abschnitt 10.4.2 erfolgt, sind für ein GN zwingend erforderlich und werden ggf. mit Vorgaben gefüllt:

1) Die Menge aller Transitionen mit ihren Ein- und Ausgangsstellen und der jeweiligen vollständigen Prädikatmatrix, die aus dem Entwurfsmodell abgeleitet werden. Mit Vorgabewerten werden der Zeitpunkt der Aktivierung t_1 und ihre Dauer t_2 sowie ihre zugehörigen Funktionen θ_1, und θ_2 belegt und zwar so, dass jede Transition zum ersten Mal zum Zeitpunkt 0 der Simulation aktiviert wird und dann bei jedem Simulationsschritt. Es wird eine Kapazitätsmatrix M mit Elementen alle gleich Unendlich festgelegt. Für die Übergangsinvariable $\square$ soll gelten, dass das Vorhandensein mindestens einer Marke in einer beliebigen Eingangsstelle der Transition hinreichend für deren Aktivierung ist. Die Stellenkapazitäten sind ebenso unbegrenzt. Transitionen und Stellen haben anfangs – soweit nicht anders spezifiziert – eine Priorität gleich Null.

2) Es müssen alle Marken, ihre Eintrittszeit und die Stelle der Generierung angegeben werden (Extraktion aus dem Leistungsmodell). Alle Markenprioritäten werden zunächst mit dem Vorgabewert 0 belegt.

3) Im Feld der Zeitaspekte müssen $t°$ und t^* zwingend definiert werden, für T wird 0 festgelegt, d.h. die Simulation startet, sobald sie aufgerufen wird.

4) Alle Marken erlangen bei ihrer Erzeugung einen eindeutigen Namen als Anfangscharakteristik. Die Funktion Φ wird aus dem Entwurfsmodell abgeleitet (s. Teil III). Es wird angenommen, dass alle Marken ihre vollständige Historie beibehalten sollen ($b(\alpha_i)=\infty$).

Kurz zusammengefasst beginnt ein üblicher Ablauf in einem Generalisierten Netz zum Zeitpunkt T. Entweder befinden sich zu dieser Zeit schon Marken im Netz oder sie werden erst dann bzw. zu einem beliebigen späteren Zeitpunkt in einer oder mehreren Eingangsstellen, in der Regel in Netzeingängen generiert. Dabei besitzen die Marken mindestens eine Initialcharakteristik, die in der Menge X gespeichert ist, darunter ihren eindeutigen Bezeichner. Bei jedem nächsten, durch den elementaren Zeitschritt $t°$ bestimmten Aktivierungszeitpunkt berechnet die Funktion f den Wahrheitswert der Prädikate für die Zeilen der besetzten Eingangsstellen, die sich innerhalb der Indexmatrix der zugehörigen Transition r befinden. Werden dabei mehrere Prädikate in einer Zeile als wahr ausgewertet, wandert die Marke in die höchstpriorisierte Ausgangsstelle unter den möglichen. Optional kann auch eine Markenteilung aktiv vorgenommen werden, sodass die Markenderivate dann nach dem Übergang mehrere Ausgangsstellen besetzen. Bei der Ankunft einer Marke in einer Stelle wird die charakteristische Funktion dieser Stelle ausgeführt. Dabei bekommt die Marke unter Umständen weitere Charakteristiken hinzu. Alle Charakteristiken werden bis zum Ende der Simulation beibehalten. Diese Änderungen an den Markencharakteristiken können während der ganzen Zeitdauer des Verharrens der Marke vorgenommen werden – von dem Eintritt bis zum Verlassen der Stelle. Sie können sich bei den verschiedenen Marken in Abhängigkeit von ihren vorherigen Charakteristiken unterscheiden. Bei Markenübergang und Markenteilung dürfen die Kapazitäten der Stellen c oder Kanten M nicht überschritten werden. Mit der nächsten Aktivierung wiederholt sich der obige Ablauf, wobei die alten Ausgangstellen nun als Eingangsstellen zu betrachten sind.

10.4.4 OPERATOREN ÜBER GENERALISIERTE NETZE

Über die Generalisierten Netze wurden, wie im Abschnitt 10.2 kurz angesprochen, zahlreiche Operatoren definiert, die schließlich in sechs Gruppen unterteilt werden können – globale, lokale, hierarchische, reduzierende, erweiternde und dynamische Operatoren. Ein ausführlicher Überblick darüber bietet [10]. Um Missverständnisse zu vermeiden, wird für die folgenden Abschnitte dieser Arbeit die Vereinbarung getroffen, dass für die unten aufgezählten Aktionen – die über Operatoren bestimmt werden – folgendes gilt:

- die Bewegung von Marken im Paket ist stets erlaubt;
- die Markenteilung und -zusammenführung ist stets verboten; d.h. sie erfolgt nicht automatisch in Abhängigkeit von den Wahrheitswerten der Prädikate, sondern ist aktiv durch zusätzliche Maßnahmen in den charakteristischen Funktionen vorzunehmen;
- bei eingebetteten GN-Elementen: der Übergang von Marken in eine andere hierarchische Ebene ist immer möglich.

III TRANSFORMATIONSREGELN

Dieser Teil III der Arbeit stellt in seinem Kern die Systematik des Vorwärtszweigs im angestrebten Framework vor. Inhaltlich handelt es sich dabei um die Generierung eines GN-basierten Leistungsanalysemodells aus dem annotierten UML-Entwurfsmodell (vgl. Bild 4.1). Diese Systematik dient später als Grundlage für die softwaretechnische Implementierung, die letztendlich den gewünschten Automatisierungsgrad des Frameworks sichert. Der zugehörige Rückwärtszweig, bei dem die erzielten Ergebnisse aus der Leistungsbewertung in das Ausgangsmodell zurückgeführt werden, schließt den Teil III ab.

Das Leistungsmodell eines Systems besteht hauptsächlich aus konglomerierten Elementen, die sowohl auf die UML- als auch auf die MARTE-Spezifikation zurückgreifen. Daher muss das zu entwickelnde Transformationsregelwerk eine hybride Struktur bearbeiten, denn die Generierung des Leistungsanalysemodells ist weder allein aus UML noch allein aus dem MARTE-Profil möglich: Im ersten Fall fehlen die essentiellen leistungsrelevanten Informationen, im zweiten mangelt es u.a. an Angaben über die Verbindungen zwischen den Elementen. Für die Transformation eines hybriden, d.h. auf Basis von zwei Spezifikationen aufgebauten Modells, existieren grundsätzlich zwei Möglichkeiten für die Extraktion des Zielmodells:

1) Die Kombination aus UML und MARTE wird als eine atomare Einheit betrachtet. Die entsprechende Transformationsregel bearbeitet die Gesamtheit ihrer Eigenschaften.

Nachteilig bei dieser Variante ist zum einen die enorme Anzahl von Kombinationsmöglichkeiten zwischen UML und MARTE-Elementen, die man einzeln berücksichtigen muss, insbesondere, da ein UML-Element mit beliebig vielen Stereotypen versehen werden kann. Die Regeln an sich sind starr und funktionieren lediglich für die konkrete Kombination; sie beinhalten unvermeidlich zahlreiche Wiederholungen und lassen sich schwer wiederverwenden.

2) Die Kombination aus MARTE und UML-Elementen wird schrittweise verarbeitet – zunächst wird aus dem tragenden UML-Element sein Äquivalent im Zielmodell generiert, um dieses dann in einem zweiten Schritt auf Basis der leistungsrelevanten Information aus dem/den anhängenden MARTE-Stereotyp(en) zu modifizieren bzw. zu ergänzen.

Bei dieser Alternative wird eine Modularisierung der Regeln erreicht. Eventuell notwendige Änderungen lassen sich einfacher und strukturierter vornehmen. Die Transformationsregeln an sich werden übersichtlicher und können leichter wiederverwendet werden. Für ein MARTE-Stereotyp existiert lediglich eine Regel, die unabhängig vom darunter liegenden UML-Element ist. Somit fokussiert die Transformation primär auf die Überführung der UML-

Elemente in äquivalente GN-Komponenten, die im Nachgang je nach Annotierung durch die verallgemeinerten Regeln für MARTE-Elemente angepasst werden. Dies ist ein genereller Ansatz, der unter anderem auch die Anbindung von anderen Profilen an dasselbe UML-Modell und damit auch die Mehrzwecknutzung des Entwurfsmodells erlaubt. Beispielsweise könnten nebenläufig Testfälle aus einer Annotierung mit dem *UML Testing Profile* [118] abgeleitet und zur Validitätsprüfung desselben generierten Modells angewandt werden. Somit ist diese Realisierungsvariante als die bessere Alternative einzuschätzen.

Eine weitere Universalisierung dieses Vorgehens ist ferner zu erreichen, wenn statt der proaktiven Transformation der vorhandenen Inhalte im UML-Modell eine Extraktion der für das Generalisierte Netz relevanten Information durchgeführt wird. Dafür wird zunächst nach Elementen gesucht, aus denen Transitionen entstehen sollen, dann werden Kandidaten für Plätze gesammelt, anschließend werden diese durch die strukturelle Analyse des UML-Modells geeignet miteinander verbunden, usw., bis ein simulationsfähiges äquivalentes GN-Modell gemäß der in Abschnitt 10.4.2 eingeführten Elemente entstanden ist (vgl. dazu auch Abschnitt 18.2). Natürlich muss die Extraktion über die notwendige Vollständigkeit verfügen, um sämtliche leistungsrelevante Angaben aus dem Ursprungmodell übernehmen zu können. Vorteilhaft ist bei dieser Herangehensweise, dass die Extraktion vom UML-Diagrammtyp abstrahieren kann, denn bei der Suche nach Elementen, aus denen beispielsweise äquivalente Transitionen generiert werden müssen, ist es zunächst unerheblich, ob es sich dabei um Lebenslinien aus Sequenz- oder Partitionen aus Aktivitätsdiagrammen handelt. Dieses Vorgehen wird im Teil IV der Arbeit erneut aufgegriffen.

In diesem Teil III besteht die Kernaufgabe vorerst darin, inhaltliche Zusammenhänge zwischen den Domänen von UML und GN bzw. MARTE und GN zu erkennen und konform zu ihnen Transformationsregeln zu spezifizieren. Um dem favorisierten Realisierungsgedanken aus Punkt 2 zu folgen, werden im Kapitel 12 zunächst Transformationsregeln für die MARTE-Elemente spezifiziert. Darauf aufbauend beschäftigt sich das Kapitel 13 mit der Überführung von UML-Diagrammen in äquivalente GN-Modelle, wobei für jedes betrachtete UML-Element eine sinnvolle MARTE-Annotierung vorgeschlagen und ihre zum Kapitel 12 konforme Auswirkung auf das Ergebnis der Transformation verdeutlicht wird. Die Betrachtung der MARTE-Elemente vor deren der UML-Spezifikation hat drei Gründe. Zum einen gelten die Transformationsregeln für die MARTE-Elemente diagrammübergreifend, d.h. unabhängig vom darunter liegenden UML-Element. Somit ist es möglich, von einer generelleren Betrachtung der Leistung (Informationsträger der Leistung sind die MARTE-Elemente) zu ihrer spezielleren Darstellung in Form von verschiedenen Diagrammarten überzugehen. Des Weiteren wird die vorangehende Behandlung der MARTE-Elemente genutzt, um die Domäne der Generalisierten Netzen in einem konkreten leistungsrelevanten Kontext darzustellen und die

Rolle der einzelnen GN-Elemente bei der Leistungsbewertung zu erläutern. Diese Information soll später helfen, die UML-Elemente durch ihre entsprechenden GN-Äquivalente unmittelbar als leistungsrelevante Entitäten mit konkreter Semantik wahrzunehmen. Zuletzt ist es durch diese Reihenfolge der Betrachtungen möglich, die abschließenden Beispiele zu jeder UML-Diagrammart im Kapitel 13 als vollständige Leistungsmodelle mit entsprechender MARTE-Annotierung einzuführen und ihre gänzliche Transformation in die GN-Domäne zu zeigen (das Transformationsregelwerk ist für alle Elemente und Annotierungen bereits bekannt).

Wie eingangs im Kapitel 5 angesprochen, ist eine universelle Methodik nur dann zu erreichen, wenn die Transformation zwischen einer Quell- und Zieldomäne auf Metamodellebene spezifiziert ist. Dann sorgt ein Transformationsregelwerk auf der abstrakteren Ebene M2 dafür, dass sämtliche auf M1 definierten Modelle der Quelldomäne nach identischen Prinzipien in entsprechende Modelle der Zieldomäne überführt werden können. Nachdem die Metamodelle der Quelldomäne – UML und MARTE – dem MOF-Metadatenkonzept unterliegen, wäre die MOF-Konformität des Metamodells der Zieldomäne – Generalisierte Netze – durchaus vorteilhaft (s. Kapitel 5). Bis dato existiert als Datendefinition für Generalisierte Netze jedoch lediglich eine XSD (*XML Schema Definition*, [171]) und keine MOF-Struktur. Um das verfolgte Konzept beizubehalten, wird im nächsten Kapitel 11 das MOF-konforme Metamodell der Generalisierten Netze erarbeitet.

11 MOF-Struktur der Generalisierten Netze

Im Abschnitt 4.3 wurde die simulationsbasierte Auswertung der Zielmodelle als ein allgemeinerer und damit favorisierter Ansatz festgelegt. Dafür wird ein entsprechender Simulator benötigt, der die zur Auswertung benötigte Funktionalität zur Verfügung stellt. Das konkret auszuwertende Generalisierte Netz wird hier als eine Art Importinformation für den Simulator betrachtet. Daher wird bei der Erarbeitung des MOF-konformen Metamodells der Generalisierten Netze der Schwerpunkt auf die Beschreibung eines simulationsfähigen Netzes gelegt und nicht auf seine Funktionsweise. Darum werden bei den definierten Elementen lediglich die Attribute angezeigt und die Methoden ausgeblendet. Die folgende MOF-basierte Definition orientiert sich an der formalen Definition der Generalisierten Netze und den getroffenen Vereinbarungen aus Abschnitt 10.4 sowie einigen Besonderheiten des existierenden Simulators für GN – GNTicker (vgl. dazu Kapitel 16). Zusätzlich werden einige Elemente mit entsprechenden Vorgabewerten belegt (vgl. Abschnitt 10.4.3). Zu betonen ist auch der Fakt, dass einem Leistungsmodell mehrere Generalisierte Netze entsprechen könnten, etwa wenn mehrere Verhaltensdiagramme dazugehören oder das annotierte UML-Modell Verschachtelungen beinhaltet. Diese Besonderheit zusammen mit der Einbeziehung aller übrigen GN-Elemente resultiert in der MOF-basierten Struktur, dargestellt im Bild 11.1, deren Komponenten in vier Gruppen aufgeteilt werden können:

- Übergeordnete Container-Elemente;
- Strukturelemente;
- Dynamische Elemente;
- Aufzählungstypen.

Die vier Gruppen werden anschließend in jeweils einem separaten Abschnitt erläutert.

11.1 Übergeordnete Container-Elemente

Zur Gruppe der übergeordneten Container-Elemente gehört die Klasse *GNModel*, die zugleich auch das hierarchisch oberste Element im MOF-Metamodell der Generalisierten Netze darstellt. Ein *GNModel* umfasst eine nicht leere Menge Generalisierter Netze (Klasse *GN*) (vgl. Bild 11.1), die in irgendeiner Weise semantisch und/oder funktional zusammenhängen. Eine semantische Bindung könnte gegeben sein, indem die GN denselben Sachverhalt, beispielsweise unterschiedliche Teile eines Prozesses bzw. dieselbe Produktionsstätte modellieren. Einer der häufigsten funktionalen Zusammenhänge zwischen den Netzen eines *GNModel* besteht in der Notwendigkeit des Markenaustausches zwischen ihnen oder in der konkurrierenden Nutzung von zu derselben Plattform gehörenden Ressourcen. Das Element *GNModel* besitzt keine Attribute.

Die Klasse *GN* ist das Abbild eines Generalisierten Netzes und enthält als weiterer Container alle seine Elemente. Durch die zahlreichen Attribute dieser Klasse kann der Name des Netzes (*name*) spezifiziert werden, genauso wie sein atomarer Zeitschritt (*timeStep* $(t°)$[18]), die Startzeit (*timeStart* (T)) oder die Dauer (*runtimeDuration* (t^*)) einer Simulation. Des Weiteren kann für ein Generalisiertes Netz angegeben werden, in welcher Programmiersprache seine charakteristischen Funktionen vorliegen (*fnLanguage*), nach welchen Regeln die Marken im Netz sich fortbewegen sollen (*tokenMovementPolicy*) und ob es sich dabei um ein Wurzelnetz handelt (*isRoot*), d.h. ob das GN weitere eingebettete Netze umfasst.

Eine andere Container-Klasse im vorgestellten Metamodell ist die Klasse *functions*, die mit jedem *GN* assoziiert wird und alle relevanten charakteristischen sowie Prädikatfunktionen (s. Abschnitt 11.3) beinhaltet.

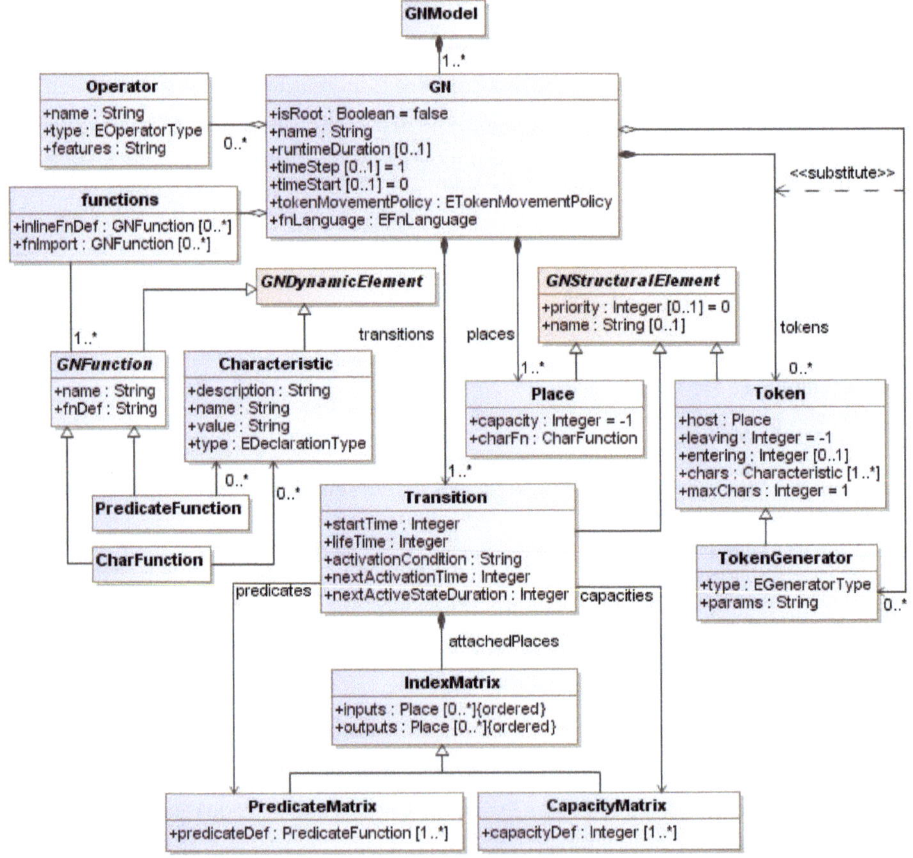

BILD 11.1 MOF-METASTRUKTUR DER GENERALISIERTEN NETZE

---

[18] Nach den Elementen des Metamodells wird in Klammern und kursiver Schrift ihr Korrespondent aus dem Abschnitt 10.4 angegeben.

Zu der Gruppe der Container-Elemente zählen noch die Operatoren, die über ein Generalisiertes Netz definiert werden können, denn dadurch, dass sie sowohl strukturelle als auch dynamische Eigenschaften des Netzes verändern können, weisen sie eine Art übergeordneten Charakter auf. Ein Operator bezieht sich immer auf kein bis unendlich viele GN und wird durch seinen Namen (*name*), Typ (*type*) und seine Wirkung (*features*) definiert.

11.2 STRUKTURELEMENTE

Zur Verkörperung der Strukturelemente eines Generalisierten Netzes wird im Metamodell das generalisierte abstrakte *GNStructuralElement* mit den zwei für diese Gruppe grundlegenden Attributen *name* und *priority* (π_x / x = {A, L, K}) definiert. Aus dieser nicht instanzierbaren abstrakten Klasse werden drei neue speziellere Typen abgeleitet – die Klassen *Transition*, *Place* und *Token* (s. Bild 11.1). Ein *GN* hat stets mindestens eine Transition (*Transition*, s. Abschnitt 10.4.1 und 10.4.2, Punkt 1)), mindestens eine Stelle (*Place*, s. Abschnitt 10.4.1) und mindestens entweder eine Marke (*Token,* s. Abschnitt 10.4.2, Punkt 2.1)) oder einen assoziierten Markengenerator (*TokenGenerator*). Letzteres wird im Bild 11.1 durch das Stereotyp <<*substitute*>> ausgedrückt. Die Attribute dieser sowie aller anderen Klassen im Metamodell folgen, genauso wie die Beziehungen zwischen ihnen, den Definitionen des Abschnitts 10.4. Die Gruppierung der Inhalte erfolgt jedoch teils different.

Neben den beiden von *GNStructuralElement* vererbten Attributen besitzt eine Stelle (*Place* (L)) eine Kapazität (*capacity* (c)) und ihr wird eine charakteristische Funktion (*charFn* (Φ)) zugeordnet. Eine Transition ist bekanntlich (Abschnitt 10.4.1) ein komplexeres Konstrukt, das zahlreiche andere Elemente assoziiert. Dazu gehören die Indexmatrix, die angibt, welche Stellen dieses Netzes als Eingänge bzw. Ausgänge (*inputs* (L') und *outputs* (L'')) mit dieser Transition verbunden sind, sowie die zwei von ihr abgeleiteten Matrizen *PredicateMatrix* (r) und *CapacityMatrix (M)*, die für jedes darin befindliche Paar {Eingangsstelle (L'), Ausgangsstelle (L'')} ein Prädikat (*predicate* ($r_{i,j}$)) bzw. die Kapazität der entsprechenden Kante (*capacity* ($m_{i,j}$)) angeben. Zu den eigenen Attributen einer Transition zählen die Zeitangaben *startTime* und *lifeTime*, die die Lebensperiode der Transition spezifizieren, d.h. ab welchem Zeitpunkt und bis wann diese Transition an einem Simulationsgang teilnehmen kann. Zwei weitere, zur Simulationszeit zu errechnende Attribute beziehen sich auf den nächsten Aktivierungszeitpunkt (*nextActivationTime* (t_1)) dieser Transition und die Dauer ihres aktiven Zustands (*nextActiveStateDuration* (t_2)). Ein letztes Attribut gibt die Möglichkeit, eine Übergangsinvariante (*activationCondition* ($\Box$)) für diese Transition zu definieren.

Zur Spezifikation einer Marke (*Token,* (K)) gehören primär die Stelle (*host*, s. Abschnitt 10.4.2, Punkt 2.1)) und der Zeitpunkt ihrer Generierung (*entering,* Teil der Menge X). Des Weiteren besagt das Attribut *leaving* (Teil von X), wann diese Marke das Netz verlässt (der

Vorgabewert (-1) bedeutet, dass die Marke bis zum Ende der Simulation im Netz verbleibt). Im Attribut *chars* (*X*) der Marken sind ihre Initialcharakteristiken zu definieren und *maxChars* (*b*) schränkt die maximal zu speichernden Charakteristiken ein. Ein *TokenGenerator* kann die Generierung von einzelnen Marken ersetzen. Er erbt die Klasse *Token* und besitzt zusätzlich einen Typ (s. Abschnitt 11.4) sowie die die Markengenerierung betreffenden Parameter (*params*).

11.3   DYNAMISCHE ELEMENTE

Analog zu den Strukturelementen wurde in der MOF-Struktur der Generalisierten Netze für die dynamischen Elemente das abstrakte *GNDynamicElement* definiert, von dem die Klassen *GNFunction* und *Characteristic* abgeleitet werden. *GNFunction* ist ebenfalls ein abstraktes Element, das seine Ausprägung entweder in Form einer charakteristischen Funktion (*CharFunction*) oder einer Prädikatfunktion (*PredicateFunction*) erfährt. Dabei erben die abgeleiteten Klassen die Attribute *name* und *fnDef*, die den Bezeichner und den Rumpf der Funktion festlegen. Diese Funktionen greifen auf Charakteristiken zu, verwalten und verändern diese. Eine *Characteristic* (aus *X*) besitzt einen Namen (*name*), einen Typ (*type*), einen Wert (*value*) und eine Beschreibung (*description*). Die im Abschnitt 11.1 erwähnte Container-Klasse *function* ist eine nicht leere Menge solcher charakteristischen und Prädikatsfunktionen.

11.4   AUFZÄHLUNGSTYPEN

Für das eingeführte Metamodell der Generalisierten Netze wurden fünf Aufzählungstypen spezifiziert, die im Bild 11.2 dargestellt sind.

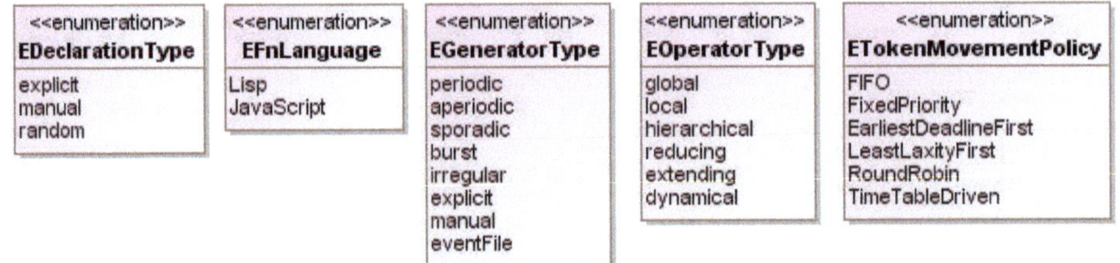

BILD 11.2 AUFZÄHLUNGSTYPEN IM GN-METAMODELL

Das Attribut *fnLanguage* der Klasse *GN* kann (aktuell) mit einem der Werte *Lisp* oder *JavaScript* belegt werden (s. Aufzählungstyp *EFnLanguage* im Bild 11.2, vgl. dazu auch Kapitel 15). In der Klasse *Characteristic* kann das Attribut *type* die Werte *explicit*, *manual* oder *random* einnehmen (Elemente von *EDeclarationType*). Mehr Information über die Bedeutung der einzelnen Werte kann dem Abschnitt 17.8 entnommen werden.

Die möglichen Werte des Attributs *type* der Klasse *Operator* werden durch den Aufzählungstyp *EOperatorType* mit den Feldern *global*, *local*, *hierarchical*, etc. (s. Bild 11.2, vgl. Abschnitt 10.4.4) festgelegt. Der Aufzählungstyp *ETokenMovementPolicy* definiert mögliche Arten der Bewegung der Marken und stellt dafür die folgenden Literale zur Verfügung: *FIFO (Firt in First Out)*, *FixedPriority, EarliestDeadlineFirst, LeastLaxityFirst, RoundRobin* und *Time-TableDriven*.

Beim Typ (Attribut *type*) eines Markengenerators (Klasse *TokenGenerator*) ist die Wahl zwischen den Elementen des Aufzählungstypen *EGeneratorType periodic, irregular, explicit* usw. (s. Bild 11.2) zu treffen.

12 Transformationsregeln für MARTE-Elemente

Nach der im Kapitel 11 erfolgten Definition der Generalisierten Netze liegen nun sowohl das Metamodell der Quelldomäne als auch das der Zieldomäne MOF-konform vor. Die Kernaufgabe besteht im Folgenden darin, universelle, QVT-basierte Transformationsregeln für die darin enthaltenen Metadaten zu spezifizieren. Das Leistungsmodell eines Systems kombiniert zwei Spezifikationen – die von UML und die des MARTE-Profils. Zur Wahrung der Universalität und der Wiederverwendung des Regelwerks soll die Transformation beide Komponenten des Quellmodells separat behandeln (siehe Einleitung des Teils III). Dieses Kapitel fokussiert auf die Überführung von MARTE-Stereotypen in Generalisierte Netze. Es ist zu wiederholen, dass Stereotype lediglich ein Erweiterungsmittel darstellen und nur in Verbindung mit anderen UML-Sprachelementen angewendet werden können. Daher sind die nachfolgend aufgeführten Regeln als Detaillierung und Vervollständigung der Eigenschaften sowie der Semantik der tragenden UML-Elemente zu verstehen. Sie abstrahieren jedoch weitgehend von diesen und gelten diagrammübergreifend.

Die folgenden Abschnitte erläutern die Transformation jedes einzelnen leistungsrelevanten MARTE-Stereotyps. Die Betrachtung erfolgt gruppenweise, wobei die Klassifikation aus Kapitel 8 beibehalten wird. In den begleitenden Bildern wird unter der Stereotypbezeichnung in abgeschweiften Klammern stets angegeben, auf welche UML-Elemente das jeweilige Stereotyp angewendet werden kann. Oftmals handelt es sich dabei um UML-Elemente einer hohen hierarchischen Ebene, die als Basis für die Ableitung vieler anderer UML-Elemente dienen und demzufolge diese als eine Art Überbegriff umfassen.

Die grafische Darstellung der Transformationsregeln ist angelehnt an die Repräsentation des OMG-Standards für Transformationen QVT (vgl. Abschnitt 6.1). Es werden im Folgenden zwei Arten von QVT-Beziehungen unterschieden. Eine *QVT-Relation* ist eine übergeordnete, allgemein gültige Regel für eine ganze Gruppe von MARTE-Elementen. Sie wird grafisch in Form eines gezogenen Hexagons notiert. Die spezialisierten Transformationsregeln für die einzelnen Stereotype und ihre Eigenschaftswerte, die die allgemeinen Relationen implizieren, erweitern und verfeinern, nennen sich *QVT-Mappings*. Diese werden in den kommenden Bildern durch dicke, ausgefüllte Pfeile zwischen Quelle und Ziel dargestellt. Die gestrichelten, gerichteten Linien, die die Notationssymbole der QVT-Beziehungen mit den Ursprungs- und Ergebniselementen verbinden, kennzeichnen die Richtung der Transformation. Die darüber platzierten Symbole „E" bzw. „C" definierten die Art der Transformation: „E" steht für *enforceable*, wodurch sichergestellt wird, dass alle durch die spezifizierten Regeln erforderlichen Elemente im Zielmodell vorhanden sind und ggf. zusätzlich hinzugefügt werden. Alternativ bezeichnet der Buchstabe „C" (für *checkable*), dass nur geprüft wird, ob die definierten

Elemente sich bereits im Zielmodell befinden – im Negativfall wird eine Fehlermeldung generiert (vgl. dazu [116]). Bei den Mappings handelt es sich stets um *enforcable*-Beziehungen, daher wurde ihre Bezeichnung in den Bildern aus Vereinfachungsgründen weggelassen. Des Weiteren gilt für die Mappings, dass sie sich immer auf ein konkretes Stereotyp beziehen und die valide Überführung seiner Eigenschaften im Fokus haben.

Die Transformationsregeln werden stets allgemein auf der abstrakteren MOF-Ebene M2 spezifiziert und gelten universell für alle möglichen Instanzen. Die Bilder zeigen auf ihrer linken Seite jedoch eine M1-Instanz, bei der die zulässigen Eigenschaften für das Stereotyp mit beispielhaften Eigenschaftswerten belegt sind. Diese Darstellung soll die Verständlichkeit erhöhen, eine Hilfestellung bei der späteren Modellierung leisten und die Korrespondenz der Elemente in beiden Domänen verfolgbar machen (dieselben Werte sind dann im GN-Äquivalent rechts im Bild zu finden). Inhalte, die sich in den Mappings schlecht oder nur sehr platzaufwendig darstellen lassen bzw. die Übersichtlichkeit mindern würden, werden in Textform beschrieben.

In Bezug auf das MARTE-Profil muss bei der Transformation unterschieden werden, ob es sich bei den spezifizierten Eigenschaftswerten um Eingabe- oder Ausgabeparameter handelt. Die im Folgenden vorgestellten Transformationsregeln gelten für *in*-Parameter (vgl. [120]), d.h. für bereits ermittelte und in den Entwurf einbezogene Leistungsparameter des zu untersuchenden Systems (vgl. Abschnitt 17.2). Sofern es sich bei den Parametern um zu ermittelnde Metriken handelt (vgl. Abschnitt 17.1), werden während der Simulation Statistiken gesammelt (vgl. kommende Abschnitte). Die Unterscheidung, ob es sich um einen vorgegebenen Parameter oder um eine gesuchte Metrik handelt, erfolgt nach Auslegung des Parameternamens: gesuchten Leistungsmetriken wird die Bezeichnung „$" oder „*out$*" vorangestellt; Eingaben haben entweder keine dem Namen vorangestellte Bezeichnung oder folgen dem Kürzel „*in$*".

12.1 Transformationsregeln für Kontext-bezogene Elemente

Bild 12.1 zeigt die verallgemeinerte QVT-Relation zwischen der MARTE-Gruppe der Kontext-bezogenen Elemente und der GN-Domäne. Der Inhalt der Kontext-bezogenen Elemente bestimmt bei den Generalisierten Netzen den Umfang der simulationsrelevanten Information und bildet somit das übergreifende *GNModel* (s. Bild 12.1, vgl. auch Kapitel 11), das den Container für die weiteren leistungsrelevanten GN-Elemente darstellt.

Mit dem Anlegen eines neuen GN-Modells werden automatisch zwei zusätzliche, unterstützende Elemente erzeugt – die globale Transition (*GlobalTransition*) und die Parametertransition (*ParametersTransition*). Beide sind vom restlichen Modell, das sonst strukturell das UML-basierte Leistungsmodell nachempfindet, getrennt und besitzen stets die Struktur von

Bild 12.2. Das heißt, für jede derartige Transition wird auch eine Stelle generiert (*GlobalPlace* bzw. *ParametersPlace*), die über eine Schleife mit dem jeweiligen Transitionssymbol verbunden ist. Somit stellen diese Plätze gleichzeitig die einzige Eingangs- sowie die einzige Ausgangsstelle der Transition dar. Die im Bild rechts angegebene Indexmatrix bildet diesen Sachverhalt ab und definiert das Prädikat dafür. Es wird mit dem konstanten Wert *true* belegt. Beide Stellen *GlobalPlace* bzw. *ParametersPlace* werden anfangs markiert. Die Charakteristiken der sogenannten globalen Marke (*GlobalToken*) und der Parametermarke (*ParametersToken*) sind für alle Komponenten des GN-Modells, auf allen Hierarchieebenen, zu jedem beliebigen Zeitpunkt der Simulation sichtbar und dienen damit dem Informationsaustausch im Netz. Wie im Abschnitt 10.4.3 festgelegt, werden alle Transitionen bei jedem Simulationsschritt für die Dauer eines Taktes aktiviert. Somit wird die Möglichkeit geschaffen, jede Änderung im Modell zu erfassen – dadurch gelingt es, alle im letzten Takt geänderten Parameterwerte in die Charakteristiken der Parametermarke zu übernehmen und für alle anderen Modellelemente bereit zu halten; zugleich kann die globale Marke die Werte sämtlicher im UML-Modell als gesucht erklärten Parameter (Kennzeichnung durch das Präfix *out$*) ermitteln und typische Leistungsmetriken, wie beispielsweise die Auslastung aller Ressourcen, am Ende der Simulation berechnen. Das Auslesen von Markencharakteristiken, ihre Änderung sowie die Integration von mathematischen Zusammenhängen zur Ermittlung von Ausgangsparametern für den betrachteten Kontext übernehmen die charakteristischen Funktionen der Plätze.

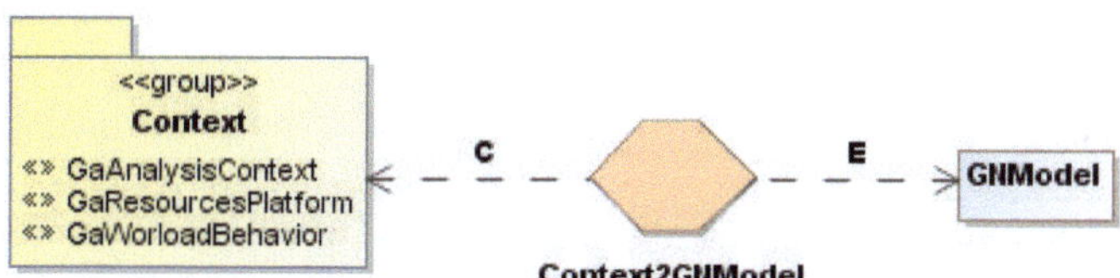

BILD 12.1 ALLGEMEINE TRANSFORMATIONSRELATION CONTEXT2GNMODEL

Die unmittelbar folgenden Abschnitte spezialisieren die *Context2GNModel*-Regel, indem sie für jedes einzelne Kontext-bezogene Stereotyp sowie dessen Eigenschaften ein detailliertes QVT-Mapping spezifizieren. Sie bauen das *GNModel* durch weitere Elemente und Eigenschaften aus. Bei den Zielelementen – rechts in den Bildern dargestellt – handelt es sich um Elemente der MOF-Struktur der Generalisierten Netze.

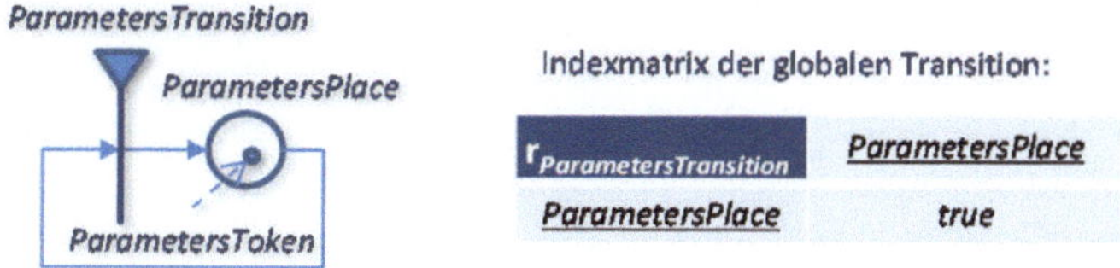

$r_{ParametersTransition}$	*ParametersPlace*
ParametersPlace	*true*

BILD 12.2 PARAMETER-ELEMENTE IM GN-MODELL

12.1.1   GaAnalysisContext (aus MARTE::GQAM)

Durch die Annotierung eines *NamedElement* mit dem Stereotyp *GaAnalysisContext* wird ein zu analysierendes (Teil-)System abgegrenzt. Diese Rolle spielt in der GN-Domäne das Element *GNModel* (s. Bild 12.3). Der Zusammenhang zwischen beiden Elementen wird durch ihre Gleichnamigkeit (*MyAnalysisContext*) vermerkt. Für einen Kontext können durch die Stereotypeigenschaft *contextParams* globale Parameter definiert werden. Die globalen Parameter für die Simulation eines GN-Modells geben die Anfangscharakteristiken der Parametermarke vor (s. Inhalt von *ParametersToken* im Bild 12.3). Jede Charakteristik stellt ein geordnetes Paar {Parameter; Wert} dar. Dabei wird jedem Parameter aus dem Tag *contextParams* der Wert auf der identischen Position in der Eigenschaft *paramValues* zugewiesen.

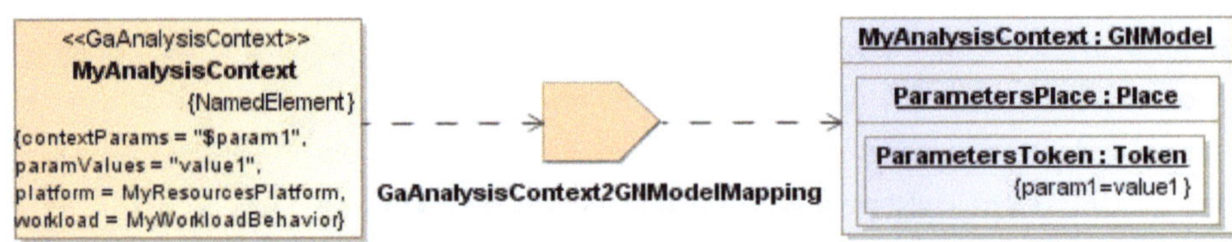

BILD 12.3 TRANSFORMATIONSVORSCHRIFT GAANALYSISCONTEXT2GNMODELMAPPING

Die Eigenschaften des Stereotyps *platform* und *workload* beschreiben die zur Verfügung stehende Ressourcenplattform sowie das vom System zu realisierende Verhalten und referenzieren dazu auf andere Elemente, die mit den Kontext-bezogenen MARTE-Stereotypen *GaRecourcesPlatform* bzw. *GaWorkloadBehavior* annotiert sind. Die Transformationsregeln zu diesen beiden Stereotypen folgen.

12.1.2   GaResourcesPlatform (aus MARTE:: GQAM)

Im Stereotyp *GaResourcesPlatform* werden die für die Bearbeitung des Kontextverhaltes zur Verfügung stehenden Ressourcen aufgelistet (Eigenschaft *resources*). Im Transformationsprozess erhält jede Plattformressource einen Platzhalter in der globalen Marke, in dem ihre Merkmale während bzw. am Ende der Simulation strukturiert gespeichert werden (s. Bild 12.4).

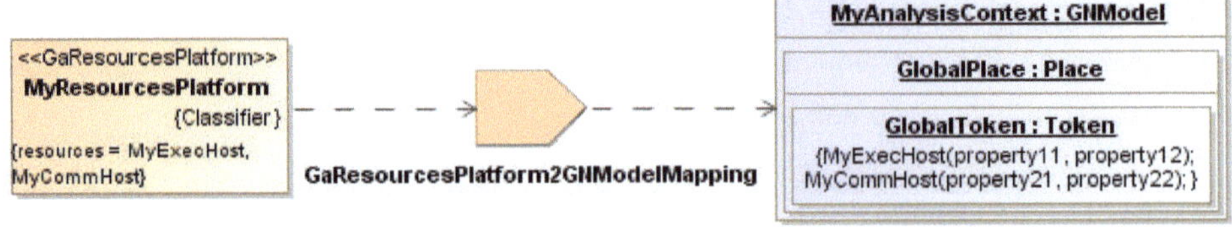

BILD 12.4 TRANSFORMATIONSVORSCHRIFT GARESOURCEPLATFORM2GNMODELMAPPING

12.1.3   GaWorkloadBehavior (aus MARTE::GQAM)

Ein *GaWorkloadBehavior* bezeichnet, welche Verhaltensdiagramme für den betrachteten Kontext relevant sind. Die Aufzählung findet im Tag *behavior* statt. Jedes Verhaltensdiagramm (s. *MyScenario* im Bild 12.5) korrespondiert mit einem Generalisierten Netz *GN* gleichen Namens (vgl. auch Abschnitt 12.1.4). Die Eigenschaft *demand* des Stereotyps referenziert auf ein als *GaWorkloadEvent* stereotypisiertes UML-Element (vgl. *MyWorkloadEvent* im Bild 12.5) und bildet somit den *TokenGenerator,* also das Muster der Markengenerierung für das entsprechende Netz, ab (s. Abschnitt 12.2).

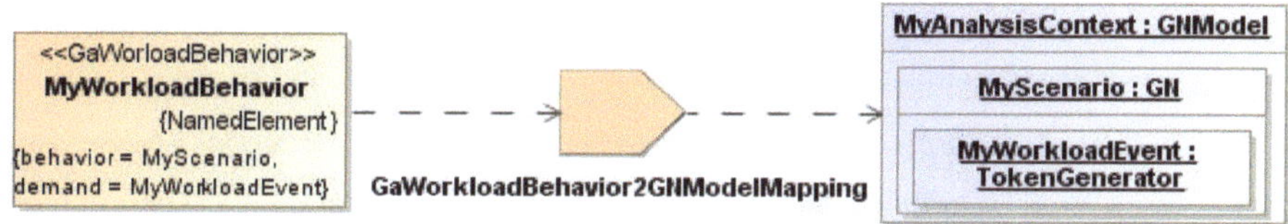

BILD 12.5 TRANSFORMATIONSVORSCHRIFT GaWorkloadBehavior2GNModelMapping

12.1.4   GaScenario (aus MARTE::GQAM)

Jedes mit *GaScenario* annotierte UML-Element – meistens ein Verhaltensdiagramm (vgl. dazu auch Abschnitt 13.2) – wird in ein GN, also einen untergeordneten Teil des generierten GN-Modells, transformiert (s. Bild 12.6). Das Netz übernimmt dabei den Namen des annotierten Elements.

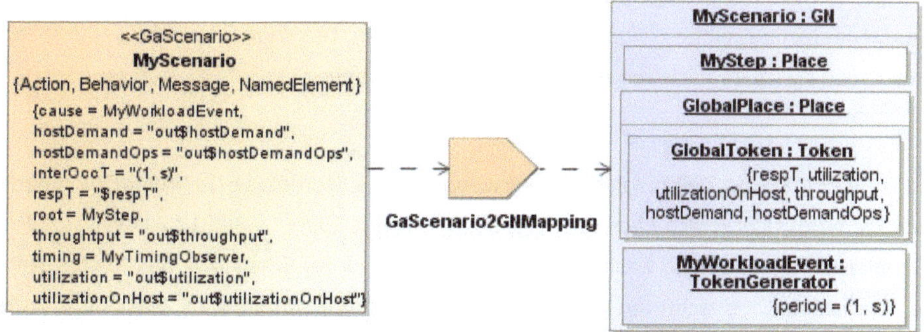

BILD 12.6 TRANSFORMATIONSVORSCHRIFT GaScenario2GNMapping

Die Eigenschaft *root* des Stereotyps bezeichnet den Netzeingang des generierten Netzes (Stelle ohne eingehende Kanten, vgl. Abschnitt 10.4.2).

Das Muster für die Markengenerierung im GN bestimmt die MARTE-Eigenschaft *cause* durch die Referenz auf das entsprechende Element *GaWorkloadEvent*. Um eine nächste Ausführung desselben Szenarios zu initiieren, muss das entsprechende Muster alle *interOccT*-Zeiteinheiten wiederholt werden, um das modellierte Verhalten im GN erneut zu aktivieren. Der reziproke Wert von *interOccT*, d.h. die Frequenz, mit der das Szenario erfolgreich initiiert wird, kann in der Eigenschaft *throughput* angegeben werden. Sollte sie in das Modell eingegeben worden sein, ist sie analog zu *interOccT* zu transformieren. Im Bild 12.6 wurde dieses Attribut jedoch, dem Regelfall entsprechend, genauso wie die Tags *respT*, *utilization* und *utilizationOnHost* als zu ermittelnde bzw. angeforderte Parameter angenommen. Die zu ihrer Ermittlung notwendige Information (vgl. einleitenden Teil zum Abschnitt 12.1) wird während der Simulation durch die charakteristischen Funktionen der generierten Plätze gesammelt und in den entsprechenden Charakteristiken der globalen Marke zusammengefasst. Für *respT* wird die Differenz zwischen Anfang und Ende des Szenarios gebildet, die Auslastung des Szenarios (*utilization*) ist die Zeit der Ausführung (aller Instanzen) dieses Szenarios, bezogen auf die gesamte Simulationszeit. Analog zur letzten Eigenschaft wird auch die Auslastung des Szenario-Hosts *utilizationOnHost* ermittelt. Für die Werte *interOccT* (wenn Ausgabeparameter) bzw. *throughput* werden das Intervall bzw. die Frequenz zwischen den Startzeitpunkten zweier aufeinanderfolgenden Zyklen protokolliert.

Die Tags *hostDemand* und *hostDemandOps*, die ebenso als Ausgabeparameter zu verstehen sind, erhalten ihre Werte – sofern sie alle einem Host zugeordnet werden können – von den als *GaStep* bzw. *PaStep* annotierten UML-Elementen, die in dem betrachteten Szenario (*MyScenario*) eingebettet sind. Die erhaltenen Werte werden wieder in der globalen Marke des Netzmodells gespeichert.

Die Eigenschaft *timing* sieht die Möglichkeit vor, eine zeitbezogene Beobachtung mittels eines Verweises auf einen *GaTimingObs* zu spezifizieren. Die Transformation des Stereotyps *GaTimingObs* wird im nächsten Abschnitt 12.1.5 behandelt.

12.1.5   GaTimingObs (aus MARTE::GQAM)

Das Transformationsergebnis aus der Verwendung des Stereotyps *GaTimingObs* innerhalb eines Szenarios richtet sich nach dem Wert des Attributs *laxity* (s. Bild 12.7 links). Handelt es sich dabei um eine weiche Bedingung, werden während der Simulation des Netzes Statistiken, die mit den beobachteten Ereignissen *startEvent* und *endEvent* in Verbindung stehen, in der globalen Marke protokolliert. Somit stehen sie später zur Auswertung zur Verfügung. Die Protokollierung wird immer dann eingeschaltet, wenn bei einem Markenübergang die Erfüllung der im *GaTimingObs* spezifizierten Bedingung nicht erfüllt war (dieser Prozess wird von der charakteristischen Funktion der globalen Stelle (*GlobalPlace*) übernommen).

Ist durch das Stereotyp *GaTimingObs* eine harte Bedingung definiert, wird der globalen Transition des Netzes eine Haltebedingung – inhaltsgleich mit der Bedingung im annotierten UML-Element – hinzugefügt. Diese stellt ein Prädikat dar, von dessen Wahrheitswert die Fortsetzung der aktuellen Simulation abhängig gemacht wird. Der Ablauf im Netz wird mit einem Wertwechsel des Prädikats von unwahr zu wahr (Haltebedingung erfüllt) sofort beendet. Bei den Generalisierten Netzen mit Haltebedingungen handelt es sich um eine konservative Erweiterung der GN-Domäne. Eine ausführlichere Beschreibung der sogenannten „GNs with stop-conditions" kann [11] entnommen werden.

BILD 12.7 TRANSFORMATIONSVORSCHRIFT GATIMINGOBS2GNWITHSTOPCONDITIONS

Wurde das Stereotyp einem anderen Element als einem UML-Diagramm angehängt, wirkt sich die Blockierung nicht auf das ganze Netz aus, sondern es wird nur das konkrete Element für eine weitere Nutzung gesperrt.

12.2 TRANSFORMATIONSREGELN FÜR WORKLOAD-BEZOGENE ELEMENTE

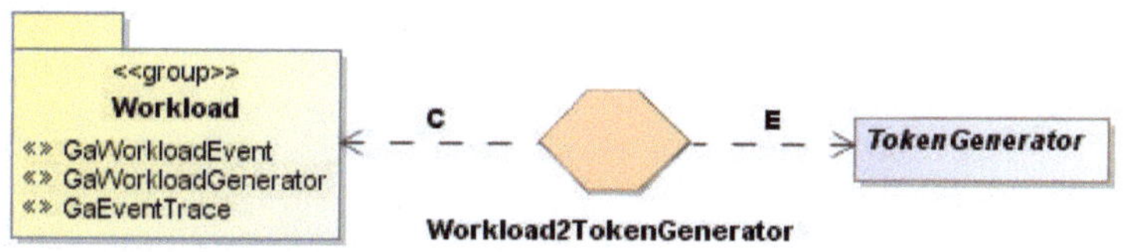

BILD 12.8 ALLGEMEINE TRANSFORMATIONSRELATION WORKLOAD2TOKENGENERATOR

Unter Workload versteht man den Ereignisfluss, der das modellierte System triggert. Workloads werden bei ihrer Überführung in Generalisierte Netze in Markengeneratoren transformiert (Bild 12.8). Aufgrund der Heterogenität der Workload-bezogenen Gruppe ist es erforderlich, den Begriff des Markengenerators hier etwas breiter auszulegen und ihm die Semantik einer abstrakten Klasse *TokenGeneratorGroup* zuzuschreiben, die folgende drei Klassen aus der MOF-Definition der GN generalisiert:

- Die Klasse *TokenGenerator*,
- die kontrollierte Generierung einzelner Marken (Klasse *Token*) sowie
- Generalisierte Netze (Klasse *GN*), die während ihrer Ausführung Marken generieren und an andere Netze übergeben.

Wann welche konkrete Realisierung dieser abstrakten Klasse Geltung erlangt, sollen die folgenden Mappings erläutern.

12.2.1 GaWorkloadEvent (aus MARTE::GQAM)

Bei dem Stereotyp *GaWorkloadEvent* existiert hinsichtlich der Transformation die Besonderheit, dass je nach definiertem Attribut eine unterschiedliche Transformationsregel anzuwenden ist. Dabei muss beachtet werden, dass laut MARTE-Spezifikation stets nur eine der vier zulässigen Eigenschaften dieses Stereotyps definiert werden kann ([119], S. 308).

BILD 12.9 TRANSFORMATIONSVORSCHRIFT GaWorkloadEvent2TokenMapping

Eine Möglichkeit der Spezifikation von *GaWorkloadEvent* ist die Definition eines Zeitereignisses durch das Attribut *timeEvent*. Sofern ein solches Zeitereignis (*MyTimeEvent* im Bild 12.9) definiert ist, wird in der GN-Domäne die Generierung einer Marke (Klasse *Token*) veranlasst. Der Zeitpunkt der Generierung, der durch das Markenattribut *entering* festgelegt wird, ist der gleiche wie der Zeitpunkt des Auftretens des definierten Ereignisses (vgl. Bild 12.9).

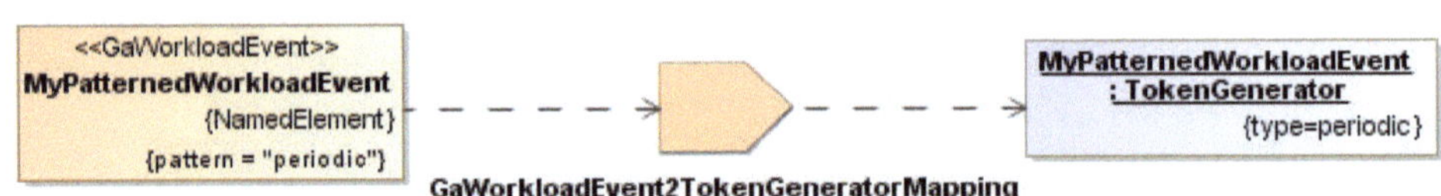

BILD 12.10 TRANSFORMATIONSVORSCHRIFT GaWorkloadEvent2TokenGeneratorMapping

Falls die Beschreibung der Ereignisgenerierung durch das Attribut *pattern* erfolgt, wird bei der Überführung in Generalisierte Netze ein äquivalenter Markengenerator (*TokenGenerator*) erzeugt. Das spezifizierte Ankunftsmuster bestimmt den Typen des Markengenerators (siehe Bild 12.10). Die weiteren Beschreibungsdetails zum Ankunftsmuster wie Periode, Jitter, Phase usw. (vgl. dazu [120], Anhang D) werden in das Attribut *params* des *TokenGenerator* übernommen (vgl. Abschnitt 11.2).

Die letzten zwei Möglichkeiten das Stereotyp *GaWorkloadEvent* zu spezifizieren, bieten seine Attribute *trace* bzw. *generator* an. Durch ihre Anwendung wird jedoch lediglich eine logische Verbindung zu anderen stereotypisierten Elementen aufgebaut, deren Transformationsvorschriften im Folgenden spezifiziert werden. Das Attribut *trace* nimmt Bezug auf UML-Elemente, die als *GaEventTrace* stereotypisiert sind. Die Transformationsdetails zu diesem Stereotyp können dem Abschnitt 12.2.2 entnommen werden. Das Attribut *generator* referenziert auf als *GaWorkloadGenerator* bezeichnete Elemente. Das geltende Mapping für dieses Stereotyp ist im Abschnitt 12.2.3 zu finden.

12.2.2 GaEventTrace (from MARTE::GQAM)

BILD 12.11 TRANSFORMATIONSVORSCHRIFT GAEVENTTRACE2TOKENGENERATORMAPPING

Ein *GaEventTrace* spezifiziert den Speicherort einer Ereignisse definierenden Datei. Als Äquivalent dazu wird in der GN-Domäne der Typ des äquivalenten *TokenGenerator* auf *eventFile* gesetzt und in seine Parameter die *location* der entsprechenden Datei übernommen (s. Bild 12.12). Die Angaben in den zwei weiteren Tags des Stereotyps *GaEventTrace* – *content* und *format* – bleiben unberücksichtigt, da der Simulator für Generalisierte Netze (s. Teil IV) nur mit einem strukturell vordefinierten XML-Format der Ereignisse funktioniert (dies ist bei der Event-Datei entsprechend zu berücksichtigen) und somit diesen Vorgaben nicht folgen kann.

12.2.3 GaWorkloadGenerator (aus MARTE::GQAM)

Ein *GaWorkloadGenerator* definiert eine Zustandsmaschine. Beim Durchlauf ihrer Zustände werden andere Diagramme im selben Kontext (in einer bestimmten Reihenfolge, zu bestimmten Zeitpunkten und mit vordefinierten Wahrscheinlichkeiten) aufgerufen. Für die Fälle, in denen ein *GaWorkloadEvent* einen *GaWorkloadGenerator* assoziiert, wird dieser in ein Generalisiertes Netz überführt und als Wurzel im GN-Modell deklariert (vgl. Bild 12.12, Attribut *isRoot*). Die im *GaWorkloadGenerator* verlinkten Szenarien (Verhaltensdiagramme) existieren dann als in ihm verschachtelte Netze. Die Verschachtelung geschieht, indem beim Transformationsprozess jedem Zustand von der Zustandsmaschine eine Stelle im Generalisierten Netz zugeordnet und in ihr hierarchisch untergeordnet das von diesem Zustand aufzurufende Diagramm – gekennzeichnet durch das Tag *behavDemand* des Stereotyps *PaStep* (vgl. Abschnitt 12.4.2) – in Form eines äquivalenten GN gekapselt wird. Sobald das darüber liegende Wurzel-GN den entsprechenden Zustand bzw. die entsprechende Stelle im GN erreicht, wird dem untergeordneten Netz eine oder mehrere Marken übergeben, wodurch der Ablauf im eingebetteten Netz angestoßen wird.

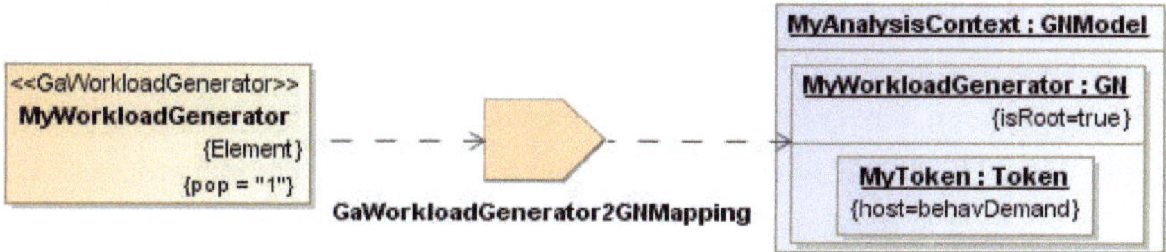

BILD 12.12 TRANSFORMATIONSVORSCHRIFT GAWORKLOADGENERATOR2GNMAPPING

Die Anzahl der Instanzen *pop* bestimmt die Anzahl der parallel, jedoch unabhängig voneinander laufenden Markengeneratoren, also Netze.

Der Vollständigkeit halber soll noch erwähnt werden, dass die korrekte Funktionsweise eines *GaWorkloadGenerator* die Existenz von durch *behavDemands* implizierten Szenarien im selben GN-Modell voraussetzt.

12.3   Transformationsregeln für Ressourcen

Die Gruppe der Ressourcen umfasst neun unterschiedliche MARTE-Stereotype, die in UML sowohl in Struktur- als auch in Verhaltensdiagrammen definiert werden können. Aus der MARTE-Spezifikation kann abgeleitet werden, dass in Aktivitäts- und Zustandsdiagrammen lediglich die Definition einer *PaRunTInstance* zulässig ist, bei Interaktionen (Sequenz-, Kommunikations-, Zeitdiagramm und Interaktionsübersicht) Ressourcen auch durch die Anwendung der Stereotype *Resource*, *SchedulableResource*, *ConcurrencyResource*, *PaLogicalResource* und *GaCommChannel* (zur Annotierung einer Lebenslinie) gekennzeichnet werden können und in Verteilungsdiagrammen (bei Knoten) und Anwendungsfalldiagrammen (bei Akteuren und Anwendungsfällen) alle Ressourcen (s. Bild 12.13 links) uneingeschränkt verwendbar sind. Bei den Ressourcen in Verhaltensdiagrammen handelt es sich sehr oft um Laufzeitinstanzen der Komponenten einer Systemarchitektur, die durch ein UML-Strukturdiagramm beschrieben wurde. Das Ergebnis der Überführung derselben MARTE-Annotierung in die Domäne der Generalisierten Netze hängt auch gerade davon ab, in welchem Diagrammtyp sie genutzt wurde. Während Ressourcenparameter, die in Strukturdiagrammen definiert werden, lediglich an der Berechnung der Leistungsmetriken innerhalb der charakteristischen Funktionen der GN-Plätze teilnehmen und daher keine konkreten korrespondierenden GN-Elemente besitzen, entsprechen den Ressourcen in Verhaltensdiagrammen gleichnamige GN-Transitionen (s. QVT-Relation im Bild 12.13) mit ihren Eigenschaften.

Jede bei der Transformation einer MARTE-Ressource generierte Transition erlangt neben dem Namen seines Ursprungs und dem Transitionssymbol automatisch einen zusätzlichen lokalen Platz (*LocalPlace*) mit einer darin befindlichen lokalen Marke (*LocalMemory*). Die lokale Marke spielt die Rolle eines Gedächtnisses und hat die Aufgabe, alle relevanten Metriken für die jeweilige Transition (sprich Ressource) zu sammeln. Beispielsweise wird aus der Anzahl und Dauer der Markenübergänge über diese Transition die Auslastung der korrespondierenden Ressource ermittelt. Der lokale Platz ist durch eine Schleife mit dem Transitionssymbol verbunden, d.h. er ist gleichzeitig Eingangs- und Ausgangsstelle für diese Transition (ähnlich Bild 12.2. jedoch als Erweiterung einer integralen Transition im Modell). Das entsprechende Prädikat in der Indexmatrix wird (wie bei den Hilfsplätzen *GlobalPlace* und *ParametersPlace*) konstant mit dem Wahrheitswert *true* belegt. Daraus resultiert die Möglichkeit, alle Änderungen während der aktiven Phasen der entsprechenden Transition aufzunehmen und durch die Charakteristiken der lokalen Marke zur künftigen Bearbeitung bereit zu halten. Die lokalen Elemente der Transitionen spielen bei der Leistungsbewertung funktional eine essentielle Rolle, aus Platz- und Übersichtlichkeitsgründen wird jedoch in der gesamten Arbeit auf ihre grafische Darstellung verzichtet.

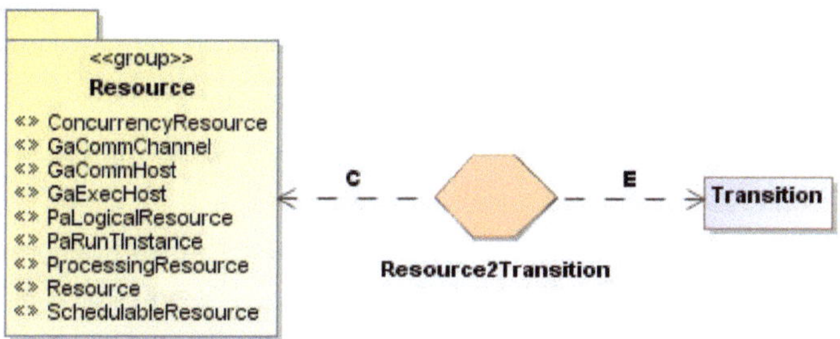

BILD 12.13 ALLGEMEINE TRANSFORMATIONSRELATION RESOURCE2TRANSITION

Welche weiteren Maßnahmen bei der Transformation von Ressourcen erforderlich sind und in welcher Weise sie die Berechnung der Metriken beeinflussen, ist meistens sehr spezifisch und wird in den folgenden Abschnitten und Kapiteln auf einer spezielleren Ebene erläutert – beginnend bei der Betrachtung der einzelnen Mappings für die Stereotype in dieser Gruppe, über die Transformationsregeln für die UML-Elemente nach Diagrammarten (s. Kapitel 13), dann über die softwaretechnische Realisierung des Regelwerks im Teil IV bis hin zur exemplarischen Veranschaulichung an konkreten Beispielen in den Fallstudien des Teils V.

Es folgen zunächst die spezifischen Transformationsregeln für die MARTE-Stereotype, mit deren Hilfe Ressourcen charakterisiert werden können.

12.3.1 RESOURCE (AUS MARTE::GRM)

Konform zur allgemeinen Relation für Ressourcen (vgl. Bild 12.13) wird jedes als *Resource* stereotypisiere UML-Element innerhalb eines Verhaltensdiagramms in eine Transition identischen Namens überführt (s. Bild 12.14). Elemente in Strukturdiagrammen unterstützen lediglich die Ermittlung der gesuchten Leistungsmetriken, erzeugen jedoch keine GN-Strukturelemente. Sofern die Stereotypeigenschaft *resMult* ihren Vorgabewert *1* beibehält, handelt es sich bei der generierten Transition *MyResource* um eine konventionelle Transition ohne weitere Besonderheiten. Die Eigenschaft *resMult* wird allerdings oft dazu verwendet, um die Parallelität in der Ausführung gewisser Schritte zu bezeichnen. Eine der typischen Anwendungen der Eigenschaft bezieht sich die Bezeichnung von Multithreading-Fähigkeit, indem so viele Ressourceninstanzen deklariert werden, wie Threads gleichzeitig maximal bearbeitet werden können. Die Transformation einer sogenannten multiplen Ressource folgt ebenso der allgemeinen Regel, d.h. sie wird in eine für alle Ressourceninstanzen stellvertretende Transition überführt, jedoch erfolgen bei dieser Konstellation die Steuerung des Kontrollflusses im Modell sowie die begleitenden Kalkulation der Leistungsmetriken unter Berücksichtigung der Mehrzahl an Ressourceninstanzen. Wird beispielsweise im UML-Modell eine Schleife gebildet, um 100 Threads zu bearbeiten, wären bei einer einzigen Ressourceninstanz (*resMult=1*) 100 Wiederholungen nötig, während unter Einsatz von 10 identischen Instanzen (*resMult=10*) nur noch 10 Wiederholungen zu vollbringen sind – der Kontrollfluss wird somit von der Schleife zu unterschiedlichen Zeitpunkten abgetreten. Die richtige Interpretation solcher Zusammenhänge setzt voraus, dass das UML-Modell diese in geeigneter Weise, insbesondere durch die passende Granularität der Ausführungsschritte, impliziert. Bei der Kalkulation der Auslastung der Ressource werden alle Zeitspannen erfasst, in denen mindestens eine der Ressourceninstanzen beansprucht wurde, die Anzahl der während dieser Periode tatsächlich beanspruchten Ressourceninstanzen bleibt jedoch ohne Berücksichtigung.

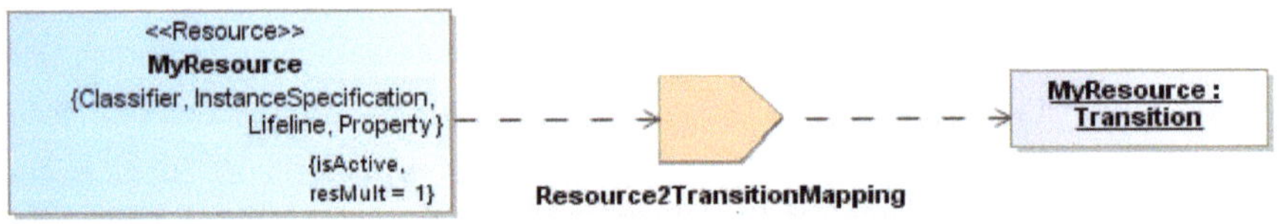

BILD 12.14 TRANSFORMATIONSVORSCHRIFT RESOURCE2TRANSITIONMAPPING

Sollte die Verteilung anstehender Tasks auf die unterschiedlichen Ressourceninstanzen nach einer bestimmten Policy (Definition über das Attribut *isProtected*) erfolgen, wird diese Aufgabe von einem sogenannten Scheduler (Eigenschaft *brokeringResource*) übernommen. Für diese Fälle ist es bei der Überführung des Leistungsmodells zweckdienlicher, eine verschachtelte GN-Struktur zu generieren, in der eine Ausgangsstelle der entsprechenden Transition die Marken für die multiple Ressource sammelt und an eine in ihr verschachtelte Transition übergibt. In der tiefer gesiedelten Transition bekommt ihre einzige Eingangsstelle – der Scheduler – alle Marken von der darüber gelagerten Ebene und reicht sie dann über die Prädikate, die die gewünschte Policy abbilden, an die Ausgangsstellen dieser Transition, deren Anzahl der Anzahl an geforderten Ressourceninstanzen entspricht, weiter. Da diese Variante jedoch eher für den Bereich der Schedulability-Analyse (Paket *SAM*) von Interesse ist als für die Leistungsanalyse (beide importieren das *GRM*-Paket, vgl. Bild 8.2) wird sie im Rahmen dieser Arbeit nicht weiter behandelt.

Die Eigenschaft *isActive* des Stereotyps *Resource* hat keinen direkten Einfluss auf die Transformation. In der Regel unterscheidet sich eine aktive Ressource von einer passiven dadurch, dass sie Zeit für die Ausführung ihrer Tasks benötigt. Sofern im zu transformierenden UML-Modell eine relevante Zeitangabe gemacht wurde, wird sie mit dem Markenübergang durch die Transition berücksichtigt, ohne zu überprüfen, ob die Ressource explizit als aktiv deklariert wurde. Bei passiven Ressourcen ist die Bearbeitungszeit in anderen Schritten im Modell impliziert. Bei der Transformation wird vorausgesetzt, dass der Modellierer die Verantwortung für die Beachtung der Ressourcenaktivität trägt.

Abschließend soll erwähnt werden, dass das allgemeine Stereotyp *Resource* als solches selten verwendet wird. Jedoch handelt es sich dabei um das Elternelement aller anderen Stereotype der betrachteten MARTE-Gruppe, weshalb die Definition seiner Attribute von jedem anderen abgeleiteten Stereotyp aus möglich wäre. Die Betrachtungen dieses Abschnitts gelten insofern auch für alle anderen Ressourcen-Stereotype. Selbiges gilt auch für sämtliche Eigenschaften, die für ein generelles Stereotyp spezifiziert wurden, aber erst durch speziellere Stereotype in das Modell einbezogen werden.

12.3.2 ConcurrencyResource (aus MARTE::GRM)

Ein direkt von *Resource* abgeleitetes Element stellt das Stereotyp *ConcurrencyResource* dar, das zur Annotierung einer aktiven, geschützten Ressource verwendet wird. Sofern diese Bestandteil eines Verhaltensdiagramms ist, existiert sie in der Domäne der Generalisierten Netze ebenfalls als eine Transition gleichen Namens (s. Bild 12.15). Das Stereotyp besitzt keine eigenen Tags, die Einfluss auf die Transformation haben.

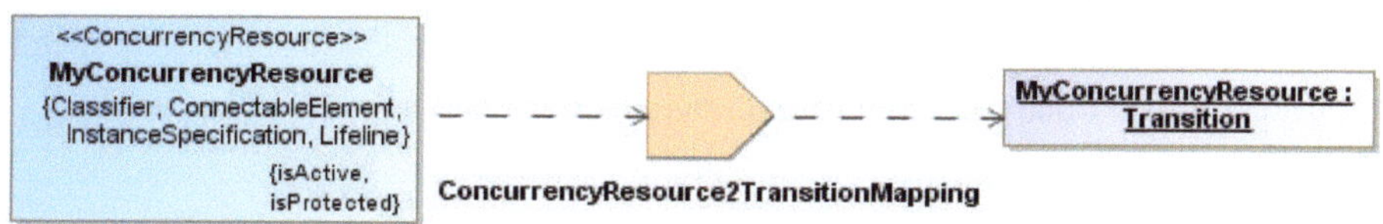

BILD 12.15 TRANSFORMATIONSVORSCHRIFT CONCURRENCYRESOURCE2TRANSITIONMAPPING

Das Konkurrenzverhältnis zwischen solchen Ressourcen betrifft ihre Nachfolgetransition, die dann dieses über entsprechende Prädikate verwalten muss. Dazu ist zusätzliche Information im Modell notwendig, die festlegt, nach welchen Kriterien die Konkurrenz aufgelöst werden soll (siehe nächsten Abschnitt).

12.3.3 SchedulableResource (aus MARTE::GRM)

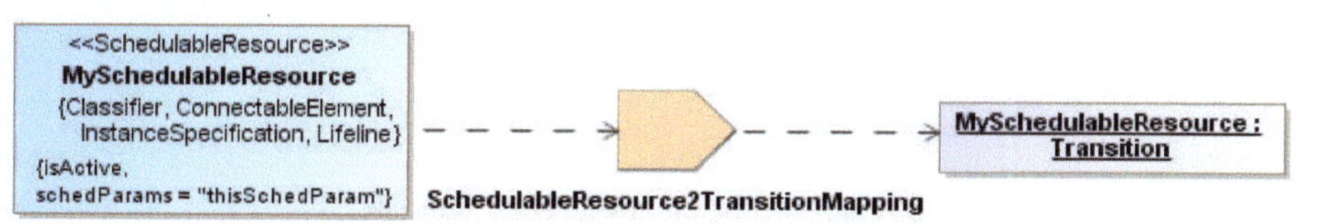

BILD 12.16 TRANSFORMATIONSVORSCHRIFT SCHEDULABLERESOURCE2TRANSITIONMAPPING

Eine *SchedulableResource* ist zwingend aktiv und bestimmt die Parameter, die den Markenfluss von ihrer entsprechenden Transition zur Nachfolgetransition, also zur fremden Verarbeitungskapazität, steuern. Die Ausgangsstellen der mit der *SchedulableResource* korrespondierenden Transition (*MySchedulableResource* im Bild 12.16) stellen somit Eingangsstellen der Verarbeitungskapazität dar. Die Prädikatmatrix der Transition bildet dann durch die Berücksichtigung der *schedParams* in den konkreten Prädikaten das Konkurrenzverhältnis der konkurrierenden Einheiten um die kritische Verarbeitungskapazität ab. Wegen der Komplexität des Zusammenhangs zeigt das im Bild 12.16 dargestellte *SchedulableResource2-TransitionMapping* lediglich das Ergebnis der primären Transformation.

12.3.4 GaCommChannel (aus MARTE::GQAM)

Auch ein mit dem Stereotyp *GaCommChannel* annotierter Kommunikationskanal wird konform zur übergeordneten Relation in eine Transition überführt (s. Bild 12.17). Die zulässigen Tags des Stereotyps *utilization* und *throughput* werden in aller Regel nicht vorgegeben, sondern gehören zu den zu ermittelnden Parametern. Ihnen gleichzusetzen sind auch Anforderungen an die Auslastung und den Durchsatz des Kanals, da es zur Überprüfung, ob die Anforderung erfüllt wurde, zuerst den erzielten Wert der Leistungsmetrik zu ermitteln gilt. Die Ermittlung erfolgt auf Basis der in der lokalen Marke gesammelten Historie. Dort werden bei jeder Aktivierung der Transition die stattfindenden Markenübergänge registriert, wobei jede Marke mit ihrer Übergangszeit und einem Transportvolumen von *packetSize*-Einheiten (in Bits) einfließt. Die Übergangszeit resultiert aus den Angaben beim physischen Medium — dem *GaCommHost*, dem dieser logische Kanal zugeordnet wurde. Insbesondere spielen hier die Attribute *packetT* und *blockT* eines *GaCommHost* (vgl. Abschnitt 12.3.7) eine Rolle.

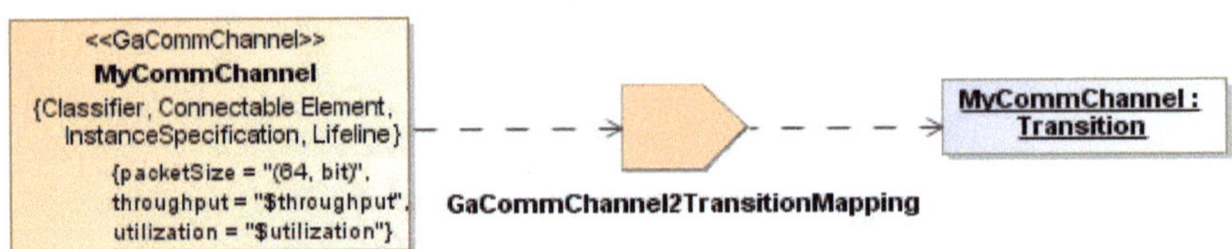

BILD 12.17 TRANSFORMATIONSVORSCHRIFT GACOMMCHANNEL2TRANSITIONMAPPING

Aus den für die konkrete Transition gesammelten Zeiten und Paketgrößen (innerhalb ihrer lokalen Marke) lassen sich beide Leistungsmetriken *utilization* und *throughput* für den konkreten logischen Kanal ermitteln. Das zusammenfassende Ergebnis wird in Form einer Charakteristik der globalen Marke des Netzes gespeichert.

12.3.5 ProcessingResource (aus MARTE::GRM)

Ein mit dem Stereotyp *ProcessingResource* annotierter *Classifier* oder eine so annotierte *InstanceSpecification* ist ebenso in eine GN-Transition zu überführen. Ihr Attribut *speedFactor*, mit dem das Verhältnis zwischen ihrer und der Geschwindigkeit einer Bezugsressource bezeichnet wird, bestimmt, mit welcher Frequenz die äquivalente Transition aktiviert werden soll (vgl. Bild 12.18). In diesem Bezug ist der Auswahl des passenden Simulationsschrittes (in der aktuellen Lösung manuell durch den Analytiker anzugeben, vgl. Abschnitt 17.5) Aufmerksamkeit zu schenken. Ist der Schritt so ausgewählt, dass er sich nicht restlos durch alle im Modell spezifizierten Geschwindigkeitsfaktoren dividieren lässt, würden sich die Simulationsergebnisse aus Abrundungen der Aktivierungszeiten verfälschen.

BILD 12.18 TRANSFORMATIONSVORSCHRIFT PROCESSINGRESOURCE2TRANSITIONMAPPING

12.3.6   GAEXECHOST (AUS MARTE::GQAM)

Auch als *GaExecHost* stereotypisierte, in Verhaltensdiagrammen definierte UML-Elemente existieren in der GN-Domäne in Form von gleichnamigen Transitionen (s. Bild 12.19). Das Attribut *commRcvOvh* dieses Stereotyps definiert die Verzögerung für Nachrichtenempfang bei diesem Host, die im korrespondierenden GN-Modell als ein Parameter in der charakteristischen Funktion der Ausgangstellen dieser Transition berücksichtigt wird. Dieser Parameterwert wird der Dauer der Markenübergänge über diese Transition hinzuaddiert. Das Attribut *commTxOvh*, das die Verzögerung beim Nachrichtenversand bezeichnet, wird in analoger Weise von den charakteristischen Funktionen der Ausgangsstellen der Folgetransitionen erfasst. Die Folgetransition ist das GN-Äquivalent des Empfängers einer vom aktuellen *MyExecHost* gesendeten Nachricht. Die Darstellung im QVT-Mapping ist somit als eine Art Abstraktion anzusehen, denn die Sendeverzögerung wird nicht in derselben Transition ermittelt.

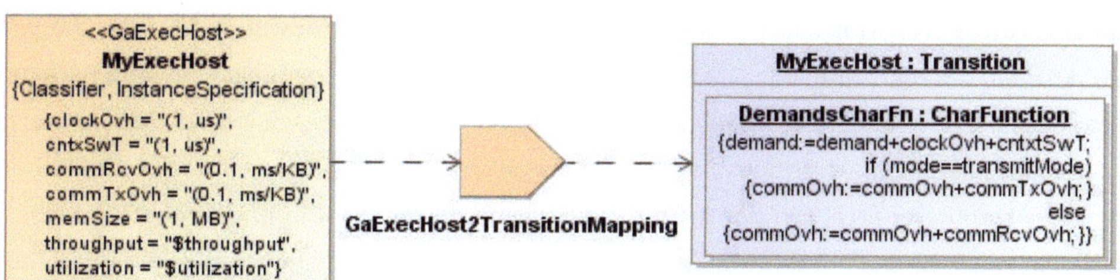

BILD 12.19 TRANSFORMATIONSVORSCHRIFT GAEXECHOST2TRANSITIONMAPPING

Dadurch, dass ein Kommunikationsschritt – ein Markenübergang – mehrere Ressourcen beansprucht, ist auch keine eindeutige Zuordnung der Kommunikationszeiten zu einer bestimmten Transition möglich und damit ist auch die Speicherung von Charakteristiken in ihrer lokalen Marke nicht sinnvoll. Daher werden diese während der Simulation direkt in der globalen Marke des Netzes gespeichert. Aus den erfassten Werten werden anschließend die Auslastung (*utilization*) und der Durchsatz (*throughput*) des Hosts errechnet.

Bei den in den Eigenschaften *cntxtSwT* und *clockOvh* angegebenen Zeiten handelt es sich um pure Verzögerungszeiten ohne damit zusammenhängende Beanspruchung des Hosts. Diese Eigenschaften werden nicht der Hostauslastung angerechnet, werden jedoch für Analysezwecke durch die gleiche charakteristischen Funktionen der Ausgangsstellen der Transition erfasst und in der Charakteristik *delay* der lokalen Marke gespeichert.

Die vom Host angebotenen Prioritäten werden im UML-Modell in der Eigenschaft *schedPriRange* spezifiziert[19]. Da GN-Transitionen per Definition befähigt sind, unterschiedliche Prioritäten zu berücksichtigen, hat diese deklarative Angabe keinen Einfluss auf die Transformation. Die Information könnte im Generalisierten Netz als Charakteristik der globalen Marke gespeichert werden, allerdings ist ihre Übernahme nur insofern interessant, als eine Fehlermeldung bei Nichtberücksichtigung des vorgegebenen Intervalls von Interesse wäre. Andernfalls kann dieser Eigenschaftswert bei der Transformation ignoriert werden.

Die Eigenschaft *memSize* bestimmt die Kapazität der Ausgangstelle(n) der korrespondierenden Transition *MyExecHost*. Falls die Transition mehrere Ausgangsstellen assoziiert, sollte stets sichergestellt werden, dass die darin befindlichen Marken, unter Berücksichtigung ihrer „Größen", nie den vorgegebenen Wert überschreiten. Dafür soll ein Prädikat als einschränkende Bedingung für die Markenübergänge über diese Transition sorgen.

12.3.7   GaCommHost (aus MARTE::GQAM)

Kommunikationshosts sind Elemente der Typen *Classifier* oder *InstanceSpecification*, die mit dem Stereotyp *GaCommHost* annotiert wurden. Sind diese innerhalb eines Verhaltensdiagramms modelliert, wird bei der Überführung des UML-Modells in Generalisierte Netze als ihr Äquivalent eine Transition generiert (s. Bild 12.20). Bei ihrer Anwendung innerhalb von Strukturdiagrammen wird kein GN-Element erzeugt, sondern nur leistungsrelevante Parameter innerhalb der charakteristischen Funktionen gesammelt. Dabei spielen bei diesem Stereotyp insbesondere die Attribute *packetT* und *blockT* eine Rolle. Der Unterschied zwischen beiden Attributen besteht in der Art der übertragenen Daten – während *packetT* die Übertragungsdauer für Nutzdaten repräsentiert und damit die Grundlage für die nominale Auslastung (*utilization*) der Ressource bildet, bezeichnet *blockT* die Zeit für die Übertragung eines Pakets samt Protokolloverhead und spiegelt somit die effektive Auslastung der Ressource wider. Die Angabe in der Eigenschaft *packetT* bezieht sich auf die für dieses Medium spezifizierte Paketgröße, die dem Stereotyptag *elementSize* entnommen werden kann (vgl. Abschnitt 8.3.7). Die Kumulierung der Übertragungszeiten und des transportierten Datenvo-

---

[19] Dieses Stereotyp wurde vom UML-Modellierungswerkzeug, mit dem die Mappings erzeugt wurden, leider nicht unterstützt, sodass im Beispiel im Bild 12.19 keine exemplarische Definition möglich war. Ein Beispiel wäre: *schedPriRange=[1..10]*

lumens bildet die Grundlage für die Berechnung der Auslastung (*utilization*) und des Durchsatzes (*throughput*) der Kommunikationsressource (es wird stets angenommen, dass es sich bei den letzten beiden Parametern um zu ermittelnde Leistungsgrößen handelt). Dafür werden bei jedem Markenübergang – das GN-Äquivalent einer Nachrichtenübertragung – in einer entsprechenden Charakteristik der globalen Marke die relevanten Daten aufsummiert. Für die richtige Kalkulation der Metriken ist es zwingend erforderlich, den Sender und den Empfänger einer Nachricht zu kennen. Der Kommunikationshost ist dann der verbindende Pfad zwischen den kommunizierenden Endressourcen. Der Kommunikationspfad ist entweder explizit im Modell angegeben oder ist über eine Baumsuche in einer meistens als Verteilungsdiagramm modellierten Systemarchitektur zu ermitteln (Veranschaulichungsbeispiele folgen im Kapitel 13).

Das Attribut *capacity* des Stereotyps *GaCommHost* ist als eine Art Zusicherung im GN zu interpretieren, d.h. es wird ständig dafür gesorgt, dass diese maximale Übertragungskapazität nicht überschritten wird. Dazu ist es zweckdienlich, alle Prädikate der generierten Transition *MyCommHost*, die potentiell als wahr ausgewertet werden können (nicht konstant mit *false* belegt sind), um einen zusätzlichen UND-verknüpften Term zu erweitern. Der logische Term hat die Aufgabe, diejenigen Markenbewegungen über die Transition zu blockieren, die zu einem bestimmten Zeitpunkt die maximale Kapazität der Übertragungsressource überschreiten würden, und zwar solange, bis die Kapazität auch bei diesen Markenübergängen eingehalten würde.

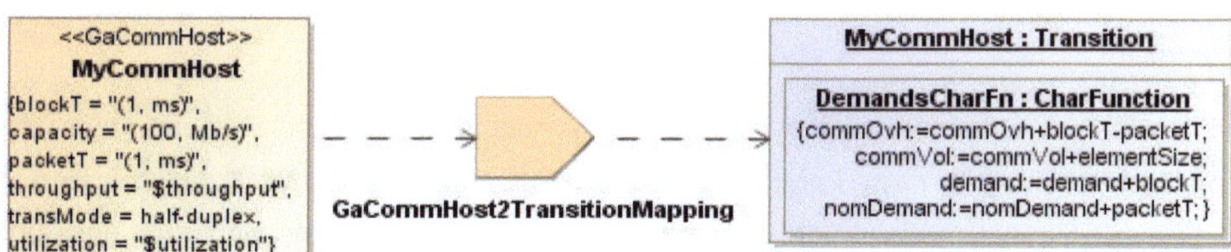

BILD 12.20 TRANSFORMATIONSVORSCHRIFT GACOMMHOST2TRANSITIONMAPPING

Die Angabe im Tag *transMode* legt einen der Übertragungsmodi Simplex, Halb-Duplex oder Vollduplex fest. Der Simplex-Modus hat keine Auswirkung auf die Transformation, denn es ist Aufgabe des Modellierers, durch entsprechende Verbindungen zwischen den UML-Elementen die unidirektionale Übertragung über ein bestimmtes Medium im Modell zu sichern. Wurde im Tag der Kommunikationsmodus Vollduplex festgelegt, ist ebenso keine Berücksichtigung nötig, da dann sämtliche Übertragungen, unabhängig von ihrer Richtung und der momentanen Belegung des Mediums, möglich wären. Interessant ist die Konstellation beim Halb-Duplex-Modus. Zur Sicherung der richtigen Funktionalität dieses Modus' ist – wie oben bei der Einhaltung der Kapazität – die Einführung eines weiteren Prädikatterms in das Generalisierte Netz notwendig. Dieser Term soll stets sicherstellen, dass die Nachrichten, die zu einem bestimmten Zeitpunkt auf dem Medium liegen werden, aus einer Quelle stammen. Ist das nicht der Fall, wird die „falsch" gerichtete Nachricht solange zurückgehalten, bis kein Empfang über die Transition von anderen Seiten aus stattfindet.

12.3.8 PaLogicalResource (aus MARTE::PAM)

UML-Elemente, die mit dem Stereotyp *PaLogicalResource* annotiert wurden, erzeugen bei ihrer Überführung in ein GN-Modell Transitionen. Der Elementname wird dabei übernommen (vgl. Bild 12.21).

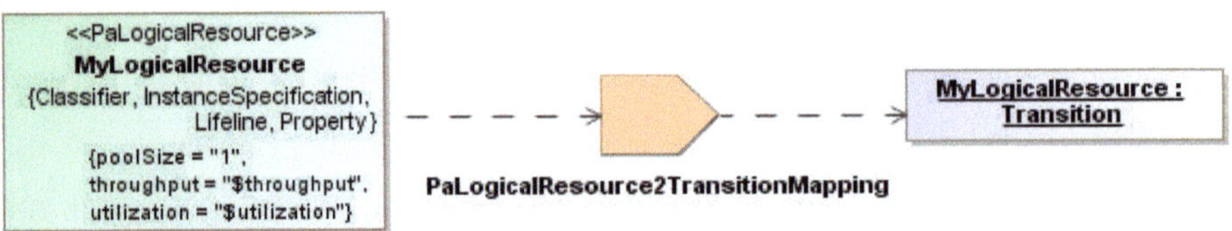

BILD 12.21 TRANSFORMATIONSVORSCHRIFT PaLogicalResource2TransitionMapping

Das Attribut des Stereotyps *poolSize* gibt an, wie viele Ressourceninstanzen zur Akquirierung durch *PaAcqStep*-Elemente (vgl. Abschnitt 12.4.3) zur Verfügung stehen. Die hier dargestellte Transition *MyLogicalResource* verkörpert stellvertretend alle *poolSize*-Ressourceninstanzen. Es ist kein Markenübergang über diese Transitionen mehr möglich, wenn es zum einen keine freien Instanzen dieser Ressourcenart zu besetzen gibt, zum anderen die Marken nicht diejenigen sind, die die anderen Ressourceninstanzen bereits akquiriert und noch nicht freigegeben haben. Die Erfüllung dieser Bedingung wird durch die Prädikate der Transition überwacht.

Bei den Stereotypattributen *utilization* und *throughput* wird wiederholt angenommen, dass sie gesuchte bzw. geforderte Parameter sind. Das Tag *utilization* repräsentiert, bezogen auf die gesamte Simulationsdauer, die Zeit, in der die Ressourceninstanzen (vertreten durch ihre korrespondierende Transition) besetzt waren, d.h. Marken von ihren Eingangsstellen zu ihren Ausgangsstellen übermittelten bzw. Marken in ihren Ausgangsstellen sich befanden. Diese Information wird von der charakteristischen Funktion der lokalen Stelle der Transition protokolliert – für jede Ressourceninstanz in einer eigenen Charakteristik der lokalen Marke. Für die Gesamtauslastung der logischen Ressource wird ein Mittelwert aus allen Instanzenwerten gebildet.

Die Eigenschaft *throughput* bestimmt die Häufigkeit, mit der Marken über diese Transition wanderten und anschließend von ihren Ausgangsstellen zur Weiterleitung an die Nachfolgetransitionen freigegeben wurden. Die Freigabe findet frühestens dann statt, wenn die vorgebene Verweildauer für die jeweilige Ausgangsstelle verstrichen ist. Die Verweildauer ist das GN-Äquivalent der Dauer eines ausgeführten Prozesses (siehe dazu Abschnitt 12.4). Der

Durchsatz wird in der globalen Marke des Netzes zusammengefasst, die dazu notwendigen Ereignisse werden den Charakteristiken der wandernden Marken entnommen.

12.3.9 PaRunTInstance (aus MARTE::PAM)

Das Stereotyp *PaRunTInstance* wurde speziell für die Ziele der Leistungsanalyse definiert, um (unterschiedliche) Laufzeitinstanzen von vorhandenen Ressourcen in die Untersuchungen einbeziehen zu können. Dieses Stereotyp ist erfahrungsgemäß auch das meist verwendete in Verhaltensdiagrammen. In Aktivitäts- und Zustandsdiagrammen ist das sogar das einzige zulässige Ressourcen definierende Stereotyp (vgl. Abschnitt 12.3). Mit dem Stereotyp *PaRunTInstance* annotierte UML-Elemente werden konform zu der allgemeinen QVT-Relation für Ressourcen (Abschnitt 12.3) in Transitionen überführt. Dabei wird der Name des UML-Elements von der Transition übernommen (s. Bild 12.22).

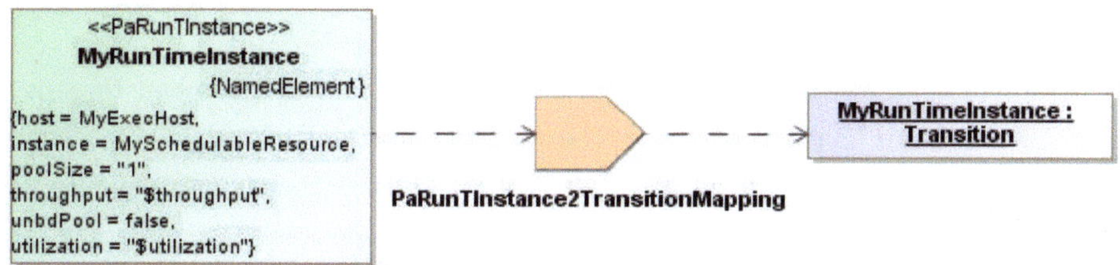

BILD 12.22 TRANSFORMATIONSVORSCHRIFT PARUNTINSTANCE2TRANSITIONMAPPING

Eins der meist genutzten Attribute des Stereotyps – *instance* – spezifiziert, welche physische Ressource instanziiert wird. Die Zuordnung geschieht durch die Referenz auf eine anderswo im Modell definierte *SchedulableResource*. *SchedulableResource*s sind meistens integrale Bestandteile der Systemarchitektur, am häufigsten modelliert durch ein UML-Verteilungsdiagramm. Durch den Verweis auf eine konkrete Ressource in der Systemarchitektur wird möglich, Sender und Empfänger einer Nachricht sowie die Kommunikationsverbindungen zwischen ihnen zu bestimmen (s. vorherige Unterabschnitte des Abschnitts 12.3). Zudem zeigt diese Referenz, welcher physische Ausführungshost (*GaExecHost*) ausgelastet wird (Eigenschaft *utilization*), wenn eine Laufzeitinstanz Tasks bearbeitet. Der zugehörige Host einer *PaRunTInstance* ist in der Regel über die Nachverfolgung von Verbindungen (Links) zwischen den Ressourcen bestimmbar, d.h. die notwendige Information wird von der vorgegebenen Architektur impliziert. In seltenen Fällen – z.B. wenn das gleiche Artefakt auf mehreren Knoten ausgeführt wird – kann es vorkommen, dass der Host der Laufzeitinstanz nicht eindeutig identifizierbar ist. Für diese Fälle, um dennoch die korrekte Leistungsbewertung zu gewährleisten, ist die explizite Angabe des Ausführungshosts über die Stereotypeigenschaft *host* möglich.

Wichtig ist in diesem Zusammenhang die Anmerkung, dass die Beanspruchung einer Laufzeitinstanz automatisch auch ihre zuzuordnende *SchedulableResource* und ihren Ausführungshost *GaExecHost* auslastet. Bei der Kommunikation mit dieser Laufzeitinstanz werden zusätzlich die durchlaufenen Kommunikationsressourcen beansprucht. Diese Information wird in der globalen Marke des generierten Generalisierten Netzes gespeichert. Zur relevanten Information gehören die Markenübergänge über die Transition (*MyRunTimeInstance*) sowie die Mindestverweildauer in einer der Ausgangsstellen dieser Transition. Die letzte spiegelt die Ausführung eines Schrittes wider und wird durch die charakteristische Funktion dieser Ausgangsstelle festgelegt und verwaltet (vgl. dazu auch Abschnitt 12.4). Aus den gesammelten Charakteristiken lassen sich die Auslastung *utilization* und der Durchsatz *throughput* der Laufzeit- und allen mit ihr zusammenhängenden Ressourcen ermitteln. Bei den beiden letzten Attributen wird nochmals angenommen, dass darunter zu bestimmende Parameter zu verstehen sind (vgl. Notation links im Bild 12.22).

Die Stereotypeigenschaft *poolSize* bestimmt die Anzahl der parallel laufenden Threads auf dieser Laufzeitinstanz (in diesem Prozess). Laut MARTE-Spezifikation ([120], S. 334) ist diese Angabe als maximale Lastgrenze zu verstehen. Solche Einschränkungen erfahren ihre Äquivalente in der GN-Domäne in Form von entsprechenden Prädikaten. Diese garantieren die Einhaltung dieser Einschränkungen, indem sie keine sie verletzenden Markenübergänge zulassen (in solchen Fällen werden sie als unwahr ausgewertet).

Durch die Belegung des Attributs *unbddPool* dieses Stereotyps mit dem booleschen Wert *true* kann das Vorhandensein von unendlichen Threads bezeichnet werden. Diese Festlegung hat keinen Einfluss auf die Transformation und lässt lediglich erwarten, dass sich in der(n) Eingangsstelle(n) der Transition ständig wartende Marken befinden.

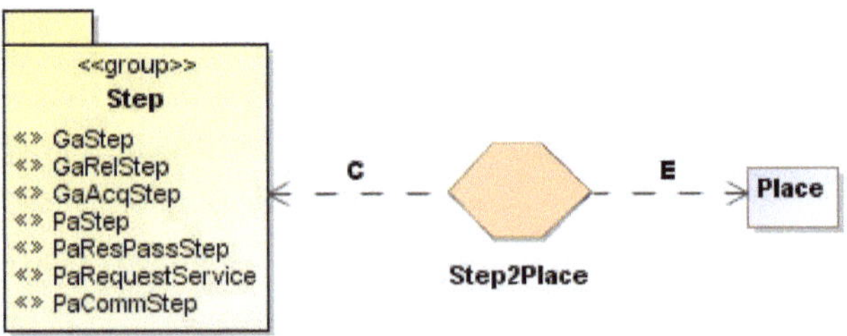

BILD 12.23 ALLGEMEINE TRANSFORMATIONSRELATION STEP2PLACE

Schritte repräsentieren die Systemdynamik im UML-Modell und sind als auszuführende Einheiten zu verstehen. MARTE definiert sieben unterschiedliche Stereotype für die Bezeichnung von unterschiedlichen Schritten, die zusammen mit ihren Eigenschaften in den folgenden Abschnitten umfassend erläutert werden. Die generalisierte Transformationsrelation für die Gruppe der MARTE-Schritte legt fest, dass als Schritte annotierte UML-Elemente in die GN-Domäne in Stellen überführt werden (s. Bild 12.23).

Es folgen die präzisierenden Mappings für die sieben Stereotype dieser Gruppe.

12.4.1 GaStep (aus MARTE::GQAM)

GaStep ist das Elternelement der Gruppe, von dem alle anderen Stereotype abgeleitet werden. Somit gelten alle Betrachtungen in diesem Abschnitt auch für die nachfolgenden Stereotype.

Ein mit *GaStep* stereotypisiertes UML-Element wird bei der Überführung in die Domäne der Generalisierten Netze in eine Stelle gleichen Namens transformiert (s. Bild 12.24). Das Attribut *concurRes* dient der Bezeichnung der ausführenden Ressource dieses Schrittes. Um es auf die Domäne der Generalisierten Netze zu übertragen, zeigt dieses Attribut, als Ausgangsstelle welcher Transition dieser Schritt zu deklarieren ist. Im konkreten Beispiel stellt die Stelle *MyGaStep* eine Ausgangsstelle der Transition *MyResource* dar. Das Attribut *concurRes* wird bei der Modellierung eher selten verwendet, viel öfter geschieht die Zuordnung einer Stelle zu einer Transition (bzw. Schritt zu Ressource) implizit im Modell, z.B. indem eine als Schritt annotierte Aktion innerhalb einer als Ressource stereotypisierten Partition modelliert wird. Dieser Zusammenhang wird nochmals im Kapitel 13 behandelt.

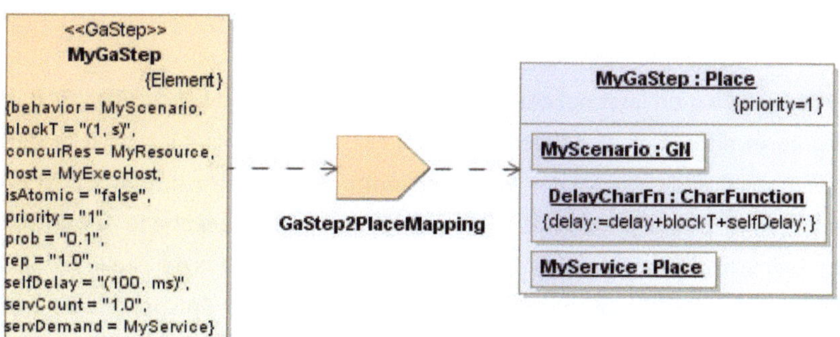

BILD 12.24 TRANSFORMATIONSVORSCHRIFT GASTEP2PLACEMAPPING

Die Eigenschaft *host* deklariert die Zuordnung der in *concurRes* spezifizierten Ressource zu einem Ausführungshost (vgl. dazu auch Abschnitt 12.3.9). Diese Information hat Einfluss auf die Ermittlung der Kommunikationswege zwischen den Ressourcen, die Nachrichten austauschen oder sich einfach den Kontrollfluss übergeben. Sie bestimmt auch die richtige Verteilung der Rechenauslastung auf konkrete Ressourceneinheiten.

Die Priorität der generierten Stelle *MyGaStep* wird von der Eigenschaft *priority* des *GaStep* übernommen.

Der Inhalt der Eigenschaft *behavior* erweitert den Schritt um ein eigenes verfeinerndes Szenario (im Beispiel im Bild 12.24 *MyScenario*). Dieses Szenario entspricht in der GN-Domäne einem separaten Generalisierten Netz, das in der generierten Stelle *MyGaStep* verschachtelt ist.

Das Attribut *prob* definiert die Wahrscheinlichkeit, dass eine anstehende Marke, die sich in einer der Eingangsstellen der Transition *MyResource* befindet, bei der nächsten Aktivierung der Transition aus der Mehrzahl ihrer Ausgangsstellen in die betrachtete *MyGaStep* übergeht. Diese Wahrscheinlichkeit wird als Prädikat in der entsprechenden Spalte der Indexmatrix der Transition codiert.

Für jede Marke, die in diese Stelle gelangt, wird die charakteristische Funktion der Stelle aufgerufen. Sie addiert zur schon angesammelten Verweilzeit der Marke die *blockT* und das *selfDelay* der Stelle *MyGaStep* auf.

Durch die Eigenschaft *isAtomic* wird angegeben, ob der Schritt verschachtelte GN-Elemente wie untergeordnete Generalisierte Netze beinhalten kann. Sollte ein Schritt explizit als nicht atomar deklariert worden sein (*isAtomic = false*), ist es zu erwarten, dass seine äquivalente GN-Stelle verschachtelte Elemente beinhaltet. Eine Verschachtelung wird bei der Transformation jedoch nicht erzwungen, da der Fall einer expliziten Deklaration vom Fall des fehlenden Attributs *isAtomic*, wo eher ein atomarer Schritt vermutet wird, nicht unterscheidbar ist. Die hierarchische Struktur wird allein aufgrund der strukturellen Besonderheiten des UML-Modells ermittelt.

Die MARTE-Spezifikation lässt bei der Interpretation des Tags *rep* den Schluss zu, dass es sich um einen zu ermittelnden Parameter handelt. Für seine Berechnung wird in der lokalen Marke der Transition die Anzahl der Markenankünfte in dem betrachteten Schritt *MyGaStep* gespeichert. Sollte dennoch durch die Eigenschaft *rep* eine vorgegebene Anzahl von Durchläufen für den Schritt bezeichnet sein, ist dann eine zusätzliche aus der Stelle *MyGaStep* ausgehende, zur selben Transition rückführende Kante herzustellen. Entsprechende Prädikate in der dazugehörigen Indexmatrix sollen dafür sorgen, dass die vorgegebene Anzahl von Schleifen während der Simulation tatsächlich erreicht wird. Dazu ist es sinnvoll, in den Charakteristiken der übergehenden Marken die aktuelle Anzahl der von ihr hinterlegten Besuche dieser Stelle zu halten. Der aktuelle Wert der Charakteristik wird dann bei jeder Aktivierung der Transition mit der geforderten Anzahl von Durchläufen verglichen. Ist diese Anzahl erreicht, wird die Marke über die Prädikate an eine andere Ausgangsstelle geleitet, sonst geht sie wiederholt in die Stelle *MyGaStep* über.

Ein mit *GaStep* annotiertes Element kann Dienste aufrufen, wozu diese im Tag *servDemand* aufgezählt werden. Ein Dienst stellt eine Operation oder ein anderes, durch die Stereotype

GaRequestedService oder *PaRequestedService* gekennzeichnetes UML-Element dar (vgl. Abschnitt 8.4 sowie Bild 8.6). Laut der Transformationsregel aus Abschnitt 12.4.8 finden als Dienste bezeichnete Elemente ihr Äquivalent in der GN-Domäne in Form einer GN-Stelle. Um den Aufruf eines Dienstes *MyService* von der Stelle *MyGaStep* aus zu ermöglichen, wird die dem Dienst äquivalente GN-Stelle *MyService* in der Stelle *MyGaStep* eingebettet (s. Bild 12.24). Anzumerken ist, dass die Einbettung als eine Art Verlinkung zu verstehen ist, d.h. das eingebettete Element existiert im selben GN-Modell unabhängig und kann auch von anderen Elementen desselben Modells referenziert bzw. eingebettet werden, indem sie Marken zu ihm senden und aus ihm empfangen.

Der Wert in der Eigenschaft *servCount* spezifiziert die Anzahl der Aufrufe des Dienstes, d.h. wie viele Markenübergänge zwischen den Stellen *MyGaStep* und *MyService* stattzufinden haben. Bei der Frage, in welcher Form die Aufrufe erfolgen, was letztendlich die Steuerung der Markenübergänge festlegt, lässt die MARTE-Spezifikation Interpretationsfreiheiten zu. Die Aufrufe können hintereinander in einer Schleife, parallel, indem unterschiedliche Ressourcen angesprochen werden oder parallel, indem verschiedene Threads auf einer einzigen Ressource gestartet werden, ausgelöst werden. Unter Beachtung der Tatsache, dass Automatisierungssysteme (noch) selten einen Service-orientierten Ansatz verfolgen (bei dem die Unterscheidung eine Rolle spielen würde), wird hier vereinfachend angenommen, dass alle Aufrufe des Dienstes innerhalb von einer, nur einmal initiierten Schleife stattfinden. Dieser Annahme folgend pendelt die in der Stelle *MyGaStep* gelangte Marke so viele Male zwischen über- und untergeordneten Stelle, bis der Wert der Eigenschaft *servCount* erreicht wird.

Im Zusammenhang mit dem hier betrachteten MARTE-Stereotyp *GaStep* ist zudem zu beachten, dass dieses von *GaScenario* abgeleitet ist und damit auch alle seine Tags impliziert. Einige Tags sind jedoch wegen der unterschiedlichen Zielelemente der Transformation – einmal zu einer Stelle im Netz und einmal zu einem Generalisierten Netz – anders zu deuten. Solche Tags sollen dementsprechend bei ihrer Anwendung mit dem Stereotyp *GaStep* bzw. mit einer seiner Spezialisierungen abweichend von den im Abschnitt 12.1.4 beschriebenen Regeln transformiert werden. Unterschiede ergeben sich beispielsweise für die Eigenschaften *utilization*, *utilizationOnHost* und *throughput*, indem die entsprechenden Statistiken statt in die globale Marke des Netzes in die lokale Marke der Transition, bei der die generierte Stelle als Ausgangsstelle entsteht, notiert werden. Weiterhin schränkt die Deklaration einer harten *timing*-Einschränkung lediglich die Zugänglichkeit der relevanten Stelle ein. Dafür werden alle Prädikate in der entsprechenden Spalte der Indexmatrix durch den konstanten Wert *false* ersetzt (durch die Anwendung von dynamischen Operatoren möglich). Als Folge werden die Übergangsbedingungen nie mehr erfüllt und somit bleibt der Markenfluss zu dieser Stelle künftig gesperrt. Weiche *timing*-Einschränkungen aktivieren die Protokollierung der vom *GaTimingObs* referenzierten Ereignisse durch die charakteristische Funktion der betrachteten Stelle. Die Deutung der Eigenschaft *respT* unterscheidet sich dahingehend, dass sie die Ausführung nicht des ganzen Szenarios, sondern nur des konkreten Schrittes umfasst und ihre Ermittlung somit von der charakteristischen Funktion der Stelle übernommen wird. Die geforderten *interOccT*-Zeiteinheiten zur Wiederholung des Schrittes werden dann in den entsprechenden Prädikaten berücksichtigt.

12.4.2   PaStep (aus MARTE::PAM)

Das Stereotyp *PaStep* ist das meist verwendete MARTE-Stereotyp, wenn es darum geht, das Verhalten eines zu analysierenden Systems um Leistungsparameter zu erweitern. Alle als *PaStep* annotierte Elemente können sämtliche Attribute des Stereotyps *GaScenario* und des im vorigen Schritt behandelten Stereotyps *GaStep* definieren; ihre Überführung folgt den in den Abschnitten 12.1.4 bzw. 12.4.1 spezifizierten Regeln. Die folgenden Absätze vervollständigen die Transformationsregeln für dieses Stereotyp, indem dort die Überführung seiner eigenen Attribute erläutert wird.

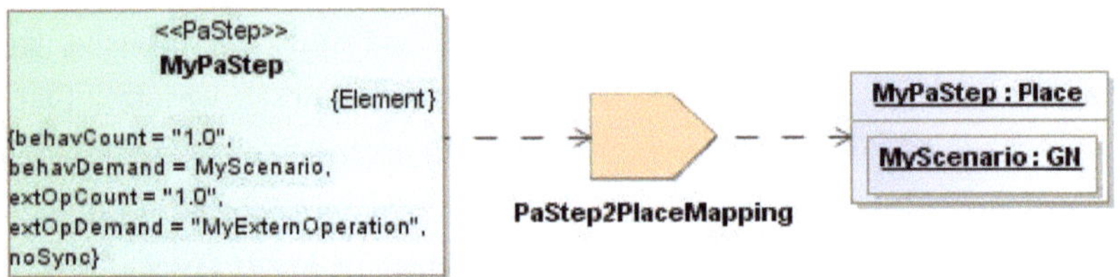

BILD 12.25 TRANSFORMATIONSVORSCHRIFT PaStep2PlaceMapping

Bei der Überführung eines mit *PaStep* annotierten UML-Elements in die GN-Domäne wird – konform zur übergeordneten Relation – eine entsprechende GN-Stelle mit dem gleichen Namen erzeugt (s. Bild 12.25).

Die Eigenschaft *noSync* des Stereotyps *PaStep* wird bei Schritten verwendet, die sich im UML-Modell unmittelbar nach einer Verzweigung befinden. Sie gibt an, ob die anderen Zweige derselben Verzweigung solange warten müssen, bis die Ausführung des annotierten Schrittes und seiner Nachfolger beendet ist, um dann alle Zweige wieder in einen synchronen Kontrollfluss zusammenführen zu können (vgl. dazu Abschnitt 13.4.3). Als Vorgabe ist *noSync* mit dem Wahrheitswert *false* belegt, was heißt, dass alle ausgehenden Zweige wieder zusammenzulegen sind. Einen äquivalenten Sinngehalt in der GN-Domäne besitzt die Übergangsinvariable, die in diesem Fall mindestens eine Marke in jeder der Eingangsstellen der Transition, bei der die Zusammenführung erfolgt, verlangen soll. Alternativ kann derselbe Zusammenhang durch die Prädikate dieser Transition abgedeckt werden. Ist die Eigenschaft *noSync* mit dem Wahrheitswert *true* belegt, was eine Unabhängigkeit der Zweige definiert, ist keine Berücksichtigung dieser Eigenschaft im GN-Modell notwendig.

Alle weiteren eigenen Attribute des Stereotyps *PaStep* beziehen sich auf den Aufruf von externen Verhaltensentitäten. Die MARTE-Spezifikation legt drei Varianten fest, wie externe Dienste und Operationen von einem Schritt aus aufgerufen werden können (s. dazu [120], S. 320). Eine der Möglichkeiten stellen Eigenschaftswerte des Tags *behavDemand* innerhalb desselben Stereotyps *PaStep* dar. Dadurch wird ein anderes Szenario (vorangegangene Annotierung als *GaScenario* erforderlich) aufgerufen. Um diesen Aufruf (Markenübergang von der Stelle *MyPaStep* in *MyScenario*) im GN-Modell zu ermöglichen, wird das aufzurufende Szenario in Form eines äquivalenten Generalisierten Netzes in der generierten Stelle eingebettet (vgl. Bild 12.25). Die Ausführung des referenzierten Szenarios wird dann durch die Markenmigration zwischen der aufrufenden Stelle und dem verschachtelten Netz initiiert. Das Attribut *behavCount* bestimmt wie viele Marken bzw. wie viele Male dieselbe Marke zum eingebetteten Netz übergehen soll. Nach Ausführung der im Szenario implizierten Operationen gehen alle migrierten Marken zur aktivierenden Stelle zurück und nehmen weiter am Simulationsvorgang auf der übergeordneten Hierarchieebene teil.

Eine weitere Möglichkeit einen Dienst aufzurufen, wird durch die Anwendung der Eigenschaft *extOpDemands* gegeben. Wenn dieser Weg aufgegriffen wird, handelt es sich bei den externen Operationen um Dienste, die außerhalb des betrachteten Systems definiert sind. Deshalb können bei diesen Verhaltensentitäten keine weiteren Handlungen vorgenommen werden, als Statistiken über Anzahl und Häufigkeit der Aufrufe dieser Operationen zu sammeln. In den Generalisierten Netzen erfolgt Letzteres über Charakteristiken, die die charakteristische Funktion der Stelle *MyPaStep* unter Berücksichtigung des Tags *extOpCount* beim ersten Markeneingang generiert bzw. bei allen anderen aktualisiert und in der lokalen Marke der Eingangstransition der Stelle speichert.

Der Vollständigkeit halber wird an dieser Stelle auf die Transformation der Eigenschaft *serv-Demand* im Abschnitt 12.4.1 als dritte Möglichkeit des Aufrufs eines externen Services verwiesen.

12.4.3 GaAcqStep (aus MARTE::GQAM)

Das Stereotyp *GaAcqStep* bezeichnet einen Schritt, der eine Ressource akquiriert. Unter dem Begriff Ressource ist jedes UML-Element zu verstehen, das mit wenigstens einem der MARTE-Stereotype der im Abschnitt 8.3 respektive 12.3 definierten Gruppe annotiert wurde. Das Stereotyp besitzt zwei eigene Attribute – *acqRes* und *resUnits*. Durch den Verweis in *acqRes* wird spezifiziert, welche Ressource zu akquirieren ist. Der *resUnits*-Eigenschaftswert gibt an, wie viele Instanzen dieser Ressource innerhalb dieses Schrittes akquiriert werden sollen. Zunächst schränkt sich die folgende Betrachtung auf den Vorgabefall ein, d.h. für *resUnits=1* und *resMult=1* für *MyResource* (vgl. Abschnitte 8.3.1 und 8.4.3).

Da Ressourcen in der GN-Domäne als Transitionen existieren, bedeutet die Akquirierung einer Ressource im GN-Modell die Sperrung der entsprechenden Transition für alle anderen Marken, außer der akquirierenden. Die Akquirierung erfolgt durch das Setzen einer entsprechenden Charakteristik *MyResourceAcquired* in der Parametermarke des Netzes auf *true*. Eine solche Charakteristik wird bei der Generierung des Generalisierten Netzes für alle Ressourcen erzeugt und mit dem Wert *false* initialisiert. Die Änderung der Charakteristik übernimmt die charakteristische Funktion der aus dem Schritt erzeugten Stelle *MyAcqStep* (s. Bild 12.26). Um unterscheiden zu können, welche Marke die Ressource für sich akquirierte und sich dementsprechend alleine über diese Transition weiter fortbewegen darf, wird über die charakteristische Funktion der Stelle *MyAcqPlace* eine zusätzliche Parametercharakteristik – *LastAcquiredBy* – erzeugt und mit dem Identifikationsnamen der akquirierenden Marke belegt. Nur diese Marke hat dann die Berechtigung, in weitere Ausgangsstellen dieser Transition überzugehen sowie diese Ressource wieder freizugeben, also die Charakteristik *MyResourceAcquired* wieder auf *false* zurückzusetzen (siehe dazu auch den folgenden Abschnitt 12.4.4). Um diesen Auswahlmechanismus zu realisieren, werden alle Prädikate der Indexmatrix der Transition *MyResource* um einen zusätzlichen UND-verknüpften Term erweitert. Dieser Term prüft bei jeder Aktivierung der Transition zunächst, ob die Charakteristik *MyResourceAquired* den Wert *false* hat. Ist das der Fall, wird der Term als wahr ausgewertet und gibt somit die Markenbewegung frei (Übergang wird von den restlichen Termen des Prädikats abhängig). Wurde die Parametercharakteristik *MyResourceAquired* auf *true* gesetzt, vergleicht die Prädikatfunktion weiter den Identifikator der Marke in der Eingangsstelle mit dem Wert der Charakteristik *LastAcquiredBy*. Für die Marke, für die sich eine Übereinstimmung ergibt, wird der Prädikatterm als wahr ausgewertet und sie darf über die Transition *MyResource* wandern. Für alle anderen Marken wird der Term als falsch evaluiert und sie müssen bis zur nächsten Evaluierung, d.h. bis zur nächsten Aktivierung der Transition in den Eingangsstellen verbleiben.

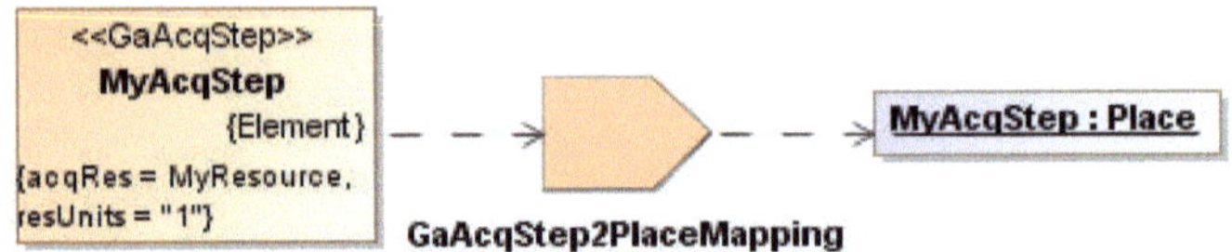

BILD 12.26 TRANSFORMATIONSVORSCHRIFT GAACQSTEP2PLACEMAPPING

Für den Fall, dass vom Schritt *MyAcqStep* mehrere Ressourceninstanzen akquiriert werden sollen (*resUnits>1*), wird hier angenommen, dass alle Akquirierungen von einem Prozess gleichzeitig – im GN mit dem Eintritt einer einzigen Marke – stattfinden. Anwendungsbeispiele mit dieser Konstellation wurden weder in der MARTE-Spezifikation noch in sonstiger

Literatur gefunden. Die Modifikation der Transformationsregel für das Stereotyp *GaAcqStep* würde bei dieser Situation im Folgenden bestehen:

- Noch vor dem Übergang einer Marke in die Stelle My*AcqStep* prüft ein entsprechendes Prädikat, ob mindestens so viele freie Ressourceninstanzen vorhanden sind, wie von diesem Schritt akquiriert werden sollen.

- Die charakteristische Funktion der Stelle ändert die Charakteristik *MyResourceAcquired* nicht auf den Wert *true*, sondern auf die Anzahl der akquirierten Ressourceninstanzen (der Typ der Charakteristik ist in diesem Fall *Integer*, nicht *Boolean*).

- Unter Umständen können mehrere Marken in diese Stelle übergehen und gleichzeitig Ressourceninstanzen akquirieren. Voraussetzung dafür ist, dass bei k Marken mindestens noch k*resUnits* freie Ressourceninstanzen vorhanden sind.

- Zwischen der Akquirierung und der Freigabe einer Mindestanzahl an Ressourceninstanzen (*resUnits*) dürfen sich sinngemäß nur die *LastAcquiredBy*-Marken über die Transition *MyResource* fortbewegen.

Letztere Betrachtungen gelten auch für den Fall, wenn die Eigenschaft *resUnits* den Vorgabewert *1* behält, für die Ressource *MyResource* an sich jedoch mehrere Ressourceninstanzen (*resMult>1*) definiert wurden.

12.4.4 GaRelStep (aus MARTE::GQAM)

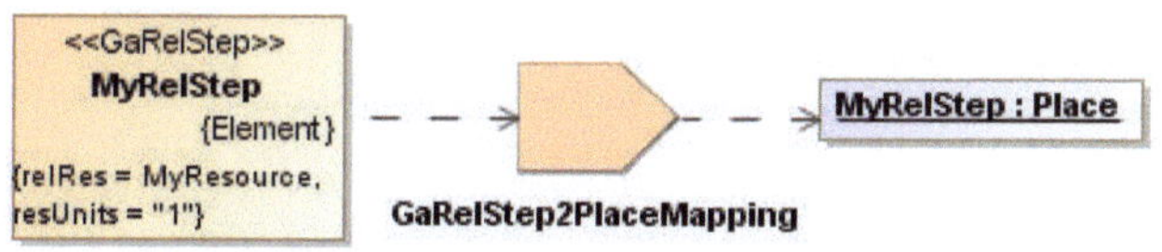

BILD 12.27 TRANSFORMATIONSVORSCHRIFT GARELSTEP2PLACEMAPPING

Als *GaRelStep* annotierte Elemente geben Ressourcen, die vorerst durch einen *GaAcqStep* akquiriert wurden, wieder frei. Mit *GaRelStep* annotierte UML-Elemente werden in GN-Stellen gleichen Namens transformiert (vgl. Bild 12.27). Analog zum vorigen Abschnitt spezifiziert die Eigenschaft *relRes*, welche Ressource und die Eigenschaft *resUnits*, wie viele Instanzen dieser Ressource freigegeben werden sollen. Bei *resUnits=1* erfolgt die Freigabe im Generalisierten Netz dadurch, dass die Marke, die die Ressource akquiriert hatte (gespeichert unter der Parametercharakteristik *LastAcquiredBy*; s. vorigen Abschnitt), die Charakteristik *MyResourceAcquired* wieder auf den Wahrheitswert *false* zurücksetzt. Bei *resUnits>1* werden vom Wert der gleichen Charakteristik so viele Einheiten abgezogen, wie vom Wert der Stereotypeigenschaft *resUnit* festgelegt. Alle Änderungen an den Charakteristiken werden durch die charakteristische Funktion der Stelle *MyRelStep* vorgenommen.

12.4.5   PARESPASSSTEP (AUS MARTE::PAM)

Eine Annotierung mit dem Stereotyp *PaResPassStep* hat analog zu *GaRelStep* den Zweck, eine akquirierte Ressource wieder freizugeben. Aus einem *PaResPassStep* resultiert bei der Transformation in die GN-Domäne eine äquivalente Stelle. Die Attribute des Stereotyps sind identisch zu denen von *GaRelStep* (s. Bild 12.28). Die Freigabe erfolgt nach dem im vorigen Abschnitt 12.4.4 beschriebenen Vorgehen. Der Unterschied zwischen den Stereotypen *PaResPassStep* und *GaRelStep* besteht darin, dass *PaResPassStep* für die Anwendung unmittelbar nach Verzweigungen spezifiziert ist und ausdrückt, dass eine vor einer Verzweigung akquirierten Ressource nur von dem annotierten Zweig übernommen wird. Verzweigungen bewirken im korrespondierenden Generalisierten Netz eine Teilung der Marken (vgl. Abschnitt 13.4.3). Dabei bekommt jede Marke als Suffix zu ihrem Identifikator die Stelle, in die sie nach der Verzweigung übergeht. Um den Mechanismus von *PaResPassStep* im GN zu realisieren, soll lediglich die Charakteristik der Parametermarke *LastAquiredBy* durch den Identifikator der suffigierten Marke, die in den zur Freigabe berechtigten Zweig gelangt ist, ersetzt werden. Die Änderung nimmt die charakteristische Funktion der Stelle *MyResPassStep* vor.

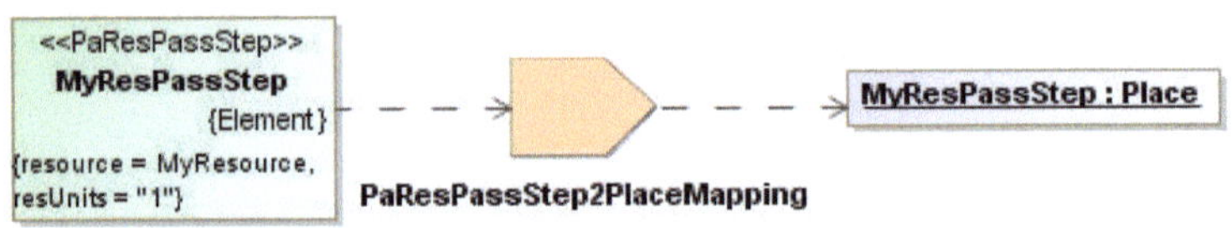

BILD 12.28 TRANSFORMATIONSVORSCHRIFT PARESPASSSTEP2PLACEMAPPING

12.4.6   GACOMMSTEP (AUS MARTE::GQAM)

Das Stereotyp *GaCommStep* charakterisiert Operationen, die eine Nachricht von einem Ort zu einem anderen übermitteln (vgl. Abschnitt 8.4.6). Die Parameter der Kommunikationsschritte beeinflussen die Transportzeiten und damit unabdingbar die Gesamtlaufzeiten im modellierten System sowie die Kommunikationsauslastung der beteiligten Ressourcen. Zur Kommunikationsauslastung gehören die Zeiten zur Durchführung von Input- und Output-Operationen, meistens Zeiten für die Übermittlung einer Nachricht durch einen Kommunikationstack bei ihrem Empfangen oder Senden. Um diese Leistungsmetriken ermitteln zu können, muss in aller Regel die Struktur der modellierten UML-Diagramme analysiert werden. Strukturelle Merkmale wie die Zugehörigkeit einer als *PaCommStep* bezeichnete Aktion zu einer Partition im Aktivitätsdiagramm oder die Andockung einer Nachricht an einer Lebenslinie im Sequenzdiagramm definieren, welche Ressourcen an der Kommunikation beteiligt sind. Voraussetzung dafür ist, dass diese Partition bzw. Lebenslinie eine bestimmte Ressource instanziiert (z.B. durch die Referenz auf die Ressource innerhalb einer *PaRunTInstance*, s. Abschnitt 12.3.9). Als nächsten Schritt wird der Pfad zwischen diesen Ressourcen ermittelt. Dazu wird gewöhnlich ein Verteilungsdiagramm in Betracht gezogen, das die Architektur des modellierten Systems beschreibt. Nach der Bestimmung des Kommunikationspfads werden unter Berücksichtigung der in der Eigenschaft *msgSize* des Stereotyps *GaCommStep* spezifizierten Nachrichtengröße die transportbedingte Verzögerung (Einbeziehung des Tags *blockT* einer Ressource) und die Beanspruchung der Ausführungsressourcen (Einbeziehung der Taginhalte von *commRcvOvh* und *commTxOvh*) errechnet. In den seltenen Fällen, in denen durch die Diagrammstruktur keine eindeutige Feststellung des genutzten Kommunikationspfads möglich ist, wird der Beförderungskanal durch die Eigenschaft *concurRes* bestimmt.

BILD 12.29 TRANSFORMATIONSVORSCHRIFT GACOMMSTEP2PLACEMAPPING

Die an der Kommunikation beteiligten Ressourcen existieren laut Abschnitt 12.3 in einem GN-Modell als Transitionen. Sobald zwischen diesen Transitionen bereits eine verbindende Stelle existiert, sodass die Möglichkeit des Markenübergangs zwischen ihnen gewährleistet ist, wird das als *PaCommStep* annotierte Element nur zur Ermittlung der aufgeführten Größen verwendet und in keine äquivalente GN-Komponente überführt. Dies kann beispielsweise der Fall sein, wenn ein Schritt gleichzeitig mit den Stereotypen *PaStep* und *PaCommStep* annotiert wurde. Im Übrigen werden *PaCommStep*-Elemente in GN-Stellen identischen Namens transformiert.

Die Kalkulation der erwähnten Leistungsmetriken nach dem beschriebenen Verfahren übernimmt die charakteristische Funktion der erzeugten Stelle (*MyGaCommStep* im Bild 12.29) und speichert sie in der globalen Marke des Generalisierten Netzes.

12.4.7   PACOMMSTEP (AUS MARTE::PAM)

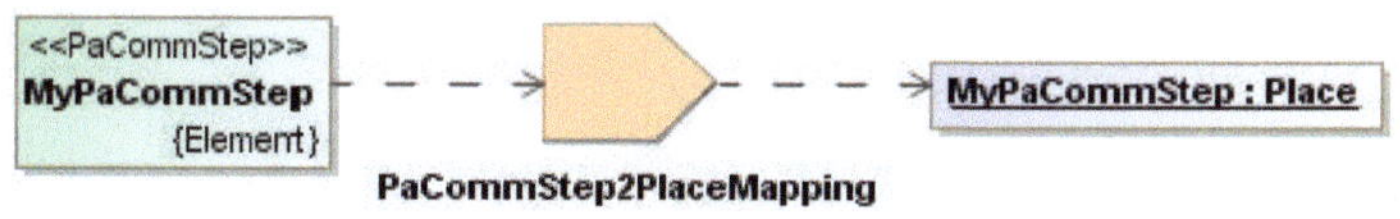

BILD 12.30 TRANSFORMATIONSVORSCHRIFT PACOMMSTEP2PLACEMAPPING

Ein von *GaCommStep* abgeleitetes MARTE-Stereotyp mit einer ähnlichen Semantik stellt *PaCommStep* dar. Es kennzeichnet also die Übermittlung von Nachrichten. Als *PaCommStep* stereotypisierte UML-Elemente existieren dementsprechend in der GN-Domäne in Form von äquivalenten Stellen, die den gleichen Namen tragen (s. Bild 12.30). Die Bildung einer GN-Stelle ist allerdings nur dann erforderlich, wenn Quell- und Zielelement der beförderten Nachricht nicht bereits verbunden sind (vgl. letzten Abschnitt). Ist die Erzeugung einer Stelle nicht erforderlich, werden lediglich die Eigenschaften des Stereotyps interpretiert und zur Berechnung der kommunikationsbezogenen Leistungsparameter des Systems verwendet.

Durch die Vererbung des Stereotyps *GaCommStep* übernimmt das Stereotyp die Eigenschaften *msgSize* und *concurRes*, deren Transformation im vorigen Abschnitt 12.4.6 bereits erläutert wurde. Für die vom Stereotyp *PaStep* vererbten Attribute gelten die gleichen Transformationsbestimmungen wie im Abschnitt 12.4.2.

12.4.8   PaRequestedService (aus MARTE::PAM)

BILD 12.31 TRANSFORMATIONSVORSCHRIFT PAREQUESTEDSERVICE2PLACEMAPPING

UML-Elemente oder Operationen, die als *PaRequestedService* annotiert sind, werden bei der Überführung des Leistungsmodells in die GN-Domäne in Stellen gleicher Kennung transformiert (s. Bild 12.31). Das Stereotyp *PaRequestedService* erbt direkt zwei andere MARTE-Stereotype, nämlich *GaRequestedService*, das keine Attribute definiert, und *PaStep*. Sofern innerhalb eines *RequestedService* von *PaStep* abgeleitete Attribute spezifiziert werden, gelten die im Abschnitt 12.4.2 festgelegten Regeln. Zu beachten ist, dass *PaStep* wiederum vom Stereotyp *GaStep* erbt, weshalb *PaRequestedService* auch seine Attribute spezifizieren darf. Für deren konforme Transformation gelten dann die Regeln des Abschnittes 12.4.1. Bei Diensten dürfte sich die häufigste Definition von Fremdattributen auf ihre Verfeinerung durch ein eigenes Verhalten (Eigenschaft *behavior*) beziehen. Die Transformationsvorschrift im Bild 12.31 bildet diesen gängigen Fall ab.

13 TRANSFORMATIONSREGELN FÜR UML-ELEMENTE

Leistungsmodelle, die in dem hier vorgestellten Ansatz zur Ableitung eines GN-basierten, simulationsfähigen Modells verwendet werden, bestehen aus einer Gesamtheit von miteinander verknüpften UML- und MARTE-Elementen. Die im Kapitel 12 spezifizierten Transformationsregeln stellen den Zusammenhang zwischen den MARTE-Stereotypen und den entsprechenden Elementen der Generalisierten Netze her. Das Augenmerk ist dabei darauf gerichtet, eine hinreichende Äquivalenz zwischen den Bausteinen beider Domänen der Leistungsmodellierung zu finden. Bei dieser Gegenüberstellung blieben jedoch zwei essentielle Merkmale eines Modells außer Acht. Zum einen wurde nur sehr verallgemeinert und abstrakt behandelt, welche UML-Elemente als Träger der Stereotype verwendet werden, zum anderen wurde fast jegliche Information über die Verbindung zwischen dem betrachteten und anderen Elementen im selben Modell unterlassen. Der Sinngehalt eines Elements kann jedoch meistens nur dann vollständig interpretiert werden, wenn es als Zusammenschluss mit seinen Verbindungen zu anderen Objekten im Modell sowie in einem konkreten Kontext betrachtet wird. Diese Information liefern UML-Diagramme mit ihrer Struktur und per Spezifikation zugewiesener Semantik. Demzufolge gilt es, in einem nächsten integralen Schritt des hier verfolgten Frameworks die tragenden Elemente der MARTE-Annotierung sowie ihr Zusammenwirken mit anderen Teilnehmern in einem UML-Diagramm in die Transformationsregeln einzubeziehen, um aus der Gesamtheit des Leistungsmodells ein äquivalentes, systematisch gewonnenes und simulationsfähiges GN-Modell zu erzeugen. Daher befasst sich das aktuelle Kapitel 13 mit der Transformation von UML-Elementen, wobei die Betrachtung nach Diagrammarten gegliedert ist. Jede Diagrammart bietet die Möglichkeit, eine andere Sicht auf das System darzustellen. Daher wird einleitend zu jeder konkreten Diagrammart geschildert, zur Modellierung welcher Systemaspekte dieses Diagramm vorgesehen ist. Anschließend werden dann alle für diese Diagrammart zulässigen Elemente der *Compliance Levels L0* bis *L2* kurz erläutert. Erwähnenswert ist es, dass Elemente, die auf mehreren Erfüllungsebenen definiert sind, immer übernommen werden, weil sie u.a. mindestens einem der Levels *L1* oder *L2* angehören.

Es wird zusätzlich auf die Besonderheiten bei den Transformationen eingegangen, die aus komplexeren Verbindungsstrukturen zwischen den UML-Elementen resultieren, beispielsweise bei der Verwendung von synchronisierenden und zusammenführenden Kontrollknoten in Aktivitätsdiagrammen. Für die betrachteten Elemente werden neben ihrer in die deutsche Sprache übernommene Bezeichnung zusätzlich die in der UML-Spezifikation definierten Originalnamen angegeben. Dazu wird die verkürzte Schreibweise *UML::Elementname* verwendet, wobei *UML* hier im Sinne eines Namensraums verwendet wird, nämlich dessen der

UML-Spezifikation; der Doppelpunkt bezeichnet die Zugehörigkeit zu diesem Namensraum. Es wird zudem die grafische Notation der einzelnen Elemente aufgezeigt.

Der Definition und Darstellung jedes Elements folgt die Transformationsregel, nach der es in die Domäne der Generalisierten Netze überführt werden soll. Neben der textuellen Beschreibung wird in einer grafischen Darstellung die Essenz der Transformation gezeigt, wobei bei der Quelle der Transformation immer auf ein konkretes Element eines UML-Diagramms fokussiert wird. UML-Elemente werden mit der grafischen Notation dargestellt, die die UML-Spezifikation für sie vorsieht. Es wird bewusst auf die Darstellung von UML als Metamodell, also MOF-Struktur, verzichtet, um die Wahrnehmung der Diagramme am Ende jedes Abschnitts nicht durch unnötige Abstraktionen zu erschweren.

Die als Ergebnis der Transformation entstehenden äquivalenten GN-Elemente werden sowohl als Teile der im Kapitel 11 eingeführten MOF-Struktur, als auch durch die gewöhnliche grafische Notation der Generalisierten Netze angegeben. Die Dopplung des Transformationsergebnisses beruht darauf, dass die grafische Notation der Generalisierten Netze, die generell ein besseres Verständnis unterstützt, keine ausreichende Darstellungskraft – beispielsweise durch die fehlende Widerspiegelung der dynamischen Elemente im Modell – anbietet, um die Zusammenhänge bei der Transformation deutlich ausdrücken zu können. Diesen formalen Teil übernimmt dann die MOF-basierte Darstellung. Dabei wird jedoch aus Übersichtlichkeitsgründen von der Darstellung der nicht in einer primären Relation zu der jeweils aktuellen Transformation stehenden GN-Elemente abgesehen. Beispiele dafür sind die Parametertransition, die Parameterstelle, die Prädikatmatrix und ihre Prädikate, etc., die nur eine erste übergreifende Einführung erfahren. In der textuellen Erläuterung der Transformationsmappings werden tiefergehende Details, Reihenfolgen sowie solche Sachverhalte angegeben, die sich – ähnlich wie bei der Betrachtung der MARTE-Elemente – nicht oder schlecht grafisch darstellen lassen. Die in Kapitel 12 getroffenen Vereinbarungen bzgl. der Notation gelten in diesem Kapitel gleichermaßen.

Jeden Abschnitt abschließend werden sinnvolle Kombinationen zwischen dem aktuellen Element und einer Untermenge der MARTE-Elemente empfohlen. Diese Untermenge bezieht sich in der Regel auf eine (wie im Kapitel 8 spezifizierte) MARTE-Elementgruppe. Innerhalb der Gruppe werden nochmals diejenigen Stereotype akzentuiert, die in der Praxis – nach Stand der bis dato durch die MARTE-Spezifikation, die Literatur und die eigene Modellierungserfahrung gewonnenen Erkenntnisse – am meisten eine Verwendung finden. Wichtig ist in der Hinsicht der Annotierung auch, dass Elemente, die nicht mit MARTE-Stereotypen versehen werden, nach den gleichen für ein UML-Element aufgestellten Regeln transformiert werden, lediglich mit dem Unterschied, dass bei ihnen die Interpretation von eventuellen MARTE- Eigenschaftswerten zwangsläufig entfällt.

Jeder einer Diagrammart gewidmete Abschnitt wird durch ein repräsentatives Transformationsbeispiel abgeschlossen. Das Beispiel zeigt ein annotiertes Diagramm der betrachteten Art, das dann nach den festgelegten Regeln in ein äquivalentes Generalisiertes Netz transformiert wird (bei Verhaltensdiagrammen). Um eine möglichst breite Sicht auf die Möglichkeiten sowohl der Modellierung als auch der Transformation zu geben, wird bei der Bildung der UML-Modelle stets angestrebt, möglichst viele aus der Menge der für die konkrete Diagrammart zulässigen Elementtypen zu berücksichtigen. Der Inhalt der Diagramme bezieht sich durchgängig auf die Domäne der Automatisierungstechnik.

13.1 Verteilungsdiagramm

Einen integralen Bestandteil eines Leistungsmodells stellt die Beschreibung der Architektur bzw. Struktur des zu analysierenden Systems dar (vgl. Kapitel 9). Für diese Modellierungsaufgabe sieht UML die Anwendung von verschiedenen Strukturdiagrammen vor. Wie im Kapitel 12 bereits angesprochen, besitzen Strukturdiagramme kein korrespondierendes Generalisiertes Netz. Erst durch die Instanziierung ihrer Elemente in einem Verhaltensdiagramm wird die darin enthaltene Information relevant, indem sie nach bestimmten Prinzipien extrahiert und in das GN-Modell entsprechend eingefügt wird. Die Mechanismen sowohl für die Annotierung der Elemente als auch für die Informationsextraktion lassen sich auf alle UML-Strukturdiagramme relativ gleich anwenden. Daher soll die Gesamtheit der Strukturdiagramme stellvertretend durch eine Diagrammart erläutert werden. Das Verteilungsdiagramm ist in UML das meist verwendete Strukturdiagramm, wenn es darum geht, Plattformen bzw. Systemarchitekturen zu beschreiben. Zugleich ist es in Bezug auf die Leistungsanalyse vielleicht auch das informativste unter allen strukturbeschreibenden UML-Diagrammen. Aus diesem Grund wird es hier ausgewählt, um repräsentativ für die Gruppe der UML-Strukturdiagramme näher betrachtet zu werden.

Ein Verteilungsdiagramm (*UML::Deployment diagram*) bildet die Verteilung von Systemkomponenten auf vorhandene Knoten sowie die Kommunikationsverbindungen zwischen ihnen ab. Dazu können in einem Verteilungsdiagramm laut [122] die Elementtypen Knoten (*UML::Node*), Artefakt (*UML::Artifact*), Ausprägungsspezifikation (*UML::InstanceSpecification*) und Abhängigkeitsbeziehung (*UML::Dependency*) eingesetzt werden.

Die folgenden Abschnitte erläutern kurz jeden dieser Elementtypen, einige zweckdienliche Kombinationen zwischen ihnen und dem MARTE-Profil sowie die Rolle dieser Diagrammart bei der Transformation des Leistungsmodells in die Domäne der Generalisierten Netze.

13.1.1 KNOTEN

Mit dem UML-Element *Knoten* können im Verteilungsdiagramm Ressourcen jeglichen Typs, beispielsweise Rechner oder ihre Prozessoren, programmierbare Steuerungen oder andere Geräte mit Rechenkapazität bzw. Speicher modelliert werden. Ein Knoten wird grafisch als Quader dargestellt (s. Bild 13.1).

Da Knoten die verfügbaren Ressourcen im zu analysierenden System abbilden, sind zu ihrer Annotierung lediglich MARTE-Stereotype aus der Gruppe der Ressourcen als sinnvoll zu erachten. Unter den meist verwendeten sind im Hinblick auf die Leistungsbewertung die Stereotype *GaExecHost* für die Definition von Ausführungsressourcen sowie *GaCommHost* und *GaCommChannel* für die Spezifikation von Kommunikationsressourcen hervorzuheben. Bild 13.1 zeigt eine aus drei miteinander verbundenen annotierten Knoten bestehende (Teil-)Architektur. Dabei sind zwei Knoten – der Leitrechner *HostComputer* und die speicherprogrammierbare Steuerung (kurz SPS) *PLC* – als Verarbeitungsressourcen (Stereotypisierung mit *GaExecHost*) und einer – das *Intranet* – als verbindende Kommunikationsressource dazwischen (Stereotyp *GaCommHost*) modelliert.

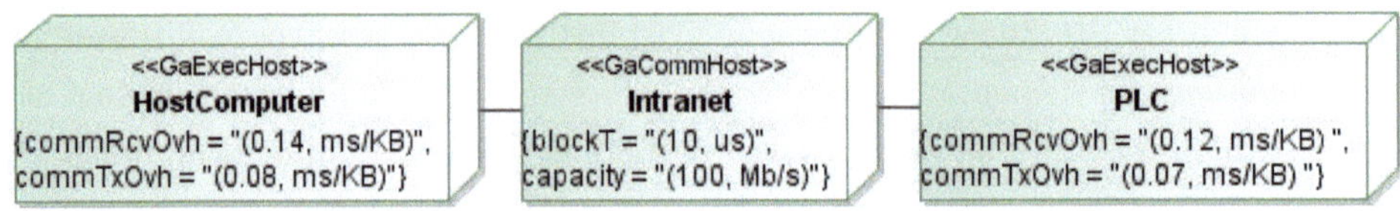

BILD 13.1 ANNOTIERTE KNOTEN IM VERTEILUNGSDIAGRAMM

Typisch ist es zudem, die ressourcenspezifischen Eigenschaften der Knoten innerhalb des Verteilungsdiagramms zu spezifizieren. Zu den meist angegebenen Eigenschaften einer Ausführungsressource, also eines *GaExecHost*, zählen ihre in Zeiteinheiten ausgedrückten Kommunikationsoverheads für Nachrichtenempfang (*commRcvOvh*) und -versand (*commTxOvh*). Für eine Kommunikationsressource werden in aller Regel ihre Kapazität (*capacity*) sowie ihre Blockierungszeit (*blockT*) spezifiziert (vgl. Bild 13.1).

Knoten in Verteilungsdiagrammen gehören zu den Elementen, denen im hier entworfenen Ansatz keine äquivalenten GN-Elemente entsprechen und nur indirekt in die GN-Domäne überführt werden. Das bedeutet, dass lediglich die angegebenen Eigenschaftswerte innerhalb eines annotierten Knotens im GN-Modell übernommen werden. Das Auffinden und die Übernahme der relevanten Leistungswerte werden durch die Laufzeitinstanzen dieser Knoten und konkret durch ihre Teilnahme an einem Szenario im selben Leistungsmodell veranlasst, sodass dieses in den folgenden Abschnitten, die Verhaltensdiagramme beschreiben, genauer erläutert wird.

Dennoch ist hier anzumerken, dass während der Simulationsexperimente mit dem generierten Generalisierten Netz sowohl für die annotierten Knoten als auch für ihre Laufzeitinstanzen Statistiken gesammelt werden. Welche das sind, bestimmt das ihnen angehängte Stereotyp. Näheres zu den gesammelten Statistiken für jedes Stereotyp ist dem Abschnitt 12.3 zu entnehmen.

13.1.2 ARTEFAKTE

Ein *Artefakt* ist die Spezifikation einer physischen Informationseinheit, die vom Entwicklungsprozess, bei der Systemverteilung oder im Systembetrieb verwendet oder generiert wird [122]. Ein Artefakt wird durch ein Rechteck mit dem Standard-UML-Stereotyp *«artifact»* gekennzeichnet (s. Bild 13.2).

Sinnvolle MARTE-Stereotype für die Annotierung eines Artefakts sind wiederum wie bei den Knoten die Elemente der Gruppe der Ressourcen, wobei hier das am häufigsten genutzte Stereotyp *SchedulableResource* sein darf. Dieses Stereotyp drückt aus, dass das annotierte Artefakt für die Erledigung seiner Aufgaben fremde Verarbeitungskapazität verwendet, so wie die Steuerungsanwendung (*ControlApplication*) im aufgezeigten Beispiel im Bild 13.2 die Ressourcen wie CPU und Speicher einer speicherprogrammierbaren Steuerung (*PLC*) nutzt.

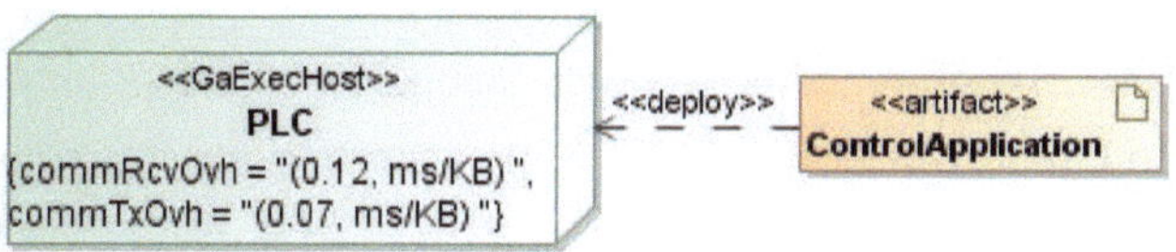

BILD 13.2 ARTEFAKT IM VERTEILUNGSDIAGRAMM

Artefakte besitzen ebenso keine Äquivalente in der GN-Domäne. Vielmehr leisten Artefakte und ihre Verbindungen Hilfe bei der Ermittlung von zugehörigen Hosts und Kommunikationspfaden (vgl. nächste Abschnitte).

13.1.3 AUSPRÄGUNGSSPEZIFIKATION

Eine *Ausprägungsspezifikation* ist die UML-Abbildung einer konkreten physischen Entität im modellierten System. Sie definiert ausgewählte Eigenschaften dieser Entität, beispielsweise ihren Namen und Typ. Der Typ einer Ausprägungsspezifikation ist ein Verweis auf einen Klassifikator (*UML::Classifier*) und gibt an, um die Ausprägung bzw. Instanz welcher Informationseinheit es sich dabei handelt. Des Weiteren kann sie für jedes Strukturmerkmal des angegebenen Klassifikators einen konkreten, nur für diese Entität gültigen Wert deklarieren. Grafisch wird eine Ausprägungsspezifikation ähnlich einer Klasse dargestellt – durch ein Rechteck, das im oberen Teil den Namen der Instanz sowie nach einem Doppelpunkt den entsprechenden Klassifikator beinhaltet (s. Bild 13.3). Im unteren Teil des Rechtecks können dann die Attribute mit den für diese Instanz konkreten Werten deklariert werden. Anonyme

Instanzen repräsentieren die Gesamtheit aller Instanzen eines Typs und werden ohne Namen angegeben, stattdessen werden sie im Diagramm in der Form *:Classifier* aufgeführt. Ausprägungsspezifikationen können Knoten-Instanzen, Artefakt-Instanzen oder auch andere Elementinstanzen repräsentieren.

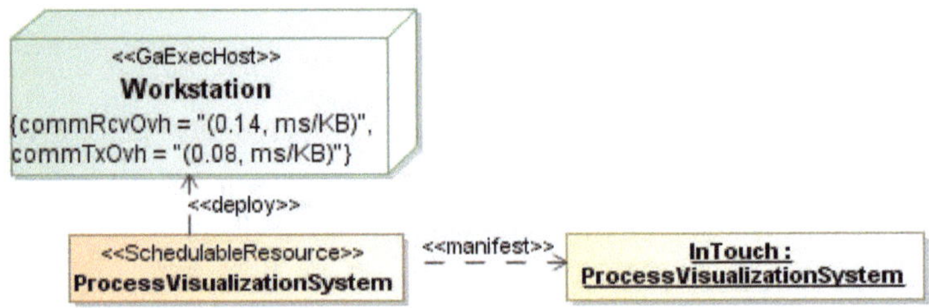

BILD 13.3 AUSPRÄGUNGSSPEZIFIKATION IM VERTEILUNGSDIAGRAMM

Ausprägungsspezifikationen werden in der Leistungsanalyse am häufigsten dazu verwendet, um auszudrücken, welche konkrete Instanz eines Artefakts, beispielsweise welches konkrete Prozessvisualisierungssystem in einer Automatisierungslösung zur Bedienung und Beobachtung in einer konkreten Architektur oder einem konkret untersuchten Szenario verwendet wird. Im Beispiel (Bild 13.3) gibt die modellierte Ausführungsspezifikation an, dass auf der modellierten Arbeitsstation das Visualisierungssystem *InTouch®* läuft. Ausprägungsspezifikationen finden auch dann Anwendung, wenn die Abbildung mehrerer unterschiedlichen Instanzen desselben Typs im Modell gewünscht wird.

Ausprägungsspezifikationen werden selten selbst stereotypisiert und erben meistens die Stereotype ihres Elternelements, in aller Regel MARTE-Stereotype aus der Gruppe der Ressourcen. Dennoch ist es durchaus legitim, für diese Ausprägung spezifische Eigenschaften in die Attribute des Stereotyps lokal einzugeben.

Ausprägungsspezifikationen werden wie die anderen Elemente des Verteilungsdiagramms nicht direkt in Elemente der Generalisierten Netze überführt. Sie liefern Leistungsmetriken, sobald von einem Verhaltensdiagramm aus auf sie referenziert wird oder eine stattzufindende Kommunikation architektonisch bedingt über sie verläuft.

13.1.4 Abhängigkeitsbeziehung

Um die einzelnen, bis jetzt betrachteten Elemente des Verteilungsdiagramms miteinander verbinden zu können, spezifiziert UML für diese Diagrammart drei spezielle Arten von Verbindungen.

Artefakte werden auf Knoten installiert bzw. verteilt. Um die Zuordnung von Artefakten zu bestimmten Knoten im Diagramm ausdrücken zu können, sieht UML die Anwendung der sogenannten *Verteilungsbeziehung* (*UML::Deployment*) vor. Die Verteilungsbeziehung ist eine spezielle Art Abhängigkeitsbeziehung, die mit dem UML-Stereotyp *«deploy»* annotiert wird, und als gerichtete Linie vom Artefakt zum Knoten verläuft (s. Bild 13.2 und Bild 13.3).

Artefakte ihrerseits manifestieren Ausprägungsspezifikationen (s. Abschnitt 13.1.3). Diese Manifestierung wird im Diagramm durch eine auf die Instanz gerichtete Abhängigkeitsbeziehung mit dem UML-Stereotyp *«manifest»* angegeben (s. Bild 13.3).

Ein Verteilungsdiagramm beinhaltet nicht zuletzt auch die *Kommunikationspfade* zwischen den Knoten, bei denen es sich um die in UML gebräuchliche Assoziation handelt (s. Bild 13.1).

Es ist selten, dass Abhängigkeitsbeziehungen mit MARTE-Stereotypen annotiert werden. Grundsätzlich ist die Annotierung von Manifestierungen und Abhängigkeiten nur mit dem Stereotyp *PaRunTInstance* möglich, wodurch auf eine woanders definierte Ressource verwiesen wird. Für die Assoziationsbeziehung sind alle Stereotype aus der MARTE-Gruppe der Ressourcen zugelassen, wobei die einzigen in der Praxis wirklich zur Anwendung kommenden Stereotype *GaCommHost* und *GaCommChannel* sein dürften, um damit die vorhandene Verbindung als Kommunikationspfad zu bezeichnen und seine Eigenschaften wie Kapazität und Latenzzeit näher definieren zu können. Erfahrungsgemäß sorgen jedoch selbst Spezifikationen mit jeweils einem bis zwei Eigenschaftswerten für eine Unübersichtlichkeit im Diagramm, weshalb es sich empfiehlt, auch Kommunikationsmedien als Knoten zu modellieren, ihre Annotierung im entsprechenden Knotensymbol vorzunehmen und das Medium dann mit den kommunizierenden Ausführungsknoten durch nicht annotierte Assoziationen zu verlinken (s. Knoten *Internet* im Bild 13.1). Semantisch und auf die Transformation bezogen sind beide Darstellungsvarianten gleich. Wie alle anderen Elemente von Strukturdiagrammen erzeugen in einem Verteilungsdiarammen definierte Abhängigkeitsbeziehungen bei ihrer Transformation keine konkreten GN-Objekte. Sie helfen, die Pfade zwischen den Elementen im Diagramm zu ermitteln und liefern Leistungsspezifika, um die Berechnung von Systemleistungsmetriken zu ermöglichen.

13.1.5 Beispiel eines annotierten Verteilungsdiagramms

Obwohl anhand eines Verteilungsdiagramms ohne zugehörigen Ablauf kein simulationsfähiges GN-Modell erzeugt werden kann, ist es von höchster Bedeutung, wenigstens exemplarisch aufzuzeigen bzw. zu empfehlen, wie Systemarchitekturen zu definieren sind, um die möglichst komplette und eindeutige Extraktion der für die Leistungsanalyse relevanten Information zu unterstützen.

Bekannterweise sind sowohl die Parameter der Ressourcen als auch die Architekturwahl kohärente Einflussfaktoren bei der Bestimmung der Systemleistung. Je exakter und formaler sie spezifiziert wurden (sprich valide, eindeutig zu gewinnen, zuzuordnen und zu interpretieren sind), desto genauer ist die ermittelte Prognose. Das im Bild 13.4 dargestellte Verteilungsdiagramm verfügt über die dafür notwendige Formalität und soll als eine Art Richtlinie für die Modellierung von Verteilungen gelten. Es wird daher erwartet, dass Knoten inklusive Kommunikationsmedien über entsprechende Kommunikationspfade miteinander verbunden sind und dass diese Artefakte ausführen, die wiederum konkrete Artefakt-Instanzen manifestieren. Es ist auf die richtige Stereotypisierung der Abhängigkeiten und ihre Richtung zu achten.

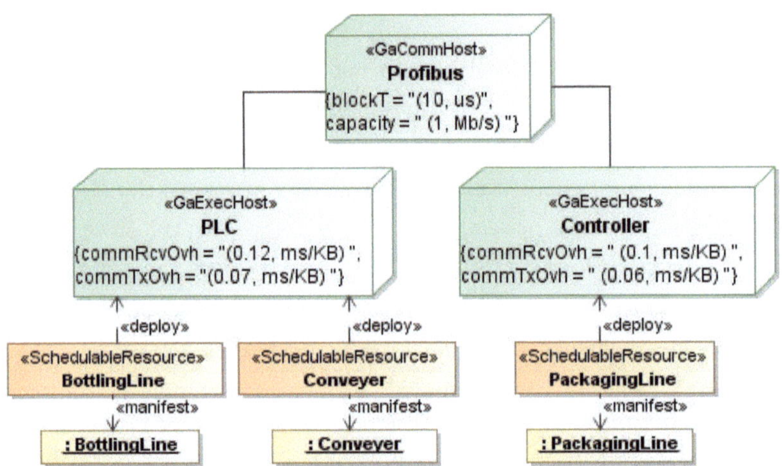

BILD 13.4 MARTE-ANNOTIERTES VERTEILUNGSDIAGRAMM

Abgebildet ist im Beispieldiagramm die Architektur einer Flaschenabfüllanlage. Sie besteht aus zwei Teilanlagen, die separat gesteuert werden, wozu sie jeweils über eine eigene Ausführungsressource verfügen. Eine SPS (*PLC*) steuert gleichzeitig das Förderband (*Conveyor*) und die Abfüllstraße (*BottlingLine*), während ein Controller die richtige Funktion der Paketierstraße (*PackagingLine*) übernimmt. Beide sind als Ausführungsressourcen mit dem Stereotyp *GaExecHost* annotiert und geben über die Eigenschaften *commTxOvh* und *commRcvOvh* Auskunft darüber, welchen Kommunikationsoverhead sie erzeugen. Die Kommunikation zwischen beiden Hosts findet über einen *Profibus* – annotiert mit dem Stereotyp *GaCommHost* – mit der entsprechenden Latenz statt. Alle Artefakte, die auf einem Host laufen, konkurrieren um seine Ressourcenkapazität, weshalb sie als *SchedulableResource* zu deklarieren sind. Sie manifestieren immer je eine konkrete Ausprägungsspezifikation, die in aller Regel mit zu modellieren ist und nur dann weggelassen werden kann, wenn sie keine vom generellen Typ abweichenden oder zusätzlichen Werte, Namen oder sonstige spezifische Information liefert und keinen Anspruch auf Unterscheidbarkeit erhebt. Ein Fall, in dem diese Instanzen genauso gut auch weggelassen werden können, ist das vorgestellte Beispiel, denn hier existiert von allen Typen nur jeweils eine Instanz und sie gibt auch keine abweichenden Eigenschaften an.

Da aus den Elementen eines Verteilungsdiagramms keine Strukturelemente im korrespondierenden GN-Modell entstehen, soll hier, um die Verständlichkeit zu erhöhen, kurz angerissen werden, wie die Information in diesem Diagramm in einem zusammenhängenden Modellkontext zu interpretieren ist. Jede als einen MARTE-Schritt deklarierte Verhaltenseinheit (z. B. Aktion), die auf der *BottlingLine* ausgeführt wird, beansprucht ihren Host *PLC* für so viele Zeiteinheiten wie im Verhaltensmodell, wo der Schritt definiert wurde, angegeben. Die Zuordnung zum Artefakt *BottlingLine* kann explizit durch einen Eigenschaftswert oder aber implizit, beispielsweise durch die Platzierung einer Aktion innerhalb einer auf das Artefakt referenzierende Partition erfolgen (vgl. dazu Abschnitte 13.4.1 und 13.4.2). Ähnliches gilt für die weiteren zwei Artefakte im Verteilungsdiagramm. In Hinsicht auf die Kommunikation erzeugt jedes Kilobyte einer Nachricht, die die *BottlingLine* an die *PackagingLine* sendet, einen Kommunikationsoverhead von 0.07 ms beim *PLC* und 0.1 ms beim *Controller*. Jedes Paket, in das die Nachricht zerfällt (sofern nötig), verbleibt während seiner Übermittlung 10 µs auf dem *Profibus*. In der anderen Senderichtung erzeugt ein Kilobyte Daten einen Kommunikationsoverhead von 0.06 ms beim *Controller* und 0.12 ms beim *PLC*. Sämtliche aufgezählte Werte fließen in die Berechnungen der Leistungsmetriken ein, die von den charakteristischen Funktionen im GN-Modell durchgeführt und in den entsprechenden Markencharakteristiken gespeichert werden. In diesem Zusammenhang sei hier nochmals auf die im Abschnitt 12.3 spezifizierten Transformationsregeln für Ressourcen verwiesen.

Auf das Diagramm im Bild 13.4 fokussiert Abschnitt 13.4.8 erneut, denn dieser Abschnitt zeigt ein Aktivitätsdiagramm, das einen konkreten Ablauf auf dieser Architektur spezifiziert. Anschließend wird dort auf die Transformation des Aktivitätsdiagramms unter Einbeziehung des Verteilungsdiagramms vom Bild 13.4 eingegangen und das aus der Transformation resultierende Generalisierte Netz vorgestellt.

13.2 Das UML-Diagramm als Element

Die folgenden Betrachtungen im Kapitel 13 legen das Augenmerk auf die UML-Verhaltensdiagramme als Träger der Systemdynamik. Da die UML-Verhaltensdiagramme in einigen ihrer Merkmale ebenso Ähnlichkeiten aufweisen, wird der aktuelle und der nächste Abschnitt diese soweit verallgemeinern, dass sie nur einmal diagrammübergreifend behandelt werden, und dadurch die ständige Wiederholung bei der Betrachtung der unterschiedlichen Diagrammarten vermieden wird. Die in dem aktuellen Abschnitt aufgeführte, erste Verallgemeinerung bezieht sich die auf das Containerelement Diagramm, also die umrahmte Fläche, die alle Elemente eines Modellszenarios umschließt. Die UML-Spezifikation führt für das Diagramm als Element folgende Bezeichnungen ein:

- für alle Interaktionen, also Sequenz-, Kommunikations-, Zeitdiagramme und Interaktionsübersichten – das Element *Frame*;
- für Aktivitätsdiagramme – das UML-Element *Activity*;
- für Zustandsdiagramme – das Element *StateMachine*.

Für die sonst zu den Verhaltensdiagrammen gehörenden Anwendungsfalldiagramme spezifiziert UML kein ähnliches Diagramm-Element (in Unterstützung der Zuordnung der Anwendungsfalldiagramme zur Gruppe der Strukturdiagramme, s. dazu Abschnitt 7.2.1).

Die Gemeinsamkeit der aufgezählten Elemente besteht einerseits in ihrer Funktion, alle einem Szenario zugehörigen Elemente zu umschließen und dadurch dieses Szenario und sein Verhalten von anderen – womöglich im selben Modell bzw. Projekt – abzugrenzen. Andererseits stecken Diagramme, im Hinblick auf die grundsätzlich parameterbetriebene Leistungsanalyse, den Gültigkeitsbereich für die spezifizierten globalen Parameter ab, indem sie den Rahmen des zu analysierenden Kontextes, zu dem sie gehören, festlegen. Daher sind die Diagramme in einem Leistungsmodell sinnvollerweise mit Kontext-bezogenen MARTE-Stereotypen zu annotieren. In Bezug auf die erste Aufgabe der Diagramme ist die Stereotypisierung eines Diagramms mit *GaScenario* zweckdienlich, während für die Definition von globalen Parametern und die Abgrenzung ihrer Gültigkeit das Stereotyp *GaAnalysisContext* gute Dienste bietet.

Diagramme werden, konform zu den zu ihnen passenden Stereotypen, in ein GN-Modell überführt, innerhalb welchem mindestens ein Generalisiertes Netz erzeugt wird (dazu sei auf die Transformationsregeln aus Abschnitt 12.1 verwiesen). Neben den unterstützenden Elementen, die immer mit dem Anlegen eines neuen Netzes erzeugt werden, wie die globalen und die Parametertransitionen, -stellen und -marken, bestimmen die Eigenschaftswerte im verwendeten Stereotyp die weiteren notwendigen Ergänzungen im GN-Modell.

Bei dem Stereotyp *GaScenario* besteht die grundlegende Idee darin, ein bestimmtes, in sich abgeschlossenes Systemverhalten, also ein Szenario, als Reaktion des Systems auf gewisse vordefinierte Stimuli zu spezifizieren (vgl. Abschnitt 8.1.4). In der Praxis wird das Stereotyp *GaScenario* eher selten angewandt, meistens nur dann, wenn die Eigenschaft eines anderen Stereotyps darauf referenzieren möchte und dazu als Typ des Referents *GaScenario* vorausgesetzt wird (üblich bei service-orientierten Architekturen). Der Grund für den mangelnden Gebrauch dieses Stereotyps ist, dass die Information, die aus dieser Annotierung einhergeht, sehr häufig durch das (nicht stereotypisierte) Diagramm selbst implizit bestimmt wird. Diagramme, die nicht annotiert wurden, werden deshalb analog zu den annotierten in entsprechende Generalisierte Netze überführt. Die Auslegung der Eigenschaftswerte entfällt in diesem Fall zwangsläufig. Für alle anderen Fälle, in denen Diagramme mit *GaScenario* stereotypisiert und um seine Eigenschaftswerte erweitert werden, sind die Transformationsvorschriften des Abschnitts 12.1.4 anzuwenden.

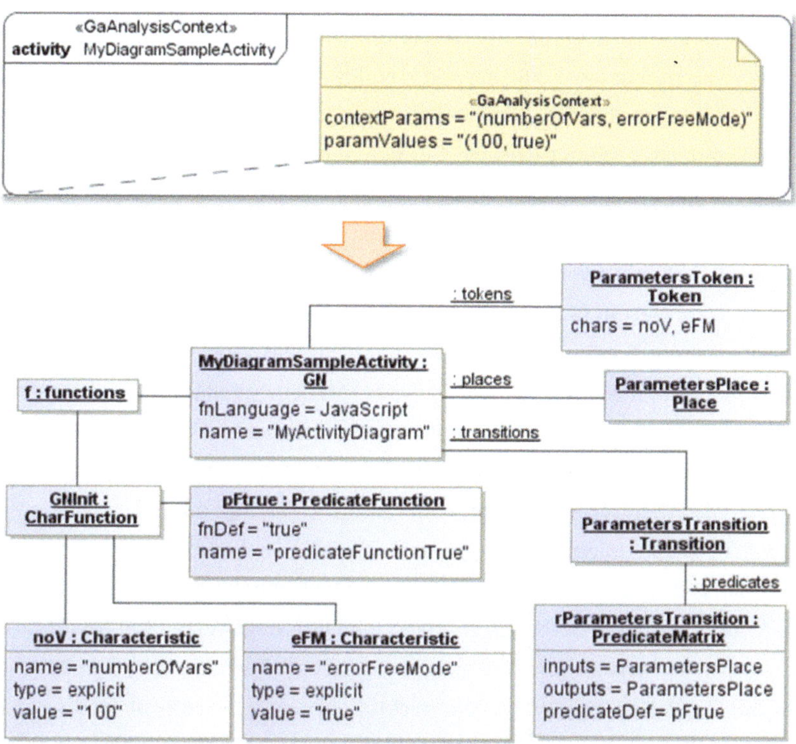

BILD 13.5 ANNOTIERTES DIAGRAMM UND ZUGEHÖRIGES TRANSFORMATIONSERGEBNIS

Eine viel gebräuchlichere Kombination stellt das als *GaAnalysisContext* annotierte Diagramm dar. Die Hauptrolle des Stereotyps *GaAnalysisContext* besteht darin, das zu analysierende Modell abzugrenzen sowie globale Parameter für die Analyse wie beispielsweise Modi, Anzahl der zu verarbeitenden Einheiten, etc. (vgl. Abschnitt 8.1.1) festzulegen. Bei der grundsätzlich parametergetriebenen Leistungsanalyse ist die Definition dieses Stereotyps im Leistungsmodell beinahe unerlässlich. Diese Aufgabe der Abgrenzung übernimmt in der Domäne der Generalisierten Netze das GN-Modell. Die Parameter und die ihnen zugewiesenen Werte werden den Generalisierten Netzen in diesem Modell durch die Anfangscharakteristiken der Parametermarke zur Verfügung gestellt.

Zusammenfassend kann gesagt werden, dass Diagramme meistens (nur) mit dem Stereotyp *GaAnalysisContext* annotiert werden, um dadurch die Möglichkeit zu erlangen, globale Parameter zu definieren. Zusätzlich impliziert jedoch jedes Diagramm der am Anfang dieses

Abschnitts aufgezählten Typen durch das von ihm beschriebene Verhalten den Sinngehalt eines MARTE-Szenarios, ohne zwingend mit dem entsprechenden Stereotyp *GaScenario* annotiert worden zu sein. Daher resultiert aus der Transformation eines Verhaltensdiagramms ein Konglomerat aus GN-Elementen, das dem Ergebnis der Transformationsregeln aus den Abschnitten 12.1.1 bzw. 12.1.4 entspricht. Konkret wird daraus ein entsprechendes GN-Modell samt unterstützenden GN-Elementen generiert. In diesem GN-Modell wird ein mit dem Verhaltensdiagramm korrespondierendes Generalisiertes Netz gleichen Namens eingebettet. Die Parameter für die spätere Leistungsanalyse werden aus den Eigenschaftswerten des *GaAnalysisContext* extrahiert und in den Charakteristiken der Parametermarke im Modell bereitgehalten. Bild 13.5 veranschaulicht diesen Sachverhalt. Dort wurde als Leistungsmodell eine Aktivität (aus Übersichtlichkeitsgründen wurden die Elemente im Diagramm weggelassen) mit zwei globalen Parametern (*numberOfVars* und *errorFreeMode*) und ihren zugehörigen Werten (*100* und *true*) modelliert. Das im unteren Teil des Bildes dargestellte, MOF-basierte Ergebnis der Transformation umfasst die Generierung eines Netzes (*GN*) mit dem gleichen Namen wie die Aktivität (*MyActivityDiagram*), die Generierung der Parametertransition (*ParamatersTransition*), -stelle (*ParametersPlace*) und -marke (*ParametersToken*) sowie die Festlegung des einzigen Prädikats der Parametertransition in ihrer Prädikatmatrix (*rParametersTransition*) als wahr. Zusätzlich erlangt das *GN* in seinem Funktionselement *functions* eine initialisierende charakteristische Funktion *(GNInit)*, die ihrerseits der Parametermarke des Netzes (*ParametersToken*) zwei Charakteristiken (*numberOfVars* und *errorFreeMode*) und ihnen deren zugehörigen Initialisierungswerte (*100* bzw. *true*) zuweist. Der Typ *explicit* der Charakteristiken gibt an, dass der Wert einmalig vor Beginn der anschließenden Simulation zugewiesen und nicht mehr erfragt wird (während der Simulation können jedoch die Elemente des GN-Modells den Parameterwert ändern).

13.3   DAS WURZEL-ELEMENT EINES UML-DIAGRAMMS (WORKLOAD-GENERIERUNG)

Am Beginn des vorangegangenen Abschnitts wurde erwähnt, dass sich über die Menge der UML-Verhaltensdiagramme zwei Verallgemeinerungen vornehmen lassen. Nach der ersten Generalisierung mit dem Fokus auf dem Diagramm als Element, bezieht sich nun der aktuelle Abschnitt auf das Wurzelelement eines Verhaltensdiagramms. Unter dem Begriff Wurzelelement versteht man den Einstieg in das Diagramm von der virtuellen Umgebung heraus, sprich den Punkt, an dem das Diagramm Ereignisse von seiner Umgebung erhält, um seine Funktionalität als Reaktion darauf auszuführen. So ein Einstieg kann in den hier aufgeführten Überlegungen entweder an einem explizit modellierten Startknoten oder aber am ersten funktionalen Element des Diagramms, also an der ersten Nachricht im Sequenzdiagramm oder der ersten Aktion nach dem Startknoten im Aktivitätsdiagramm erfolgen. Ein Diagramm kann mehrere Wurzelelemente besitzen.

Der Mechanismus der Ansteuerung des Systemverhaltens von außen deckt sich mit dem Begriff der Systemlast. Diese Last wird in MARTE durch Angaben im Stereotyp *GaWorkloadEvent* beschrieben (vgl. Abschnitt 8.2.1) und gibt an, nach welchen Prinzipien die für das aktuelle Szenario relevanten Außenstimuli ankommen. Die Lastbeschreibung wird unabhängig von der Diagrammart immer am Wurzelelement angehängt, denn eine Lastbeschreibung kann sinnvollerweise nur dort erwartet werden, wo das modellierte System eine Anbindung an die Außenwelt ermöglicht. Außerdem wird der Workload für alle Verhaltensdiagramme in einer ähnlichen Art definiert. Nicht zuletzt ist auch das Ergebnis der Transformation bei allen Diagrammarten identisch und repräsentiert die Spezifikation, wie viele Marken im korrespondierenden Generalisierten Netz, in welchen Plätzen und nach welchem Ankunftsmuster generiert werden müssen. Die letzten drei Tatsachen geben den Anlass, die Stereotypisierung von Wurzelelementen mit *GaWorkloadEvent* und deren Überführung in die GN-Domäne einmalig für alle Verhaltensdiagramme verallgemeinert aufzuführen.

Der Host-Platz für die Markengenerierung ist im Attribut *host* des Stereotyps *GaWorkloadEvent* angegeben (s. Abschnitt 8.2.1) oder, sofern dieses nicht spezifiziert ist (was den Regelfall repräsentieren darf), der Platz, der im GN-Modell mit dem Wurzelelement korrespondiert (vgl. dazu die folgenden Abschnitte).

Um den Sachverhalt der Transformation des Wurzelelements und der ihm angehängten Systemlast zu verbildlichen, sollen anhand eines sehr einfachen Aktivitätsdiagramms die Änderungen gezeigt werden, die ein mit *GaWorkloadEvent* annotiertes Wurzelelement am GN-Modell verursacht. Das betrachtete Beispieldiagramm (Bild 13.6) besteht aus einem Startknoten, einer folgenden Aktion und einem Endknoten (zu den Elementen eines Aktivitätsdiagramms s. folgenden Abschnitt 13.4). Der Startknoten wird als Wurzelknoten im Diagramm mit dem Stereotyp *GaWorkloadEvent* versehen, das durch seine Eigenschaft *pattern* das Ankunftsmuster der für das Szenario relevanten Ereignisse – beispielsweise die Handlungen der Operatoren der modellierten Anlage – definiert. Es beschreibt ein periodisches Muster (*periodic*), wobei zwei Ereignisse (*occurrences=2*) im Abstand von einer Sekunde (*period =(1,s)*) vorkommen.

Der Startknoten mit seiner Annotierung erzeugt in der GN-Domäne die Spezifikation zweier Marken (s. MOF-basierte Objektstruktur im Bild 13.6 unten[20]; vgl. dazu auch Abschnitt 12.2.1), die über die gleiche *host*-Stelle (*WorkloadPlace*) verfügen, die wiederum dem nicht betitelten Startknoten entspricht. Beiden Marken werden ein (eindeutiger) Name *User1* bzw. *User2* und ihr Eintrittspunkt *entering* zugewiesen. Die erste von ihnen soll am Simulationsan-

---

[20] Das Ergebnis aus der Transformation der anderen Elemente im Diagramm wurde im Bild 13.6 der Einfachheit halber nicht dargestellt.

fang generiert werden (Attribut *entering=0*), die zweite – versetzt um 1000 Simulations-schritte. Dabei wurde bewusst eine andere Zeiteinheit als im MARTE-Muster gewählt, indem der Simulationsschritt als 1 ms statt 1 s festgelegt wurde (solche Festlegungen ergeben sich aus den Zeitangaben innerhalb der Modellelemente). Somit entsprechen 1000 Simulations-schritte der im UML-Modell angegebenen Periode (*period=(1,s)*). In beinahe allen Trans-formationen von leistungsbezogenen Modellen ist eine Konvertierung von Zeiteingaben in eine andere einheitliche Zeitbasis erforderlich. Die Vereinheitlichung aller Zeiteingaben eines Modells sind zusammen mit der richtigen Auswahl eines für das konkrete Szenario passen-den Simulationsschrittes unerlässliche Kriterien für eine gelungene und gleichzeitig effiziente GN-Simulation.

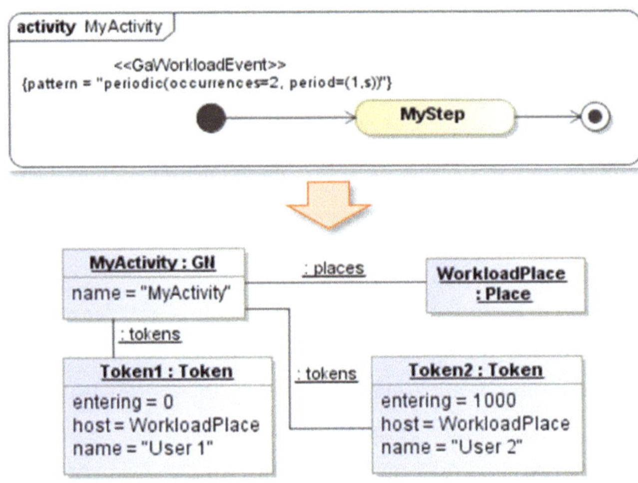

BILD 13.6 ANNOTIERTES WURZEL-ELEMENT UND ZUGEHÖRIGES TRANSFORMATIONSERGEBNIS

Aufgrund der zwei Verallgemeinerungen, die sich auf sämtliche Verhaltensdiagramme be-ziehen, wird in den folgenden Abschnitten nicht mehr auf Kombinationsmöglichkeiten zwi-schen UML-Elementen und Kontext-bezogenen sowie UML-Elementen und Workload-bezogenen MARTE-Elementen fokussiert. Das Augenmerk wird fortan auf die spezifische Anwendung von Ressourcen bzw. Schritten in den verschiedenen UML-Verhaltens-diagrammen gelegt.

13.4   AKTIVITÄTSDIAGRAMM

Aktivitätsdiagramme sind in UML eine der meist verwendeten Diagrammarten zur Modellie-rung von Abläufen. Mit Aktivitätsdiagrammen lassen sich selbst sehr komplexe Szenarien mit vielen Besonderheiten relativ übersichtlich und verständlich darstellen. Seit UML 2.0 wird ein Aktivitätsdiagramm synonym Aktivität (*UML::Activity*) genannt. Eine Aktivität ist eine Verhal-tensdefinition, die aus einer Sequenz von verschiedenen Arten von Knoten und Flüssen zwischen ihnen besteht. Bei den Knoten kann es sich um Aktionen, Start-, End- und Kontrollknoten handeln, die wiederum verschiedenen Verantwortlichkeitsbereichen, also Partitionen, zugeordnet werden können. Die in einem Aktivitätsdiagramm zulässigen Flüsse unterteilen sich in Kontroll- (auch Steuerflüsse genannt) und Objektflüsse. Zusätzliche spezielle Elemente wie das Senden oder Empfangen von Signalen, Parameter-Pins und weitere runden die Modellierungsmächtigkeit dieser Diagrammart ab.

Die Elemente dieser Diagrammart, die sich auf den *ComplianceLevels L1* und *L2* befinden, werden in den folgenden Unterabschnitten einzeln erläutert. Für jedes Element wird seine Definition, eine Empfehlung für seine Annotierung mit MARTE sowie eine Transformationsvorschrift gegeben. Der Abschnitt 13.4 wird mit der Transformation eines zusammenhängenden Aktivitätsdiagramms, das viele der betrachteten Elemente umfasst, in ein äquivalentes Generalisiertes Netz abgeschlossen.

13.4.1 PARTITIONEN

Eine Partition (*UML::ActivityPartition*), auch Schwimmbahn oder Verantwortlichkeitsbereich genannt, grenzt eine Gruppe von Aktionen ab, die, allgemein ausgedrückt, gemeinsame Eigenschaften aufweisen. Eine Partition wird als eine Schwimmbahn gezeichnet, wobei am oberen (bei vertikal verlaufenden Partitionen) bzw. linken (bei horizontalen Partitionen) Bahnende der Name der Partition in einem Rechteck steht (s. Bild 13.7 links). Im Kontext der Leistungsbewertung werden Partitionen in aller Regel dazu verwendet, um zu bezeichnen, welche Aktionen von derselben Ressource bzw. derer Laufzeitinstanz ausgeführt werden. Demzufolge sind Partitionen diejenigen Elemente im Aktivitätsdiagramm, die der Definition von Systemressourcen dienen und daher sinnvollerweise mit MARTE-Elementen aus der Gruppe der Ressourcen annotiert werden sollen. Die MARTE-Spezifikation schränkt jedoch die Möglichkeiten der Annotierung noch weiter ein, indem sie für Partitionen lediglich die Anwendung des Stereotyps *PaRunTInstance* zulässt (vgl. Abschnitt 12.3). Der Verweis auf eine konkrete Ressource innerhalb des Stereotypattributs *instance* baut die Verbindung zu einer Architektur, meistens in Form eines Verteilungsdiagramms (s. Abschnitt 13.1), auf. Die Architektur gibt dann Auskunft über die Eigenschaftswerte der instanziierten Ressource sowie deren Kommunikationspfade zu anderen Ressourcen im selben System, um daraus die Ressourcenauslastung, die Laufzeiten für das konkrete Szenario und weitere gesuchte Leistungsmetriken zu berechnen.

Alle Partitionen eines Aktivitätsdiagramms werden bei ihrer Transformation in das GN-Modell in gleichnamige Transitionen überführt. Nicht annotierte Partitionen unterscheiden sich von den annotierten darin, dass für sie bei der Simulation keine Statistiken gesammelt werden, denn diese können keiner Bezugsressource zugeordnet werden. Für manche Berechnungen zwingend notwendige Ressourceneigenschaften nicht annotierter Partitionen fließen dort mit Nullen ein, d.h. sie verursachen bei der Ausführung keine Kommunikations- oder Verarbeitungslatenz.

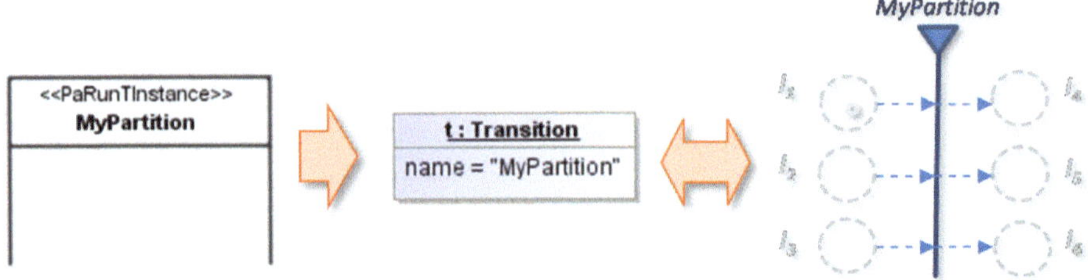

BILD 13.7 PARTITION UND IHRE TRANSFORMATION ZU TRANSITION

Bild 13.7 zeigt die Transformationsvorschrift für Partitionen in einer grafischen Form. Auf seiner linken Seite ist eine mit *PaRunTInstance* stereotypisierte Partition eines Aktivitätsdiagramms dargestellt. Im mittleren Bildausschnitt befindet sich das korrespondierende MOF-konforme GN-Objekt: eine Transition gleichen Namens. Auf der rechten Seite des Bildes ist die aus der Transformation entstandene Transition *MyPartition* durch die grafische Notation der Generalisierten Netze dargestellt.

13.4.2   AKTIONEN

Eine Aktion (*UML::Action* bzw. *UML::CallBehaviorAction*) ist in UML eine fundamentale Einheit zur Beschreibung von Verhalten und gleichzeitig der Träger der Systemdynamik in einer Aktivität. Eine Aktion umschließt eine oder eine Reihe von Handlungen, die eine Menge Eingänge in eine Menge Ausgänge konvertiert. Dabei können eine oder beide Mengen leer sein. Aktionen lassen sich ineinander verschachteln, wodurch der Detaillierungsgrad bzw. das Abstraktionsniveau der Modellierung beeinflussbar sind. Eine einfache Aktion (ohne eingebettete Elemente) wird in UML grafisch als ein Rechteck mit gerundeten Ecken darstellt (s. Bild 13.8 links). Aktionen werden bei der Transformation in die GN-Domäne in Stellen gleichen Namens überführt (Bild 13.8 Mitte und rechts). Die generierten Stellen werden als Ausgangsstellen mit der Transition verbunden, die das Äquivalent der Partition darstellt, in der die transformierte Aktion platziert ist. Gleichzeitig ist dieselbe Stelle als Eingangsstelle mit der Transition zu verbinden, die diejenige Partition repräsentiert, die eine Nachfolgeaktion der betrachteten Aktion umschließt. Hat eine Aktion mehrere Nachfolgeaktionen, beispielsweise durch die Verwendung von Kontrollknoten im Modell (s. Abschnitt 13.4.4), ist unter Umständen eine Multiplikation der Stelle nötig, um die Verbindung zu allen Transitionen zu ermöglichen, an die einen Markenfluss zu übergeben ist. Die Verbindungskonstellationen zwischen den Aktionen, die eine besondere Berücksichtigung bei der Generierung eines äquivalenten Modells aus einer Aktivität verdienen, werden in den folgenden Unterabschnitten nochmals detaillierter erläutert (beachte dazu insbesondere Abschnitt 13.4.7). Sind im

Aktivitätsdiagramm keine Partitionen modelliert, wird für das gesamte Modell eine einzige Transition mit einem systematisch generierten Systemnamen gebildet, mit der dann alle Aktionen im Modell sowohl als Eingangs- als auch als Ausgangsstellen durch eine Schleife verbunden werden. Diese Transition übernimmt dann die Rolle einer abstrakten Ressource, die für die Ausführung des ganzen Geschehens im Modell sorgt. Verschachtelte Aktionen existieren im korrespondierenden GN-Modell als verschachtelte Plätze.

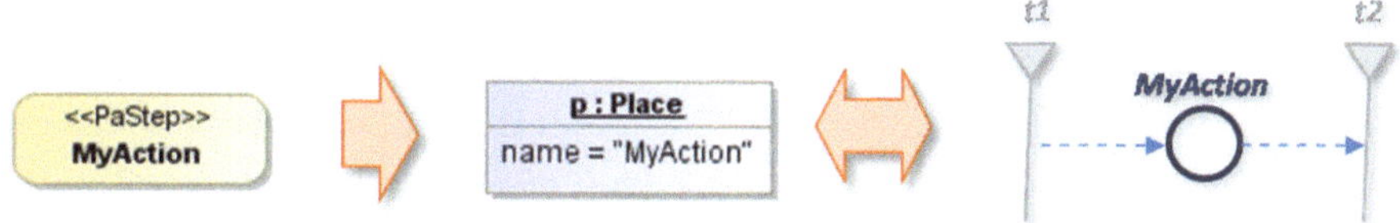

BILD 13.8 AKTION UND IHRE TRANSFORMATION ZU GN-STELLE

Aktionen sind in Aktivitäten der Ausdruck der Systemdynamik, repräsentieren also die Abläufe im modellierten System. Deshalb sind für sie als sinnvolle Annotierungen alle Elemente aus der MARTE-Gruppe der Schritte einzuordnen. Im Bild 13.8 wurde die modellierte Aktion exemplarisch mit dem im Rahmen der Leistungsanalyse am häufigsten verwendeten Stereotyp dieser Gruppe *PaStep* annotiert. Die wohl wichtigste Angabe für dieses Stereotyp ist die Ausführungsdauer des Schrittes bzw. der Aktion, die gewöhnlich innerhalb der vom allgemeineren Stereotyp *GaScenario* vererbten Eigenschaft *hostDemand* erfolgt (s. Beispieldiagramm im Abschnitt 13.4.8).

13.4.3   TERMINIERENDE KONTROLLKNOTEN

Der Begriff „terminierender Kontrollknoten" ist eine Bezeichnung für drei weitere, für Aktivitätsdiagramme zulässige Knotenarten – den *Startknoten*, den *Endknoten* und das *Ablaufende*. Die kommenden Absätze verschaffen einen Überblick in die Definition, Darstellung und die Interpretation dieser Knotenarten im Transformationsprozess.

STARTKNOTEN

Ein Startknoten (*UML::InitialNode*) ist ein Kontrollknoten ohne eingehende Flüsse. Der Startknoten ist im Normalfall das Wurzelelement einer Aktivität und bezeichnet den Anfang des im konkreten Diagramm modellierten Verhaltens. Ein Startknoten wird dargestellt durch einen ausgefüllten schwarzen Punkt (s. Bild 13.9 links).

Aus einem Startknoten im UML-Modell entsteht im korrespondierenden Generalisierten Netz ein Netzeingang, also eine GN-Stelle, in der keine Kante endet. Wurde der Startknoten vom Modellierer mit einem Namen versehen, wird er bei der Transformation übernommen (Bild 13.9). Besitzt der Knoten keinen eigenen Namen, wird ihm im Transformationsprozess ein Systemname zugewiesen.

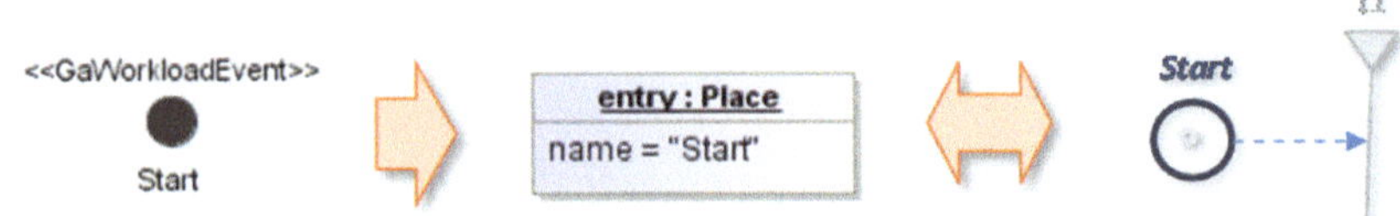

BILD 13.9 STARTKNOTEN UND SEINE TRANSFORMATION ZU NETZEINGANG

Als Wurzelelemente der Aktivität werden Startknoten typischerweise mit dem Stereotyp *GaWorkloadEvent* annotiert. Für diesen Fall gilt die Regel aus dem Abschnitt 13.3, wobei der Startknoten die Host-Stelle für die Markengenerierung repräsentiert. Erwähnt werden soll in diesem Bezug eine Besonderheit, die bei der Definition eines geschlossenen Workloads (*pattern=closed*) eintritt. In diesem Fall wird die Systemlast für das modellierte Szenario einmalig am Beginn der Ausführung generiert, jedoch am Ende des Szenarios immer wieder zu seinem Anfangspunkt zurückgeführt, um einen neuen Zyklus mit derselben Last zu initiieren. Um diese Handlung im Generalisierten Netz möglich zu machen, wird bei der Transformation die Generierung einer zusätzlichen, sogenannten Workload-Transition veranlasst. Diese Transition verbindet die letzte Stelle im Modell (s. folgende Unterabschnitte *Endknoten* sowie *Ablaufende*) mit der ersten – also mit der äquivalenten Stelle zum Startknoten –, um dadurch die iterative Ausführung über die Rückführung des Markenflusses zum Beginn des Szenarios zu ermöglichen. Durch die Verbindung mit der Workload-Transition erhält der Netzeingang (das Äquivalent des Startknotens) eine eingehende Kante und wird faktisch zu einer gewöhnlichen GN-Stelle. Dennoch behält sie ihre Aufgabe, am Anfang jedes Simulationsganges als Host für die zu generierenden Marken zu dienen.

Im Übrigen werden Startknoten äußerst selten stereotypisiert. Wenn der Modellierer diesem Knoten jedoch semantisch ein Teilverhalten zuweist, wäre es durchaus legitim, einen Startknoten auch als MARTE-Schritt zu annotieren, um beispielsweise wie bei den anderen Aktionen eine Ausführungszeit für dieses modellierte Teilverhalten zu definieren. Für diese Fälle gelten die Transformationsregeln des Abschnitts 12.4.

ENDKNOTEN

Ein Endknoten (*UML::ActivityFinalNode*) bezeichnet das Ende eines Szenarios. Ein Endknoten unterbricht alle Flüsse, sobald er erreicht wird. Eine Aktivität kann auch mehrere Endknoten besitzen, wobei dann der erste erreichte von ihnen alle weiteren Vorgänge stoppt.

Ein Endknoten wird in UML grafisch durch zwei ineinander gesetzte Kreise notiert, wobei ein größerer nicht ausgefüllter Kreis einen kleineren ausgefüllten umrandet (s. Bild 13.10 links oben).

BILD 13.10 ENDKNOTEN / ABLAUFENDE UND IHRE TRANSFORMATION ZU NETZAUSGANG

Aus Endknoten entstehen bei der Überführung des Leistungsmodells in die GN-Domäne Netzausgänge, also Stellen ohne ausgehende Kanten. Wurde der Endknoten benannt, wird sein Name übernommen, sonst wird ihm als Systemnamen *End* zugewiesen (s. Bild 13.10). Bei mehreren nicht benannten Endknoten bekommen ihre GN-Äquivalente ab dem zweiten auch eine nachgestellte Nummerierung (*End1*, *End2* usw.). Der Netzausgang hat in einem Generalisierten Netz die Aufgabe, die Marken, die das gesamte Szenario bereits durchlaufen haben, zu sammeln. Die Einschränkung, alle weiteren Handlungen in der Aktivität ab dem Erreichen des Endknotens zu untersagen, die sich in der GN-Domäne durch ein Prädikat gesteuertes Verbot für künftige Markenbewegungen widerspiegeln würde, wird hier aus Sicht der Simulation (anders als bei der realen Ausführung einer Software) nicht als besonders sinnvoll erachtet, denn in manchen Fällen ist eine Fortsetzung des Ablaufs durchaus gewünscht, wie im vorhin erwähnten Beispiel mit der Realisierung eines geschlossenen Workloads. Stattdessen empfiehlt es sich, die Simulation uneingeschränkt weiter laufen zu lassen und – sofern erwünscht – alle Übergänge ab der Markierung des Netzausganges bei der weiteren Auswertung zu ignorieren.

Die Besonderheit bei der Anwendung eines geschlossenen Workloads gilt hier analog, d.h. der Netzausgang wird durch das Hinzufügen der Workload-Transition zu einer gewöhnlichen Stelle, denn er wird mit der zusätzlichen Workload-Transition durch eine aus ihm ausgehende Kante verbunden. Die Aufgabe, nach dem letzten Zyklus alle fertigen Marken zu sammeln, behält die Stelle *End(x)* bei (sofern im konkreten Modell vorgesehen). Sie hilft zusätzlich, die verschiedenen Iterationen auseinander zu halten, indem ihre Markierung das Ende der aktuellen Iteration bezeichnet.

Endknoten werden in der Regel nicht annotiert. Die Überlegungen zum Startknoten können auf den Endknoten analog übertragen werden, d.h. es wäre möglich, einen Endknoten auch als MARTE-Schritt zu annotieren. Die Regeln aus dem Abschnittes 12.4 gelten dann entsprechend.

ABLAUFENDE

Ein Ablaufende (*UML::FlowFinalNode*) bezeichnet die Terminierung eines Flusses in einer Aktivität. Im Unterschied zum Endknoten, bezieht sie sich nur auf den Fluss, der in ihm endet. Ablaufenden werden als Kreise mit einem durchgehenden diagonalen Kreuz dargestellt (s. Bild 13.10 links unten).

Endknoten und Ablaufenden unterscheiden sich lediglich in ihrer Ausbreitung auf die zu terminierenden Flüsse. Nachdem die Einschränkung für den Endknoten, sämtliche künftige Aktionen nach seiner Erreichung zu verbieten, bei der Transformation dieses terminierenden Kontrollknotens außer Acht gelassen wurde, kann nun dieser Wegfall auch auf das Ablaufende übertragen werden. Somit werden die Knoten Ablaufende und Endknoten aus Sicht des Leistungsanalysemodells semantisch identisch. Daher gelten alle zum Endknoten aufgeführten Überlegungen gleichermaßen auch für das Ablaufende: Ablaufenden werden in Marken sammelnde Netzausgänge überführt (s. auch Bild 13.10), die bei fehlendem Namen die Bezeichnung *End* im GN erhalten; sie werden entweder gar nicht oder als MARTE-Schritte – mit den daraus folgenden Konsequenzen – transformiert.

13.4.4 VERBINDENDE KONTROLLKNOTEN

Für Aktivitäten wurde in UML eine Reihe von verbindenden Knoten spezifiziert, mit deren Hilfe der Fluss zwischen den Aktionen gezielt gesteuert werden kann. Dazu zählen die Teilung, Synchronisation, Entscheidung und Zusammenführung, wobei auch Mischformen zwischen ihnen zulässig sind. Ein verbindender Knoten hat als Eingänge und Ausgänge entweder Kontroll- oder Objektflüsse (aber keine Kombination aus beiden), an deren Enden sich entweder Aktionen (inklusive terminierenden Knoten und Signalen) oder aber andere verbindende Knoten befinden.

Die verbindenden Knoten lassen sich in zwei Gruppen unterteilen, die in den unmittelbar folgenden Unterabschnitten separat betrachtet werden.

TEILUNG UND SYNCHRONISATION

Die erste abzugrenzende Gruppe umfasst die verbindenden Kontrollknoten Teilung und Synchronisation sowie ihre Mischformen. Eine *Teilung* (*UML::ForkNode*), auch Splitting genannt, ist ein Kontrollknoten, der seinen einzigen eingehenden Fluss bedingungslos in mehrere ausgehende parallele Flüsse teilt.

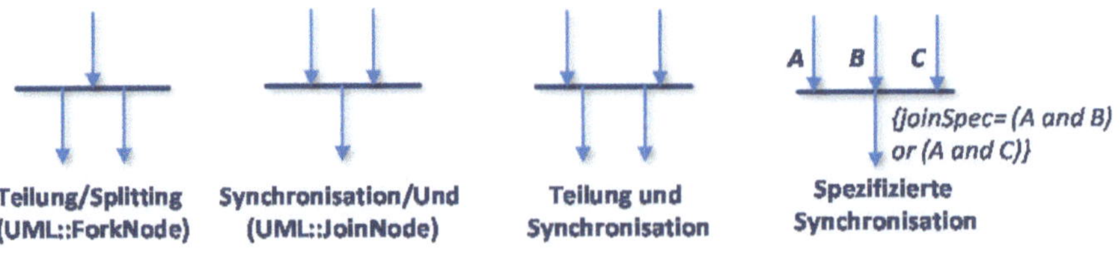

BILD 13.11 VERBINDENDE KONTROLLKNOTEN: TEILUNG UND SYNCHRONISATION (NACH [113])

Eine *Synchronisation* (*UML::JoinNode*) ist hingegen ein Kontrollknoten, der einige Flüsse synchronisiert, indem er auf alle seine eingehenden Flüsse wartet, bevor er einen einzigen ausgehenden Fluss fortsetzt. Die Synchronisation wird oft als eine Art Konjunktion bzw. logische UND-Verknüpfung interpretiert.

Bild 13.11 zeigt in der linken Hälfte die grafische Notation dieser beiden Kontrollknoten und in der rechten Hälfte zwei darauf basierende, von UML zulässige Erweiterungen. Die einfache Kombination beider Arten Kontrollknoten (*Teilung und Synchronisation*) wartet auf alle ihre eingehenden Flüsse, um dann einige ausgehende parallel zueinander fortzusetzen. Die andere, im Bild 13.11 als erste von rechts gezeigte Erweiterung – die *spezifizierte Synchronisation* – vollzieht die Synchronisation ihrer eingehenden Flüsse nach einer angegebenen Bedingung; im konkreten Fall wird ihr ausgehender Kontrollfluss dann fortgesetzt, wenn entweder beide eingehenden Flüsse *A* und *B* oder die Flüsse *A* und *C* bei ihr vorliegen.

Diesen verbindenden Kontrollknoten entsprechen keine strukturellen GN-Elemente. Sie wirken sich jedoch auf das logische und dynamische Verhalten des bei der Transformation entstandenen Generalisierten Netzes aus. Eine Teilung im Aktivitätsdiagramm beispielswiese findet ihr Äquivalent im Netz in der Markenteilung, die beim Übergang zwischen den Stellen, die die Vorgänger- und Nachfolgeaktionen dieser Teilung repräsentieren, stattfindet. Durch die Markenteilung werden einige Ausgangsstellen einer oder auch mehrerer Transitionen markiert und damit einige parallele Verarbeitungszweige initiiert. Diese Markenübergänge können natürlich nur dann stattfinden, wenn die entsprechenden Prädikate es erlauben, wofür sie bei der Transformation auf *true* gesetzt werden.

Den zu einer spezifizierten Synchronisation identischen Mechanismus weist in der Domäne der Generalisierten Netze die Übergangsinvariable □ auf. Die Übergangsinvariable stellt, wie im Abschnitt 10.4.2 definiert, einen logischen Ausdruck dar, dessen Wahrheitswert davon abhängt, welche Eingangsstellen der jeweiligen Transition zum Zeitpunkt der Auswertung markiert sind. Das GN-Element □ soll bei der Transformation den Ausdruck aus der spezifizierten Synchronisation übernehmen (eine Reihe von UND- und ODER-verknüpften Termen) und dadurch sichern, dass nur bei den gewünschten Markierungskonstellationen der Stellen ein Markenübergang und damit eine Fortsetzung des Ablaufs auf diesem Zweig möglich ist. Im Falle einer einfachen Synchronisation besteht der Ausdruck □ ausschließlich aus UND-verknüpften Termen.

Die verbindenden Kontrollknoten Teilung und Synchronisation sowie ihre Mischformen werden in aller Regel nicht mit MARTE-Stereotypen annotiert.

ENTSCHEIDUNG UND ZUSAMMENFÜHRUNG

Eine *Entscheidung* (*UML::DecisionNode*), auch als Verzweigung bekannt, ist ein Kontrollknoten mit einem bis zwei eingehenden und mindesten einem ausgehenden Fluss, wobei erst in Abhängigkeit von der Erfüllung angegebener Bedingungen entschieden wird, welcher bzw. welche der ausgehenden Flüsse fortzusetzen ist bzw. sind. Es ist jedoch zu beachten, dass ein eingehender Fluss nur einen einzigen ausgehenden Fluss aktivieren kann ([122], S. 360). Eine Entscheidung wird als eine nicht ausgefüllte Raute dargestellt, an deren Ecken die Flüsse andocken (s. Bild 13.12 links).

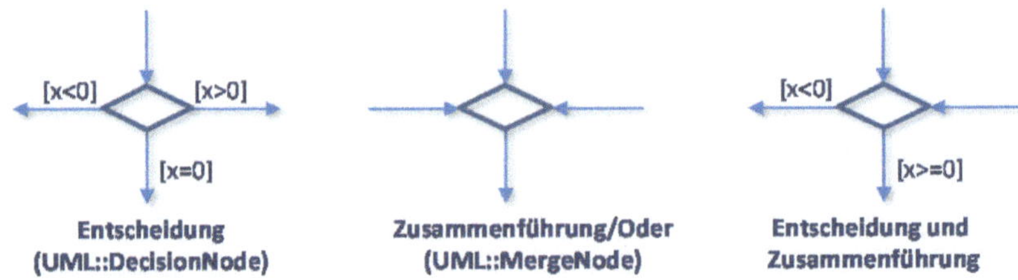

BILD 13.12 VERBINDENDE KONTROLLKNOTEN: ENTSCHEIDUNG UND ZUSAMMENFÜHRUNG (NACH [113])

Eine Zusammenführung (*UML::MergeNode*) ist ein verbindender Kontrollknoten, der wie eine Disjunktion bzw. ODER-Verbindung zu interpretieren ist, d.h. das Vorliegen eines einzigen eingehenden Flusses reicht schon zur Fortsetzung des ausgehenden Stroms. Eine Zusammenführung ist in der Mitte im Bild 13.12 dargestellt.

Auch bei den Kontrollknoten dieser Gruppe sind Kombinationen zulässig. So kann beispielsweise eine kombinierte *Entscheidung und Zusammenführung* mit jeweils zwei ein- und ausgehenden Kontrollflüssen – wie im Bild 13.12 rechts – definiert werden, die so zu interpretieren wäre, dass jeder der eingehenden Flüsse sofort an diesem ausgehenden Fluss fortzusetzen ist, für den die Bedingung erfüllt ist.

Entscheidungen und Zusammenführungen werden während der Transformation einer Aktivität in ein Generalisiertes Netz in eine Reihe Prädikate überführt. Dafür ist es notwendig, die Vorgänger- sowie Nachfolgeaktionen des Kontrollknotens zu ermitteln. Anschließend heißt es, die Bedingungen an den (ausgehenden) Flüssen des Kontrollknotens in die Prädikate zwischen allen möglichen Kombinationen der ermittelten Eingangsstellen und Ausgangsstellen (Repräsentanten der Kombinationspaare Vorgängerknoten-Nachfolgeknoten), entsprechend zu übernehmen. Sind mehrere Flüsse mit Bedingungen hintereinander zu durchlaufen (s. dazu auch Abschnitt 13.4.7), werden alle beteiligten Bedingungen UND-verknüpft in das relevante Prädikat übernommen. Ist hingegen gar keine Bedingung auf den verbindenden Flüssen vorzufinden, ist das entsprechende Prädikat mit *true* zu belegen.

Im Zusammenhang mit den verbindenden Kontrollknoten ist es wichtig zu erwähnen, dass die UML-Spezifikation keine Aussage darüber trifft, wie vorzugehen ist, wenn zum Zeitpunkt des Eintritts eines eingehenden Flusses *keine* der Bedingungen erfüllt ist (Token verschwindet / es wird gewartet / es wird eine externe Aktion wie die Generierung einer Nachricht aufgerufen, etc.). In der GN-Domäne wird dafür festgelegt, dass eine Marke so lange wartet, bis eine der Bedingungen wahr wird.

Um Konflikte zu vermeiden, empfiehlt die UML-Spezifikation jedoch, stets dafür Sorge zu tragen, dass zu einem konkreten Zeitpunkt lediglich die Bedingung eines einzelnen ausgehenden Flusses als wahr ausgewertet werden kann, wobei die Verantwortung dafür auf den Modellierer übertragen wird. Die Empfehlung deckt sich mit dem aus dem technischen Bereich bekannten Konzept der Vermeidung von Nichtdeterminismen in einem System, denn nur so kann eine eindeutige Funktionalität gewährt werden. Daher ist es ratsam, der Empfehlung stets zu folgen. Das Problem mit dem Nichtdeterminismus kann (sofern gewünscht) umgangen werden, wenn die Bedingungen an den ausgehenden Flüssen so definiert werden, dass jede davon alle möglichen Terme beinhaltet und diese sich gegenseitig ausschließen (dadurch wird gesichert, dass zu einem Zeitpunkt immer *genau* eine Bedingung erfüllt ist).

Entscheidungen, Zusammenführungen und ihre Mischformen werden üblicherweise nicht mit MARTE-Stereotypen versehen.

13.4.5 SIGNALE

In Aktivitätsdiagrammen ist die Anwendung noch zweier speziellen Arten von Aktionen zulässig – das Senden eines Signals und der Empfang eines Signals – mit deren Betrachtung die Ausführung zum Thema Aktionselementen in UML abgeschlossen wird.

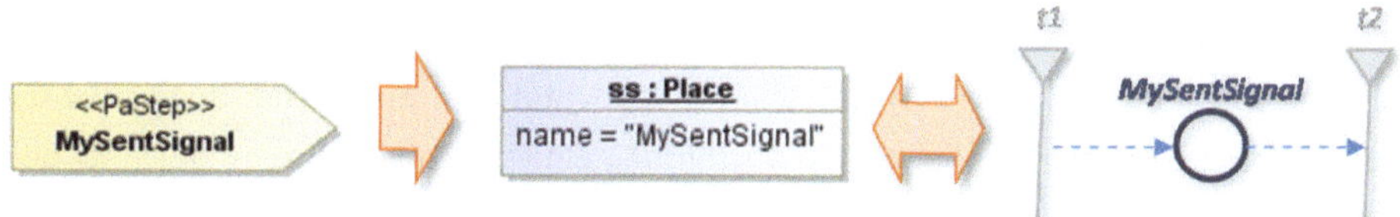

BILD 13.13 GESENDETES SIGNAL UND SEINE TRANSFORMATION ZUR GN-STELLE

Das Senden von Signalen über das Element *UML::SendSignalAction* (s. Bild 13.13 links) sowie das Empfangen von Signalen, modelliert als *UML::AcceptEventAction* (s. Bild 13.14 links) werden im Transformationsprozess wie gewöhnliche Aktionen einer Aktivität behandelt, d.h. sie werden in GN-Stellen gleichen Namens überführt (siehe beide zuletzt erwähnten Bilder, vgl. auch Abschnitt 13.4.2).

Sehr oft haben Aktionen zum Senden von Signalen keine ausgehenden Flüsse (Übermittlung von Informationen an die Systemumgebung). In diesem Fall entfallen vom äquivalenten GN-Konstrukt die aus der entsprechenden Stelle ausgehende Kante sowie die diese Kante empfangende Transition. Die Sendeaktion existiert dann im Generalisierten Netz in Form eines Netzausgangs gleichen Namens. Analog gilt es für das Empfangen von Signalen (Empfang von externer Information), dass sie oft keine eingehenden Flüsse besitzen und dementsprechend im erzeugten GN als Netzeingänge (mit dem Wegfall der hier als *t1* bezeichneten Transition) existieren.

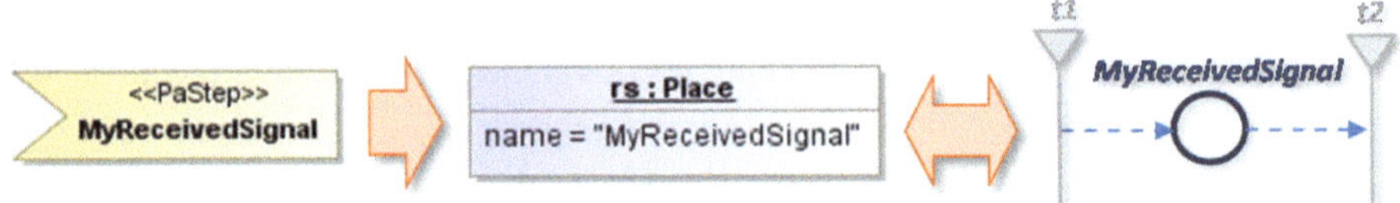

BILD 13.14 GESENDETES SIGNAL UND SEINE TRANSFORMATION ZUR GN-STELLE

Die typische Annotierung eines Signals beinhaltet MARTE-Stereotype aus der Gruppe der Schritte, wobei jedes Stereotyp seine im Abschnitt 12.4 beschriebenen Besonderheiten in die Transformation einbringt.

13.4.6   KONTROLLFLÜSSE, OBJEKTFLÜSSE, OBJEKTKNOTEN UND PINS

Die letzte Gruppe Elemente aus dem Definitionsbereich der Aktivitätsdiagramme umfasst die zwei Arten von Flüssen – den Kontroll- bzw. Steuerfluss (*UML::ControlFlow*) und den Objektfluss (*UML::ObjectFlow*) – sowie zwei weitere, in direkter Verbindung mit ihnen stehende UML-Elemente – den Objektknoten (*UML::ObjectNode*) und das Pin (*UML::Pin*). In den vorigen Abschnitten wurde im Zusammenhang mit anderen UML-Elementen bereits vermerkt, dass Flüsse Übergänge zwischen den Knoten einer Aktivität darstellen. Unter Knoten sind in diesem Sinne Aktionen, terminierende sowie verbindende Kontrollknoten und Signale zu verstehen. Die Übergänge sind immer unipolar gerichtet, um die Ausführungssequenz im Modell eindeutig anzuzeigen. Sobald die Ausführung einer Aktion (im breiteren Sinne) beendet wurde, aktiviert sie den in ihr beginnenden Fluss und die Steuerung geht in die Aktion über, indem er endet. Ein Kontrollfluss und ein Objektfluss unterscheiden sich darin, dass der erst genannte nur die Programmsteuerung an eine andere Aktion übergibt, während der zweite Objekte oder andere Daten zwischen den Aktionen befördert. Dieser Unterschied wird auch in der grafischen Notation beider Flussarten widergespiegelt. Für Kontrollflüsse werden durchgezogene Linien mit einer Pfeilspitze gezeichnet (s. Bild 13.15 oben links); für Objektflüsse existieren zwei alternative Darstellungsformen, die das Objekt bzw. die beförderten Daten einbeziehen. Die erste Darstellungsvariante eines Objektflusses umschließt den Objektknoten – ein den Objektnamen umrahmendes Rechteck – und beide in ihm mündende und aus ihm ausgehende Kanten (Bild 13.15 links in der Mitte). In der zweiten Variante werden zur Notation eines Objektflusses Pins verwendet, die an den Rändern der verbundenen Aktionen angebrachte Quadrate darstellen und als Quelle und Ziel des Flusses dienen (Bild 13.15 links unten). Pins können beschriftet werden, wobei beide Gegenstücke sinnvollerweise – da es sich schließlich um denselben Inhalt handelt – gleich zu benennen sind. Die Darstellung mit Pins wird insbesondere dann bevorzugt, wenn der Objektfluss – oder in diesem Fall eher als Datenfluss zu bezeichnen – den Transport von Modellparametern modelliert.

Flüsse zwischen Aktionen werden in der grafischen Notation der Generalisierten Netze durch die Verbindung der entsprechenden Stellen mit dem Transitionssymbol der zugehörigen Transition ausgedrückt (Bild 13.15 rechts). Die Transition ist dabei das Äquivalent der Partition, in der im UML-Modell die den Fluss empfangende Aktion platziert ist. Die Letztere stellt ihrerseits eine Ausgangsstelle für diese Transition dar. Die Vorgängeraktion des Flusses ist eine ihrer Eingangsstellen. Die gestrichelte Umrandung des bidirektionalen Relationssymbols im Bild weist darauf hin, dass keine völlige Übereinstimmung zwischen der in der Mitte angegebenen MOF-Beschreibung des Fluss-Äquivalents (siehe nächsten Absatz) und der grafischen Darstellung (rechts im Bild) besteht. Der Unterschied beruht auf dem Fakt, dass Prädikatmatrizen keine grafische Notation besitzen, während für Kanten kein Element in der GN-MOF-Struktur existiert. Dennoch bilden sie den gleichen Sachverhalt ab.

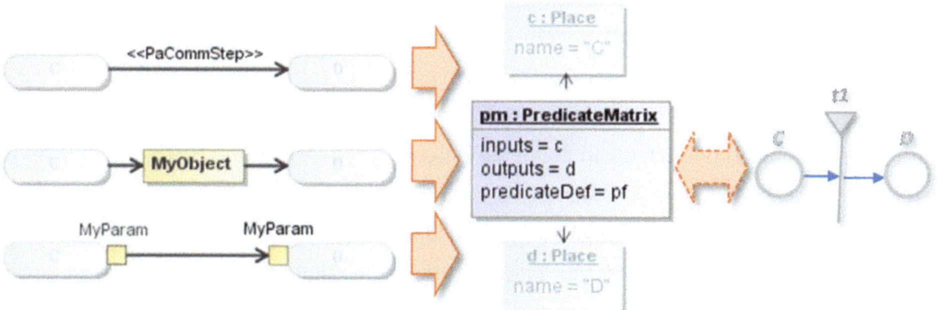

BILD 13.15 FLÜSSE, OBJEKTE UND PINS UND IHRE TRANSFORMATION

Das MOF-Äquivalent eines Flusses einer der drei oben geschilderten Arten in der GN-Domäne wird – vereinfacht gesprochen – von der Prädikatmatrix einer Transition widergespiegelt (s. Bild 13.15). Die Prädikatmatrix deklariert als Äquivalent des UML-modellierten Flusses die Stelle *C* (das Äquivalent der Aktion *C*) als Eingangsstelle, die Stelle *D* (das Äquivalent der Aktion *D*) als Ausgangsstelle für die entsprechende Transition (die verantwortliche Partition für die Ausführung der Aktion D) und setzt das Prädikat für den Übergang zwischen beiden Stellen fest (hier exemplarisch als *pf* bezeichnet). Die Definition der Prädikatfunktion (*pf*) erhält den Wert *true*, sofern der Fluss nicht weiter spezifiziert wurde. Jedoch ist es oft der Fall, dass Flüsse zur essentiellen Stütze der Logik im Modell werden, indem sie mit Bedingungen (*UML::Guard*s) und Zusicherungen (*UML::Constraint*s) in Form von regulären Ausdrücken – den sogenannten *UML::OpaqueExpression*s, die auf OCL (*Object Constraint Language*, [124], vgl. auch Abschnitt 7.3) basieren, versehen werden. Ein typisches Beispiel dafür sind OCL-Ausdrücke, die Zeichenketten wie „==", „!=", „>", „>=", „<", „<=" und ähnliche beinhalten. Trägt ein Fluss eine Übergangsbedingung, wird diese in die Prädikatfunktion übernommen. Die im UML-Modell spezifizierten Zusicherungen veranlassen im GN hingegen verschiedene Operationen über die globalen Parameter für den Kontext oder andere lokalen Variablen im Modell, die in den Markencharakteristiken gespeichert sind. Typisch sind mathematische Operationen wie Addition („+"), Subtraktion („-"), etc. sowie die Zuweisung von Werten zu Variablen („:="). Die in Klammern angegebenen Zeichenketten sind diejenigen, die sich im OCL-Ausdruck der Zusicherung befinden, um die entsprechende Operation zu initiieren. Würde beispielsweise einem der Flüsse im Bild 13.15 die Zusicherung „c:=c+1" angehängt, würde dieser Ausdruck bei seiner Transformation in die GN-Domäne einen Eintrag in die charakteristischen Funktion der Stelle D veranlassen, der zur Simulationszeit den Wert der Variable c aus den Charakteristiken der Parametermarke ausliest und ihr dann einen um Eins erhöhten Wert zuweist.

Unabdingbare Voraussetzung für die valide Bildung des GN-Modells ist die ordnungsgemäße Interpretation von solchen Ausdrücken. Dies ist wiederum nur dann möglich, wenn der Modellierer sich dabei an gewissen Regeln hält, beispielsweise indem er immer die gleiche Schreibweise (unter Beachtung der Groß-/Kleinschreibung) für die gleichen Variablen, Parameter und sonstige Terme verwendet sowie die gewünschten Ausdrücke durch eine Reihe von Termen definiert, die sich allein durch die unterstützten Operatoren verbinden lassen (s. dazu Anhang C). So selbstverständlich diese Voraussetzung auch klingt, stellt die eindeutige, sinngemäße Interpretation von angehängten Ausdrücken immer wieder eine große Herausforderung dar. Auf die Thematik zur Interpretation von Bedingungen und Zusicherungen wird im Kapitel 16 erneut eingegangen.

Eine andere Herausforderung im gleichen Kontext stellt die Tatsache dar, dass UML in Guards und Zusicherungen beinahe beliebige, auch unvollständige sowie inkonsistente Angaben zulässt, sodass in UML-Modellen oft Variablen genutzt werden, denen nirgendwo ein konkreter Wert zugewiesen wird. Somit ist das Prädikat, das bei der Transformation daraus resultiert (und diese unbekannten Variablen als Terme beinhaltet) zur Simulationszeit nicht ohne zusätzliche Information auswertbar. Um dieses Manko auszugleichen, wurde in den Generalisierten Netzen ein Mechanismus vorgesehen, der immer, wenn ein Prädikat nicht ausgewertet werden kann, eine Interaktion mit dem Benutzer initiiert, um den aktuellen

Wert des Prädikats bzw. des unbekannten Terms zu erfragen. Die Benutzerangabe soll selbstverständlich plausible Werte für den konkreten Parameter enthalten. In der Praxis kommt es doch öfter zu Abweichungen von dieser Voraussetzung für ein valides Modell. Insbesondere kann dieser Effekt dann auftreten, wenn es sich beim Modellierer des UML-Diagramms und dem Leistungsanalytiker, der die Simulation mit dem GN durchführt, um unterschiedliche Personen handelt. Hier kommt ausdrücklich die fehlende Formalität (der natürlichen Sprache) zum Tragen, indem die verschiedenen Personen demselben Begriff eine unterschiedliche Bedeutung zuordnen bzw. ein unterschiedliches Gültigkeitsintervall zuweisen. Das Führen von eindeutigen Parameterspezifikationen könnte das Problem beheben, dennoch ist in punkto interaktive Benutzerangaben (sofern für das konkrete Modell relevant) immer erhöhte Aufmerksamkeit geboten, da es sich hier um eine bekannte Fehlerquelle handelt.

Sowohl Kontroll- als auch Objektflüsse werden normalerweise nicht mit MARTE-Stereotypen versehen, denn der Fokus einer Aktivität fällt in der Regel auf die Ausführung und sie ist in den Aktionen gekapselt. Dennoch kann es in manchen Modellen sinnvoll sein, zusätzliche Kommunikationsmetriken in Betracht zu ziehen, wofür sich dann die Stereotypisierung der Flüsse mit *GaCommStep* bzw. *PaCommStep* anbieten würde. So annotierte Flüsse werden bei der Generierung des GN-Modells nach den Transformationsregeln aus den Abschnitten 12.4.6 und 12.4.7 verarbeitet.

Objekte und Parameterpins eines Objektflusses können als Markencharakteristiken übernommen werden, sofern das aus Sicht der späteren Analyse von Interesse ist. Die Zuweisung der neuen Markencharakteristiken übernimmt die charakteristische Funktion des Empfängerplatzes, im betrachteten Beispiel aus Bild 13.15 die Funktion der Stelle *D*.

Objekte und Pins bleiben in aller Regel nicht annotiert.

13.4.7 Transformationsalgorithmus für Verbindungskonstellationen

Bisher wurde jedes Element aus dem Definitionsbereich der UML-Aktivitäten, unabhängig von anderen Inhalten, in einem separaten Abschnitt behandelt. Die valide Transformation eines Aktivitätsdiagramms hängt jedoch massiv von den Verbindungskonstellationen zwischen den modellierten Elementen ab. Insbesondere die Verwendung von verbindenden Knoten kann einen immensen Einfluss auf die richtige Bildung und Funktionsweise des bei der Transformation generierten Generalisierten Netzes haben. Während eine direkte Verbindung zwischen zwei Aktionen bei der Transformation in ein relativ einfaches Konstrukt überführt wird (vgl. dazu Abschnitt 13.4.6), könnte die Anwesenheit von verbindenden Kontrollknoten im Quellmodell einen Komplex aus zusammenhängenden Operationen hervorrufen, insbesondere dann, wenn die ihnen folgenden Zweige von unterschiedlichen Ressourcen, also GN-Transitionen verarbeitet bzw. gesteuert werden müssen. Ein Teil dieser Operationen nimmt Einfluss auf die *Struktur* des Netzes, indem die Teilung von GN-Stellen veranlasst wird; ein anderer Teil verändert die *Logik* im GN, indem er die entsprechenden Prädikate und/oder Übergangsinvariablen an die veränderten Verbindungen im Modell anpasst. Ein dritter Teil beeinflusst durch die Steuerung der Markenteilung die *Dynamik* im Netz. Daher befasst sich dieser Abschnitt mit der richtigen Verarbeitung von Verbindungen und Elementzugehörigkeiten in einer Aktivität, wozu ein Algorithmus erarbeitet wird. Einige Beispiele am Ende des Abschnitts zeigen die praktische Anwendung des Algorithmus', indem sie die GN-Äquivalente von einigen verschiedenen Verbindungskonstellationen vorstellen. Die Beispiele fokussieren auf die Struktur des Netzes und sind demnach in zwei Gruppen unterteilt: die erste Gruppe verbildlicht Verbindungsvarianten ohne die Notwendigkeit der Stellenteilung, während die zweite Gruppe strukturelle Merkmale einer Aktivität erfasst, die eine solche Stellenteilung erzwingen. Die Teilung der Stellen ist notwendig, um dem strukturellen Aufbau eines Generalisierten Netzes als Synchronisationsgraph gerecht werden zu können.

VERBINDUNGSORIENTIERTER TRANSFORMATIONSALGORITHMUS FÜR AKTIVITÄTEN

Der erarbeitete verbindungsorientierte Algorithmus definiert die Methodik für die Überführung einer Aktion *X* (sowie der mit ihr zusammenhängenden Elemente innerhalb eines Aktivitätsdiagramms) in Elemente eines validen GN. Die Aktion *X* stellt dabei ein variables Element dar, was am Beginn der Bearbeitung gleich den Startknoten der Aktivität gesetzt und danach schrittweise durch seine Nachfolgeaktionen bis zum Endknoten bzw. Ablaufende des Diagramms ersetzt wird. Der hier vorgestellte Algorithmus konnte bei allen in dieser Arbeit untersuchten Modellen erfolgreich angewendet werden. Ob aus der Transformation einer Aktion eine oder mehrere GN-Stellen entstehen, hängt davon ab, ob ihre Nachfolgeaktionen einer oder mehrerer unterschiedlicher Partitionen zugeordnet wurden.

Der verbindungsorientierte Algorithmus besteht aus den folgenden Schritten:

1) Finde alle Nachfolgeaktionen der Aktion *X*. Eine Nachfolgeaktion ist das erst getroffene Element in der Aktivität vom Typ Aktion, terminierender Kontrollknoten oder Signal, das über die aus der Aktion *X* ausgehenden Flüsse erreicht wird. Möglich sind in einem UML-Modell Konstellationen, bei denen mehrere Kontrollknoten aufeinander folgen, deshalb kann der Pfad bis zu den Nachfolgeaktionen mehrere verbindende Kontrollknoten durchlaufen. Immer wenn bei der Suche ein Kontrollknoten erreicht wird, wird über <u>alle</u> seine ausgehenden Flüsse weiter geparst, bis sie alle in einem Knoten der obigen Typen münden.

Seien die so ermittelten Nachfolgeaktionen mit $Y_1..Y_m$ $(m \in \mathbb{N})$ bezeichnet. Sei die Menge der Flüsse, die durchlaufen wird, um von der Aktion X nach Aktion Y_j $(1 \leq j \leq m)$ zu gelangen, als Z_j $(1 \leq j \leq m)$ benannt.

2) Befindet sich die Aktion X in der Partition P und gehören alle ihre Nachfolgeaktionen $Y_1..Y_m$ einer einzigen Partition Q (in welcher Partition sich die evtl. durchlaufenen Kontrollknoten befinden, ist unbedeutend) oder existieren im Modell keine Partitionen, dann:

   a. Generiere bei der Transformation jeweils eine mit den Partitionen korrespondierende Transition P und Q, soweit sie im GN-Modell noch nicht vorhanden ist. Übernehme dabei den Namen der Ausgangspartition. Sind keine Partitionen im UML-Modell vorhanden, ist die Partition P dieselbe wie Q.

   b. Generiere im Generalisierten Netz eine mit der Aktion X korrespondierende Stelle X.

   c. Erkläre X zur Ausgangsstelle der Transition P.

   d. Erkläre X zur Eingangsstelle der Transition Q.

   e. Generiere für alle Aktionen Y_l $(0 \leq l \leq m)$, deren Nachfolgeaktionen im Punkt 1) definierten Sinne einer einzigen Partition gehören oder keine Nachfolgeaktionen besitzen, jeweils eine äquivalente GN-Stelle Y_l $(0 \leq l \leq m)$.

   f. Generiere für jede Aktion Y_k $(0 \leq k \leq m)$, deren Nachfolgeaktionen mehreren Partitionen Q_j $(0 \leq j \leq m)$ gehören, jeweils so viele äquivalente GN-Stellen wie die Anzahl der die Nachfolgeaktionen umschließenden disjunkten Partitionen. Jedes Stellenderivat erhält als Namen neben dem Namen der transformierten Aktion auch den Namen der folgenden Partition, getrennt durch einen Unterstrich „_".

   g. Erkläre jede in den Unterpunkten e. und f. dieses Schrittes 2) generierte Stelle zur Ausgangsstelle der Transition Q.

   h. Wurden die Elemente aus Z_j $(1 \leq j \leq m)$ mit Bedingungen versehen, übernehme alle diese UND-verknüpft in das Prädikat (vorerst alle *false*) für die Markenbewegungen zwischen den Stellen X und dem jeweiligen in e. bzw. f. dieses Schrittes generierten Stellen-Äquivalent der Aktionen Y_j $(1 \leq j \leq m)$ oder – wenn kein Fluss aus Z eine Bedingung aufweist – setze dieses Prädikat auf *true*.

   i. Übernehme die Zusicherungen wie Anweisungen oder Parameterwertänderungen derselben Übergänge wie in Punkt 2h. in die charakteristische Funktion der Stelle Y_j $(1 \leq j \leq m)$.

   j. Passe bei Bedarf (d.h. wenn der Pfad über Synchronisationen durchläuft) die Übergangsinvarianten der betroffenen Transitionen an.

    k. Siehe bei Bedarf (z.B. bei der Anwendung von Synchronisationen) Funktionen für die notwendigen Markenteilungen und Markenzusammenführungen vor.

    l. Gehe zu 4)

3) Befindet sich die Aktion X in der Partition P und gehören ihre Nachfolgeaktionen $Y_1..Y_m$ mindestens zwei unterschiedlichen Partitionen $Q_1..Q_n$ ($n \in \mathbb{N}$), dann:

    a. Generiere bei der Transformation für jede dieser Partitionen jeweils eine korrespondierende Transition P bzw. Q_i ($1 \leq i \leq n$), soweit sie im GN-Modell noch nicht vorhanden ist, und übernehme ihren Namen.

    b. Erzeuge bei der Transformation der Aktion X so viele korrespondierende GN-Stellen $X_1..X_n$ wie die Anzahl der disjunkten Partitionen $Q_1..Q_n$, die die obigen Nachfolgeknoten der Aktion X umschließen. Übernehme bei jeder so generierten Stelle den Namen der Aktion X als Stellennamen und füge nach einem Unterstrich den Namen jeder einzelnen disjunkten Partitionen Q_i ($1 \leq i \leq n$) genau einer Stelle X_i ($1 \leq i \leq n$) hinzu.

    c. Erkläre die im vorigen Unterpunkt erzeugten Stellen zu Ausgangsstellen der Transition P.

    d. Erkläre X_i ($1 \leq i \leq n$) zur Eingangsstelle der Transition Q_i ($1 \leq i \leq n$).

    e. Generiere für alle Aktionen Y_l ($0 \leq l \leq m$), deren Nachfolgeaktionen einer einzigen Partition gehören oder keine Nachfolgeaktionen besitzen, jeweils eine äquivalente GN-Stelle Y_l.

    f. Generiere für jede Aktion Y_k ($0 \leq k \leq m$), deren Nachfolgeaktionen mehreren Partitionen Q_j ($0 \leq j \leq r$) gehören, jeweils so viele äquivalente GN-Stellen wie die Anzahl der die Nachfolgeaktionen umschließenden disjunkten Partitionen. Jedes Stellenderivat erhält als Namen den Namen der Ausgangsaktion sowie den Namen der folgenden Partition, getrennt durch einen Unterstrich.

    g. Erkläre jede in den Unterpunkten e. und f. dieses Schrittes 3) generierte Stelle zur Ausgangsstelle derjenigen Transition Q_i ($1 \leq i \leq n$), die der Partition entspricht, in der sich die jeweilige Ursprungsaktion befindet.

    h. Übernehme die den Elementen aus Z_j ($1 \leq j \leq m$) angehängten Bedingungen UND-verknüpft in die entsprechenden Prädikate der äquivalenten Stellenpaare, d.h. in die Prädikate, die den Markenfluss zwischen den Stellen aus b. und e. bzw. aus b. und f. steuern. Sofern für ein Paar keine Bedingungen definiert wurden, setze das entsprechende Prädikat auf *true*.

    i. Übernehme evtl. vorhandene Zusicherungen für die Übergänge aus Punkt 3h. in die charakteristische Funktion der Stelle Y_j ($1 \leq j \leq m$).

    j. Passe bei Bedarf die Übergangsinvarianten der betroffenen Transitionen an.

   k. Siehe bei Bedarf Funktionen für die notwendigen Markenteilungen und Markenzusammenführungen vor.

4) Wiederhole die vorigen Schritte für alle Nachfolgeaktionen der Aktion *X*.

5) Wiederhole diese Schritte anschließend für alle Nachfolgeaktionen deren Nachfolgeaktionen etc. solange, bis keine Nachfolgeaktionen mehr erreicht werden können (alle Flüsse enden in terminierenden Kontrollknoten oder es gehen keine Flüsse mehr aus).

6) Ende des Algorithmus'.

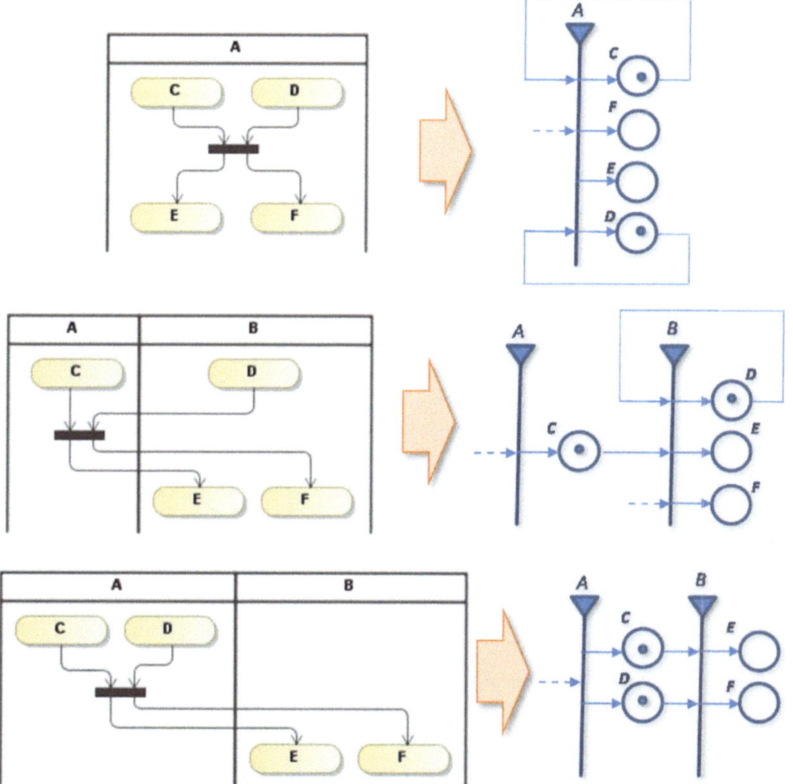

BILD 13.16 KNOTENKONSTELLATIONEN OHNE STELLENTEILUNG IM GN

Es existieren prinzipiell zwei Hauptgruppen von Verbindungskonstellationen für ein Aktivitätsdiagramm, die in den folgenden Bildern und Absätzen exemplarisch erläutert und anhand des Algorithmus' transformiert werden. Die erste Gruppe umfasst Elemente, deren Verbindungen untereinander die einleitenden Bedingung vom Schritt 2) des Algorithmus' erfüllen, die andere Gruppe von Konstellationen erfüllt hingegen die übergeordnete Bedingung vom Schritt 3). Im Ergebnis der Transformation nach Schritt 2) entspricht der Aktion *X* genau eine korrespondierende Stelle X, während bei Schritt 3) für sie mehrere entsprechende Derivate erzeugt werden. Bei den Beispielen handelt es sich um Teilabschnitte von Aktivitäten, die bewusst schlicht gehalten werden und sich lediglich über eine Stufe Nachfolgeaktionen erstrecken, um die essentiellen Unterschiede zwischen beiden Gruppen zu betonen. Dafür wird für alle folgenden Beispiele die vereinfachende Annahme getroffen, dass die abgebildeten Nachfolgeaktionen entweder nicht existieren oder aber einer einzigen Partition angehören (Wegfall der Prüfung in den Unterschritten 2f. und 3f.). Analog wird in den Beispielen aus Vereinfachungsgründen von der Angabe von Bedingungen und Zusicherungen abgesehen (Wegfall der Handlungen aus Buchstaben h. und i. im Algorithmus). In den Beispielen wurde zwischen den Aktionen immer ein einziger Synchronisationsknoten platziert, die Überlegungen gelten jedoch gleichermaßen bei der Anwendung von mehreren und/oder anderen verbindenden Kontrollknoten (unter Berücksichtigung der im Abschnitt 13.4.4 festgelegten Regeln). Wieder aus Vereinfachungsgründen werden alle UML-Elemente ohne zusätzliche MARTE-Annotierung modelliert, jedoch gälten alle in dieser Hinsicht spezifizierten Regeln auch bei einer Annotierung weiterhin ohne Einschränkung. Als letztes in diesem Bezug soll erwähnt werden, dass alle folgenden Betrachtungen auch bei den anderen UML-Elementen, die in GN-Stellen überführt werden, d.h. Signalen und terminierenden Kontrollknoten, analog anwendbar sind.

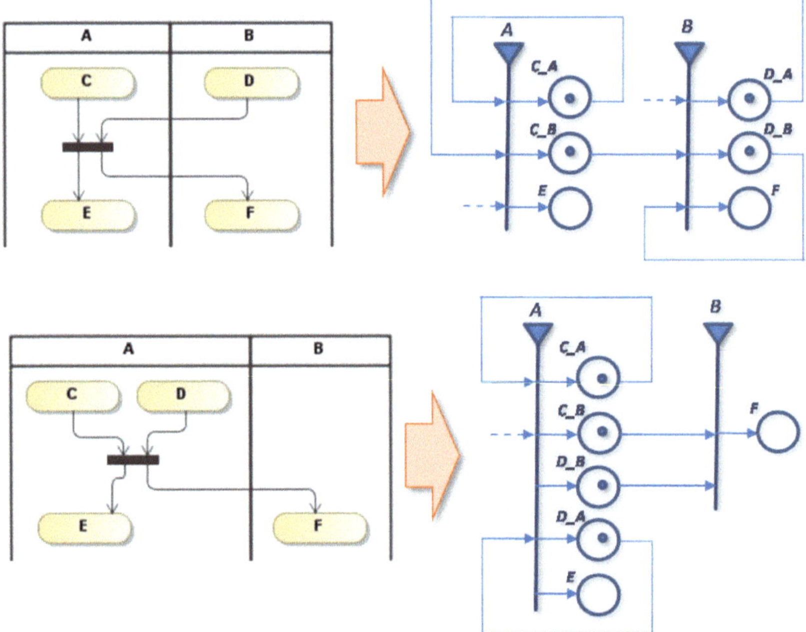

Zunächst sei die Aufmerksamkeit auf die Fälle ohne Stellenteilung gelenkt. Dazu sind im Bild 13.16 drei Beispielkonstellationen aufgezeigt, die im Algorithmus nach Schritt 2) zu

transformieren sind und damit jeder Aktion im UML-Diagramm genau eine GN-Stelle gleichen Namens gegenübergestellt wird. Die Verbindungen zwischen den generierten Stellen
und den Transitionssymbolen in den GN orientieren sich nach der Platzierung der Aktionen
in den Partitionen in der Aktivität. Im Beispiel im Bild 13.16 oben gehören alle Aktionen C bis
F einer Partition A. Für sie wird zunächst eine Transition A erzeugt (s. Unterschritt 2a. im Algorithmus). Dann werden die den Aktionen äquivalenten Stellen gleicher Bezeichnung (2b.
und 2e.) mit ihrem Transitionssymbol verbunden: alle vier als ihre Ausgangsstellen (konform
zu den Unterschritten 2c. und 2g. im Algorithmus). Die Stellen C und D werden zusätzlich
Eingangsstellen durch die Verbindung über Schleifen (2d.). Eine notwendige Bedingung für
eine intakte Funktionsweise bei dieser Konstellation ist die korrekte anfängliche (oder zumindest gleichzeitige) Markierung der Stellen C und D, da die Übergangsinvariante der Transition A durch ihre Belegung mit dem Ausdruck $\square_A = \wedge(v(C), v(D))$ diese fordern wird (2j).

Das in der Mitte platzierte Beispiel im Bild 13.16 zeigt eine weitere Verbindungsvariante, bei
der die 1:1 Abbildung zwischen Aktion und GN-Stelle funktioniert: für die vier Aktionen C bis
F werden im GN-Modell vier gleichnamige Stellen generiert, nur ihre Verbindung mit den
Transitionssymbolen A und B ist aufgrund der Zugehörigkeit der Aktionen zu zwei verschiedenen Partitionen im UML-Modell anders als im ersten Beispiel, jedoch nach denselben Prinzipien organisiert. Die Übergangsinvariante der Transition B sorgt dafür, dass ein Markenübergang in die Stellen E und F nur dann möglich ist, wenn beide Stellen C und D gleichzeitig
markiert sind (da im UML-Diagramm durch einen Kontrollknoten von Typ Synchronisation
verbunden).

Ein für diese Gruppe letztes, im Bild 13.16 unten aufgeführtes Beispiel zeigt eine Verbin-
dungskonstellation, in der die beiden Ausgangsaktionen einer Partition A und ihre beiden
Nachfolgeaktionen einer anderen Partition B angehören. Das daraus resultierende Teil des
GN-Modells ist rechts davon dargestellt und wird nach dem gleichen Vorgehen ermittelt, wie
vom Algorithmus vorgeschrieben und in den oben behandelten Beispielen angewandt.

Ein etwas anspruchsvolleres Vorgehen, was nach den Festlegungen im Schritt 3) des Algorithmus' abläuft, wird bei der zweiten Gruppe Beispiele angewandt, für die zur Wahrung der
Struktur eines Synchronisationsgraphen im GN-Modell die Teilung einiger Aktionen in mehrere GN-Stellen notwendig ist. Bild 13.17 bildet zwei Teilaktivitäten ab, bei denen diese Notwendigkeit der Teilung besteht. Die Maßnahme ist dadurch bedingt, dass die Nachfolgeaktionen E und F der zu überführenden Aktionen C und D in unterschiedlichen Partitionen platziert sind. Der Unterschied zur ersten Gruppe besteht nun darin, dass hier für die betrachteten Aktionen C und D jeweils zwei äquivalente GN-Stellen C_A und C_B bzw. D_A und D_B
erzeugt werden. Die Namen dieser vier Stellen werden aus dem Namen ihres Ursprungs,
einem Unterstrich und dem Namen der Transition, mit dem sie dann als Eingangsstelle zu

verbinden sind, gebildet. Als weitere Besonderheit soll hier neben der Betrachtung der Übergangsinvarianten $\square_A=\wedge(v(C\_A), v(D\_A))$ für die Transition A und $\square_B=\wedge(v(C\_B), v(D\_B))$ für die Transition B entsprechend auch die zusätzliche Notwendigkeit der Markenteilung und Markenzusammenführung erwähnt werden. Eine Markenteilung im GN-Modell ist immer dann vorzunehmen, wenn eine Marke von einer Vorgängerstelle (im Bild durch gepunktete Linie angedeutet) in die Stelle C bzw. D übergeht oder dort generiert wird; eine entsprechende Markenzusammenführung soll hingegen bei jedem Markenübergang von den Stellen C_A und D_A in die Stelle E bzw. Stellen C_B und D_B in die Stelle F stattfinden.

13.4.8 EIN BEISPIEL DER TRANSFORMATION VON AKTIVITÄTSDIAGRAMMEN

Nachdem in den letzten Abschnitten alle Elemente eines Aktivitätsdiagramms bis zum *Compliance Level L2*, deren MARTE-Annotierung, deren Verbindungsmöglichkeiten sowie deren prinzipielle Transformation in die GN-Domäne behandelt wurde, besteht das Ziel dieses Abschnitts darin, die Anwendung des Spezifizierten an einem zusammenhängenden Aktivitätsdiagramm zu veranschaulichen. Dazu wird die Überführung der im Bild 13.18 modellierten Beispielaktivität in ein äquivalentes Generalisiertes Netz (Bild 13.19) erläutert. Gleichzeitig wird auf einige Problemstellen bei der Modellierung bzw. Transformation eingegangen, die erst durch formalisierende Ergänzungen im GN-Modell behebbar sind.

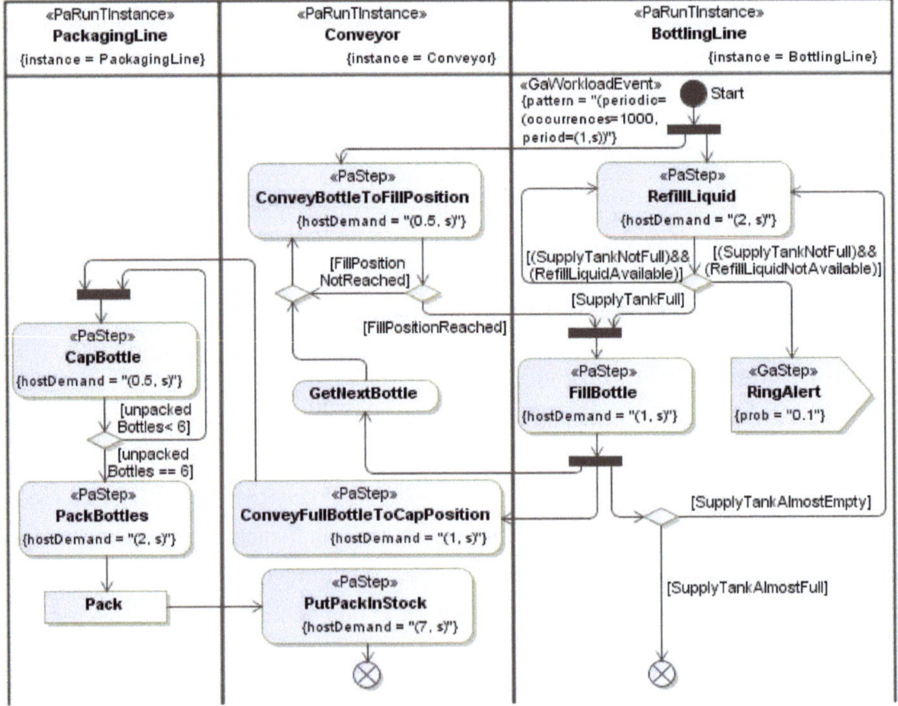

BILD 13.18 BEISPIEL FÜR EIN ANNOTIERTES AKTIVITÄTSDIAGRAMM

Das Beispieldiagramm im Bild 13.18 zeigt die Funktionalität der im Abschnitt 13.1.5 eingeführten Flaschenabfüllanlage. Der modellierte Ablauf wird von drei Laufzeitinstanzen ausgeführt, die im Verteilungsdiagramm im Bild 13.4 definierte Ressourcen repräsentieren. Der Verantwortlichkeitsbereich jeder Laufzeitinstanz wird von einer Partition bestimmt. Welche Ressource sie instanziiert, konkretisiert die Eigenschaft *instance* des Stereotyps *PaRunTInstance* durch die Referenz auf die entsprechende *SchedulableResource*. Das Szenario beginnt mit dem terminierenden Kontrollknoten *Start* und wird von dort aus in zwei parallele Zweige geteilt. Dabei geht ein Kontrollfluss an das (mit Greifern ausgestattete) Förderband (*Conveyor*) und aktiviert seine erste Aktion *ConveyBottleToFillPosition*. Ein zweiter Kontrollfluss steuert die Ausführung der Aktion *RefillLiquid* auf der Abfüllstraße (*BottlingLine*) an. Für beide Aktionen wird in regelmäßigen Zeitabständen geprüft, ob das aus der Aktion erwartete Ergebnis bereits erreicht wurde. Beim Förderband passiert dies nach 0.5 s, bei der Abfüllstraße alle 2 s, wobei diese Perioden durch die atomare Ausführungszeit (*hostDemand*) der jeweiligen Aktionen bestimmt werden. Alle Ausführungszeiten sind innerhalb des Stereotyps *PaStep* angegeben, mit dem die Aktionen (bis auf *GetNextBottle*) im betrachteten Szenario annotiert sind. Der beschriebene Teilablauf wird solange ausgeführt, bis beide Bedingungen *FillPositionReached* und *SupplyTankFull* erfüllt werden. Dann geht der Kontrollfluss über eine Synchronisation mit dem Ablauf auf dem Förderband an die Aktion *FillBottle* über. Ist hingegen der Vorratsbehälter nicht voll (*SupplyTankNotFull*) und keine Nachfüllflüssigkeit mehr vorhanden (*RefillLiquidNotAvailable*), wird ein Alarmsignal (*RingAlert*) ausgelöst. Letzteres tritt in 10% der Fälle auf (*prob=0.1*). Beim Versuch, den Steuerfluss konform zu den Wahrheitswerten der Bedingungen an nur einen der Zweige der Entscheidung weiterzuleiten (wie es zur Laufzeit passiert oder in einer Simulation auf Basis dieses Modells der Fall ist), wird jedoch folgendes bereits adressierte Problem ersichtlich: das UML-Modell beinhaltet keine Information über die tatsächlichen momentanen Werte der Bedingungsterme. Demzufolge ist keine Wahl einer der Optionen (in der späteren Simulation) möglich. Ein weiteres, auf die Bedingungen im Modell bezogenes Problem ist, dass die oft in dieser Form modellierten und vom Menschen als deterministisch empfundenen Terme *FillingTankFull* und *FillingTankNotFull* bzw. *RefillLiquidAvailable* und *RefillLiquidNotAvailable*, vermeintlich spezifiziert, um auszudrücken, dass zu einem bestimmten Zeitpunkt nur ein einziger Guard als wahr ausgewertet werden kann (vgl. Empfehlung zur Vermeidung von Konflikten aus Abschnitt 13.4.4), aus Sicht eines Rechners bzw. einer computergestützten Transformation oder Simulation lediglich die Definition von vier verschiedenen, voneinander unabhängigen Variablen, ohne ihnen zugewiesene Werte darstellen. Ähnliches gilt für die weiter im Modell vorhandenen Bedingungen *unpackedBottles<6* bzw. *unpackedBottles==6*, die dadurch, dass die Flaschenanzahl durch das Modell nicht ermittelt und gespeichert wird, ohne zusätzliche Information nicht auswertbar sind. Selbiges betrifft auch dementsprechend die Bedingungen *SupplyTankAlmostFull* und *SupplyTankAlmostEmpty*.

Um die Möglichkeit zu erlangen, solche informale Bedingungen auszuwerten, werden während der Simulation des daraus generierten GN-Modells nicht auswertbare Terme durch den Simulator für Generalisierte Netze vom Benutzer erfragt (für weitere Details siehe Abschnitt 17.8). Es ist Aufgabe des Analytikers, durch die Plausibilität seiner Angaben, die erwartete Funktionalität zu sichern. Eine alternative Lösung wäre die Definition von zusätzlichen Zustandsvariablen oder Zustandsmaschinen, die die Variablenwerte vorgeben und zugleich eine inkonsistente Belegung der Guards ausschließen.

Im weiteren Verlauf des Szenarios werden die gefüllten Flaschen zur Paketierstraße (*PackagingLine*) abtransportiert (*ConveyFullBottleToCapPosition*), wo sie verschlossen (*CapBottle*) und in 6er-Pack paketiert werden (*PackBottles*). Das fertige Paket wird als Objekt (*Pack*) an das Transportband übergeben, um es abzulagern (*PutPackInStock*; das Lager ist aus Vereinfachungsgründen im Modell nicht dargestellt). Nach der Ablagerung bzw. wenn noch Nachfüllflüssigkeit vorrätig ist, sind keine weiteren Handlungen auf diesen Zweigen notwendig und die Flüsse enden in einem jeweils eigenen, nicht benannten Ablaufende. Parallel zum Abtransport der vollen Flaschen in Richtung Paketierstraße wird am Transportband die nächste Flasche geholt (*GetNextBottle*) und anschließend über die anfangs erwähnten Aktion *ConveyBottleToFillPosition* in die Abfüllposition gebracht.

Die beschreibenden Bezeichnungen von der Art „...*NextBottle*...“ bzw. „...*FullBottle*...“ veranlassen, auf eine andere Einschränkung bei der UML-Modellierung zurückzukommen, nämlich, dass dort die Möglichkeit fehlt, die Objekte der Systemlast, die das Szenario durchlaufen, voneinander zu unterscheiden und in Abhängigkeit davon anders zu steuern (vgl. Kapitel 9). Die obigen Bezeichnungen implizieren, dass es bekannt ist, welche Flasche die nächste bzw. voll ist. Das sind jedoch Eigenschaften der Flaschen, die im UML-Modell nicht beschrieben werden. Über die Modellierung einer Systemlast mit MARTE (Stereotyp *GaWorkloadEvent*) gelingt es, die Flaschen in das Modell einzuführen, sie bleiben jedoch alle identische Instanzen ohne weitere Spezifika (laufende Nummer, Füllstand, etc.). Diese Problematik wird nochmals in der Fallstudie im Kapitel 20 aufgegriffen.

Es existieren zwei Varianten, dieses Problem zu umgehen. Bei der ersten soll für jedes Objekt ein separates Diagramm mit den gewünschten Besonderheiten modelliert werden. Es sind zusätzliche Mittel für das Zusammenführen der Informationen aus den verschiedenen Diagrammen vorzusehen. Diese Möglichkeit ist allein wegen des erheblichen Modellierungsaufwandes nicht vertretbar. Die zweite Option ist das UML-Modell wie gewohnt zu erzeugen, es in die GN-Domäne überführen zu lassen und erst danach die notwendige Information

durch die Modifikation bzw. Ergänzung des GN-Modells (alle Elemente sind dort unterscheidbar) einzupflegen. Nachteilig ist bei diesem Vorgehen, dass die Änderungen manuell
vorgenommen werden müssen. Dies ist zeitaufwendig, mehr oder weniger fehleranfällig und
erfordert Kenntnisse über die Generalisierten Netze. In Abschnitt 4.2 wurde festgehalten,
dass eine Leistungsanalysetechnik umso geeigneter ist, je mehr Kenntnisse über sie bereits
vorhanden sind. Petri-Netz-Ansätze erfreuen sich grundsätzlich großer Anwendung im Bereich der Automatisierungstechnik, sodass bei der Analyse von Systemen, bei denen diese
Möglichkeit der Unterscheidung essentiell ist, die zweite Variante sicherlich eine akzeptable
Lösung darstellt.

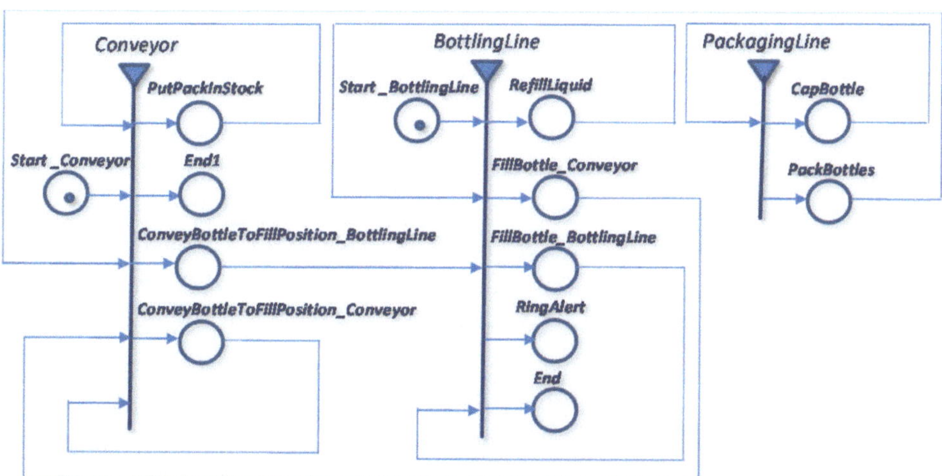

BILD 13.19 AUS DEM BEISPIELAKTIVITÄTSDIAGRAMM RESULTIERENDES GENERALISIERTES NETZ

Nachdem einige Besonderheiten der UML-Modellierung aufgeführt wurden, sollen nun die
nächsten Absätze und Bilder zeigen, wie das Ergebnis der automatisierten Transformation
des eben beschriebenen Diagramms unter Verwendung der spezifizierten Regeln aussehen
würde. Im äquivalenten Generalisierten Netz (Bild 13.19) entstehen durch die Partitionen die
drei Transitionen *Conveyor*, *BottlingLine* und *PackagingLine*. Die Referenz auf das Verteilungsdiagramm wird genutzt, um die ressourcenbezogene Information darin zu lokalisieren,
zuzuordnen und zur Berechnung der Markencharakteristiken in die charakteristischen Funktionen der zuständigen Plätze zu übernehmen.

Für den Startknoten im UML-Modell ist die Erzeugung zweier GN-Stellen erforderlich –
Start_Conveyor und *Start_BottlingLine*, denn seine Nachfolgeaktionen sind in verschiedenen
Partitionen positioniert. Diese Stellen, die als Netzeingänge mit den Transitionen *Conveyor*
bzw. *BottlingLine* verbunden werden, müssen zu Beginn jedes neuen Simulationsganges
gleichzeitig mit Marken versorgt werden, um die Abläufe auf beiden Ressourcen synchron

anzutriggern und damit die im UML-Modell abgebildete Funktionalität realisieren zu können. Um das zu erreichen, wird die im Eigenschaftswert des Stereotyps *GaWorkloadEvent* (Bild 13.18) modellierte Systemlast dupliziert und die entsprechenden Marken werden in jedem der beiden Eingänge generiert.

Das in UML modellierte Signal *RingAlert* erfährt sein Äquivalent in der GN-Domäne durch eine Stelle identischen Namens, die dadurch, dass aus dem Signal keine Flüsse fortgesetzt werden, ebenso einen Netzausgang darstellt. Somit ist sie lediglich als Ausgangsstelle mit der Transition *BottlingLine* verbunden. Aus den beiden namenlosen Ablaufenden in der Aktivität entstehen zwei Netzausgänge, die die Servicenamen *End* und *End1* zugeordnet bekommen. Aufgrund ihrer Platzierung innerhalb der Partitionen *Conveyor* bzw. *BottlingLine* sind sie als Ausgangsstellen der gleichnamigen Transitionen zu deklarieren.

Im Übrigen werden alle Aktionen konform zu den spezifizierten Transformationsregeln ebenfalls in GN-Stellen überführt. Bei einigen Stellen ist eine Teilung notwendig, denn einige der Nachfolgeaktionen ihrer Ursprungsaktionen sind in unterschiedlichen Partitionen platziert. Dies betrifft neben dem schon angesprochenen Startknoten die Aktionen *FillBottle* und *ConveyBottleToFillPosition*, aus denen die Stellen *FillBottle_Conveyor* und *FillBottle_BottlingLine* bzw. *ConveyBottleToFillPosition_Conveyor* und *ConveyBottleToFillPosition_BottlingLine* entstehen. Die Verbindungen zwischen den entstandenen Stellen und den Transitionen im Netz können dem Bild 13.19 entnommen werden. Alle durch MARTE-Eigenschaftswerte spezifizierten Zeiten werden in die charakteristischen Funktionen der entsprechenden Stellen übernommen. Beispielsweise erhöht die charakteristische Funktion der Stelle *CapBottle* die Verweilzeit jeder Marke, die in sie übergeht, um eine halbe Sekunde. Für diese Zeit bleibt die Marke sozusagen gesperrt und darf nicht weiter wandern. Erst bei der ersten Aktivierung der Transition *PackagingLine* nach dieser Sperrzeit darf sie wieder über die Rückführungskante in eine andere Ausgangsstelle derselben Transition übergehen. Die Wahrheitswerte der entsprechenden Prädikate entscheiden über den Weg der Marke. Die nicht annotierte Aktion *GetNextBottle* wird bei der Transformation als zeitlos betrachtet und ihre charakteristische Funktion würde der die Verweilzeit der Marken eine Null hinzuaddieren.

Ob die Sperrzeit einer Marke verstrichen ist, wird von den Prädikaten der Transitionen überprüft. Diese Terme wurden jedoch in den Indexmatrizen im Bild 13.20 aus Vereinfachungsgründen nicht gezeigt. Die eingetragenen Prädikate spiegeln lediglich die Flüsse und die ihnen angehängten Bedingungen in der UML-Aktivität wider. Gibt es zwischen zwei Aktionen im UML-Modell keine Verbindung, dann lautet das Prädikat zwischen den mit ihnen korrespondierenden Stellen *false*. Existiert zwischen ihnen ein Pfad, wurde er jedoch mit keinen Bedingungen versehen, dann wird das entsprechende Prädikat *true* gesetzt. Wurden für diesen Weg eine oder mehrere Bedingungen spezifiziert, werden sie, ggf. UND-verknüpft, in das entsprechende Prädikat übernommen (vgl. Bild 13.20).

$r_{Conveyor}$	ConveyBottleTo FillPosition _BottlingLine	ConveyBottleTo FillPosition _Conveyor	GetNextBottle	ConveyFullBottleTo CapPosition	PutPackInStock	End1
Start_Conveyor	true	true	false	false	false	false
FillBottle_Conveyor	false	false	true	true	false	false
ConveyBottleToFill Position_Conveyor	W1	W1	false	false	false	false
GetNextBottle	true	true	false	false	false	false
PackBottles	false	false	false	false	true	false
PutPackInStock	false	false	false	false	false	true

$r_{BottlingLine}$	RefillLiquid	FillBottle _Conveyor	FillBottle _BottlingLine	RingAlert	End
Start_BottlingLine	true	false	false	false	false
RefillLiquid	W3 AND W4	W6	W6	W3 AND W5	false
FillBottle_BottlingLine	W8	false	false	true	W7
ConveyBottleToFillPosition _BottlingLine	false	W2	W2	false	false

$r_{PackagingLine}$	CapBottle	PackBottles
CapBottle	W9	W10
ConveyFullBottleTo CapPosition	true	false

Legende Prädikatterme:

W1 = „FillPositionNotReached"	W6 = „SupplyTankFull"
W2 = „FillPositionReached"	W7 = „SupplyTankAlmostFull"
W3 = „SupplyTankNotFull"	W8 = „SupplyTankAlmostEmpty"
W4 = „RefillLiquidAvailable"	W9 = „unpackedBottles < 6"
W5 = „RefillLiquidNotAvailable"	W10 = „unpackedBottles == 6"

BILD 13.20 INDEXMATRIZEN DES GENERALISIERTEN NETZES AUS DEM BILD 13.19

Bei den Prädikaten wird die Problematik mit der Erkennung der Terme als disjunkt sowie deren Belegung mit logischen Wahrheitswerten nochmals ersichtlich. So existiert beispielsweise kein logischer Zusammenhang zwischen den Prädikattermen *RefillLiquidAvailable* und *RefillLiquidNotAvailable*, obwohl sie sich auf denselben Sachverhalt beziehen. Nicht nur, dass sie zunächst auf Grund der fehlenden Information zu ihren momentanen Werten nicht ausgewertet werden können, es kann auch nicht (automatisch) ausgeschlossen werden, dass sie den gleichen Wert haben, obwohl dies aus Sicht des Prozesses eigentlich eine unmögliche Konstellation darstellt. Eine mögliche Lösung für das Problem wurde auf Seite 156 angesprochen.

Das Objekt *Pack* kann – sofern es aus statistischen Zwecken interessant ist – als Markencharakteristik gespeichert werden. Das Speichern übernimmt in diesem Fall die charakteristische Funktion der Stelle *PutPackInStock*.

Der Einsatz von verbindenden Kontrollknoten im UML-Modell erzwingt zur Sicherung der richtigen Funktionalität des erzeugten Netzes, neben der Erzeugung von mehreren Stellenderivaten für eine Aktion, drei weitere Maßnahmen. Diese beziehen sich auf die Anpassung der Übergangsinvarianten sowie die aktiv vorzunehmenden Markenteilung (bei Synchronisationen) und Markenzusammenführung (bei Zusammenführungen). Um ein Beispiel zu geben, fließt in die Übergangsinvariable der *BottlingLine* auf Grund der verwendeten Synchronisation vor der Aktion *FillBottle* der Term $\wedge$(v(*RefillLiquid*), v(*ConveyBottleToFillPostion_BottlingLine*)) ein. Es ist jedoch anzumerken, dass die Erfüllung der Invariante eine notwendige, aber keine hinreichende Bedingung für einen Markenübergang darstellt. Tatsächlich kann ein Übergang nur dann stattfinden, wenn alle Plätze wie erforderlich belegt sind <u>und</u> alle notwendigen Prädikate als wahr ausgewertet wurden. So soll im konkreten Fall ergänzend zum obigen Term der Übergangsinvariante auch geprüft werden, ob beide Terme *W2* und *W6* parallel dazu wahr sind. Erst wenn alle Prüfungen erfolgreich waren, kann die Marke übergehen.

Um das Thema Markenteilung zu vertiefen, sollen neben der erwähnten gleichzeitigen initialen Generierung von Marken in den Start-Stellen auch zwei andere Stellenpaare erwähnt werden, bei denen Marken gleichfalls zu teilen sind. Die erste Markenteilung ist erforderlich, um beide Stellenderivate *ConveyBottleToFillPosition_BottlingLine* und *ConveyBottleToFillPosition_Conveyor* versorgen und dadurch die parallele Verarbeitung an den verschiedenen Ressourcen sicherstellen zu können. Die andere Markenteilung ist bedingt durch die im UML-Modell vorhandene Teilung nach der Aktion *FillBottle*. Jede der folgenden Ressourcen (Transitionen) erhält über die Stellen *FillBottle_Conveyor* bzw. *FillBottle_BottlingLine* jeweils eine Marke, um den Ablauf in ihrem Verantwortungsbereich fortsetzen zu können. Dabei hat nach der Stelle *FillBottle_Conveyor* eine erneute Markenteilung zu erfolgen, um ihre beiden Nachfolgestellen *GetNextBottle* und *ConveyFullBottleToCapPosition* gleichzeitig belegen zu können. Bei der Stelle *FillBottle_BottlingLine* ist hingegen keine Teilung notwendig, denn der Entscheidungsknoten nach der Synchronisation bestimmt eindeutig (sich gegenseitig ausschließende Ausgangsbedingungen vorausgesetzt, also (($W7 = \neg W8$) AND ($\neg W7 = W8$)) ist wahr), in welche Ausgangsstelle der Transition *BottlingLine* die vorhandene Marke überzugehen hat.

Markenzusammenführungen sind auf der anderen Seite bei allen Synchronisationsknoten und bei den durch die Stellenteilung „doppelt bedienten" Stellen erforderlich. So ist aufgrund der Synchronisationen, die sich im UML-Diagramm nach den Aktionen *ConveyBottleToFillPosition* und *RefillLiquid* bzw. *ConveyFullBottleToCapPosition* und *CapBottle* befinden, eine Markenzusammenführung im GN-Modell zu unternehmen, die bei Eintritt der Marken in die Stellen *FillBottle_Conveyor*, *FillBottle_BottlingLine* und *CapBottle* vorzunehmen ist. Es ist auch erforderlich, die im Stellenderivat *ConveyBottleToFillPosition_BottlingLine* befindliche Marke mit dieser in der Stelle *ConveyBottleToFillPosition_Conveyor* zusammenzuführen, wenn die letzte durch den Übergang in die Äquivalente von der Aktion *FillBottle* den Abschluss der Tätigkeit des Förderbandes bekundet und den Steuerfluss an die Abfüllstraße abgibt. Diese Betrachtung gilt analog für das andere Paar Stellenderivate im GN *FillBottle_Conveyor* und *FillBottle_BottlingLine*. Vor der Zusammenführung der Marken muss unbedingt dafür gesorgt werden, die Charakteristiken beider Marken in die bleibende Marke zu übernehmen, um den Verlust wichtiger Statistiken zu vermeiden und damit womöglich das Simulationsergebnis zu verfälschen. Unter Umständen kann diese Zusammenführung von Charakteristiken einen komplizierteren logischen und mathematischen Prozess darstellen. Um diesen aus Effizienzgründen nicht zur Simulationszeit durchführen zu müssen, könnten sie – sofern die Charakteristiken keinen Einfluss auf die Auswertung der Prädikate haben – zunächst unter unterscheidbaren Namen gespeichert und dann einer postsimulativen Auswertung unterzogen werden.

13.5 SEQUENZDIAGRAMM

Im Abschnitt 7.2.2 wurde angesprochen, dass Verhalten in UML aus drei verschiedenen Perspektiven modelliert werden kann. Im letzten Abschnitt wurde die Möglichkeit aufgegriffen, das Geschehen im System aktionsbasiert zu beschreiben. Eine andere Sicht auf das Systemverhalten ermöglichen die sogenannten Interaktionen (*UML::Interactions*). Der Begriff der Interaktion bezeichnet in UML eine Gruppe Diagramme, zu der die Sequenz-, Kommunikations- und Zeitdiagramme sowie die Interaktionsübersicht gehören. Alle vier Diagrammarten fokussieren auf die Kommunikation zwischen den teilnehmenden Objekten, jedoch zeigt jede davon andere Aspekte dieses Informationsaustauschs. Nichtsdestotrotz weisen diese vier interaktionsbasierten Verhaltensdiagramme viele Gemeinsamkeiten auf, sodass in diesem Abschnitt das Sequenzdiagramm als erfahrungsgemäß die meist genutzte Interaktion stellvertretend für die gesamte Gruppe vorgestellt wird. Für die Betrachtung der drei anderen Diagrammarten – der Kommunikations- und Zeitdiagramme sowie der Interaktionsübersicht – sei auf den Anhang A verwiesen.

Alle Interaktionen modellieren Systemverhalten, indem sie die stattfindende Kommunikation zwischen den Teilnehmern akzentuieren; das Sequenzdiagramm (*sequence diagram*) betont dabei die zeitliche Reihenfolge der ausgetauschten Nachrichten [113]. Die Zeit im Diagramm verläuft vertikal von oben nach unten. Die für ein Sequenzdiagramm zulässigen Elemente werden in den nachfolgenden Abschnitten einzeln erläutert. Dabei wird für jedes Element eine Definition angegeben, eine sinnvolle MARTE-Annotierung vorgeschlagen und seine Transformation in die Leistungsanalysedomäne erläutert.

13.5.1   LEBENSLINIEN

Lebenslinien (*UML::Lifeline*) stellen an einer Interaktion teilnehmende Entitäten dar. Sie werden in Sequenzdiagrammen als Rechtecke mit einer aus ihnen nach unten ausgehenden vertikalen Linie gezeichnet (s. Bild 13.21 links). Das Rechteck umschließt den Namen des Teilnehmers (Objekt oder Akteur) und/oder seine Zugehörigkeit zu einer Klasse. Dabei kann eine Lebenslinie auch ein abstraktes Objekt (ohne Namen) darstellen, das die Gesamtheit aller Instanzen einer Klasse repräsentiert (im Rechteck wird in diesem lediglich der Bezeichner der Klasse nach einem Doppelpunkt angegeben). Die ausgehende, gestrichelte Linie dient als Quelle bzw. Ziel der in senkrechter Richtung chronologisch ausgetauschten Nachrichten zwischen dem konkreten Teilnehmer und den anderen Objekten in dieser Interaktion.

Eine Lebenslinie findet ihr Äquivalent in der GN-Domäne in Form einer gleichnamigen Transition (s. Bild 13.21).

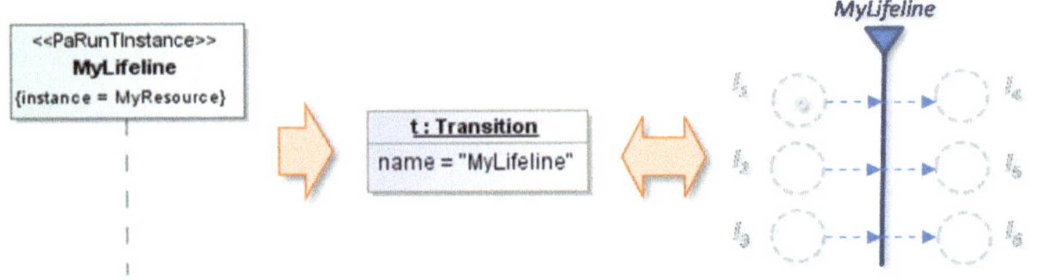

BILD 13.21 ANNOTIERTE LEBENSLINIE UND IHRE TRANSFORMATION IN EINE GN-TRANSITION

Sinnvolle Kombinationsmöglichkeiten für eine Lebenslinie sind die MARTE-Stereotype aus der Gruppe der Ressourcen. Sofern das Sequenzdiagramm von einem die Systemarchitektur beschreibenden Verteilungsdiagramm begleitet wird, ist es zu erwarten, dass durch die Annotierung der Lebenslinien mit dem Stereotyp *PaRunTInstance* die Referenz zu den dort modellierten Systemressourcen hergestellt wird (ähnlich wie Partitionen in Aktivitäten, vgl. Abschnitt 13.4.1). Ansonsten ist es zweckmäßig, die Lebenslinien so zu annotieren, dass die verfügbaren Ressourcen im System durch entsprechende Ressourcen-Stereotype direkt im Sequenzdiagramm deklariert werden. Dafür bietet sich beispielsweise die Anwendung des Stereotyps *GaExecHost* für die Definition von Ausführungsressourcen bzw. des Stereotyps *GaCommHost* für die Charakterisierung von Kommunikationsressourcen an. Die Transformation einer annotierten Lebenslinie hat die im Abschnitt 12.3 festgelegte Transformationsvorschriften zu berücksichtigen.

13.5.2 NACHRICHTEN

Die Essenz jeder Interaktion und damit auch jedes Sequenzdiagramms stellen die in ihm modellierten Nachrichten dar. Eine Nachricht (*UML::Message*) ist eine getrennte Kommunikationseinheit, die zwei Lebenslinien untereinander austauschen. Nachrichten werden im Sequenzdiagramm als horizontale[21] Linien mit einer Pfeilspitze gezeichnet. Die Linie kann mit dem Namen der Nachricht (Methodenaufruf oder sonstige Aktion), ggf. gefolgt von ihren in runden Klammern angegebenen, zugehörigen Argumenten beschriftet werden. Die Art der Linie sowie die Pfeilspitze kennzeichnen den Typ der Nachricht. UML spezifiziert folgende Nachrichtenarten:

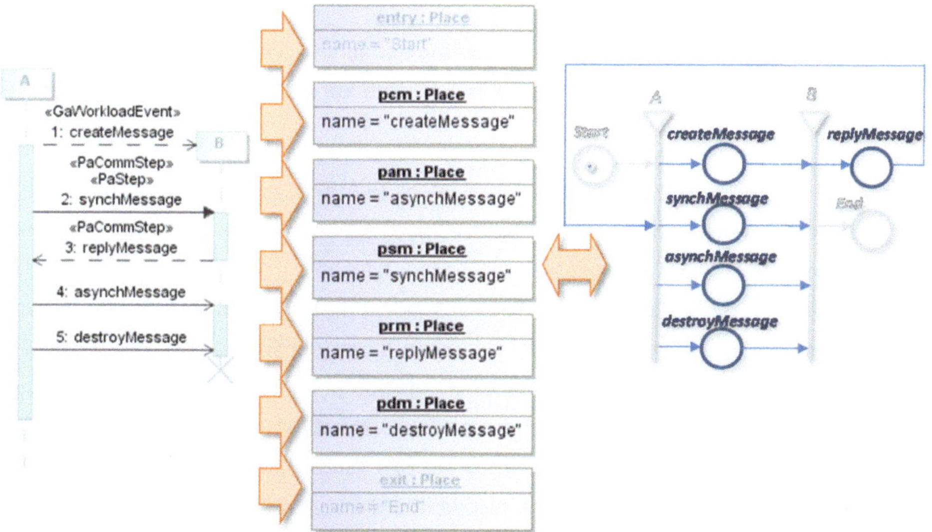

BILD 13.22 NACHRICHTEN UND IHRE ÜBERFÜHRUNG IN GN-STELLEN

- *erzeugende Nachricht*: die Nachricht wird als gestrichelte Linie mit offener Pfeilspitze dargestellt, die auf den Kopf der zu erzeugenden Lebenslinie trifft (s. Nachricht 1 im Bild 13.22).

- *asynchrone Signalübermittlung*: eine Nachricht, die die Beendigung des Erzeugungsprozesses nach dem Senden einer asynchronen Nachricht der obigen Art offenbart (im Bild 13.22 nicht gezeigt; grafische Darstellung wie Nachricht 3);

- *synchrone Nachricht*: gemeint ist der synchrone Aufruf einer Operation; dargestellt werden synchrone Nachrichten durch eine durchgezogene Linie, die mit ausgefüllter Pfeilspitze endet (s. Nachricht 2 im Bild);

---

[21] Nachrichten, die eine signifikante Zeitspanne für ihre Übertragung benötigen, können auch diagonal gezeichnet werden, um diese ihre Eigenschaft auch grafisch zu betonen.

- *asynchrone Nachricht*: es handelt sich um den asynchronen Aufruf einer Operation; ihre Darstellung ist wie bei Nachricht 4: durchgezogene Linie mit einer offenen Pfeilspitze an der Empfängerseite;
- *Rückantwort*: optionale Nachrichten, die eine Antwort auf einen vorangegangenen Aufruf darstellen (Nachricht 3 im Bild). Gezeichnet werden Rückantworten als gestrichelte Linien mit offener Pfeilspitze.
- vernichtende Nachricht oder auch *Destruktionsnachricht*: durchgezogene Linie mit offener Pfeilspitze wie Nachricht 5 im Bild, gefolgt von einem Kreuz auf der Lebenslinie, die beendet wird. Nach ihrer Destruktion kann die vernichtete Lebenslinie nicht mehr an der Interaktion teilnehmen.

In den folgenden Absätzen wird die Transformation der aufgezählten Nachrichten behandelt. Es wird auf ihre Besonderheiten eingegangen und eine konkrete MARTE-Stereotypisierung empfohlen.

Nachrichten werden in GN-Stellen gleichen Namens überführt (vgl. Bild 13.22). Sie stellen Ausgangsstellen für die Transition *A* (GN-Äquivalent der Lebenslinie *A*, die die Nachricht sendet) dar. Dieselben Stellen sind zugleich auch Eingangsstellen für die Transition *B* (Äquivalent der empfangenden Lebenslinie *B*). Für alle zwei aufeinanderfolgenden Nachrichten wird das Prädikat, das über die Markenübergänge zwischen ihren entsprechenden GN-Stellen entscheidet, auf *true* gesetzt oder, sofern der Übergang von einer Bedingung abhängt, diese in das Prädikat übernommen (vgl. dazu Abschnitt 13.5.3). Um es anhand eines Beispiels zu verdeutlichen, würde für die Nachrichten 2 und 3 aus Bild 13.22 in die Prädikatmatrix der Transition *B* in die Zeile für die Stelle *synchMessage* und die Spalte für die Stelle *replyMessage* der Wert *true* eingetragen werden, was auf einen bedingungslosen Markenübergang zwischen beiden Stellen hindeutet, genauso wie der bedingungslose Aufruf der Nachricht 3 nach Nachricht 2 im Sequenzdiagramm stattfindet.

Die erste Nachricht in einem Sequenzdiagramm – im Beispiel im Bild *createMessage* – unterscheidet sich bei ihrer Transformation von den anderen Nachrichten darin, dass in der GN-Domäne aus ihr zwei Stellen entstehen. Als ihr Äquivalent wird zunächst ein Netzeingang generiert, der mit dem Service-Namen *Start* versehen und als Eingangsstelle mit der Transition *A* verbunden wird; die zweite aus ihr generierte Stelle übernimmt den Namen der Nachricht und stellt wie die restlichen Nachrichten auch eine Ausgangsstelle für dieselbe Transition *A* dar. Die erste Nachricht im Sequenzdiagramm ist zugleich auch das Wurzelelement des Diagramms. Daher ist es typisch, sie mit dem MARTE-Stereotyp *GaWorkloadEvent* zu annotieren und darin die Merkmale der Systemlast zu definieren. In diesem gebräuchlichen Fall werden in der Eingangsstelle *Start* so viele Marken nach diesem Muster generiert, wie in den Eigenschaften des Stereotyps *GaWorkloadEvent* angegeben. Analog wird für die letzte Nachricht eines Sequenzdiagramms, die wie im Beispiel vom Bild 13.22 eine Destruktionsnachricht (*destroyMessage*) sein kann, eine Ausgangsstelle mit demselben Namen für die „sendende" Transition *A* sowie eine Ausgangsstelle-Netzausgang (*End*) für die die Nachricht empfangende Transition *B* gebildet (s. Bild 13.22).

Synchrone Nachrichten modifizieren die Funktionalität des Generalisierten Netzes derart, als sie die Transitionen, die solche Nachrichten senden (d.h. ihre Äquivalente als Ausgangsstellen haben und von ihnen aus Marken an die anderen GN-Elemente weiterleiten), keine chronologisch späteren Nachrichten senden dürfen („Sperrung" der betroffenen Marken), solange keine entsprechende Rückantwort angekommen ist. Die Zugehörigkeit der Antwort zu einer Anfrage wird im GN in Form einer Markencharakteristik vermerkt. Bei asynchronen Nachrichten und Rückantworten sind keine Einschränkungen im GN-Modell notwendig. Erzeugende und vernichtende Nachrichten schränken das Intervall ein, in dem die Transition, auf der sie gerichtet sind, aktiviert werden darf.

In einem aus der Transformation eines Sequenzdiagramms entstandenen Generalisierten Netz ist zusätzlich Sorge dafür zu tragen, dass der Markenfluss auf allen notwendigen Zweigen fortgesetzt werden kann, d.h. dass alle abgehenden Nachrichten nach einer empfangenen Nachricht gesendet werden können. Dazu ist in manchen Stellen im GN eine Markenteilung erforderlich. Im Beispiel im Bild 13.22 soll die aus der Stelle *Start* kommende Marke geteilt werden, um die Ausgangsstellen *createMessage* und *synchMessage* gleichzeitig markieren zu können. Analog hat nach der Stelle *replyMessage* eine Marke sich zu teilen und die Stellen *asynchMessage* und *destroyMessage* mit jeweils einem Markenderivat zu versorgen.

Neben dem für das Wurzelelement gewöhnliche Stereotyp *GaWorkloadEvent* sind typische Annotationen für Nachrichten die MARTE-Stereotype *PaStep* und *PaCommStep*, die als Ergänzung zum Obigen konform zu den Regeln aus dem Abschnitt 12.4 zu transformieren sind. Prinzipiell anwendbar sind hier jedoch auch alle anderen Stereotype aus der Gruppe der Schritte, die dann nach den eingeführten Regeln desselben Abschnitts zu überführen sind.

BILD 13.23 GEFUNDENE NACHRICHT UND IHRE ÜBERFÜHRUNG IN EINEN GN-NETZEINGANG

Für Sequenzdiagramme sind noch zwei weitere Arten von Nachrichten definiert, nämlich gefundene (*UML::Found Message*) und verlorene (*UML::Lost Message*) Nachrichten. Für eine gefundene Nachricht ist lediglich ihr Empfänger spezifiziert, ihr Sender ist nicht bekannt oder wird zumindest innerhalb der Interaktion nicht modelliert. Für eine verlorene Nachricht ist umgekehrt nur der Sender definiert.

BILD 13.24 VERLORENE NACHRICHT UND IHRE ÜBERFÜHRUNG IN EINEN GN-NETZAUSGANG

Eine gefundene Nachricht existiert in der Domäne der Generalisierten Netze als ein Netzeingang. Der Netzeingang wird als Eingangsstelle mit der Transition verbunden, die mit der die Nachricht empfangenden Lebenslinie korrespondiert (s. Bild 13.23). Eine verlorene Nachricht erzeugt bei ihrer Transformation einen Netzausgang, der als Ausgangsstelle mit der Transition – sendender Lebenslinie – verbunden wird (s. Bild 13.24). Es ist unüblich, gefundene und verlorene Nachrichten zu annotieren. Wenn gewünscht, können sie jedoch ähnlich wie Signale in Aktivitätsdiagrammen als MARTE-Schritte, beispielsweise durch *PaStep*, stereotypisiert werden.

13.5.3 KOMBINIERTE FRAGMENTE / INTERAKTIONSOPERATOREN

In Interaktionen können kombinierte Fragmente verwendet werden, die bestimmten Abschnitten der Interaktion spezielle Eigenschaften, Bedingungen für die Ausführung oder die Vorschrift einer konkreten Ausführungsart zuordnen können. Dafür wurde in UML eine Reihe von Operatoren spezifiziert, deren Rolle und Transformation im Folgenden einzeln betrachtet werden. Tabelle 13.1 listet zunächst alle zulässigen Operatoren mit ihren Namen und ihrer Bedeutung auf.

Die Operatoren *alt*, *loop*, *par* und *opt* aus Tabelle 13.1 sind im zusammenfassenden Beispiel am Ende des Abschnittes enthalten (Bild 13.27), an dem die Transformation eines kompletten Sequenzdiagramms veranschaulicht wird. Daher kann das Prinzip der grafischen Darstellung von kombinierten Fragmenten diesem Bild entnommen werden. Folglich wird von einer anderweitigen Betrachtung der Visualisierung der Operatoren abgesehen und auf ihre semantische Wirkung auf das Modell fokussiert.

Einige dieser Operatoren bieten die Möglichkeit, Bedingungen mit einer konkreten, vorbelegten Semantik in das UML-Modell einzugeben. Dazu gehören die Auswahl einer Alternative (Operator *alt*), die Ausführung eines Teilverhaltens in Abhängigkeit vom Wert eines Parameters (Operator *opt*) sowie die Ausführung einer Schleife, solange eine Bedingung erfüllt ist (Operator *loop*). Diese Operatoren haben ihre Äquivalente in der GN-Domäne in entsprechenden Prädikaten, die den Markenfluss in Abhängigkeit von den vom Operator festgelegten Bedingungen steuert.

Opera- tor	Deutsche Bezeichnung (englische Bezeichnung)	Bedeutung
alt	Alternatives Fragment (*alternative*)	Modellierung von alternativen Ablaufmöglichkeiten, die mit Bedingungen versehen werden
assert	Zusicherung (*assertion*)	Für eine Nachrichtenmenge kann mit Hilfe dieses Operators eine zwingend notwendige Ablaufreihenfolge angegeben werden
break	Abbruchfragment (*break*)	Der normale Ablauf wird unterbrochen, falls eine Bedingung erfüllt bzw. verletzt wurde
consider	Relevante Nachrichten (*consider*)	Mit diesem Operator werden Filter für wichtige Nachrichten modelliert, indem der so bezeichnete Bereich ausgeführt und der Rest ignoriert wird (s. auch Operator *ignore*)
critical	Kritischer Bereich (*critical region*)	Modellierung von nicht unterbrechbaren Interaktionen
ignore	Irrelevante Nachrichten (*ignore*)	Modellierung von Filtern für unwichtige Nachrichten (s. auch Operator *consider*)
loop	Schleife (*loop*)	Modellierung von Iterationen in Interaktionen; oft als *loop while* oder *loop until* verwendet
neg	Negation (*negative*)	Dieser Operator kapselt unzulässige Abläufe
opt	Optionales Fragment (*option*)	Modellierung von optionalen Teilen einer Interaktion, die unter einer bestimmten Bedingung ausgeführt werden
par	Paralleles Fragment (*parallel*)	Darstellung von parallelen Abläufen
seq	Lose Ordnung (*weak sequencing*)	Legt eine Reihenfolge für die Aktionen einer Lebenslinie fest
strict	Strenge Ordnung (*strict sequencing*)	Legt eine Reihenfolge für die Aktionen aller Lebenslinien in der Interaktion fest

TABELLE 13.1 OPERATOREN IN KOMBINIERTEN FRAGMENTEN

Die Operatoren *assert, seq* und *strict* geben die Reihenfolge einer Menge von Nachrichten an. Übertragen auf die Funktionsweise der Generalisierten Netze, müssen die entsprechenden Prädikate so gesetzt werden, dass die Marken nur in dieser Reihenfolge über die GN-Stellen (Nachrichten) wandern können.

Eine Bedingung, die durch den Operator *break* spezifiziert wurde, wird in die Indexmatrizen des korrespondierenden Generalisierten Netzes übernommen. Durch entsprechende Prädikate soll gewährleistet werden, dass alle Eingangsstellen, die Nachrichten aus der dem Operator umhüllenden Interaktion darstellen, bei Erfüllung der angegebenen Bedingung den Steuerfluss zur Ausgangsstelle, die die erste Nachricht im kombinierten Fragment repräsentiert, lenken.

Der Operator *critical* erfährt seine Realisierung in der GN-Domäne, indem die Priorität der Plätze, die zum kritischen Abschnitt gehören, höher gesetzt werden. Dadurch wird gewährleistet, dass diese Plätze im Konkurrenzfall immer vorrangig mit Marken versorgt werden. Die höhere Priorisierung führt automatisch dazu, dass ein nicht kritischer Ablauf nie einen kritischen unterbrechen könnte.

Wurden im Sequenzdiagramm die Operatoren *consider* und *ignore* angewendet, sind im entsprechenden GN die Markencharakteristik(en) der angekommenen Marke einzulesen und in Abhängigkeit von deren Werten die Prädikate für die nachfolgenden Markenübergängen auszuwerten. Sie erhalten einen wahren Wert, falls der Operator *consider* angewendet wurde und der Operand in den eingelesenen Markencharakteristiken vorhanden war; bei der gleichen Konstellation werden sie beim Operator *ignore* als falsch ausgewertet.

Der Operator *neg* beeinflusst den Ablauf in dem bei der Transformation generierten Generalisierten Netz dahingehend, dass entsprechende Prädikate das Vorhandensein von nicht erlaubten Kombinationsverläufen im Modell überprüft und in geeigneter Weise eine Benachrichtigung darüber ausgibt – etwa indem sie der in einem verbotenen Zweig gelangten Marke eine entsprechende Charakteristik zuweisen.

Der Operator *par* weist auf die parallele Verarbeitung von Abschnitten des Sequenzdiagramms hin. Im korrespondierenden Generalisierten Netz ist in diesem Fall essentiell, dass alle Zweige, die nebenläufig ablaufen, von ihrer Vorgängerstelle jeweils eine Marke bekommen. Dazu ist in aller Regel eine Markenteilung notwendig.

Operatoren in kombinierten Fragmenten werden nicht stereotypisiert.

13.5.4 INTERAKTIONSVERWENDUNG

Eine Interaktionsverwendung (*UML::InteractionUse*) ist ein Verweis auf eine separat spezifizierte Interaktion, die einen Teilablauf beschreibt. An der Stelle des Verweises – ein Rechteck mit dem Schlüsselwort *ref* (s. Bild 13.25) – wird der Kontrollfluss an die referenzierte externe Interaktion übergeben. Nach ihrer Ausführung setzt sich der Ablauf an dieser Stelle fort, wo die aufrufende Interaktion unterbrochen wurde.

Das referenzierte Diagramm (*ControlStatus*) wird bei der Transformation, konform zu den in dieser Arbeit spezifizierten Regeln, in ein separates Generalisiertes Netz überführt. Die Interaktionsverwendung ist dann eine Stelle mit dem Namen des referenzierten Diagramms, in der das letzte eingebettet ist und sobald erreicht, den Markenfluss an den eingebetteten Teilablauf übergibt. Es ist am sinnvollsten, die aufrufende Stelle mit dieser Ressource zu assoziieren, in der die erste Nachricht im eingebetteten Netz beginnt; also wenn man annimmt, dass in ControlStatus im Bild 13.25 die Nachrichten 1 bis 8 aus dem Diagramm im Bild 17.2 zusammengefasst wurden, dann würde es sich anbieten, die Stelle *ControlStatus* als Ausgangsstelle mit der Transition *ControlApplication* zu verbinden.

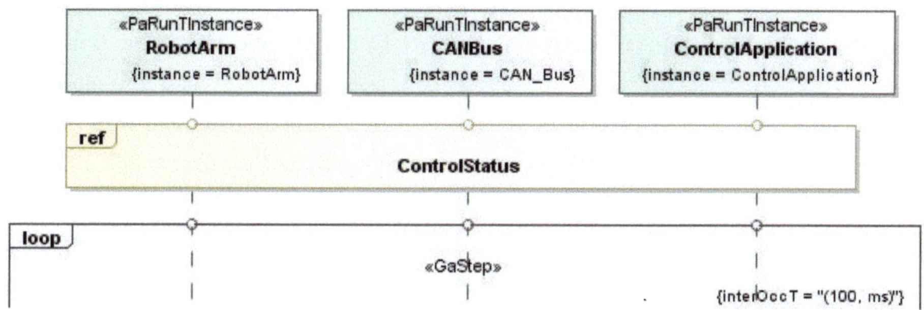

BILD 13.25 INTERAKTIONSVERWENDUNG

Interaktionsverwendungen werden im Normalfall nicht annotiert.

13.5.5 WEITERE UML-ELEMENTE IM SEQUENZDIAGRAMM

Für Sequenzdiagramme definiert die UML-Spezifikation auch weitere Elemente, die den *Compliance Levels L1* bzw. *L2* zuzuordnen sind, die jedoch eine eher seltene Anwendung finden bzw. eine untergeordnete Rolle im Rahmen der Leistungsbewertung spielen. Dieser Abschnitt fasst diese Elemente zusammen.

Die *Zustandsinvariante* (*UML::StateInvariant*) ist eine Bedingung in der Interaktion, die einmal im Modell gesetzt, stets erfüllt sein muss. Für Beispiele für Zustandsinvarianten wird auf die UML-Spezifikation ([122], Abschnitt 4.3.31) verwiesen. In der GN-Domäne werden solche Bedingungen durch das Hinzufügen entsprechender Prädikate in die Matrix der betroffenen Transition realisiert.

Ein Ausführungsfokus (*UML::ExecutionSpecification*) ist ein optionales Element und spezifiziert die Ausführung einer Verhaltenseinheit oder einer Aktion innerhalb einer Lebenslinie. Der Ausführungsfokus wird grafisch durch die Überlagerung der gestrichelten Lebenslinie mit einem breiteren farbigen vertikalen Balken dargestellt (s. Bild 13.27). Ausführungsfokusse werden bei der Überführung eines Sequenzdiagramms in ein Generalisiertes Netz nicht transformiert, da die Ausführung sich aus dem Ablauf implizit ergibt. Es werden jedoch die Ereignisse berücksichtigt, die den Start bzw. das Ende des Ausführungsfokus' festlegen, sofern sie als Grundlage für Zeitzusicherungen (*UML::DurationConstraint, UML::DurationObservation, UML::TimeConstraint, UML::TimeObservation*) dienen. Zeitzusicherungen ihrerseits sind wie das Stereotyp *GaTimingObs* zu interpretieren, weshalb an dieser Stelle auf den Abschnitt 12.1.5 verwiesen wird. Die Art der Darstellung solcher Zeitzusicherungen zeigt Bild 14.26 in [122]. Auf die Thematik der Zeitzusicherungen wird ausführlicher im Anhang A.2, in dem die Zeitdiagramme behandelt werden, eingegangen.

13.5.6   Beispiel der Transformation von Sequenzdiagrammen

Dieser Abschnitt zeigt die zusammenhängende Anwendung der oben spezifizierten Transformationsregeln für Sequenzdiagramme, zusammen mit den Regeln für MARTE-Stereotype, indem ein annotiertes Sequenzdiagramm in sein GN-Äquivalent überführt wird. Das Beispiel zeigt einen Steuerungsablauf für einen Roboterarm. Der Roboterarm wird von einem Controller gesteuert, der über einen CAN-Bus mit einer Arbeitsstation verbunden ist, von der aus ein Operator die Möglichkeit erlangt, den Roboterarm in Echtzeit zu führen. Bild 13.26 zeigt die beschriebene Architektur mit ihren leistungsrelevanten Systemparametern. Der verallgemeinerte Ablauf der Steuerung ist im Bild 13.27 dargestellt. Zum Ablauf gehört die Abfrage des Modus' des Roboters, die Option, diesen zu ändern, sowie eine unendliche Schleife, in der der Roboterarm parallel zueinander seine aktuelle Position meldet und eine vom Operator eingegebene Position anfährt. Der CAN-Bus übermittelt dabei die Nachrichten zwischen der Arbeitsstation und dem Roboter.

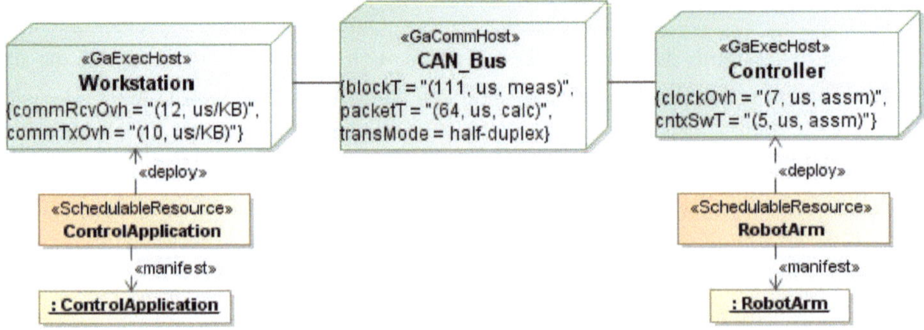

BILD 13.26 SYSTEMARCHITEKTUR ROBOTERARMSTEUERUNG

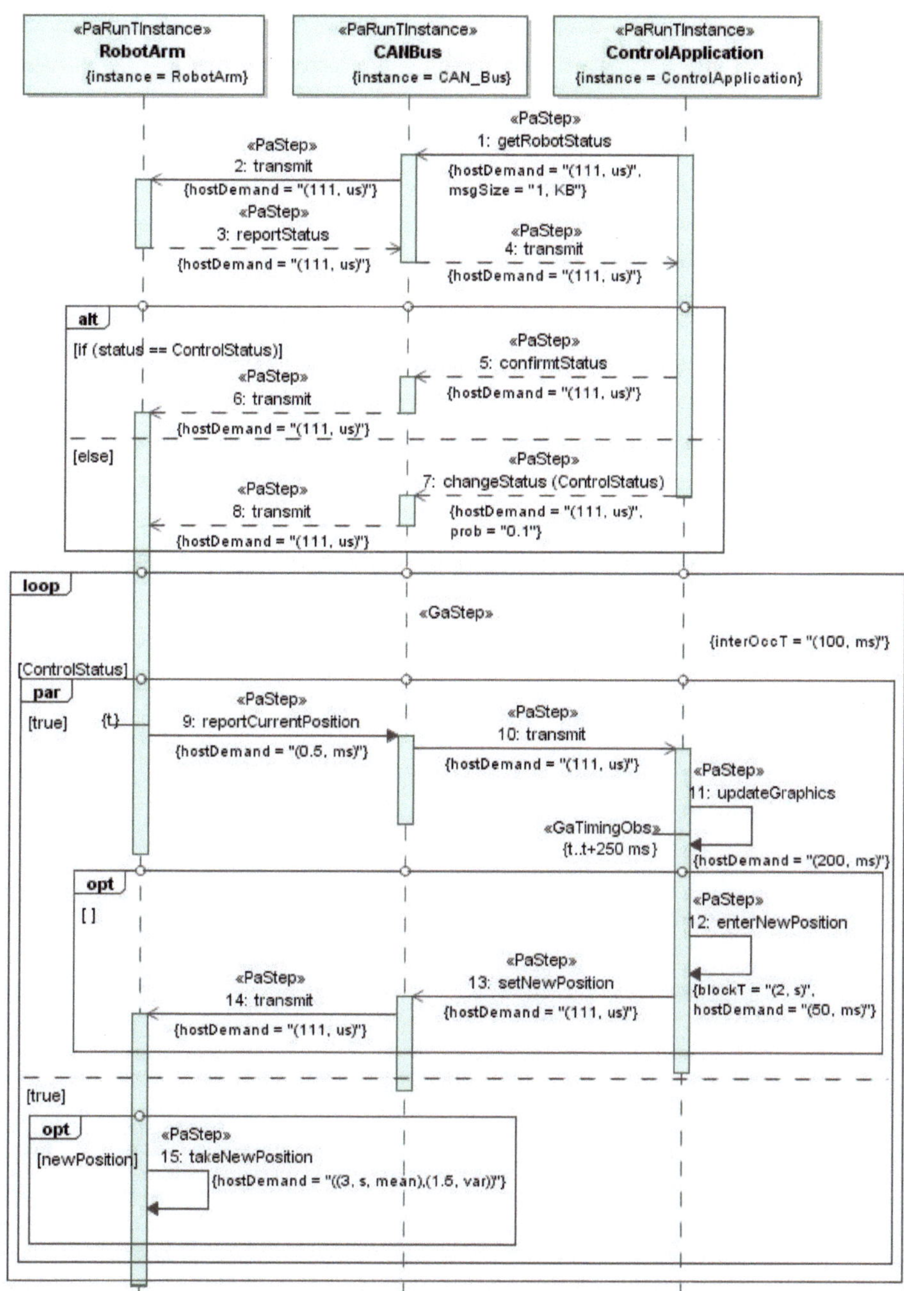

BILD 13.27 MARTE-ANNOTIERTES SEQUENZDIAGRAMM: ROBOTERARMSTEUERUNG

Bild 13.28 stellt die Struktur des aus der Transformation des vorgestellten Sequenzdiagramms resultierenden Generalisierten Netzes dar. Konform zu den definierten Regeln wird im erzeugten Netz für jede Lebenslinie eine Transition gleichen Namens generiert. Wie gewöhnlich sind die Lebenslinien durch das Stereotyp *PaRunTInstance* annotiert, um auszu-drücken, dass sie Laufzeitinstanzen von vorhandenen Ressourcen repräsentieren. Welche Ressource instanziiert wird, zeigt die Stereotypeigenschaft *instance* durch eine Referenz da-rauf. Die Information aus dem Verteilungsdiagramm wird im Netz genutzt, um einerseits die Statistiken aus der Simulation den Betriebsmitteln eindeutig zuordnen zu können, anderer-seits Kommunikationsoverheads und Latenzzeiten für die Prozesse und damit auch für die Markenübergänge ermitteln zu können.

Des Weiteren wird für jede Nachricht im UML-Diagramm eine Ausgangsstelle für diejenige Transition im Generalisierten Netz generiert, die mit der Lebenslinie, die die Nachricht sen-det, korrespondiert (z.B. die Stelle *reportStatus* ist eine Ausgangsstelle für die Transition *Ro-botArm*, denn diese Laufzeitressource ist Sender der Nachricht). In der Regel wird der Name der Nachricht als Stellenname übernommen. Bei der Nachricht *transmit* kommt allerdings eine nachgestellte laufende Nummer dazu, um den Namenskonflikt durch die sich wiederho-lenden Nachrichtennamen zu umgehen. Anzumerken ist jedoch, dass alle Stellen auch ohne die Namensänderung, die eher eingeführt wird, um die Verständlichkeit des Modells durch den Benutzer zu unterstützen, durch ihre einmaligen ID-Nummern eindeutig identifizierbar sind.

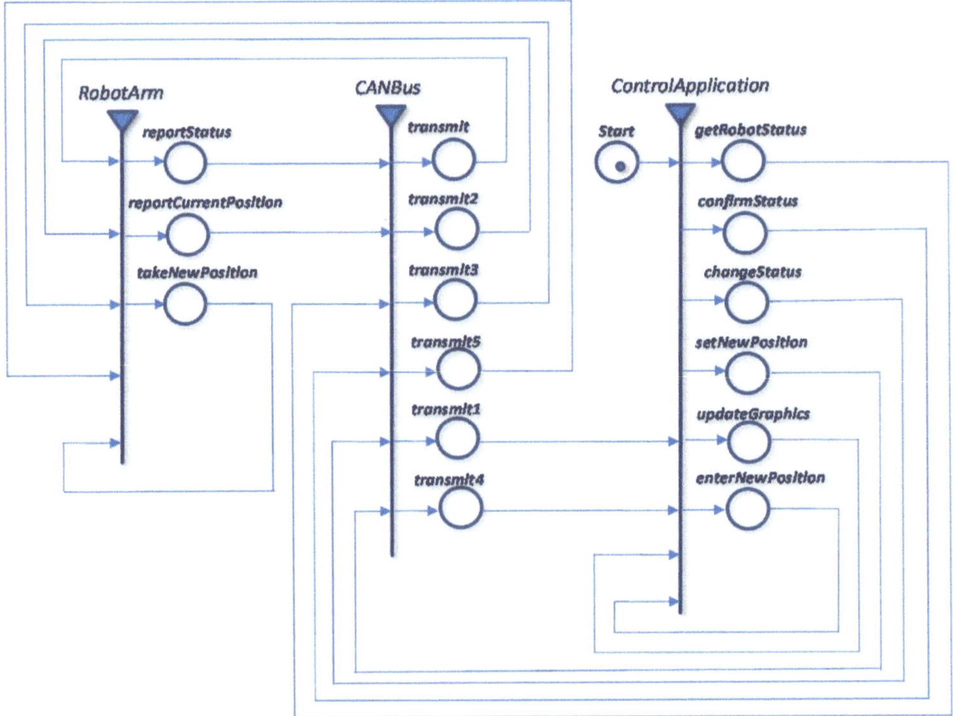

BILD 13.28 AUS DEM BEISPIELSEQUENZDIAGRAMM RESULTIERENDES GENERALISIERTES NETZ

Die MARTE-Angaben aus den Nachrichten fließen zur Berechnung der Leistungsmetriken in die charakteristischen Funktionen der entsprechenden Stellen ein.

Alle Prädikate für die Stellenpaare, die eine Nachricht und eine ihrer Nachfolgenachrichten repräsentieren, werden, falls kein Operator benutzt wurde, auf *true* gesetzt. Im vorliegenden Modell trifft das beispielsweise auf die Prädikate für die Stellen *getRobotStatus* (Nachricht 1 im Sequenzdiagramm) und *transmit* (Nachricht 2) bzw. zwischen *transmit* (Nachricht 2) und *reportStatus* (Nachricht 3) zu. Bei Teilsequenzen, die von einer Bedingung abhängen (Anwendung der Operatoren *opt* und *alt* im Beispiel), wird die angegebene Bedingung in das entsprechende Prädikat übernommen, um den Markenfluss nach dessen Wahrheitswert steuern zu können. So bestimmt beispielswiese der Wert der Variable *status*, in welche Nachfolgestelle eine sich in *transmit* (Nachricht 4) befindende Marke übergehen soll. Hat der Roboterarm *ControlStatus* gemeldet, geht die Marke in die Stelle *confirmStatus* über, ansonsten in die Stelle *changeStatus*. Bei den Bedingungen [*ControlStatus*], [] und [*newPosition*], die im Modell nicht mit konkreten Werten belegt wurden, wird der Simulator für Generalisierte Netze während des Simulationsganges den Benutzer nach ihrem (aktuellen) Wert fragen, um die Auswertung vollbringen zu können (s. Abschnitt 13.4.8, vgl. auch Abschnitt 17.8).

Das kombinierte Fragment *par* bewirkt im Generalisierten Netz die Teilung der Marken nach der Stelle *transmit3*. Dadurch bekommen ihre beiden Nachfolgestellen *reportCurrentPosition* und *takeNewPosition* die Möglichkeit, einen eigenständigen Ablauf zu starten, der parallel zum anderen Segment abläuft. Der Roboterarm fährt also eine neu angegebene Position an und meldet parallel dazu zyklisch (siehe Operator *loop*) seine aktuelle Position. Dabei ist es zu beachten, dass der Zweig aus der Stelle *takeNewPosition* nur dann fortgesetzt wird, wenn die geforderte Bedingung [*newPosition*] zum aktuellen Zeitpunkt als wahr ausgewertet werden kann. Die Mitteilung der aktuellen Position des Roboterarms erfolgt hingegen bedingungslos (impliziert durch die Bedingung *true*).

Als letzte Besonderheit im Modell ist die Zeitbeobachtung zu erwähnen, die durch das Stereotyp *GaTimingObs* spezifiziert wurde. Die Zusicherung verlangt, dass das Intervall zwischen dem Sendezeitpunkt der Nachricht *reportCurrentPosition t* und der Initialisierung der Ausführung der Aktion *updateGraphics* unter 250 ms dauert. Da der Spielraum (*laxity*) für die Zusicherung nicht explizit angegeben wurde, wird dabei von einer weichen Zusicherung ausgegangen: bei einer eventuellen Verletzung der Bedingung wird zu Informationszwecken eine neue Markencharakteristik vermerkt (vgl. Abschnitt 12.1.5).

13.6   ZUSTANDSDIAGRAMM

Die dritte und letzte Möglichkeit, Systemverhalten aus einer anderen Perspektive zu modellieren, bietet das UML-Zustandsdiagramm. Ein Zustandsdiagramm beschreibt gewöhnlich eine Zustandsmaschine, also eine Folge von Zuständen, die das modellierte System einnehmen kann. Im Zusammenhang mit der Leistungsanalyse weist jedoch die MARTE-Spezifikation dem Zustandsdiagramm eine besondere, domänenspezifische Rolle zu. Danach soll ein Zustandsdiagramm bei der Modellierung von Systemleistung einen *GaWorkload-Generator* darstellen, der andere Szenarien, also UML-Diagramme, die Teile des Systemverhaltens abbilden, ansteuert. Der Zustandsautomat beschreibt insofern eine übergeordnete, steuernde Systemebene, die unterschiedliche Verhaltensszenarien nach vordefinierten, womöglich wahrscheinlichkeitsbehafteten Reihenfolgen ausführen lässt. Daher fehlen in Zustandsdiagrammen auch die Definitionen von abgetrennten, eigenständig handelnden Ressourcen, wie es beispielsweise über die Partitionen im Aktivitätsdiagramm oder über die Lebenslinien bei den Interaktionen üblich ist. Demzufolge entstehen bei der Transformation eines Zustandsdiagramms auch keine unterscheidbaren Transitionen, sondern die dargestellten Abläufe werden im Rahmen einer Transition abgebildet. Diese einzige Transition repräsentiert in diesem Sinne das Gesamtsystem.

Ein Zustandsdiagramm besteht aus:

- einer endlichen, nicht leeren Menge von Zuständen;
- Anfangs- sowie weiteren Pseudozuständen;
- Transitionen, die Zustandsübergänge definieren. Die Zustandsübergänge können Pseudozustände wie Entscheidungen oder Zusammenführungen beinhalten sowie an bestimmte Ereignisse und Bedingungen geknüpft werden;
- einem oder mehreren Endzuständen [113].

Die einzelnen Bestandteile dieses Diagrammtyps werden in den folgenden Abschnitten näher erläutert. Dabei wird ihre Anwendung zum Zweck der Bildung des Systemleistungsmodells akzentuiert, wozu für jedes UML-Element auch sinnvolle Kombinationen mit MARTE-Stereotypen empfohlen werden.

13.6.1   ZUSTÄNDE

Ein Zustand (*UML::State*) wird in der UML-Spezifikation als eine Situation definiert, in der das System für die Dauer einer invarianten Bedingung verharrt. Zustände werden durch abgerundete Rechtecke dargestellt, in denen der Name des Zustandes steht.

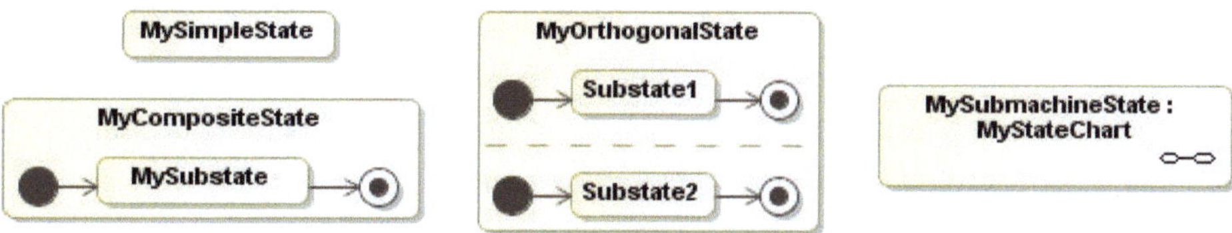

BILD 13.29 ZUSTÄNDE

Zustände an sich können wiederum Unterzustände umschließen. Danach wird zwischen einfachen (*UML::Simple state*, links oben im Bild 13.29), zusammengesetzten (*UML::Composite state*, links unten im Bild) und Zuständen mit Zustandsmaschine (*UML::Submachine state*, rechts im Bild) unterschieden. Einfache Zustände besitzen keine eingebetteten Unterzustände. Zusammengesetzte Zustände beinhalten detaillierende Unterzustände, die unterschiedlichen Regionen (siehe nächsten Abschnitt) zugeordnet werden können. Zustände mit Zustandsmaschinen verweisen auf andere Zustandsdiagramme. Im Übrigen sind sie zusammengesetzten Zuständen sehr ähnlich, mit dem Unterschied, dass sie über Eingangs- bzw. Ausgangspunkte (s. Abschnitt 13.6.3) betreten bzw. verlassen werden.

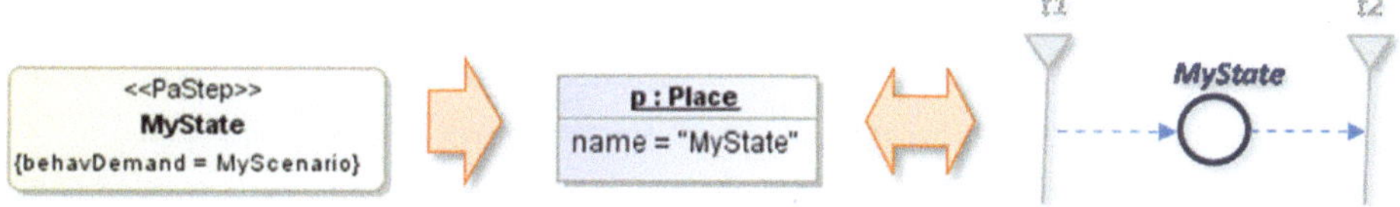

BILD 13.30 ANNOTIERTER ZUSTAND UND SEINE TRANSFORMATION IN GN-STELLE

Zustände werden in GN-Stellen überführt (s. Bild 13.30).

Zustände in Zustandsmaschinen, die einen *GaWorkloadGenerator* definieren, werden sinnvollerweise mit dem MARTE-Stereotyp *PaStep* annotiert, um über seine Eigenschaft *behavDemand* auf das konkret auszuführende Szenario zu verweisen. Dieses Szenario, dem ein separates Generalisiertes Netz entspricht, wird in der übergeordneten Stelle (Zustand) eingebettet. Bei Eintritt einer Marke in diese Stelle (*MyState*) an das eingebettete GN (*MyScenario*) weitergeleitet.

13.6.2 REGIONEN

Eine Region (*UML::Region*) ist ein orthogonaler Teil eines Zustandes. Sie umfasst einige oder alle seine Unterzustände. Ist für einen nicht einfachen Zustand nur eine Region spezifiziert, sind die darin befindlichen Unterzustände sequentiell abzuarbeiten. Ist ein Zustand in mehreren Regionen unterteilt, heißt er orthogonal und die Zustandsfolgen in allen seinen Regionen werden parallel zueinander ausgeführt. Regionen werden grafisch durch gestrichelte Linien abgegrenzt (in der Mitte im Bild 13.29 dargestellt).

Regionen bzw. Unterzustände werden in die Stelle eingebettet, die im Generalisierten Netz den übergeordneten Zustand aus dem Zustandsdiagramm repräsentiert. Bei nicht-orthogonalen Zuständen handelt es sich im dynamischen Aspekt um die einfache Markenübergabe an ein untergeordnetes Netz. Bei orthogonalen Zuständen mit mehreren Regionen ist zusätzlich eine Markenteilung notwendig. Die Marke wird so viele Male geteilt, bis die Anfangspseudozustände aller Regionen genau eine Marke von der übergeordneten Stelle zum selben Zeitpunkt erhalten können.

13.6.3 PSEUDOZUSTÄNDE

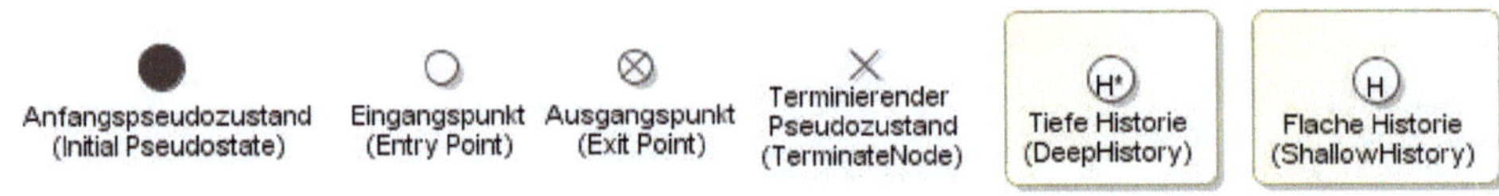

BILD 13.31 PSEUDOZUSTÄNDE

Für ein Zustandsdiagramm ist in der UML-Spezifikation eine Reihe von Pseudozuständen definiert (s. Bild 13.31). Pseudozustände werden in der GN-Domäne den Zuständen gleich gesetzt und werden bei der Transformation in GN-Stellen überführt. Auf die spezielle Semantik der verschiedenen Pseudozustände wird in den folgenden Absätzen eingegangen.

ANFANGSPSEUDOZUSTAND

Zu den Pseudozuständen gehört zunächst der Anfangspseudozustand (*UML::Initial Pseudostate*), der keine Eingangstransition besitzt und über eine Ausgangstransition den Übergang zu einem Zustand desselben Diagramms herstellt. Ein Anfangspseudozustand erzeugt bei seiner Überführung in die GN-Domäne einen Netzeingang für das dem zugehörigen Zustandsdiagramm entsprechende Netz. Semantisch identisch ist die Transformationsregel, beschrieben im Abschnitt 13.4.3/Startknoten bzw. Bild 13.9.

Der Anfangspseudozustand ist das Wurzelelement eines Zustandsdiagramms und trägt somit gewöhnlich die Definition der Systemlast. Daher ist ein Anfangspseudozustand mit Workload-bezogenen MARTE-Stereotypen zu annotieren, die dann das Muster für die Markengenerierung im GN bestimmen (vgl. Abschnitt 12.2). Fehlt die Workload-Annotierung, ist im Netzeingang eine Marke zu Beginn der Simulation zu generieren, die dann die einzelnen Szenarien nacheinander durchläuft.

TERMINIERENDER PSEUDOZUSTAND

Ein terminierender Pseudozustand (*UML::TerminateNode*) bezeichnet, dass die Ausführung der Zustandsmaschine beendet wird. Solche Pseudozustände werden in der Regel nicht mit MARTE-Stereotypen versehen. Terminierende Pseudozustände veranlassen bei der Transformation des Zustandsdiagramms die Erzeugung eines Netzausgangs. Wegen der Analogie zum Endknoten im Aktivitätsdiagramm wird für weitere Details auf den Abschnitt 13.4.3 / Endknoten bzw. Bild 13.10 verwiesen.

EINGANGSPUNKT UND AUSGANGSPUNKT

Die UML-Elemente Eingangspunkt und Ausgangspunkt sind analog zum Anfangspseudozustand bzw. terminierenden Pseudozustand zu verstehen, mit dem Unterschied, dass sie konkret bei Unterzuständen angewendet werden. Daher beeinflussen sie den Ablauf im korrespondierenden eingebetteten Generalisierten Netz wie folgt:

- Ein Eingangspunkt (*UML::Entry Point*) zeigt, an welcher Stelle der Ablauf im eingebetteten Netz fortgesetzt werden soll, sobald eine bestimmte Vorbedingung erfüllt wird.
- Ein Ausgangspunkt (*UML::Exit Point*) zeigt hingegen an, über welche Ausgangsstelle dieses eingebettete Netz bei einer konkreten Situation zu verlassen ist.

HISTORIEN-PSEUDOZUSTÄNDE

Weiterhin zulässig für ein Zustandsdiagramm mit Unterzuständen sind zwei Arten von Historien-Pseudozuständen. Die sogenannte tiefe Historie (*UML::DeepHistory*) bezeichnet die letzte aktive Konfiguration des Unterzustandes. Bei einem erneuten Übergang vom direkt übergeordneten Zustand in diesen Unterzustand soll diese Konfiguration geladen und der Ablauf mit ihr fortgesetzt werden. Der Pseudozustand existiert in der GN-Domäne als eine GN-Stelle, deren charakteristische Funktion den Konfigurationsinhalt aus einer Charakteristik der lokalen Marke der entsprechenden Transition einliest und das eingebettete Netz dementsprechend „konfiguriert", d.h. alle anderen relevanten Charakteristiken bekommen die in dieser Markencharakteristik gespeicherten Werte.

Die zweite Art eines Historie-Pseudozustands ist die flache Historie (*UML::ShallowHistory*). Sie speichert den letzten aktiven Zustand eines Unterzustands, bevor er zum letzten Mal verlassen wurde. Zeigt eine Transition auf einen *ShallowHistory*-Pseudozustand, bedeutet das, dass der Zustandsübergang über diese Transition zum zuletzt aktiven Zustand des Unterzustandes zu erfolgen hat. In der GN-Domäne wird diese Funktionsweise von der charakteristischen Funktion der Stelle (Pseudozustand) übernommen, indem sie – ähnlich wie im letzten Absatz – eine entsprechende Markencharakteristik ausliest, auswertet und die anstehende Marke an diejenige Stelle übergibt, die im eingebetteten Netz bei seiner vorhergehenden Ausführung zuletzt markiert war.

VERBINDENDE PSEUDOZUSTÄNDE

Ähnlich wie die verbindenden Kontrollknoten im Aktivitätsdiagramm wurden für Zustandsdiagramme die verbindenden Pseudozustände Synchronisation (*UML::Join*), Teilung (*UML-*

::Fork), Entscheidung (*UML::Choice*) sowie der semantikfreie Verbindungspunkt (*UML::Junction*) spezifiziert (s. Bild 13.32).

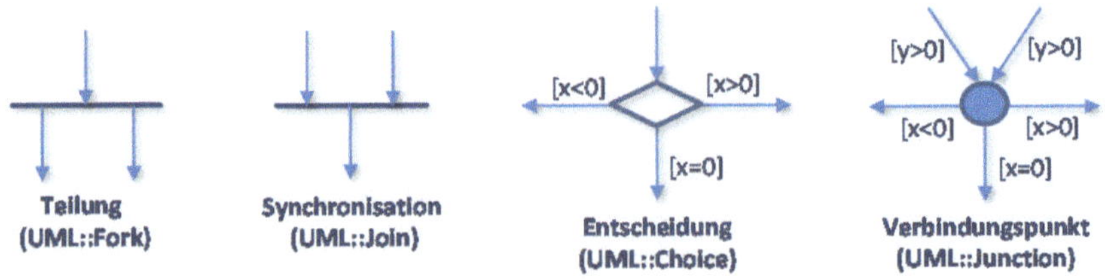

BILD 13.32 VERBINDENDE PSEUDOZUSTÄNDE

Die Semantik der Pseudozustände Synchronisation, Teilung und Entscheidung entspricht weitgehend der Semantik der gleichnamigen Kontrollknoten eines Aktivitätsdiagramms. Daher bewirken diese verbindenden Pseudozustände bei ihrer Transformation in die Generalisierten Netze die gleichen strukturellen und funktionalen Effekte wie die verbindenden Kontrollknoten, weshalb hier auf den Abschnitt 13.4.4 verwiesen wird.

Der Verbindungspunkt ist eine Art kombinierte Entscheidung mit Zusammenführung, mit der zusätzlichen Möglichkeit der Einführung einer Bedingung an jedem eingehenden sowie ausgehenden Zweig. Seine Transformation entspricht somit für die eingehenden Zweige der Transformation einer spezifizierten Synchronisation und für die ausgehenden einer Entscheidung. Auch hier wird von einer erneuten Betrachtung weiterer Transformationsdetails abgesehen und dafür auf die Transformationsvorschriften im Abschnitt 13.4.4 / Verbindende Kontrollknoten verwiesen.

Pseudozustände werden, insbesondere im Hinblick auf die Funktion des Zustandsdiagramms bei der Leistungsbewertung als Workload-Generator, in aller Regel nicht stereotypisiert.

13.6.4   ENDZUSTÄNDE

Ein Endzustand (*UML::FinalState*) bezeichnet, dass die Ausführung seiner umgebenden Region abgeschlossen ist. Ein Endzustand wird grafisch wie ein Endknoten dargestellt und erzeugt bei seiner Transformation in die GN-Domäne analog zu ihm einen Netzausgang des generierten Netzes (vgl. dazu Abschnitt 13.4.3/Endknoten bzw. Bild 13.10).

13.6.5   TRANSITIONEN

Eine Transition (*UML::Transition*), als deutsche Übersetzung in diesem Zusammenhang auch als Zustandsübergang bekannt, ist eine gerichtete Verbindung zwischen zwei Zuständen. Transitionen werden grafisch durch gerichtete Pfeile von einem Zustand zu seinem Nachfolger notiert (s. Bild 13.33). Quell- und Zielzustand können auch identisch sein. Eine Transition kann um folgende Angaben erweitert werden:

Ereignis(Argumente) [Bedingung] / Operation(Argumente)

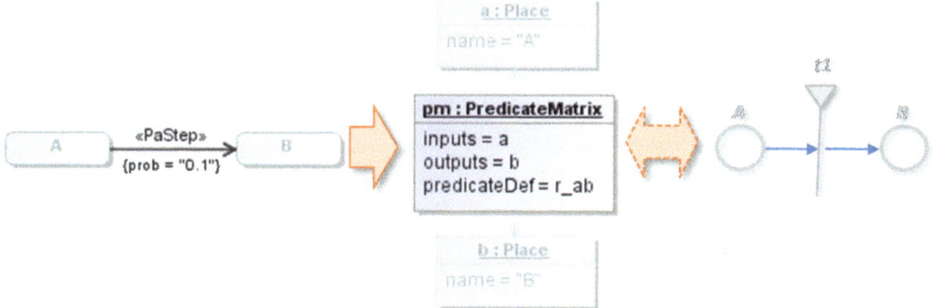

BILD 13.33 ANNOTIERTE UML-TRANSITION UND IHRE TRANSFORMATION IN PRÄDIKATSFUNKTION

Die Existenz einer UML-Transition veranlasst in der GN-Domäne die Änderung des Prädikats für den Markenübergang zwischen den Stellen, die dem Quell- bzw. Zielzustand der Transition entsprechen. Sind kein auslösendes Ereignis und keine Bedingung für die Transition spezifiziert, wird das Prädikat mit dem Wahrheitswert *true* (bedingungsloser Markenübergang) belegt, sonst werden die gemachten Angaben in das Prädikat übernommen. Die auszuführende Operation wird der charakteristischen Funktion der Ausgangsstelle hinzugefügt.

Wenn im Rahmen einer Transition Signale modelliert werden, sind hierfür die aus Bild 13.13 und Bild 13.14 bekannten Symbole zu verwenden. Sofern eine Transition Signale sendet (Angabe *Operation*) oder empfängt (Angabe *Ereignis*), wird bei ihrer Überführung in die GN-Domäne für jede *SendSingalAction* bzw. *AccepteventAction* jeweils eine zusätzliche Stelle erzeugt. Für Details wird auch bei diesem Element auf den Abschnitt 13.4.5 sowie die grafische Darstellung der Transformationsregeln im Bild 13.13 und Bild 13.14 verwiesen.

Innerhalb einer Transition können außerdem verbindende Pseudozustände verwendet werden, die bei ihrer Transformation entsprechend zu beachten sind (vgl. dazu Abschnitt 13.4.3).

Bei der Anwendung eines Zustandsdiagramms als Workload-Generator ist es üblich, die Transitionen zwischen den Zuständen mit dem Stereotyp *PaStep* zu annotieren, um dadurch die Möglichkeit zu erlangen, eine Wahrscheinlichkeit für das folgende Szenario (aufgerufen von dem übergeordneten Zustand) anzugeben (s. Bild 13.33). In diesem Sinne bezeichnet das Stereotyp nicht wie gewohnt die Ausführung einer Tätigkeit, sondern definiert die Stochastik im modellierten System. Daher weicht auch die entsprechende Transformationsregel von der üblichen ab, indem für den *PaStep* keine Stelle erzeugt wird, sondern nur das Prädikat zwischen den beiden verbundenen Stellen an die angegebene Wahrscheinlichkeit des Übergangs angepasst wird. Das folgende Beispiel erklärt diesen Sachverhalt näher.

13.6.6 BEISPIEL ZUSTANDSDIAGRAMM

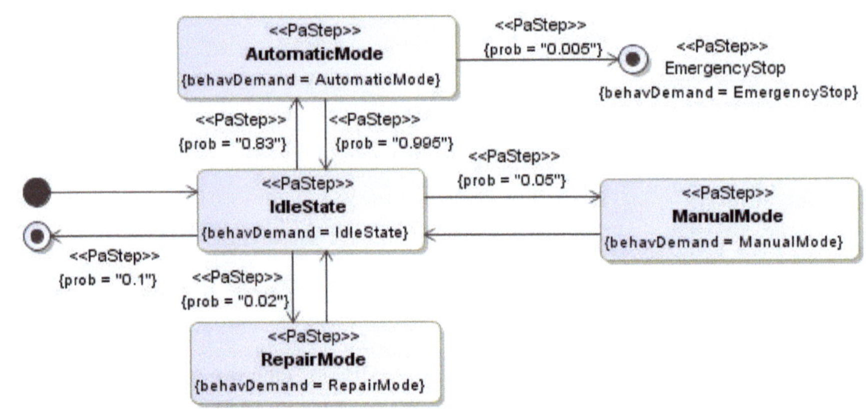

BILD 13.34 MARTE-ANNOTIERTES ZUSTANDSDIAGRAMM

Das Beispieldiagramm im Bild 13.34 zeigt eine einfache Zustandsmaschine, die von einem sehr kleinen Teil der zulässigen Elemente Gebrauch macht, jedoch die typische Anwendung der UML-Zustandsdiagramme im Rahmen der modellbasierten Leistungsbewertung demonstriert. Abgebildet sind die Arbeit eines automatisierten Systems in seinen verschiedenen Betriebsmodi sowie die Übergangswahrscheinlichkeit zwischen ihnen. Wie bereits erklärt, soll das Zustandsdiagramm eine Art Systemübersicht darstellen. Die konkrete Funktionsweise des Systems beschreiben die separat definierten Szenarien, beispielsweise das Diagramm *AutomaticMode* für den gleichnamigen Zustand (Diagramm hier nicht angegeben).

Das bei der Transformation des obigen Zustandsdiagramms entstehende Generalisierte Netz ist im Bild 13.35 dargestellt. Nach den spezifizierten Regeln veranlassen die nicht annotierten Anfangspseudozustand bzw. Endzustand die Generierung des Netzeingangs bzw. Netzausgangs des resultierenden Netzes, die wegen der fehlenden Bezeichnung die Service-Namen *Start* und *End* erhalten. Als Repräsentation des Gesamtsystems wird die einzige Transition des Netzes erzeugt, die sinnvollerweise den Namen des Diagramms annimmt (im Diagramm im Bild 13.34 nicht angezeigt). Alle Zustände werden in GN-Stellen überführt. Ist der Zustand dabei ein Quellzustand einer UML-Transition, wird er als Eingangsstelle der einzigen GN-Transition deklariert und entsprechend verbunden. Alle Zustände, die Zielzustände von UML-Transitionen darstellen, werden Ausgangsstellen dieser GN-Transition. Das Bild zeigt im unteren Teil noch die Prädikatmatrix, die die möglichen Pfade zwischen den erzeugten Stellen festlegt. So ist der Matrix zu entnehmen, dass eine Marke – konform zur Definition im UML-Zustandsdiagramm – von der Stelle *Start* bedingungslos in die Stelle *IdleState* übergeht (Prädikat *true*), und der Übergang von *IdleState* in die Ausgangsstellen der Transition *ModeManager AutomaticMode*, *ManualMode*, *RepairMode* und *End*, die den gleichnamigen (End-)Zuständen im Zustandsdiagramm entsprechen, nur nach Erfüllung einer entsprechenden Bedingung zu erfolgen hat. Wann welches Prädikat als wahr bzw. falsch ausgewertet wird, zeigt die Definition rechts im Bild 13.35. Die dort eingeführten Variablen r_{IS} und r_{AM} sind unabhängige, uniform verteilte, reale Zufallsvariablen im Intervall [0,1].

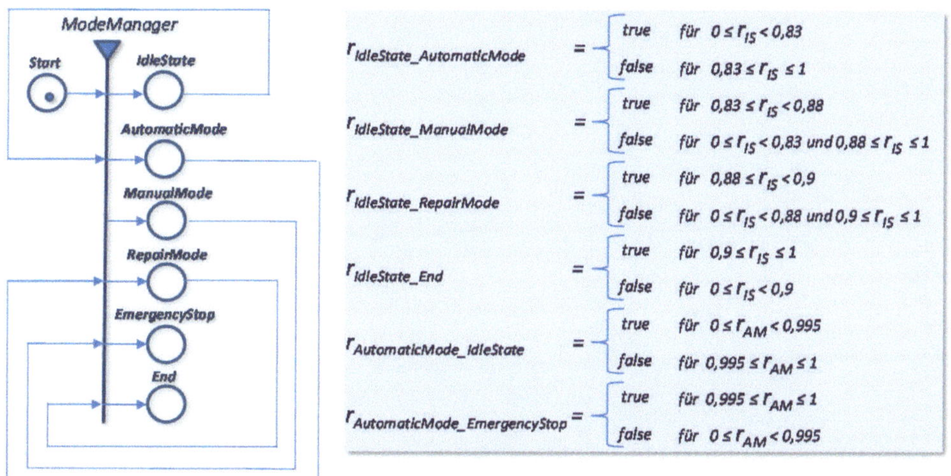

$$r_{IdleState\_AutomaticMode} = \begin{cases} true & \text{für } 0 \le r_{IS} < 0{,}83 \\ false & \text{für } 0{,}83 \le r_{IS} \le 1 \end{cases}$$

$$r_{IdleState\_ManualMode} = \begin{cases} true & \text{für } 0{,}83 \le r_{IS} < 0{,}88 \\ false & \text{für } 0 \le r_{IS} < 0{,}83 \text{ und } 0{,}88 \le r_{IS} \le 1 \end{cases}$$

$$r_{IdleState\_RepairMode} = \begin{cases} true & \text{für } 0{,}88 \le r_{IS} < 0{,}9 \\ false & \text{für } 0 \le r_{IS} < 0{,}88 \text{ und } 0{,}9 \le r_{IS} \le 1 \end{cases}$$

$$r_{IdleState\_End} = \begin{cases} true & \text{für } 0{,}9 \le r_{IS} \le 1 \\ false & \text{für } 0 \le r_{IS} < 0{,}9 \end{cases}$$

$$r_{AutomaticMode\_IdleState} = \begin{cases} true & \text{für } 0 \le r_{AM} < 0{,}995 \\ false & \text{für } 0{,}995 \le r_{AM} \le 1 \end{cases}$$

$$r_{AutomaticMode\_EmergencyStop} = \begin{cases} true & \text{für } 0{,}995 \le r_{AM} \le 1 \\ false & \text{für } 0 \le r_{AM} < 0{,}995 \end{cases}$$

$r_{ModeManager}$	IdleState	AutomaticMode	ManualMode	RepairMode	EmergencyStop	End
Start	true	false	false	false	false	false
IdleState	false	$r_{IdleState\_AutomaticMode}$	$r_{IdleState\_ManualMode}$	$r_{IdleState\_RepairMode}$	false	$r_{IdleState\_End}$
AutomaticMode	$r_{AutomaticMode\_IdleState}$	false	false	false	$r_{AutomaticMode\_EmergencyStop}$	false
ManualMode	true	false	false	false	false	false
RepairMode	true	false	false	false	false	false

BILD 13.35 AUS DEM BEISPIELZUSTANDSDIAGRAMM RESULTIERENDES GENERALISIERTES NETZ

In den Stellen *IdleState*, *AutomaticMode*, *ManualMode*, *RepairMode* und *EmergencyStop* sind jeweils die untergeordneten Generalisierten Netze, die den gleichen Namen tragen (vgl. Eigenschaftswerte vom Attribut *behavDemand* im Bild 13.34), eingebettet.

14 Rückführung von Analyseergebnissen in das UML-Modell

Alle bis jetzt eingeführten Transformationsregeln entfalten ihre Wirkung im Vorwärtszweig des verfolgten Frameworks, d.h. bei der Gewinnung des Leistungsanalysemodells aus dem annotierten UML-Modell (vgl. Bild 4.1). Wie in Kapitel 4 erläutert, bietet eine automatisierte Überführung der bei der Analyse erzielten Ergebnisse in das ursprüngliche UML-Modell die Möglichkeit, eine schnelle, verständlich dargestellte, auf das konkrete Ziel (vgl. Abschnitt 17.1) zugeschnittene Antwort zu bekommen. Daher fokussiert das aktuelle Kapitel 14 kurz auf den Rückwärtszweig im Framework.

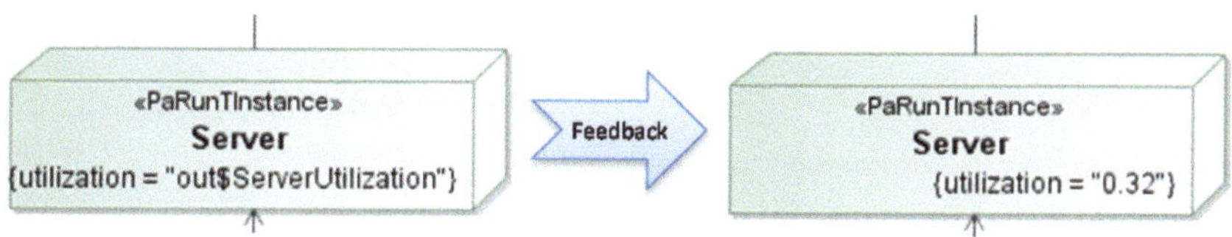

BILD 14.1 RÜCKFÜHRUNG VON ANALYSEERGEBNISSEN BEI OUTPUT-VARIABLEN

Die gewünschte Rückführung bezieht sich primär auf zwei Arten von Informationen. Zum einen ist es sinnvoll, die bei der Simulation ermittelten Werte für eine „*out$*"-Variable in das UML-Modell zurückzuführen. Eine derartige Deklaration von Variablen stellt grundsätzlich eine Anfrage zur Bezifferung der Variable mit einem für das analysierte Szenario konkreten Wert. Die Aufgabe der Simulation besteht dann darin, relevante statistische Informationen für diese Variable zu sammeln und an ihrem Ende für die Rückführung geeignet zusammenzufassen. Derartige Variablen betreffen meistens Gesamtantwortzeiten von Abläufen oder Auslastungen von Ressourcen im untersuchten System. Zu diesem Zweck werden im Generalisierten Netz Markencharakteristiken der globalen Marke angelegt (vgl. Abschnitt 12.1 der Arbeit) – eine gleichnamige Charakteristik für jede „*out$*"-Variable. Die globale Marke des Netzes hält am Ende des Simulationsexperiments den gesuchten Wert in der entsprechenden Charakteristik bereit. Die Rückführung in das Ursprungsmodell besteht darin, die gesuchte Variable im UML-Modell durch den ermittelten Wert zu ersetzen. Dies wird in der MARTE-Eigenschaft vorgenommen, in der die Definition erfolgte (s. Bild 14.1). Auf die Realisierung der Rückführung aus softwaretechnischer Sicht wird kurz im Abschnitt 17.9 eingegangen.

Die zweite Gruppe Analyseergebnisse, die zurückzuführen sind, bezieht sich auf die Einhaltung von im UML-Modell gestellten Anforderungen an die Systemleistung. Um richtig interpretiert werden zu können, sind die Anforderungen im UML-Modell in OCL oder VSL zu formulieren (s. Kapitel 8, vgl. auch [119]). Während der Simulation werden auch hier relevante Statistiken gesammelt und innerhalb von Markencharakteristiken aufbewahrt. Am Ende der Simulation erhält man eine Zusammenfassung, in wie vielen Fällen bei der Ausführung des

Szenarios die Anforderung eingehalten wurde und in wie vielen nicht. Auf Basis dieser Information wird über die Erfüllung der Anforderung entschieden, indem die benötigte Wahrscheinlichkeit errechnet wird. Im Gegensatz zu den Variablen werden hier keine Eigenschaftswerte ersetzt, sondern lediglich ergänzt. Bild 14.2 zeigt ein Beispiel, in dem gefordert wird, dass bei der Ausführung dieses Szenarios mit 95%iger Wahrscheinlichkeit (*percentile95*) eine Antwortzeit von maximal 500 Millisekunden erreicht wird. Bei der durchgeführten Analyse wurde bestimmt, dass in 95% der Fälle sogar eine Antwortzeit von 478 ms gesichert werden kann. Die Antwortzeit bei Szenarien mit einem geschlossenen Workload, wie im gezeigten Beispiel, ist die Zeit zwischen zwei aufeinanderfolgenden Initiierungen der Ausführung dieses Szenarios.

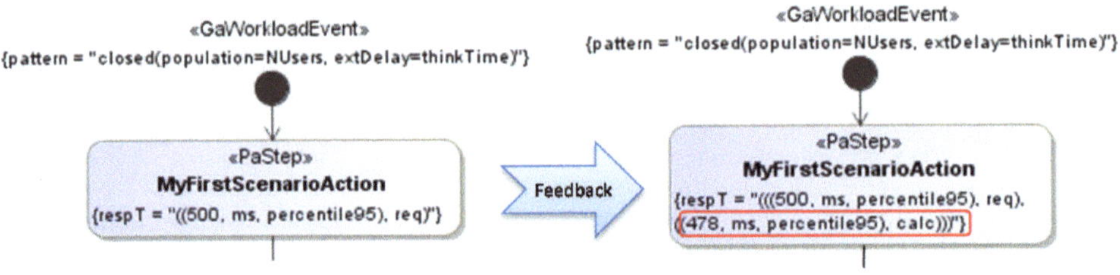

BILD 14.2 RÜCKFÜHRUNG VON ANALYSEERGEBNISSEN BEI ANFORDERUNGEN

IV SOFTWARETECHNISCHE REALISIERUNG

Im Teil III wurde die Transformation von MARTE-annotierten UML-Modellen in Generalisierte Netze umfänglich auf einer konzeptionellen, theoretischen Ebene behandelt. Der aktuelle Teil IV behandelt nun in die praktische Umsetzung des verfolgten Ansatzes. Die praktische Anwendbarkeit des hier vorgestellten Frameworks stand immer im Mittelpunkt dieser Arbeit, sodass seine Softwarerealisierung einen ständigen Prozess der Verbesserung und Weiterentwicklung darstellte. Dadurch entstanden während der Bearbeitungszeit mehrere eigenständige Lösungen. Diese werden kurz aufgelistet, bevor auf die ausführlichere Beschreibung des aktuellen Softwareframeworks eingegangen wird. Es folgt den im Abschnitt 4.3 gesetzten Zielen und besteht somit aus mehreren Schritten und Komponenten. Einleitend wird ein kurzer Überblick über die verwendeten Werkzeuge, deren Schnittstellen sowie deren Zusammenhang gegeben. Anschließend wird der notwendige Arbeitsfluss erläutert, um dieses Framework in der Praxis anwenden zu können – von der Festlegung eines konkreten Analyseziels über die Analyse an sich bis hin zur Beurteilung der Eignung der analysierten Systemvariante. Ein letztes Kapitel dieses Teils fokussiert auf das Transformationsmodul, das die softwaretechnische Realisierung der im Teil III spezifizierten Transformationsregeln darstellt. Es werden gezielt einige seiner Funktionen aufgegriffen, um die Funktionsweise dieser Komponente, auch wenn nur exemplarisch, zu erörtern. Bei dem implementierten Softwareframework handelt es sich um einen Prototypen, der den erarbeiteten Ansatz validiert und seine Machbarkeit nachweist. Die in ihm unterstützten Konfigurationen und Elemente des Leistungsmodells werden konkret aufgezählt.

15 HISTORIE UND KLASSIFIKATION DER ENTSTANDENEN LÖSUNGEN

Während einige Komponenten in der softwaretechnischen Realisierung (s. Bild 15.1) bereits zu Beginn der Implementierung festgelegt wurden und bis zur Endrealisierung sich nie änderten, wurden andere von Grund neu konzipiert und entwickelt. So war bei dem Simulator für Generalisierte Netze beispielsweise keine Auswahl möglich, denn es existiert bis dato ein einziger Simulator für GN – die Entwicklung der Bulgarischen Akademie der Wissenschaften *GNTicker* [164]. Daher wurde er zusammen mit seiner XML-basierten Import-Schnittstelle XGN (*XML for Generalized Nets*) sowie seinem Ausgabeformat zwingend in die Lösung übernommen. Die Ausgabe erfolgt in einer Kombination aus unstrukturiertem ASCII-Text für die Protokollierung der Ereignisse im Netz und einer XML-Struktur für den Export von Markencharakteristiken. Die im Simulator ursprünglich integrierte Interpretationssprache für die charakteristischen Funktionen der Stellen und die Prädikate im GN – ein Lisp-ähnlicher Dialekt namens GNTCFL [78] – erwies sich allerdings als für Elektroingenieure schwer erlernbar und damit unakzeptabel für das Framework, denn sowohl die Entwicklung, als auch die Wartung der Lösung, genauso wie der Bedarf einer Änderung am GN-Modell erfordern tiefgründige Kenntnisse über die integrierte Sprache. Infolgedessen wurde die Erweiterung des in C++ geschriebenen Simulators um eine zusätzliche Funktionssprache für die obigen Aufgaben beschlossen. Nach einer Vergleichsanalyse wurde dafür JavaScript (JS) ausgewählt und in den Simulator eingebunden. Die letzten Entwicklungen nutzen JavaScript als Funktionssprache.

Da die verschiedenen UML-Werkzeuge zwar immer das standardisierte Austauschformat für UML XMI exportieren (vgl. Abschnitt 6.2), jedoch unterschiedliche Ausprägungen davon unterstützen, sind zurzeit keine universellen Lösungen möglich. Daher war es bei der Entwicklung des Frameworks notwendig, den Fokus auf ein konkretes Modellierungswerkzeug zu legen. Aus der Werkzeugvielfalt konnte *MagicDraw UML* [112] aufgrund seiner breiten Funktionalität und den überdurchschnittlichen Möglichkeiten des Exports am besten überzeugen. Das Werkzeug unterstützt weitgehend die UML-Spezifikation, erlaubt die Arbeit mit Profilen und bietet als Exportschnittstelle für die Modelle neben XMI auch EMF UML XMI (s. weiter unten). Der Benutzer wird bei der Erstellung der Diagramme durch „intelligente" Layouts unterstützt, wodurch meist eine bessere Übersichtlichkeit in der grafischen Darstellung des Entwurfes erreicht werden kann. Für die Profile werden fertige Plug-Ins angeboten und es können durchgängig kostenfreie Beta-Versionen verwendet werden. *MagicDraw UML* wurde in einem relativ frühen Stadium der Bearbeitung als Werkzeug festgelegt und die Wahl blieb während der ganzen Bearbeitung unverändert, jedoch waren auf Grund von neuen Releases (zwischen den Versionen 12.0 und 16.6) zahlreiche Anpassungen notwendig.

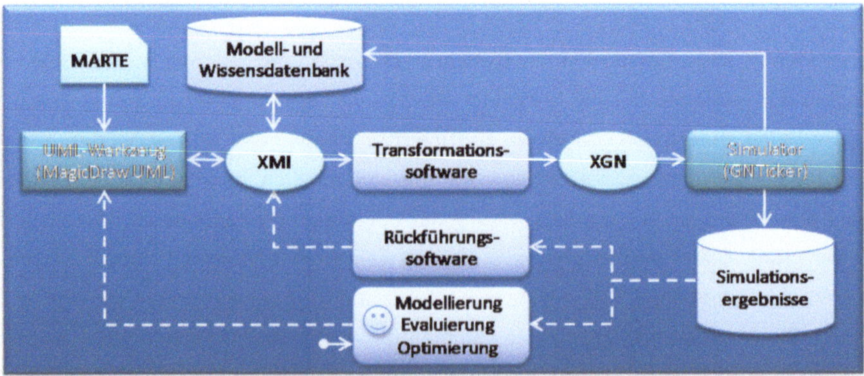

BILD 15.1 ALLGEMEINE STRUKTUR DES FRAMEWORKS

Des Weiteren waren die Modellierung und Auswertung der Ergebnisse sowie die Optimierung des Modells immer eine Aufgabe des menschlichen Experten. Die Modell- und Wissensdatenbasis war und blieb eine Sammlung aus UML-Projekten, teilweise mit integrierten, zurückgeführten Analyseergebnissen, die als Ausgangsbasis für Neuentwicklungen diente. Im Unterschied zu diesen unveränderten Komponenten wurden jedoch für andere Bestandteile des Frameworks mehrere Konzepte untersucht, woraus auch mehrere Softwarelösungen hervorgingen.

Die größten Änderungen bei der Realisierung ergaben sich zum einen beim UML-Profil, das zur Leistungsmodellierung verwendet wurde, sowie bei der Implementierung der Transformationsvorschriften (vgl. Bild 15.1). Das MARTE-Profil wurde von der OMG als eine Weiterentwicklung und gleichzeitigen Ersatz für das *UML Profile for Schedulability, Performance and Time* (SPT, vgl. die Einleitung zum Kapitel 8) konzipiert. Vor der Veröffentlichung der ersten Beta-Version von MARTE in 2008 wurde beim hier verfolgten Ansatz mit dem SPT-Profil gearbeitet.

Die Transformationssoftware wurde bis Mitte 2009 in XSLT programmiert. Die XSLT-Implementierungen erzeugten die äquivalenten Generalisierten Netze aus in XMI exportierten UML-Modellen und wurden vom damals kostenfrei angebotenen XSLT-Prozessor *AltovaXML* ausgeführt. In der zweiten Hälfte des Jahres 2009 wurden die XSLTs durch M2M-Transformationen ersetzt, nachdem durch die Untersuchungen in [187] die vielen Vorteile derartiger High-Level-Transformationen gegenüber XSLT ersichtlich wurden (vgl. auch Abschnitt 2.3 und Abschnitt 4.2, Punkt 7). Die Transformationssoftware liegt aktuell in der sehr mächtigen M2M-Sprache *Xtend* vor, die Bestandteil des *eclipse*-basierten Werkzeugs *openArchitektureWare* (*oAW*, [50]) ist. Die Einführung von *oAW* hatte den zwingenden Umstieg von XMI auf EMF UML XMI als Export-Format der UML-Modelle zur Folge. EMF steht für *Eclipse Modeling Framework* und das Format EMF UML XMI bezeichnet die XML-basierte Serialisierung des UML-Metamodells von *eclipse*, auf dem *oAW* aufsetzt. Das XMI-Format von *MagicDraw UML* wird von *oAW* nicht unterstützt. Unabhängig von der gewählten Schnittstelle des Vorwärtszweiges ist es aufgrund einiger Unzulänglichkeiten beim Export bzw. Import von EMF UML XMI in *Magic Draw UML* ratsam, für die Ergebnisrückführung XMI zu verwenden. Auf die Werkzeuge und Formate, die in der letzten Lösung verwendet werden, wird nochmals ausführlicher im nächsten Kapitel 16 eingegangen.

Nicht zuletzt hatte die Implementierung einen wechselnden Fokus, was die Modellierungsmethode betrifft. So wurden mehrere Lösungen für unterschiedliche UML-Diagrammarten entwickelt und als Machbarkeitsanalyse für die Telekommunikationsbranche ein eigenes Transformationsmodul für *Message Sequence Charts* realisiert. Bei allen Entwicklungen dienen die Generalisierten Netze als Leistungsanalysemethode.

In Tabelle 15.1 sind die verschiedenen Softwarevarianten aufgelistet, die im Rahmen dieser Arbeit entstanden. Die Tabelle sieht von den konstanten Framework-Komponenten ab und klassifiziert die Lösungen nach den variablen Merkmalen. Die vergebene Versionsnummer wächst chronologisch, d.h. eine höhere Zahl bezeichnet eine spätere Entwicklung.

Version	Art des Verhaltensdiagramms	UML-Profil	Export-Schnittstelle Leistungsmodell	Technologie der Transformation	Funktionssprache GNTicker	Rückführung Ergebnisse
1.	Aktivitätsdiagramm	SPT	XMI	XSLT	LISP	ja
2.	Sequenzdiagramm	SPT	XMI	XSLT	LISP	ja
3.	MSC	--	XML proprietär	XSLT	LISP	nein
4.	Aktivitätsdiagramm	MARTE	XMI	XSLT	JS	nein
5.	Sequenzdiagramm	MARTE	XMI	XSLT	JS	nein
6.	Aktivitätsdiagramm	MARTE	EMF UML XMI	Xtend / oAW	JS	nein

TABELLE 15.1 ÜBERBLICK ÜBER DIE PROTOTYPISCHEN IMPLEMENTIERUNGEN

Aus dem Inhalt der Tabelle können folgende Schlussfolgerungen gezogen werden:

- Durch die Implementierung desselben Ansatzes für verschiedene UML-Diagrammarten wurde seine Universalität innerhalb der UML-Domäne prinzipiell nachgewiesen (Versionen 1 und 2 bzw. 4 und 5).
- Das Konzept der Transformation konnte für mehrere UML-Profile umgesetzt werden.
- Der Ansatz kann ohne große Änderungen auch auf andere Modellierungstechniken wie beispielsweise die *Message Sequence Charts* (Version 3) übertragen werden.
- Die Machbarkeit der Rückführung von Ergebnissen in das ursprüngliche UML-Modell über XMI wurde prinzipiell nachgewiesen (Versionen 1 und 2).

Aufgrund der aufgezählten Erkenntnisse wurde bei der letzten Entwicklung (Version 6) in *oAW* auf den essentiellen Vorwärtszweig der Transformation und zwar konkret auf UML-Aktivitäten fokussiert. Auf die Implementierung von mehreren Diagrammarten sowie die Rückführung von Ergebnissen wurde verzichtet. Diese sind als Objekt von Weiterentwicklungen zu verstehen. Es folgt die ausführliche Beschreibung der finalen Lösungsvariante 6. Die dort zum Einsatz kommenden Werkzeuge und Formate werden näher erläutert. Es wird auf einige Besonderheiten eingegangen, die von Anwender des Frameworks zur Leistungsbewertung zu beachten sind.

16 ALLGEMEINER ÜBERBLICK ÜBER DAS FRAMEWORK

Bild 16.1 zeigt den schematischen Aufbau des zuletzt implementierten Frameworks. Es besteht aus einer zusammenhängenden Gesamtheit von gängigen Werkzeugen und Eigenimplementierungen. Neben der bereits angesprochenen Ergänzung der Funktionssprachen im Simulator für Generalisierte Netze *GNTicker* (vgl. Kapitel 15) beschränkt sich die eigene Implementierung ausschließlich auf die Transformationssoftware. Ihre Funktionalität wird im separaten Kapitel 18 vorgestellt. Die nächsten Abschnitte legen das Augenmerk auf die am Framework kollaborierenden Teilnehmer und Komponenten. Die durchgezogenen Pfeile im Bild bezeichnen den Vorwärtszweig im Framework, d.h. die Gewinnung des Leistungsanalysemodells. Die gestrichelten Linien machen den Rückwärtszweig der Ergebnisrückführung und Optimierung kenntlich. Die durch kursive Schrift kenntlich gemachte Rückführungssoftware im Bild 16.1 ist der Vollständigkeit halber angegeben, gehört allerdings nicht zum Funktionsumfang des betrachteten Frameworks und wird daher nicht weiter diskutiert.

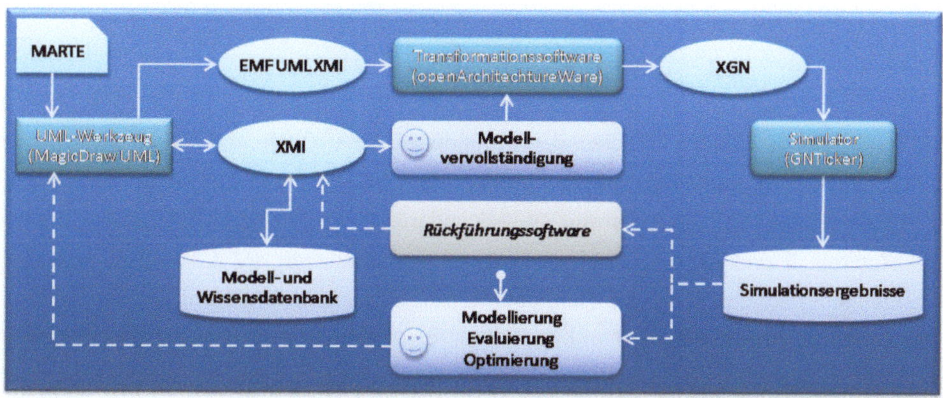

BILD 16.1 DAS FRAMEWORK ZUR LEISTUNGSANALYSE

16.1 ANWENDER

Einen essentiellen Teilnehmer am vorgestellten Framework stellt der Anwender dar (s. das stilisierte Gesicht im Bild 16.1). Unter Anwender sind Systemarchitekten, Systemdesigner, Leistungs- bzw. Systemanalytiker, etc. zu verstehen, die von einer einzigen oder aber auch mehreren Personen vertreten sein können. Zu den Aufgaben des Anwenders gehören die Fertigstellung des Leistungsmodells (Modellierung bzw. Auswahl eines Projektes aus der Modelldatenbank, ggf. Modifikation), die Auswertung der Ergebnisse nach der Simulation sowie die evtl. notwendige Optimierung des Systemmodells. Im Übrigen ist im sonst stark automatisierten Framework menschlicher Eingriff an lediglich noch einer Stelle nötig, nämlich bei der Vervollständigung des in EMF UML XMI exportieren Modells. Die Notwendigkeit dieses Schrittes beruht, wie im Kapitel 15 angesprochen, auf einige Unzulänglichkeiten dieses Formats, die im Abschnitt 17.4 konkretisiert werden. Außerdem obliegt es dem Anwender, die Brücken zwischen den Werkzeugen zu bauen, indem er in die richtigen Ordner exportiert bzw. von dort aus importiert usw. Er startet aktiv den Transformationsprozess in *oAW* sowie den Simulator.

16.2   MODELLIERUNGSWERKZEUG

Im Framework wird als Modellierungswerkzeug *MagicDraw UML* der Firma NoMagic Ltd. genutzt (vgl. Kapitel 15). Der letzte stabil funktionierende Prototyp der Softwarelösung wurde mit *MagicDraw UML 16.5 SP1 Enterprise Edition* getestet. Die Projekte binden in dieser Version des Werkzeugs UML in der Version 2.2 und das MARTE-Profil in der Version 1.0 ein. MARTE wird als fertiges Plug-In zur Verfügung gestellt, das nachinstalliert werden muss. *MagicDraw UML* unterstützt beide für den hier vorgestellten Ansatz wichtigen Austauschformate XMI (unter anderem in der verwendeten Version 2.1) und Eclipse UML2 XMI (im Bild als EMF UML XMI bezeichnet). XMI kann auch als Speicherformat eines Projektes gewählt werden.

16.3   TRANSFORMATIONSUMGEBUNG

Die Transformationsregeln zwischen den Metamodellen der Quell- und Zieldomäne wurden in Teil III in Form von QVT-Relationen und -Mappings definiert, denn QVT ist der Standard für Transformationen, der das sonst auf OMG-Standards angelehnte Konzept nahtlos ergänzt (vgl. Kapiteln 5 und 6). Die Untersuchung von verschiedenen M2M-Sprachen und ihrer Werkzeugunterstützung zeigte jedoch, dass derzeit eine Implementierung in einer anderen Transformationssprache als QVT zu favorisieren ist. Die durchgeführte Analyse nach mehreren Kriterien wie dem Import-Format, der Unterstützung von Profilen, der Art der Lizenz, der Unterstützung des Entwicklers (Autovervollständigung, Hervorhebung), der Analysefunktionalität (Debugging, Tracing, Konsolen-Ausgabe), etc. ließ die Auswahl auf das *eclipse*-basierte Framework *openArchitectureWare* fallen (vgl. dazu [187]). In *oAW* kann sich der Entwickler der drei Sprachen *Xpand*, *Xtend* und *Check* bedienen [187]. *Xtend* ist ähnlich wie QVT eine Sprache für M2M-Transformationen, ist jedoch nicht standardkonform. Dennoch konnte das Werkzeug neben seiner breiten Funktionalität auch mit seiner Lizenzart GPL (*General Public Licence*), mit der relativ umfangreichen Dokumentation, der verhältnismäßig großen Benutzer-Community, mit den die Programmierarbeit unterstützenden Funktionen wie Debugging und Hervorhebung sowie der Möglichkeit, gängige funktionalen Sprachen wie Java einzubinden, überzeugen. Zudem wurde das Konzept von *oAW* trotz der Abweichung vom QVT-Standard als ansatzkonform eingestuft, sodass schließlich eine Implementierung der Transformationsregeln in diesem *eclipse*-Framework beschlossen wurde. Die letzte lauffähige Version der Transformationssoftware (s. Bild 16.1) verwendet *oAW* in der Version 4.3.1. Die

Transformationsregeln sind dort primär in *Xtend* codiert, die um einige Java-Methoden für diese Fälle ergänzt wurde, in denen die notwendige Funktionalität die Möglichkeiten von *Xtend* überstiegen. Die Kollaboration beider Programmiersprachen funktioniert in *oAW* nahtlos.

Durch den Ersatz der Softwarelösungen in den Versionen 1 bis 5 (s. Tabelle 15.1) durch eine Neuimplementierung in einer höheren Transformationssprache wie *Xtend* wurden gegenüber einer XSLT-Realisierung folgende Vorteile in Aussicht gestellt und im Nachhinein bestätigt:

- *oAW* stellt die Elemente der importierten Quell- und Zielmetamodelle als <u>Objekte</u> dar, wodurch UML-Elemente, MARTE-Stereotype, GN-Elemente und ihre Eigenschaften gezielt angesprochen werden können. Bei XSLT basiert die Referenzierung primär auf dem Abgleich von Zeichenketten.
- Die Fehlersuche wird um ein Vielfaches vereinfacht, denn ein integrierter Interpreter meldet Fehler im Code bereits vor der Ausführung; zur Laufzeit sind Ausgaben in die Konsole möglich. Bei XSLT ist die Fehlersuche in aller Regel ein viel mühsamerer Prozess.
- höhere M2M-Sprachen ähneln eher konventionellen Programmiersprachenkonzepten wie dem von Java. Das resultiert in einer schnellen Einarbeitung und kürzeren Entwicklungszeit, denn der Entwickler erhält die Möglichkeit, in einer gewohnten Weise zu denken und zu arbeiten. Zusätzlich erhält er zur Entwicklungszeit Unterstützung vom Werkzeug in Form von Hervorhebung und Autovervollständigung von Funktionen. XSLT unterscheidet sich gravierend von gängigen objektorientierten Konzepten. In XSLT-Entwicklungsumgebungen erhält der Entwickler erfahrungsgemäß keine bis wenig Unterstützung.
- Die Qualitätssicherung, die Weiterentwicklung und die Wartung des Softwareproduktes werden begünstigt, denn als Ergebnis der Implementierung entsteht aufgrund der obigen Merkmale von *oAW* meistens ein gut strukturierter und leicht verständlicher Code.
- In *oAW* besteht die Möglichkeit, Java in die Programmmodule einzubinden (siehe oben) und dadurch die fehlende Funktionalität zu ergänzen. Bei XSLT ist eine solche Option nicht per se gegeben.

16.4　Simulationswerkzeug

Die Simulation im Framework übernimmt, wie bereits angesprochen, der Simulator für Generalisierte Netze *GNTicker*. Beim Start der Simulation importiert er ohne weitere Bearbeitung das von *oAW* direkt im XGN-Format abgelegte GN-Modell. Die Ausgabe vom Simulator erfolgt optional in der Konsole oder einer Datei und besteht aus Informationen über die Ereignisse im Netz (Markenübergänge) und einer Zusammenfassung der Charakteristiken der globalen Marke (s. dazu auch Abschnitt 17.8).

17 ARBEITSFLUSS

Das Erzielen von aussagekräftigen Ergebnissen mit dem im Kapitel 16 vorgestellten Framework setzt seine richtige Bedienung voraus. Dieses Kapitel gibt Auskunft darüber, welche Schritte notwendig sind, um unter Einsatz dieses Frameworks von einer Aufgabenstellung bis hin zu den Analyseergebnissen zu gelangen und schildert viele Besonderheiten in diesem Kontext. Der Arbeitsfluss, in dem das implementierte Framework zur Leistungsanalyse einzusetzen ist, besteht aus einer Reihenfolge von einzelnen Arbeitsschritten, zwischen denen auch Rückverbindungen existieren (Bild 17.1). In der oberen Zeile vom Bild 17.1 ist die Schrittreihenfolge eingegeben. Die meisten dieser Schritte erfahren eine Werkzeugunterstützung. Die verwendeten Werkzeuge findet man im unteren Teil des Bildes, wobei das jedem Schritt zugehörige Werkzeug durch eine gestrichelte Linie kenntlich gemacht wurde. Bei den Rückverbindungen im Arbeitsfluss bezeichnen die durchgängigen Pfeile das gängige Vorgehen bei einer Leistungsanalyse, die Strichpunktlinien sind als optionale Maßnahmen anzusehen. Der etwas hellere Schritt *System optimieren* ist ebenso optional und entfällt beispielsweise bei Aufgabenstellungen, in denen nur ein Variantenvergleich gewünscht wird oder bereits die ersten Ergebnisse zufriedenstellend waren. Der erste und die letzten beiden Schritte, d.h. das Analyseziel festlegen, die Simulationsergebnisse analysieren und das System bei Bedarf optimieren, obliegen auf jeden Fall der Handlung eines Menschen und sind in dem hier vorgestellten Ansatz manuell durchzuführen (vgl. auch Kapitel 16). Sofern dem Anwender Werkzeuge dafür bekannt sind, können diese ohne Einschränkung genutzt werden; eine automatische Übernahme von Inhalten ist allerdings nicht vorgesehen. Der etwas heller hinterlegte Block in der unteren Zeile, die der Realisierung der Ergebnisrückführung entspricht, ist ein Hinweis auf eine von mehreren potenziell existierenden Möglichkeiten.

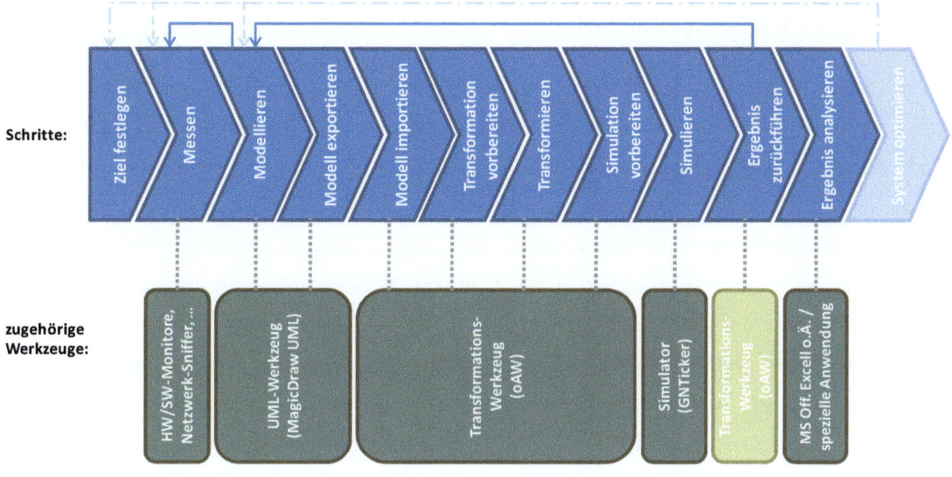

BILD 17.1 ARBEITSFLUSS DES REALISIERTEN FRAMEWORKS ZUR LEISTUNGSANALYSE

Die folgenden Abschnitte geben einen kurzen Überblick über jeweils einen Schritt des vorgestellten Arbeitsflusses.

17.1   FESTLEGUNG DES ANALYSEZIELS

Die Durchführung einer Leistungsanalyse beginnt mit der Festlegung des zu erreichenden Ziels. Dazu gehören zunächst die Abgrenzung und Beschreibung des zu analysierenden Systems, die Spezifikation seiner charakteristischen Größen und ggf. die Angabe von Rahmen- und Umgebungsbedingungen sowie weitere Besonderheiten. Das Ziel legt fest, was von der Analyse konkret als Antwort erwartet wird, und könnte sich auf die Einhaltung einer oder mehrerer Anforderungen (ggf. Konfidenzintervall angeben), die Ermittlung des Wertes einer oder mehrerer Systemvariablen bzw. Leistungsmetriken (ggf. Genauigkeit angeben), einen Variantenvergleich zwischen mehreren Realisierungsvarianten (Kriterien für den Vergleich spezifizieren), etc. beziehen. Mehr zu diesem Thema kann [81] entnommen werden. Eine gelungene Zielfestlegung ist bei jeder Leistungsanalyse unentbehrlich für das Erreichen zufriedenstellender Ergebnisse.

17.2   REFERENZDATENGEWINNUNG

Die Referenzdatengewinnung, für die im Bild 17.1 stellvertretend das Messen dargestellt wurde, ist der nächste Schritt im Arbeitsfluss und bezieht sich darauf, die bei der Zielfestlegung deklarierten Systemgrößen mit konkreten Werten zu belegen. Die Referenzdaten bilden die unmittelbare Basis für das spätere Leistungsmodell. Als ein typisches Beispiel wäre hier die Ausführungsdauer einzelner Ablaufschritte zu erwähnen. Des Weiteren gehören dazu Reaktionszeiten, Transportzeiten über Kommunikationsstacks und -medien, Speichergrößen und weitere Kapazitäten, etc. Die Granularität der gewonnen Daten soll auf jeden Fall dem gesetzten Ziel entsprechen.

Es existieren mehrere Möglichkeiten, Referenzdaten zu gewinnen, die, je nach Gegebenheiten und Aufgabenstellung, einzeln oder parallel angewendet werden müssen bzw. können (vgl. dazu auch [147]). Eine der gebräuchlichsten und mitunter auch genauesten Methoden ist das im Bild 17.1 dafür repräsentativ angegebene Messen an Prototypen des späteren Systems. Die Methode setzt allerdings voraus, dass das zu untersuchende System oder zumindest Teile davon bereits vorhanden sind. Oft leisten in diesem Zusammenhang andere aktuelle sowie abgeschlossene Projekte Hilfe, die fundamentale Services oder Softwarekomponenten beinhalten, deren Anwendung auch im zu untersuchenden System geplant ist. Messen ist generell ein ziemlich langwieriger Prozess. Zum Messen werden gängig Hardware-/ Softwaremonitore sowie viele Arten von (Netzwerk-)Sniffern angewendet. Trotz der relativ vielen angebotenen Fertiglösungen (frei genauso wie kostenpflichtig) ist häufig eine eigenständige Erweiterung des Quellcodes um Protokollierungsfunktionalität notwendig (sofern möglich). Eine weitere Herausforderung bei diesem Belange stellen (mit dem jetzigen Stand der Technik) nicht bzw. nur schwer messbare (nur mittelbar, sehr aufwendig, nicht genau genug) Größen dar. Solche sind bei nahezu jedem System vorhanden und sind bei der Zielsetzung entsprechend zu berücksichtigen.

Eine Alternative des Messens ist die Entnahme von relevanten Charakteristiken aus Spezifikationen, die Bestandteile des untersuchten Systems beschreiben. Die Einbeziehung von Erfahrungswerten aus alten Projekten sowie sonstiges Expertenwissen komplettieren dann den notwendigen Datenpool, um ein repräsentatives Leistungsmodell spezifizieren zu können. Oft gehen der Prozess der Referenzdatengewinnung und die Modellierung (siehe Abschnitt 17.3) ineinander, sodass zwischen ihnen häufig eine Art spiralförmiges Vorgehen angewendet wird.

17.3 MODELLIERUNG

Die Modellierung ist der Prozess, bei dem ein *vollständiges* Leistungsmodell des untersuchten Systems gebildet wird. Die spätere Transformation und Analyse basieren ausschließlich auf diesem Modell, sodass der Modellierer die Aufgabe hat, das System dem Ziel entsprechend und für die Transformation geeignet abzubilden. Die Modellierung hat beim vorgestellten Ansatz in UML und MARTE zu erfolgen.

Die Modellierung beginnt mit der Auswahl der Diagramme. An dieser Stelle wird überlegt, ob ein Strukturdiagramm notwendig ist und wenn ja, von welchem Typ sowie welches Verhaltensdiagramm sich am besten für die konkrete Aufgabenstellung eignet, d.h. ob der Schwerpunkt bei der Modellierung bei den Aktionen, Interaktionen oder Zuständen des Systems liegen soll (vgl. dazu auch Abschnitt 7.2). Als weiteres Kriterium spielt die Wahl eines passenden Abstraktionsgrades eine Rolle. Er muss so gewählt werden, dass alle relevanten Inhalte ausreichend detailliert dargestellt werden können, jedoch nicht unnötig in das Detail gehen und damit den ganzen Modellierungs- sowie Auswertungsprozess verkompliziert oder sogar dadurch die Ergebnisse verfälscht. Ganz allgemein gesagt bildet ein qualitatives Modell die Sachverhalte richtig und vollständig ab. Konkret kann in Bezug auf den verfolgten Ansatz hinzugefügt werden, dass es konform zu den von UML, MARTE und der späteren Transformation unterstützten Formaten ist. Letzteres betrifft insbesondere die Angabe von Bedingungen und Zusicherungen in UML sowie von Eigenschaftswerten in MARTE.

Für die Anreicherung des UML-Modells mit MARTE-Stereotypen sind zwei Vorgehen möglich, die für die spätere Transformation und Analyse gleichwertig sind. Es ist möglich, zunächst das Modell lediglich generisch strukturell und funktional in UML abzubilden und zu einem späteren Zeitpunkt um leistungsrelevante Informationen in MARTE zu erweitern. Alternativ

dazu können beide Schritte parallel zueinander erfolgen – jedes Element wird schon bei seiner Erzeugung mit MARTE-Eigenschaftswerten näher spezifiziert. Die Wahl des Vorgehens
hängt von den Vorlieben des Modellierers sowie dem Stand der Referenzdatengewinnung
ab.

Statt der echten Modellierung kann natürlich auch auf die in den vorigen Abschnitten angesprochene Modelldatenbank mit vorgefertigten bzw. bereits ausgewerteten (annotierten)
Modellen zurückgegriffen werden (s. Bild 16.1). Der Prozess der Modellierung beschränkt
sich dann im Allgemeinen auf die Modifikation der vorhandenen Modelle und ihre Anpassung an das neu gesetzte Ziel der Analyse.

17.4 MODELLEXPORT UND -IMPORT

Da die Analyse nicht innerhalb des UML-Modellierungswerkzeugs erfolgt, muss nun das Systemmodell exportiert und zur Verarbeitung in die Transformationssoftware importiert werden (vgl. Bild 17.1). An dieser Stelle mussten während der Realisierung des Frameworks
mehrere Unzulänglichkeiten festgestellt werden, deren Beseitigung einiger Anpassungen
bedürfen. Eine erste Modifikation bezieht sich auf die Struktur des MARTE-Profils, eine andere auf einen nicht vollständigen Export des Modells.

Die erste notwendige Änderung ist innerhalb des UML-Werkzeugs zu vollbringen und betrifft
die Struktur des MARTE-Profils bzw. des von der Firma NoMagic angebotenen MARTE-Plug-
Ins. Die Änderung besteht in der Refaktorierung der MARTE-Pakete bzw. ihre Umwandlung
in selbständige Profile. Diese Modifikation ist dadurch erforderlich, dass die in einem Profil
verschachtelten Pakete (von Magic Draw UML) nicht in EMF UML XMI exportiert werden
können. Da aber beim verwendeten MARTE-Plug-In nahezu alle Inhalte sich innerhalb von
verschachtelten Paketen befinden, misslingt der Export des originalen Profils. Die Notwendigkeit der Refaktorierung betrifft die Pakete *MARTELib, NFP, Alloc, Time, VSL, GRM, GQAM*
und *PAM*. Indem das Paket *GQAM* wiederum aus Paketen besteht, müssen die verschachtelten *GQAM_Resources, GQAM_Observers* und *GQAM_Workload* nochmals als separate Profile deklariert werden (s. Kapitel 8).

Diese Modifikation von MARTE wird jedoch vom negativen Effekt begleitet, dass Eigenschaftswerte, die auf einem Typ eines anderen Pakets – nun Profils – basieren, beim Export
nicht richtig aufgelöst werden können. So können beispielsweise Eigenschaften, die in einer
PaRunTInstance (Profil *PAM*) auf eine *SchedulableResource* (Paket *GQAM*) referenzieren,
nicht entschlüsselt werden. Die entsprechenden Eigenschaften fehlen dann komplett in der
exportierten EMF UML XMI-Datei. Des Weiteren ist dieses Phänomen bei Annotierungen von
Diagrammen (als UML-Elementen) zu beobachten. Das Problem wird umgangen, indem die
notwendige Information aus dem XMI-Export desselben Projekts (stets vorhanden) he-

rauskopiert und in die exportierte EMF-Datei manuell eingefügt wird (s. Block *Modellvervoll-ständigung* im Bild 16.1). Der Prozess lässt sich automatisieren, ist jedoch aktuell nicht Bestandteil des implementierten Frameworks. Beide Entwicklungsumgebungen – *MagicDraw UML* und *oAW* – melden keine Inkonsistenzfehler nach diesem Eingriff.

Das erläuterte Problem bezog sich bei den im Rahmen dieser Arbeit untersuchten Modellen auf folgende MARTE-Stereotype und Eigenschaften:

- Das Stereotyp *GaAnalysisContext* fehlt komplett. Nach seinem Einfügen muss seine Basis (*base_NamedElement*) mit der *xmi:id* des UML-Elements *uml:Activity* ersetzt werden.
- Wie oben erwähnt, fehlen bei allen mit *PaRunTInstance* annotierten Elementen die Referenzen im Tag *instance*.
- Bei den Stereotypen *GaAcqStep* und *GaRelStep* fehlt die Referenz auf die entsprechende akquirierte bzw. freigegebene Ressource in den Tags *acqRes* bzw. *relRes*.

17.5   PRÄPROZESS (TRANSFORMATIONSVORBEREITUNG)

Der nächste Schritt im Arbeitsfluss erfolgt innerhalb von *openArchitectureWare* und bezieht sich auf alle Vorbereitungen, die getroffen werden müssen, um die Transformation des nun importierten Modells bewerkstelligen zu können. Erste Vorbereitungsmaßnahmen betreffen die Einbindung der Metamodelle der Quell- und Zieldomäne. Diese Prozedur erfolgt innerhalb einer Workflow-Datei im *oAW*-Projekt. Ein Beispiel für eine solche .oaw-Datei ist im Anhang C angegeben (entnommen eines Fallstudienprojektes, s. Teil V). Während das UML-Metamodell in der *eclipse*-basierten Entwicklungsumgebung per se integriert ist und somit praktisch – nach einer kurzen Deklaration – zur sofortigen Bearbeitung bereitsteht, müssen die Metamodelle von MARTE und der Generalisierten Netze explizit eingebunden werden. Bei MARTE müssen alle im letzten Abschnitt refaktorierten und exportierten Teilprofile in die Ordner des oAW-Projektes gespeichert und in der .oaw-Workflow-Datei aufgerufen werden.

Bei der Einbindung des GN-Metamodells wurde die Erkenntnis gewonnen, dass bei der Verwendung eines MOF-basierten Ecore[22]-Metamodells keine Generierung von sogenannten *mixed Content*-Elementen, d.h. Elementen mit Text zwischen deren Markups, möglich ist (vgl. [187]). Da die Schnittstelle zwischen *oAW* und *GNTicker* XGN (vgl. Bild 16.1) jedoch für sämtliche Funktionen im GN-Modell einen *mixed Content* diktiert, war eine Implementierung mit dieser Form des Metamodells nicht realisierbar. Dieser Umstand konnte umgangen werden, indem das Metamodell der Generalisierten Netze über den sogenannten XSD-Adapter

---

[22] *Ecore* ist ein Metamodell innerhalb des Core EMF (Eclipse Modeling Framework): http://www.eclipse.org/modeling/emf/?project=emf

in *oAW* in Form eines XML-Schema (*GNSchema.xsd*) eingebunden wurde. Diese Strukturde-
finition wurde während der Entwicklung des Simulators für Generalisierte Netze erstellt. Die
grobe Struktur der XSD der Generalisierten Netze zeigt Bild 17.2. Auf die Darstellung von
Attributen sowie Zusicherungen (in Form von Referenzschlüsseln) wurde aus Übersichtlichkeitsgründen verzichtet. Dafür ist die vollständige Schema-Definition der GN im Anhang D
angegeben. Die Ausweichlösung mit dem XSD-basierten Metamodell ist durchaus akzepta-
bel, denn der Simulator *GNTicker* nutzt genau diese Datei zur Prüfung eines importierten
Modells auf Validität und Wohlgeformtheit. Durch die Nutzung des Metamodells in dieser
Form wird die Kompatibilität vom generierten Modell mit dem Simulator gewährlistet.

Mit der Einbindung der drei Metamodelle durch den definierten Workflow erlangen die
Transformationsmodule in *oAW* die Möglichkeit, über entsprechende (automatisch vom
Werkzeug generierte) Funktionen auf alle in den Metamodellen enthaltenen Elemente zuzu-
greifen. Weiterer Inhalt der Workflow-Datei ist die Spezifikation des Formats, des Namen
und des Speicherorts des bei der Transformation generierten Netzes (s. Anhang B). Bei der
Definition dieser Datei ist (meistens) eine exakte Reihenfolge der Anweisungen einzuhalten.

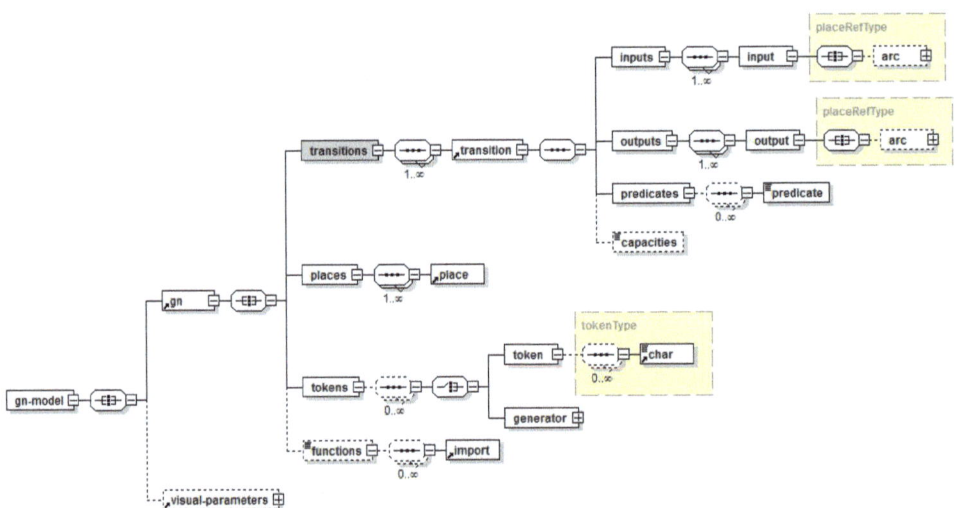

BILD 17.2 DAS METAMODELL DER GENERALISIERTE NETZE ALS SCHEMADEFINITION

Zur hier betrachteten Transformationsvorbereitung gehört noch die Auswahl eines für das
konkrete Szenario passenden Simulationsschrittes. Dieser Eingriff ist essentiell, denn der
ganzzahlige Simulationsschritt entscheidet über Genauigkeitsverlust und Effizienz der Simulation. Alle Zeiten aus dem annotierten UML-Modell werden dann in die Einheit des Simulationsschrittes umgerechnet und fließen so in die Simulation ein. Ist der Simulationsschritt zu
groß gewählt, werden die Ereignisse im Modell nicht rechtzeitig abgearbeitet, ist er hingegen
zu klein, erhöht sich die Dauer der Simulation, indem viele Schritte ohne Inhalt eingeführt
werden. Die Festlegung des Simulationsschrittes erfolgt in der aktuellen Lösung manuell und

wird in *oAW* hart codiert, d.h. es ist ggf. für jedes Projekt eine Änderung des Programmcodes erforderlich. Es empfiehlt sich, immer auf die kleinste Zeit im UML-Modell zu fokussieren und sie dann, sofern notwendig, in eine Einheit zu transformieren, in der sie ganzzahlig wird – der Simulationsschritt ist dann gleich einer solchen Zeiteinheit. Eventuell dazu kommende Nullen werden wieder durch die Erhöhung des Simulationsschrittes kompensiert. Um das Vorgehen anhand eines Beispiels zu verdeutlichen: Ist die kleinste Zeit in einem Modell beispielsweise 1.5 s, die 150 ms entsprechen, wäre ein Simulationsschritt von 10 ms für dieses Modell optimal und diese Zeit würde 15 Simulationsschritte anhalten.

17.6 MODELLTRANSFORMATION

Der Vorbereitung folgt der Kern des Frameworks, nämlich die Durchführung der Transformation. Die Transformation wird durch die Ausführung der Workflow-Datei initiiert und startet mit dem dort (vgl. Parameter *invoke* im Anhang D) spezifizierten Einstieg in das Transformationsmodul *generateGN.ext* (s. Abschnitt 18.1). Gegenwärtig sind lediglich Transformationsregeln für Aktivitätsdiagramme implementiert (vgl. Kapitel 15). Eine Erweiterung ist durch den modularen Aufbau der Lösung leicht möglich. Da es sich um eine prototypische Entwicklung handelt, die dem Machbarkeitsnachweis des Konzeptes dient, wird die breite Palette an MARTE-Stereotypen nicht gänzlich unterstützt (vgl. auch Kapitel 15). Zur Funktionalität des Transformationsmoduls gehört gegenwärtig die Verarbeitung folgender Eigenschaften, die in der Tabelle 17.1 zugeordnet nach MARTE-Gruppen und Stereotypen zu finden sind:

Gruppe	Stereotyp	Eigenschaft
Kontext-bezogene Elemente	*GaAnalysisContext*	*contextParams* *paramValues*
Workload-bezogene Elemente	*GaWorkloadEvent*	*pattern*
Ressourcen	*GaExecHost*	*resMult* *commRcvOvh* *commTxOvh*
	GaCommHost	*blockT*
	PaRunTInstance	*host* *instance*
Schritte	*GaAcqStep*	*acqRes*
	GaRelStep	*relRes*
	PaStep	*respT* *interOccT* *hostDemand* *blockT*
	PaCommStep	*msgSize*

TABELLE 17.1 UNTERSTÜTZTE MARTE-STEREOTYPE UND -EIGENSCHAFTEN

Der Modellierungsumfang des Aktivitätsdiagramms wird bis zur Erfüllungsebene *L2* nahezu vollständig unterstützt, wobei jedes Element, ggf. mit seiner Annotierung, nach der entsprechenden Transformationsregel aus Teil III erfolgt. Auf den Aufbau des Transformationsmoduls sowie die Funktionalität und die Implementierung ausgewählter Transformationsregeln – aus jeder MARTE-Gruppe eine – wird im Kapitel 18 konkreter eingegangen. Das Ergebnis der Transformation ist das XML-codierte äquivalente Netz zum importierten UML-Modell, mit dem abschließend die Simulation durchgeführt wird.

17.7   POSTPROZESS

Bevor es zur Simulation übergehen kann, sind noch einige Änderungen – diesmal am generierten GN-Modell – notwendig. Die erste Änderung ist eine Ergänzung der XML-Datei um Metainformationen wie Namensräume, die von *oAW* nicht richtig aufgelöst werden und demzufolge dort fehlen. Diese sind jedoch für den Simulator unentbehrlich. Eine weitere Änderung betrifft das Zeichenformat in der GN-Datei. Da *oAW* für Zeilenumbrüche, Apostrophe sowie die Kleiner-gleich- und Größer-gleich-Zeichen eine andere Codierung verwendet, als die, die der Simulator interpretieren kann, müssen diese in der bei der Transformation generierten XML-Datei zunächst ersetzt werden. Beide Modifikationen erfolgen durch die Ausführung eines Java-Programms (*postprocess.java*, vgl. Bild 18.1), was Bestandteil der Transformationssoftware darstellt (s. auch Abschnitt 18.1).

17.8   SIMULATION

Die eigentliche Simulation übernimmt der *GNTicker*, der zunächst eine (zurzeit) manuell zu ändernde Konfigurationsdatei ausliest. Die Datei gibt die Dauer der Simulation in Simulationsschritten, das verwendete XML-Schema sowie den Namen der einzulesenden Datei an, beispielsweise:

```
20000
GNSchema.xsd
LegoCaseStudy.xml
```

LISTING **17.1** BEISPIEL EINER KONFIGURATIONSDATEI FÜR DEN SIMULATOR **GNT**ICKER

Die letzten beiden müssen sich im Ordner vom Simulator befinden. Der Start des Simulators erfolgt in der Eingabeaufforderung (*cmd.exe* auf Windows-Systemen) durch den Befehl:

```
gnticker_pm.exe > simresults.txt
```

LISTING **17.2** STARTBEFEHL FÜR DEN SIMULATOR **GNT**ICKER

Der Ausgabe-Parameter ist optional. Wird er nicht angegeben, erfolgt die Protokollierung der Ereignisse während der Simulation weiterhin innerhalb der Eingabeaufforderung, andernfalls wird diese Information in eine Datei mit dem vorgegebenen Namen umleitet. Die

Datei ist ASCII-codiert, wobei als Zusammenfassung am Ende der Datei die Markencharakteristiken und deren Eigenschaften im XML-Format aufgelistet werden. Die XML-Codierung erfolgt als Unterstützung des Zugriffs auf diese Daten, sei es zum Zweck der Datenrückführung oder zur Weiterleitung an andere Analysewerkzeuge.

Nach dem Einlesen der XML-Datei wird sie auf Wohlgeformtheit und Validität gegenüber dem angezeigten XSD geprüft. Besteht sie diese Prüfung, beginnt die tatsächliche Simulation, die die Struktur, Prädikate, Prioritäten, Kapazitäten der GN-Elemente sowie alle anderen Besonderheiten des Generalisierten Netzes (sofern angegeben) beachtet. Wird während der Simulation auf ein Prädikat getroffen, das aufgrund fehlender Information über die in ihm verwendeten Terme bzw. Parameter nicht ausgewertet werden kann (oft entstehen solche Terme aus den nicht formal angegebenen Bedingungen in UML; das Problem wurde bereits unter anderem im Abschnitt 13.4.8 angesprochen), erfragt der Simulator über Konsolenausgaben den bzw. die fehlenden Werte vom Benutzer. Ein unbekannter Parameter kann zur Simulationszeit über eine der folgenden drei Optionen spezifiziert werden (vgl. auch Abschnitt 11.4):

- Explizite Eingabe (Optionswahl *„explicit“* bei der Anfrage seitens des Simulators): Der Wert des Parameters wird einmal erfragt, nämlich zum Zeitpunkt, wo er zum ersten Mal in der Simulation gebraucht wird. Die Eingabe hat Gültigkeit bis zur Beendigung des Simulationsexperiments.
- Manuelle Eingabe (Optionswahl *„manual“*): Immer, wenn der Wert des unbekannten Parameters benötigt wird, wird der Benutzer gebeten, den aktuellen Wert des Parameters einzugeben (geeignet für dynamisch wechselnde Größen).
- Generierung einer Zufallsgröße für den benötigten Parameter (Optionswahl *„random“*): Bei jeder Auswertung innerhalb des Simulationsexperimentes, die den unbekannten Parameter einschließt, wird für ihn eine Zufallsgröße generiert. Der Benutzer hat die Möglichkeit zwischen

  - normaler,
  - exponentieller und
  - uniformer Verteilung

zu wählen. Nach der Wahl der Art des Zufallsgenerators wird der Benutzer entsprechend aufgefordert, die relevanten Angaben wie Intervall oder Mittelwert und Streuung zu tätigen. Sind alle Parameter ausreichend definiert, erfolgt kein Dialog mit dem Benutzer (mehr).

17.9   Datenrückführung

Die Datenrückführung in das ursprüngliche Modell wurde in der letzten, *oAW*-basierten Lösung nicht implementiert. Die prinzipielle Machbarkeit wurde jedoch durch die vorangegangenen Implementierungen nachgewiesen (vgl. Kapitel 15). Die Rückführung ist relevant für die zu ermittelnden Output-Parameter (*out${Variablenname}*) im Systemmodell sowie die Einhaltung von (in MARTE) gestellten Anforderungen. Sie hat nach den im Kapitel 14 beschriebenen Prinzipien zu erfolgen. Dazu werden die in XML vorliegenden Markencharakteristiken (siehe Abschnitt 17.8) aus der Ergebnisdatei ausgelesen und an die passende Stelle zum Ursprungsmodell hinzugefügt bzw. die dort befindlichen Informationen ersetzt. Das modifizierte UML-Modell (mit Feedback-Daten) kann dann im Modellierungswerkzeug (*MagicDraw UML*) angeschaut werden. Sollte damit das Ziel der Analyse erreicht worden sein, sind keine weiteren Maßnahmen erforderlich. Sind weitere Ergebnisse zu analysieren, ist das manuell oder anhand von geeigneten speziellen Werkzeugen auszuwerten (s. nächsten Abschnitt).

17.10   Datenauswertung

Die Datenauswertung wird hier im Sinne einer Interpretation der (nicht zurückführbaren) Simulationsergebnisse verstanden. Im vorhandenen Framework erfolgt die Auswertung durch den Benutzer, ggf. unter der Anwendung von unterstützenden Werkzeugen wie beispielsweise MS Office Excel. Unter der Hinnahme eines Entwicklungsmehraufwandes können natürlich auch Schnittstellen zu speziellen Auswertetools geschaffen werden. Hauptziel der Auswertung soll die Beantwortung der in der Zielsetzung gestellten Frage(n) sein. Typischerweise werden hier unterschiedliche Varianten bzw. Simulationsdaten mit verschiedenen Eingangsparametern miteinander verglichen oder es wird nach Zusammenhängen sowie Engpässen im System gesucht. Die dadurch gewonnenen Erkenntnisse lokalisieren das Optimierungspotential und verhelfen damit zur Verbesserung des System(modell)s. Die Optimierung kann sich sowohl auf die Systemstruktur, als auch (nur) auf die Elementeigenschaften (die MARTE-Annotation) beziehen.

18 Die Transformationssoftware

Dieses Kapitel widmet sich dem Kern des vorgestellten Rahmenwerks – die eigenimplementierte Transformationssoftware. Insbesondere soll die folgende Betrachtung zumindest exemplarisch zeigen, dass die implementierten Transformationsregeln mit der Theorie aus Teil III übereinstimmen. Des Weiteren wird hier das Augenmerk explizit auf die notwendigen Maßnahmen gelenkt, die die Transformation zu erbringen hat, damit ein in diesem Modul generiertes Generalisiertes Netz korrekt und ohne den Bedarf weiterer Verarbeitung simuliert werden kann. Dazu gehören die Vervollständigung des Netzes bis zu einem funktionsfähigen reduzierten Generalisierten Netz (vgl. Abschnitt 10.4.3), aber auch Formalisierungsmaßnahmen, die die semantischen Lücken im UML-Modell schließen (vgl. Kapitel 9). Es wird kurz auf die modulare Struktur der Software eingegangen, um zum einen den Sachverhalt des sonst ziemlich komplizierten Transformationsprozesses verständlicher zu gestalten, aber zum anderen auch zu zeigen, dass eine Erweiterung dieser – sei es um weitere UML-Diagrammtypen (oder vielleicht sogar Modellierungssprachen) oder um neue Stereotype des MARTE- oder anderer Profile – verhältnismäßig leicht fällt. Nicht zuletzt soll der Komfort bei der Programmierung und das hohe Potenzial der relativ neuen, aber immer populärer werdenden M2M-Sprachen wie *Xtend* für eine effiziente Erstellung von wieder verwendbarer, hoch qualitativer Software kenntlich gemacht werden.

18.1 Modularer Aufbau

Zu der Wiederverwendung und der bequemen Wartung der Transformationssoftware (*UMLfeatMARTE2GN*) trägt wesentlich ihr modularer Aufbau bei (s. Bild 18.1). Die Software ist im Grunde genommen in zwei Paketen realisiert – das Paket *transformation* übernimmt die eigentliche Überführung der Modelle und das Paket *postproc* übernimmt durch ein Java-Programm (*postprocess.java*) die notwendigen Änderungen innerhalb der XML-Datei des generierten GN (*GNmodel.xml*), so wie sie im Abschnitt 17.7 erläutert wurden. Das Transformationsmodul weist eine komplexere Struktur auf. Es besteht aus mehreren zusammen agierenden Komponenten und Paketen wie folgt:

- Das Paket *meta* stellt die zu importierenden Metamodelle von UML (*UML2MetaModel*), MARTE (*MARTE_MetaModel*) und den Generalisierten Netzen (*GNSchema.xsd*) bereit. Die ersten zwei bestehen aus zahlreichen weiteren Paketen, die hier der Übersichtlichkeit halber nicht angegeben wurden.
- Die im Abschnitt 17.5 eingeführte Workflow-Datei *crateGN_xsd_Model.oaw* legt das zu transformierende Model (*UMLmodel.uml*) und die Metamodelle (*meta*) fest und gewährleistet den Einstieg in die Transformationsdatei *generateGN.ext*, die den gesamten Prozess steuert und auf die anderen Komponenten im selben Paket zugreift.

Für jedes neue UML-Modell sind die Pfade und Dateinamen entsprechend anzupassen. Alternativ dazu kann für jedes neue Projekt eine separate Datei angelegt werden.

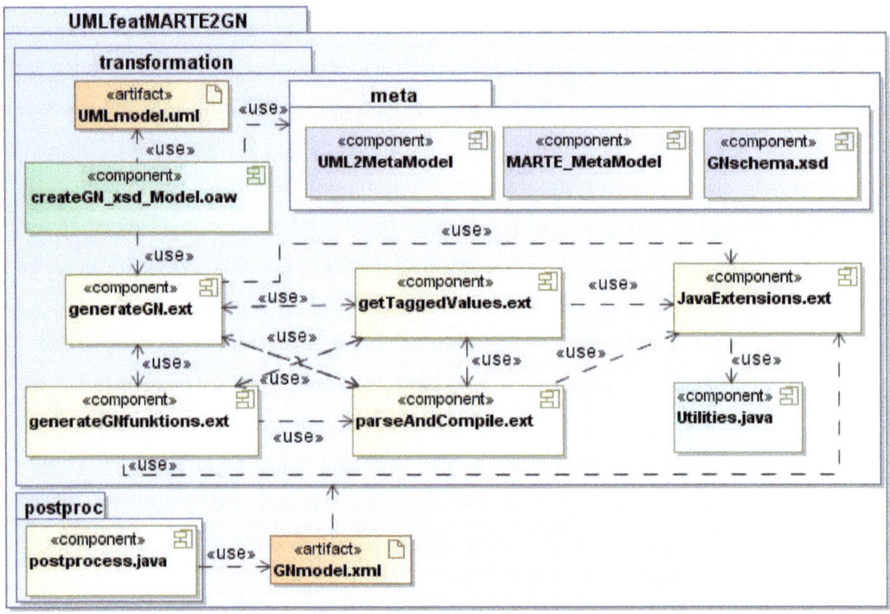

BILD 18.1 MODULE IN DER OAW-TRANSFORMATIONSSOFTWARE

- Die Komponente *getTaggedValues.ext* realisiert den Zugriff auf alle MARTE-Eigenschaftswerte. Sollte die Bearbeitung weiterer Stereotype und Eigenschaften außer den in der Tabelle 17.1 aufgeführten notwendig werden, sind die entsprechenden Änderungen hauptsächlich innerhalb dieser Datei vorzunehmen. Die Weiterverarbeitung der Eigenschaftswerte erfolgt in der Komponente *generateGN.ext*.

- Die Komponente *parseAndCompile.ext* sorgt dafür, Muster in den im Leistungsmodell verwendeten Ausdrücken (in OCL für UML bzw. VSL für MARTE) zu erkennen, zu parsen und zu kompilieren. Die gegenwärtige Implementierung unterstützt Muster für:
    - o   Oder-verknüpfte Ausdrücke ,
    - o   Und-verknüpfte Ausdrücke,
    - o   Zuweisung eines Wertes zu einer globalen Variable,
    - o   Vergleiche,
    - o   boolesche Ausdrücke,
    - o   skalare Terme und
    - o   skalare Vektoren.

Die Backus-Naur-Form dieser zurzeit unterstützten Ausdrücke ist im Anhang C zu finden. Die Komponente ist selbstverständlich um weitere reguläre Ausdrücke bzw. Muster erweiterbar.

- Die Generierung von charakteristischen sowie Prädikatsfunktionen für das GN-Modell übernimmt die Komponente *generateGNfunctions.ext*. Die meisten zu treffenden Formalisierungen und Vervollständigungen in der Zieldomäne erfolgen innerhalb dieser Komponente, sodass im Abschnitt 18.2.6 noch einige zusätzliche Informationen über ihren Inhalt gegeben werden.

- Ein kleiner Teil der gewünschten Funktionalität ging über den Funktionsrahmen der Sprache *Xtend* hinaus und wurde deshalb innerhalb eines in Java geschriebenen Moduls (*Utilities.java*) implementiert. Diese kann über einen klassischen Import nahtlos in das Projekt eingebunden werden. Die Importschnittstelle stellt die Datei *Java-Extensions.ext* dar. Zu den in Java implementierten Methoden zählen:

    o Methoden zur Erkennung der oben aufgeführten Muster; dazu wird die bekannte Java-Methode zur Bearbeitung von regulären Ausdrücken `matchPattern` in drei verschiedenen Signaturen genutzt;

    o Methoden zur Überführung eines Objektes in eine Zeichenkette mit oder ohne Separator zwischen seinen Bestandteilen (Funktion `toFlatString`; zwei verschiedene Funktionssignaturen);

    o eine Methode zur Berechnung des Faktors einer im UML-Modell verwendeten Einheit in Bezug auf den festgelegten Simulationsschritt (`unit-Factor`);

    o eine Methode zum Runden von Gleitkommawerten (`round`).

18.2 IMPLEMENTIERUNG DER TRANSFORMATIONSREGELN

Da es sich bei der Komponente *generateGN* um eine zentrale Einheit in der Transformationssoftware handelt, lohnt es sich etwas ausführlicher auf ihren Inhalt einzugehen. In diesem Abschnitt werden einige Eckpunkte des Transformationsprozesses aufgezeigt und die Implementierung der spezifizierten Regeln exemplarisch verdeutlicht.

Die Transformation wurde nach einem Grundsatz realisiert, der festlegt, dass zuerst alle UML-Elemente gleichen Typs selektiert und für sie äquivalente GN-Objekte (nach den Regeln des Kapitels 13) angelegt werden. Die Objekte instanziieren Elemente des GN-Metamodells, also der XSD. Danach wird für jedes Element geprüft, ob es über MARTE-Eigenschaften näher spezifiziert wurde. Die korrespondierenden Objekte im Generalisierten Netz werden mit der zusätzlichen Information angereichert. Das Ergebnis wird dann in das XML-Format serialisiert. Metriken, die im GN zwingend definiert werden müssen, für die allerdings keine MARTE-Annotierung vorliegt, werden mit Vorgabewerten gefüllt. Bei Transitionen (beispielsweise bei einer Partition ohne Annotierung) wird die Aktivierungszeit auf das Minimum, d.h. einen Simulationsschritt gesetzt, nicht spezifizierte Ausführungs- und Kommunikationszeiten von Aktionen fließen hingegen in die charakteristischen Funktionen mit einer Null ein. Die Generierung von Marken erfolgt nicht nach diesem Grundsatz, denn sie hängt unmittelbar mit dem in MARTE spezifizierten Workload, und nicht mit einem konkreten UML-Element zusammen.

Im Folgenden wird zunächst die Implementierung einiger Transformationsvorschriften geschildert, bevor der Abschnitt mit der Modellformalisierung abschließt. Die in den Programmauszügen aufgegriffenen Stereotype decken stellvertretend alle vier eingeführten MARTE-Gruppen ab. Um die Funktionalität der Transformationssoftware später um weitere UML-Diagramme erweitern zu können, ist der Quellcode nach MARTE-Gruppen strukturiert, in denen dann die Selektion der diagrammspezifischen UML-Elemente erfolgt. Für die ganze Menge der selektierten Elemente läuft die Verarbeitung eines konkreten MARTE-Stereotyps nach dem gleichen Schema ab, unbeachtet dessen, welcher Diagrammart sie angehören. Die kommenden Unterabschnitte sollen diese Aussage verdeutlichen. Sie stellt keinen Widerspruch zum festgelegten Grundsatz der Transformation dar.

18.2.1 WORKFLOW DER TRANSFORMATION

Der implementierte Transformationsprozess folgt einer strikten Abarbeitungsreihenfolge und beginnt an einem allgemeinen Einstiegspunkt, der in der Workflow-Datei hinterlegt wurde:

```
UMLfeatMARTE2GN():
        umlmodel().packagedElement.typeSelect(uml::Activity).Context2GNModel();
```

LISTING 18.1 EINSTIEG IN DIE TRANSFORMATION

Um den Gedanken mit der Erweiterung um neue Diagrammarten aufzugreifen, würde beispielsweise im Falle eines Sequenzdiagramms alles bis auf den `typeSelect`-Befehl im Listing 18.1 identisch bleiben. Dort würde das Argument `(uml::Sequence)` lauten. Die Funktion `Context2GNModel` (Listing 18.2) hat dann unter anderem die Aufgabe (für alle Diagramme gleich), das GN-Modell anzulegen (Zeile 1), zu benennen (Zeile 5) und seine Elemente mit Inhalten zu füllen – angefangen mit den Transitionen (Zeile 6) über die Stellen (Zeile 7) und Marken (Zeile 8) bis hin zu den quer über dem Modell liegenden Funktionen (Zeilen 11-14):

```
1    create GnType this Context2GNModel(uml::Activity act):
2        // Initialisierung von globalen Variablen für das Programm und das GNModel
3        ... ... ...
4        //Namen des GN von der Aktivität übernehmen; GN-Elementcontainer erzeugen
5          setName(act.name) ->
```

```
 6          setTransitions(new TransitionsType) ->
 7          setPlaces(new PlacesType)->
 8          setTokens(new TokensType) ->
 9          setFunctions(new FunctionsType) ->
10          //GN-Elementcontainer mit Inhalten füllen
11          CreateSupportElements()->
12          Resources2Transitions()->
13          Steps2Places()->
14          handleCharacteristicFunctions();
```

LISTING 18.2 HAUPTSCHRITTE IN DER OAW-TRANSFORMATION

Die Implementierung im Listing 18.2 ist als Ausprägung der Transformationsregel aus Abschnitt 13.2 zu verstehen, bei der für jedes Verhaltensdiagramm, also für jeden Kontext, ein separates GN zu erzeugen ist. Die Funktion `CreateSupportElements()` erzeugt alle Hilfselemente des Generalisierten Netzes, nämlich die Parametertransition, -stelle und -marke sowie die globalen Transition, Stelle und Marke.

Die Transformation der Kontext-bezogenen Elemente – die Bearbeitung der globalen Parameter aus dem *GaAnalysisContext* – sind innerhalb der Funktion `handleCharacteristicFunctions()` angesiedelt, denn die Initialisierung des Netzes, zu der die Initialisierung der Parameter gehört, wird als erste Funktion beim Laden eines Generalisierten Netzes ausgeführt. Analog sind die Workload-bezogenen Elemente der Funktion `Steps2Places()` untergeordnet, denn alle potenziell möglichen Wurzelelemente einer Aktivität (der Startknoten, das Signal und die Aktion) werden in GN-Stellen überführt (selbiges gilt für die Nachrichten in einer Interaktion), sodass dadurch die Interpretation des Workloads, d.h. die Generierung der Marken direkt ihrer Host-Stelle zugeordnet werden kann.

18.2.2 TRANSFORMATION VON KONTEXT-INFORMATION

Die Transformation von globalen Kontext-Parametern erfolgt in *Xtend*, indem beide Eigenschaften des Stereotyps *contextParams* und *paramValues* in jeweils einen eigenen Array eingelesen werden (Listing 18.3, Zeilen 11-17). Haben beide Arrays die gleiche Länge, werden Parameter und Wert der Reihenfolge nach paarweise zugeordnet (Zeilen 20-24[23]) und als Charakteristik der Parametermarke gespeichert (Zeilen 28-32). Die Definition erfolgt explizit, also einmalig, d.h. jeder dieser Parameter besitzt während der Simulation stets einen entsprechenden Wert. Die Werte können geändert werden, jedoch übernimmt das Modell alle Änderungen während der Simulation; der Nutzer hat zur Laufzeit keinen Einfluss darauf. Im folgenden Listing 18.3, das die drei diesen Ablauf realisierenden Funktionen beinhaltet, ist das Interesse insbesondere darauf zu lenken, welch einen bequemen Zugriff auf die UML-

---

[23] Die angegebenen Zeilen beziehen sich stets auf das zuletzt erwähnte Listing.

sowie MARTE-Elemente und deren Eigenschaften *Xtend* nach dem Import der Metamodelle bietet:

```
 1   String GaAnalysisContext2ParametersTokenChar():
 2           let pts = {""}:
 3           let l = getContextParams(): //Eigenschaftswerte einlesen…
 4           l != null
 5                   ? // und für alle Paare eine Markencharakteristik erzeugen
 6                       pts.addAll(l.upTo(((List)l.get(0)).size).
 7                       ParametersTokenChar((List)l.get(0),(List)l.get(1)))
 8                   : null;
 9
10   List getContextParams():
11           let tv1 = mainActivity().
12                   getTaggedValue(GaAnalysisContext.toString(), "contextParams"):
13           tv1 != null
14               ?(
15                   let cp = tv1.parseNestedValue().getContextVariable():
16                   let tv2 = mainActivity().
17                   getTaggedValue(GaAnalysisContext.toString(), "paramValues"):
18                   tv2 != null
19                       ?(
20                           let nv = tv2.parseNestedValue():
21                           let pv = nv.parseCtxVar():
22                           cp.size == pv.size
23                               ? {cp, pv}
24                               : null
25                       ): null
26               ): null;
27
28   String ParametersTokenChar(Integer i, List[String] name, List[String] value):
29           "\tGN.Tokens[\"ParametersToken\"].Chars[\""
30           + name.get(i-1) + "/type\"] = \"explicit\";\n" +
31           "\tGN.Tokens[\"ParametersToken\"].Chars[\""
32           + name.get(i-1) + "\"] = " + value.get(i-1) + ";\n";
```

LISTING **18.3** IMPLEMENTIERUNG IN OAW: METHODE **GaANALYSISCONTEXT2PARAMETERSTOKENCHAR** ()

18.2.3   TRANSFORMATION VON WORKLOADS

Workloads werden innerhalb der Funktionen des Generalisierten Netzes, konkret innerhalb der Initialisierungsfunktion GNInit() interpretiert. Anzumerken ist, dass alle Funktionen im GN inline (innerhalb des Elements *functions* als *mixed Content*) deklariert und nicht über das Element *import* eingebunden werden; vgl. dazu Abschnitt 17.5 sowie Bild 17.2). Die aktuelle Implementierung unterstützt zwei Ankunftsmuster des Stereotyps *GaWorkloadEvent* – geschlossen (*closed*) und periodisch (*periodic*). Am Anfang des folgenden *Xtend*-Listing 18.4 (Zeilen 1-12) ist dargestellt, wie beide Muster erkannt und ihre entsprechenden Abarbeitungsfunktionen aufgerufen werden. Das Ende veranschaulicht die Generierung von Marken (samt ihrer XML-Attribute) bei einem periodischen Workload (Zeilen 29-37). Bei einem geschlossenen Workload wird eine zusätzliche Workload-Transition generiert, die die Marken vom Ende des modellierten Ablaufs wieder an seinem Anfang weiterleitet, um einen neuen Ausführungszyklus zu beginnen (vgl. Abschnitt 13.4.3). Dieser Mechanismus ist im Workload-Listing aus Platzgründen nicht dargestellt. Auch hier, bei der Bearbeitung von Workloads im Modell, kann von der Diagrammart abstrahiert werden. Im Falle einer Ergänzung um neue Diagrammtypen ist lediglich die erste Rumpfzeile (Zeile 2) anzupassen.

```
 1  Workload2TokenGenerator():
 2          let wn = mainActivity().node.typeSelect(uml::InitialNode).first():
 3          wn.hasWorkload() == true   //Prüfung, ob ein Workload vorhanden
 4          ? ( let l = ((String)wn.getValue(wn.
 5              getAppliedStereotype(GaWorkloadEvent.toString()), "pattern")).
 6              matchPattern("(\\w*)\\((.+)\\)"):
 7          switch(l.get(0)){       //Erkennung des Musters
 8                          case "closed": handleClosedWorkload()
 9                          case "periodic": handlePeriodicWorkload()
10                          default: ( null )
11                  }
12          ): ( … … … );
13
14  handleClosedWorkload():        //Transformation von geschlossenen Workloads
15          gnmodel().transitions.
16          transition.add(createWorkloadTransition())->
17          gnmodel().tokens.token.
18          addAll(1.upTo(getWorkloadPopulation()).
19          createClosedPopulationToken(mainActivity().
20          node.typeSelect(uml::InitialNode).first().xmiId()));
21
22  handlePeriodicWorkload():        //Transformation von periodischen Workloads
23          gnmodel().tokens.token.
24          addAll(1.upTo(getWorkloadPopulation()).
25          createPeriodicPopulationToken(mainActivity().
26          node.typeSelect(uml::InitialNode).first().xmiId()));
27
28  //Generierung von Marken bei einem periodischen Muster
29  TokenType createPeriodicPopulationToken(Integer i, String id):
30          let t = new TokenType:
31          t.setId(id + "_Token_" + i)->
32          t.setHost(id)->
33          t.setName("User " + i)->   //Jedes Ereignis trägt einen eigenen Namen
34          t.setEntering((i-1)*getWorkloadPeriod())->
35          t.setChar({createChar("Default", "double", "1"),
36                  createChar("Name", "string", "Flow from User " + i)})->
37          t;
```

LISTING 18.4 IMPLEMENTIERUNG IN OAW: METHODE WORKLOAD2TOKENGENERATOR ()

18.2.4   RESSOURCEN-TRANSFORMATION

Im Workflow der Transformation wird nach der Erzeugung des Generalisierten Netzes und seiner Hilfselemente der Steuerfluss der Methode `Resources2Transitions()` überge-ben. Die Generierung von Transitionen (Listing 18.5) erfolgt in zwei verschiedenen Funktionen – eine behandelt die als *PaRunTInstance* stereotypisierten Partitionen (Zeilen 8-11) und eine andere die nicht annotierten Partitionen eines Aktivitätsdiagramms (Zeilen 3-6). Im Listing ist der Rumpf der Methode `partition2transition()` gezeigt, die aus einer Partition eine GN-Transition zusammen mit ihrer lokalen Stelle und der darin befindlichen lokalen Marke entstehen lässt (Zeilen 13-33). Die lokale Stelle wird mit der Transition über eine Schleife verbunden (Zeilen 22-27). Zusätzlich wird die Erzeugung ihrer charakteristischen Funktion veranlasst und sie dem Modell hinzugefügt (Zeilen 28-30). Der Unterschied zwischen beiden Methoden der Generierung von Transitionen besteht hauptsächlich (neben der Festlegung von Aktivierungszeitpunkt und -dauer für die Transition) darin, ob der neu erzeugten Transition ein Host aus einem UML-Strukturdiagramm zugeordnet wird oder nicht. Annotierte Partitionen besitzen einen Host, weshalb die Bildung von Prädikaten und charakteristischen Funktionen bei ihnen einen deutlich komplizierteren Prozess darstellt als bei nicht stereotypisierten Elementen dieser Art, insbesondere im Hinblick auf die Berücksichtigung von Kommunikationszeiten für diejenigen Transaktionen, an denen der entsprechende Host teilnimmt.

```
 1   Resources2Transitions():
 2       //nicht annotierte Partitionen transformieren
 3       gnmodel().transitions.transition.
 4       addAll(mainActivity().partition.
 5       select(e|e.getAppliedStereotype(PaRunTInstance.toString()) == null).
 6       partition2transition())->
 7       //annotierte Partitionen transformieren
 8       gnmodel().transitions.transition.
 9       addAll(mainActivity().partition.
10       select(e|e.getAppliedStereotype(PaRunTInstance.toString()) != null).
11       PaRunTInstance2Transition());
12
13   create TransitionType1 this partition2transition(uml::ActivityPartition part):
14       setName(part.name)->
15       setId(part.xmiId())->
16       setInputs(new InputsType)->
17       setOutputs(new OutputsType)->
18       setPredicates(new PredicatesType)->
19          (
20             let p = createLocalMemoryPlace(part):
21             gnmodel().places.place.add(createLocalMemoryPlace(part))->
22             inputs.input.add(createInput(part.xmiId() + "_LocalMemory"))->
23             outputs.output.
24             add(createOutput(part.xmiId() + "_LocalMemory"))->
25             predicates.predicate.
26             add(createPredicate(part.xmiId() + "_LocalMemory",
27                            part.xmiId() + "_LocalMemory", "true"))->
28             gnmodel().tokens.token.
29             add(createLocalMemoryToken(part))->
30             storeToFunctionPlacesLocalMem(addFunctionPlaceLocalMemory(p,part))
31          )
```

```
32                    )
33         : null;
34
35    create TransitionType1 this
36                          PaRunTInstance2Transition(uml::ActivityPartition part):
37         getHost(part) != null
38              ? ( … … …);
```

LISTING **18.5** IMPLEMENTIERUNG IN OAW: METHODE RESOURCES2TRANSITIONS ()

18.2.5 SCHRITT-TRANSFORMATION

Nach der Erzeugung der Transitionen des generierten GN folgt die Transformation aller Elemente (*Steps*), die in GN-Stellen zu überführen sind (Funktion `Steps2Places()`). Listing 18.6 spezifiziert auf seinen Zeilen 3-8, für welche UML-Elemente eines Aktivitätsdiagramms diese Transformation gilt. Ein kurzer Vergleich mit der Theorie des Abschnitts 13.4 inklusive seiner entsprechenden Unterabschnitte zeigt eine volle Übereinstimmung. Nach der Deklaration zweier Hilfsarrays (Zeilen 12-13) erfolgt die Bearbeitung des Wurzelelements der aktuellen Aktivität (Zeilen 14-15). Im Anschluss werden alle UML-Elemente der aufgezählten Typen (Zeilen 3-8) transformiert, wobei bei der Überführung darauf geachtet wird, ob für das Element eine einzige Stelle im GN-Modell zu erzeugen oder eine Teilung erforderlich ist (Zeilen 17-30). Die implementierte Funktionalität deckt sich mit dem Algorithmus aus Abschnitt 13.4.7. Alle hier gebildeten Stellen sind Ausgangsstellen für die Transitionen, die der Ressource entsprechen, in deren Verantwortlichkeitsbereich das entsprechende UML-Element platziert war bzw. ihr explizit zugeordnet wurde.

```
1    Steps2Places():
2            //für alle Aktionen jeweils eine Stelle erzeugen
3            mainActivity().node.select(e|e.metaType == uml::CallBehaviorAction ||
4            e.metaType == uml::SendSignalAction ||
5            e.metaType == uml::AcceptEventAction ||
6            e.metaType == uml::InitialNode ||
7            e.metaType == uml::ActivityFinalNode ||
8            e.metaType ==  uml::FlowFinalNode).Node2Place();
9
10   //Stellen nach dem Algorithmus aus Abschnitt 13.4.7 generieren
11   Node2Place(uml::ActivityNode node):
12           storeGlobalVar("nodeList", {})->
13           storeGlobalVar("placeList", {})->
14           node.metaType == uml::InitialNode
15           ? handleInitialNode(node)
16           : ( … … … )
17             : (
18                 nodeList().addAll(node.outgoing.target.getNextCBAs(node))->
19                 nodeList().forAll(e|e.inPartition.first()
20                  == nodeList().get(0).inPartition.first()) == true
21               ?(
22                 nodeList().forAll(nodeList().get(0).outgoing.target.metaType !=
```

```
23            uml::ForkNode && nodeList().get(0).outgoing.target.metaType !=
24            uml::DecisionNode)
25                ? nodeList().handleAddNormalNode(node)
26                : nodeList().handleAddSplitNode(node)
27            )
28          : nodeList().handleAddSplitNode(node)
29        )
30      );
```

LISTING 18.6 IMPLEMENTIERUNG IN OAW: METHODE STEPS2PLACES ()

18.2.6   ERZEUGUNG VON JS-FUNKTIONEN IM GN-MODELL

Der Transformationsprozess endet mit der Generierung aller für die richtige Funktion und Interpretation des Generalisierten Netzes notwendigen charakteristischen, Prädikats- und Hilfsfunktionen. In den folgenden drei Abschnitten soll deren Inhalt grob umrissen werden.

PRÄDIKATSFUNKTIONEN

Die Prädikate, die zur Simulationszeit den Markenfluss steuern, ergeben sich aus der Struktur des im Leistungsmodell verwendeten Verhaltensdiagramms, im konkreten Fall des UML-Aktivitätsdiagramms. Sie beachten insbesondere die Verbindungen zwischen den Aktionsknoten sowie die ihnen angehängten Bedingungen (*guards*) und Zusicherungen (*constraints*). Ein Prädikat wird für jeden möglichen Übergang zwischen zwei Aktionen bzw. durch die Transformation aus ihnen resultierenden Stellen erzeugt. Dafür wird für jede verbindende Kante (*edge*) ein Prädikatterm hinterlegt. Das Hauptprädikat, das endgültig über die Markenbewegung urteilt, ist dann eine UND-Verknüpfung der Beschriftungen der Kanten im UML-Modell, die zum Pfad zwischen zwei benachbarten Aktionen gehört. Daraus resultiert, dass ein Markenübergang nur dann stattfinden kann, wenn alle der folgend aufgelisteten Bedingungen erfüllt sind:

- Die Transition, die die Marke passieren muss, ist <u>nicht</u> oder <u>von derselben Marke akquiriert</u> (dazu erfolgt eine Prüfung der dieser Transition zugehörigen Charakteristiken {Ressourcenname}*Acquired* und {Ressourcenname}*LastAcquiredBy* in der Parametermarke, vgl. Abschnitt 12.4.3; siehe auch weiter unten: Charakteristische Funktionen);
- Die Marke hat die <u>für die Durchführung</u> der implizierten Aktion <u>notwendigen Zeit</u> in der jeweiligen Stelle bereits verbracht (die Verweilzeit der Marke in der Stelle ist größer als die Summe des Eigenschaftswerts in *hostDemand* und der zugehörigen Kommunikationszeiten);
- Die <u>Prädikatsterme für alle Kanten</u> auf dem verbindenden Pfad zwischen zwei Aktionen bzw. den daraus resultierenden Plätzen werden zum aktuellen Zeitpunkt der Simulation als <u>wahr</u> ausgewertet.

Die Bildung der Prädikate für geteilte Stellen erfolgt nach einem identischen Muster. Diese können jedoch zu einem Konflikt im Netz führen, wenn nicht genügend Marken für die Versorgung aller Zweige zur Verfügung stehen (die Prädikate für alle Stellenderivate haben immer den gleichen Wahrheitswert). Demzufolge ist eine mit der Teilung der Plätze zusammenhängende Teilung von Marken zu gewährleiten (siehe weiter unten: Charakteristische Funktionen). Prädikate werden auch für alle Hilfsmarken, d.h. für die lokalen Marken der Transitionen, die Parametermarke und die globale Marke erzeugt. Sie werden mit dem konstanten Wert *true* belegt, damit das durchgängige Sammeln von Statistiken bzw. Aktualisieren der Parameterwerte gewährleistet werden kann.

Charakteristische Funktionen

Für jede Stelle in einem Generalisierten Netz wird eine charakteristische Funktion angelegt. Es handelt sich dabei um ein komplexes Konstrukt, das viele im Teil III aufgeführten Konzepte zusammenfasst und zugleich das Leistungsanalysemodell formalisiert. Charakteristische Funktionen übernehmen folgende Aufgaben im GN-Modell:

- Sie prüfen, ob die aktuelle Stelle aufgrund einer Teilung für die Versorgung anderer Stellen mit Marken zuständig ist (es wird eine einzige Stelle aus den Derivaten mit dieser Aufgabe beauftragt); ist das der Fall, werden die in dieser Stelle angekommenen Marken geteilt und in die entsprechenden Stellen-Duplikate delegiert; die Priorität der „versorgenden" Stelle ist höher als die ihrer Duplikate, um sicherzustellen, dass nach Konstellationen mit Entscheidungen oder Synchronisationen im UML-Modell immer genau diese Stelle die bis dahin einzige Marke erhält.

- Bei Akquirierung bzw. Freigabe einer vorhandenen Ressource wird die Änderung des entsprechenden globalen Parameters (*{Ressourcenname}Acquired*) in der Parametermarke vorgenommen. Wird sie besetzt (beim MARTE-Stereotyp *GaAcqStep*) wird dieser Parameter *true* gesetzt. Wird sie dann wieder frei (bei *GaRelRes*), bekommt er wieder den Wert *false* zugewiesen. Gleichzeitig dazu wird notiert, von welchem Teilnehmer die Ressource zuletzt akquiriert wurde (*{Ressourcenname}LastAcquiredBy*), um bis zur erneuten Freigabe Fortbewegungen nur für diese Marke zu gestatten.

- Wird im konkreten Anwendungsfall die Antwortzeit für die aktuelle Stelle gesucht, errechnet ihre charakteristische Funktion diese

- für alle Marken und Iterationen.

- Wurde eine Anforderung an die Antwortzeit dieses Platzes gestellt, wird bei jedem Markeneingang geprüft, ob sie eingehalten wurde. Das Ergebnis dieser Prüfung wird als Charakteristik in der globalen Marke gespeichert und am Ende der Simulation für alle Durchläufe zusammengefasst. Es folgt der Test, ob die Anforderung, ggf. unter der Einhaltung einer gewissen Konfidenz, erfüllt wurde.

- Nimmt die aktuelle Stelle an einer Schleife teil, veranlasst ihre charakteristische Funktion die Ausführung der notwendigen Iterationen. Dazu werden Zähler geführt.

- Hier wird die Verzögerungszeit für die in den Platz eingegangene Marke ermittelt. Die Verzögerungszeit ist die Summe der Kommunikationszeiten für die Übertragung vom Vorplatz inklusive Latenzzeiten und der entsprechenden Ausführungszeit. Die Berechnung geschieht unter Beachtung der ggf. definierten Stochastik für diese Zeiten (Mittelwert und Varianz).

- Es wird die Zeit ermittelt, in der die Transition durch den Markenübergang in eine ihrer Ausgangsstellen beansprucht wurde (daraus wird später die Ressourcenauslastung bestimmt).

- Für jede Ressource, die an einem Markenübergang teilnimmt, wird ihre Auslastung bzw. Latenz errechnet. Die Auslastung von Ausführungsressourcen wird zweigeteilt: die Kommunikationsauslastung umfasst ihre Sende- und Empfangszeiten; die Prozessauslastung betrachtet lediglich die Ausführungszeiten. Die Gesamtauslastung solcher Ressourcen ist dann die Summe beider Größen. Bei Kommunikationsressourcen spielt in dieser Hinsicht meistens nur die Latenz (MARTE-Eigenschaft *blockT*) eine Rolle. Alle errechneten Größen werden in der lokalen Marke der mit der Ressource korrespondierenden Transition gespeichert. Am Ende jedes Simulationsexperiments werden die vorhandenen Daten als Charakteristiken der globalen Marke zusammengefasst und im XML-Format ausgegeben.

- Die charakteristische Funktion errechnet, bis wann die aktuell im Platz befindliche Marke dort verharren muss, bevor sie wieder für die weitere Wanderung durch das Netz freigegeben wird. Die Zeit ist gleich die Ausführungsdauer des entsprechenden Ablaufschrittes. Diese Maßnahme stellt sicher, dass die Marke erst dann den Platz verlassen darf, nachdem die Ausführung des atomaren Schritts im Modell vollendet wurde.

- Die Charakteristik der aktuellen Marke, die identifiziert, in welchem Platz sie zuletzt war, wird aktualisiert, indem der alte Wert durch die ID-Nummer des aktuellen Platzes ersetzt wird. Diese Maßnahme ist zur Sicherung der Rückverfolgbarkeit (*traceability*) im Modell notwendig.

- Die charakteristische Funktion einer Stelle beinhaltet alle notwendigen Informationen und sämtliche Funktionalität, um eine Marke von dieser Stelle in ein in ihr eingebettetes Generalisiertes Netz übergehen zu lassen und nach der Bearbeitung von dort aus zurückholen zu können.

- In den Markencharakteristiken wird protokolliert, für welche Marke an welchem Schritt das Prädikat wie (wahr oder falsch) evaluiert wurde;

- Die charakteristischen Funktionen nehmen zuletzt die in den Zusicherungen im UML-Modell gekennzeichneten Variablenzuweisungen vor.

HILFSFUNKTIONEN

Die hier als Hilfsfunktionen bezeichneten Funktionen fügen dem bei der Transformation generierten Generalisierten Netz solche Informationen hinzu, die kein Bestandteil des ursprüngliches UML-Modell sind, jedoch für eine valide Simulation und Analyse unentbehrlich sind. Somit handelt es sich um eine Vervollständigung und weitere Formalisierung des erzeugten Netzes. Die meisten Handlungen wurden in unterschiedlichen Teilen der Softwarebeschreibung angesprochen, hier folgt nun eine zusammenfassende Liste aller solchen Hilfsfunktionen:

- Initialisierung des Netzes;
- Initialisierung der globalen Parameter im Netz, also der Charakteristiken der Parametermarke (Interpretation der Angaben im Stereotyp *GaAnalysisContext*);
- Initialisierung eines Iterationszyklus', der anzeigt, wie oft eine bestimmte Marke das Netz bereits durchlief;
- Auf den vorhergehenden Punkt bezugnehmend: Ermittlung der gesamten Antwortzeit für jeden Zyklus und Marke;
- Initialisierung aller vorhandenen Ressourcen als nicht besetzt (*{Name der Ressource}Aquired = false*);
- Funktion zur Interaktion mit dem Benutzer, sofern Parameter im Modell verwendet, jedoch nicht mit Werten belegt wurden und somit ihre Auswertung zur Simulationszeit nicht möglich ist (vgl. Abschnitt 17.8);
- Funktion zur Teilung und Zusammenführung von Marken;
- Definition von unterstützenden Funktionen für die Errechnung von Leistungsgrößen wie die Ermittlung von Minima, die Kalkulation der Auslastung für ausführende Ressourcen bzw. der Auslastung und der Latenz von Kommunikationsressourcen, die Konvertierung von Zeiteinheiten, die Konvertierung von Quant- und Paketangaben in Bezug auf die Größe der transportierten Nachrichten;
- Festlegung des elementaren Simulationsschrittes für das konkrete Generalisierte Netz;
- Bearbeitung von indizierten Listen;
- Trace-Funktion, d.h. ständige Erhöhung des Simulationsschrittes bis zur Erreichung der für das Experiment vorgegebenen Simulationsdauer; parallel dazu werden Simulationsdaten wie der aktuelle Schritt, die Evaluation eines Prädikats, etc. in der Eingabeaufforderung oder in eine Datei ausgegeben;

- Funktion zur abschließenden Ermittlung von speziell gesuchten sowie vordefinierten üblichen Leistungsparametern. Es wird in diesem Kontext angenommen, dass die Auslastung der Ressourcen im System sowie der Zeitpunkt der zuletzt ausgeführten Aktion bei der Simulation immer von Interesse sind, sodass sie ohne explizite Aufforderung ermittelt und in Form von Charakteristiken der globalen Marke geführt werden;

- Am Ende jedes Simulationsexperimentes werden sämtliche Charakteristiken der lokalen Marken der Transitionen, der globalen Marke und der Parametermarke im XML-Format ausgegeben.

18.3 Grafische Darstellung des generierten Generalisierten Netzes

In diesem die softwaretechnische Realisierung abschließenden Abschnitt wird auf die Thematik der grafischen Darstellung der bei der Transformation generierten Generalisierten Netze eingegangen. In der Theorie und den vielen betrachteten Beispielen wurde neben der äquivalenten MOF-Struktur auch die zugehörige grafische Notation des Netzes angegeben. Die im betrachteten Rahmenwerk zum Export des UML-Modells verwendeten EMF UML XMI-Dokumente beinhalten jedoch keine grafische Information und spezifizieren lediglich die Existenz von verschiedenen UML-Elementen und Zusammenhängen zwischen ihnen. Selbst wenn eine entsprechende Visualisierungsinformation vorhanden wäre, was durch die Nutzung von Erweiterungsmechanismen bei manchen Werkzeughersteller gängige Praxis ist, kann diese Information bei der Transformation dieser Modelle in die GN-Domäne aufgrund der unterschiedlichen Darstellungsphilosophien von UML und den GN und der doch fehlenden 1:1-Korrespondenz zwischen den Elementen beider Beschreibungstechniken (z.B. mehrere Stellen-Derivate für eine Aktion) nicht sinnvoll genutzt werden. Dies hat zur Folge, dass das Generalisierte Netz, das als Produkt der Transformation entsteht, keinerlei Information über seine Visualisierung bereithält. Aus diesem Grund wurde im Rahmen dieser Arbeit ein Softwarewerkzeug implementiert, das über genetische Algorithmen automatisch eine (optimale) grafische Struktur des Netzes auf kleinster Fläche, mit möglichst wenig Überkreuzungspunkten zwischen den Kanten generiert und anschließend dem Benutzer anzeigt. Die Simulation und Auswertung des GN-Modells hängen nicht von diesem Schritt ab, er kann jedoch das Verständnis über das System erheblich erhöhen.

Bild 18.2 zeigt ein aus [187] entnommenes Beispiel für die Anwendung dieses Werkzeugs. Links im Bild ist ein einfaches UML-Aktivitätsdiagramm ohne konkreten Kontext dargestellt, rechts befindet sich die visuelle Struktur dessen äquivalenten Generalisierten Netzes. Das Netz wurde durch das im aktuellen Teil IV beschriebene Framework erzeugt. Anschließend wurde die grafische Darstellung des Netzes automatisch generiert. Der Radius der Stellen und die Größe des Dreiecks des Transitionssymbols sind parametrierbar (vgl. Anhang B). Im gezeigten Beispiel wurden die Hilfselemente des Netzes *GlobalPlace*, *ParametersPlace*, die lokalen Stellen der Transitionen *LocalMemoryA* bzw. *LocalMemoryB*, etc., im Unterschied zu den anderen Generalisierten Netzen in dieser Arbeit, nicht ausgeblendet.

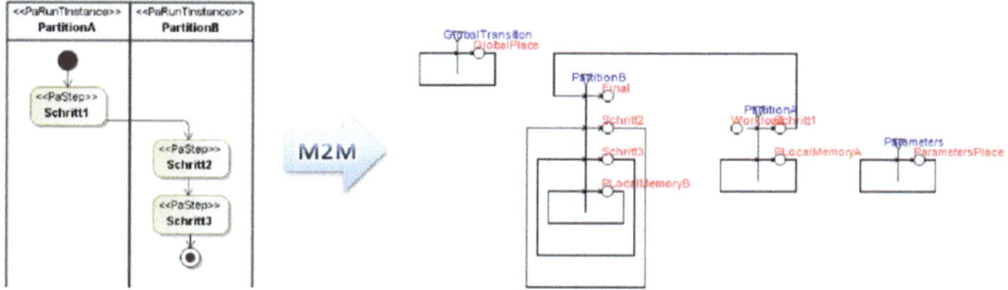

BILD 18.2 BEISPIEL FÜR DIE AUTOMATISCHE GENERIERUNG DER VISUELLEN STRUKTUR EINES GN [187]

V FALLSTUDIEN

Dieser Teil V vermittelt exemplarisch, welche Ergebnisse prinzipiell mit dem in dieser Arbeit erarbeiteten Ansatz möglich sind und verifizieren diesen zugleich. Dazu werden zwei Fallstudien gemäß dem in Kapitel 17 vorgestellten Arbeitsfluss durchgeführt. Die erste Studie fokussiert auf eine Softwarelösung zur Bedienung und Beobachtung einer verfahrenstechnischen Anlage über das Internet, bei der in einem Variantenvergleich versucht wird, eine optimale Systemarchitektur für die Aufgabe zu identifizieren. Die zweite Fallstudie behandelt eine existierende Modellanlage, bei der die Optimierung des Produktionsprozesses angestrebt wird.

19 BEISPIEL TELEAUTOMATION

Bei dieser Fallstudie sollen zwei unterschiedliche Implementierungsvarianten für die Fernbedienung und -beobachtung einer automatisierungstechnischen Modellanlage miteinander verglichen werden. In der Praxis sind die Modellierung und die Analyse konform zum verfolgten Ansatz der frühen Leistungsbewertung vor der Implementierung durchzuführen. Da das aktuelle Kapitel jedoch das Ziel hat, das in dieser Arbeit entwickelte Framework zu verifizieren, findet die Analyse anhand von bereits vorhandenen Lösungen statt.

19.1 SYSTEMBESCHREIBUNG UND ANALYSEZIEL

Eine verfahrenstechnische Anlage mit drei Behältern soll über das Internet gesteuert und beobachtet werden können. Dafür ist eine webbasierte Lösung zu entwickeln, die in einem Browser ohne zusätzliche Plug-Ins läuft und eine minimale Zykluszeit bei der Visualisierung der Daten vorweist. Dazu ist eine von zwei möglichen Implementierungsvarianten zu favorisieren. Bei der ersten, sogenannten nicht verteilten Variante, kommuniziert ein im Polling-Betrieb arbeitender Client (die Web-Seite im Browser) über einen Web-Server (Tomcat) mit der speicherprogrammierbaren Steuerung (SPS), die am technischen Prozess angebunden ist und die Prozessdaten verwaltet. Der Web-Server und die SPS befinden sich in einem LAN (*Local Area Network*). Auf dem Web-Server läuft ein eigenentwickelter Web-Service, der über *Modbus TCP* die Daten aus der SPS ausliest und in einer geeigneten Form für die Weiterleitung an den Client vorbereitet. Der Client empfängt die aktuellen Daten und visualisiert sie geeignet. Ein Bildschirmfoto der webbasierten Oberfläche befindet sich im Bild E.1 im Anhang E.1. Die zweite – verteilte – Implementierungsvariante umfasst alle Komponenten der nicht verteilten Lösung, jedoch mit dem Unterschied, dass die Datenpunkte des technischen Prozesses von mehreren Steuerungen bedient werden. Um den Zugriff auf den Steuerungen zu ermöglichen, werden Instanzen einer zusätzlichen Komponente verwendet – des sogenannten Socket-Clients. Ein Socket-Client ist in der untersuchten Lösung ein Java-Programm, das auf einem verteilten Rechner läuft und auf TCP (*Transmission Control Protocol*)-Nachrichten, die an einem bestimmten Port ankommen, reagiert. Jeder Socket-Client ist mit einer anderen SPS verbunden. Die relevanten Datenpunkte sind auf den angebundenen Steuerungen disjunkt verteilt. Die Aufgabe des Socket-Clients besteht also darin, die Anfragen vom Web-Service entgegenzunehmen, die Daten aus ihrer zugehörigen SPS zu holen und an den Web-Service zu senden. In der verteilten Lösung übernimmt der Web-Service die Verwaltung der Socket-Clients, indem er Anfragen an sie versendet und die empfangenen Prozessdaten zusammenführt. Der Web-Client empfängt von ihm eine einzige kohärente Datei mit allen geforderten Datenpunkten. Wie bei der nicht verteilten Variante visualisiert er diese entsprechend und sendet eine neue Anfrage. Die Realisierung mit den Socket-Clients bringt zusätzliche Rechenkapazität in die Lösung und parallelisiert den Prozess der Datengewinnung, macht jedoch zusätzliche Kommunikation zwischen den Systemkomponenten erforderlich. Es gilt zu prüfen, ob der Zeitzugewinn durch die zusätzliche Rechenleistung größer ist als den Zeitverlust durch den erhöhten Bedarf an Kommunikation.

Die Anzahl der Datenpunkte soll in beiden Varianten variierbar sein. Bei der verteilten Implementierung sollen zusätzlich die Anzahl der Socket-Clients und die Anzahl der Datenpunkte pro Socket-Client als änderbare Eingangsparameter vorgesehen werden. Als Ausgangsparameter sind die Antwortzeiten für einen Anfrage-Antwort-Zyklus und – zum Zweck der Lokalisierung von Engpässen im System – die Auslastung der verwendeten Systemressourcen zu ermitteln.

19.2 REFERENZDATENGEWINNUNG UND MODELLBILDUNG

Die Vergleichsanalyse beider Implementierungsvarianten hat auf Modellbasis zu erfolgen, wozu zunächst die entsprechenden MARTE-annotierten UML-Modelle zu bilden sind. Sie bestehen jeweils aus der Beschreibung der Systemarchitektur sowie dem Modell des Systemverhaltens. Bild 19.1 zeigt die Architektur der verteilten Lösung in Form eines Verteilungsdiagramms: ein *Client*, auf dem der *Browser* läuft, kommuniziert über das *Internet* mit dem *Server*. Auf dem *Server* sind die *ServerApplication* (der Web-Sever) und der *WSDeployer* (der Web-Service) verteilt. Der Server kommuniziert über eine *LAN*-Verbindung mit dem *Socket*, auf dem die *SocketApplication* (der Socket-Client) ausgeführt wird. Der Host *PLC* (SPS) ist mit demselben *LAN* verbunden. Auf allen Knoten laufen entsprechende Artefakte. Zwei Artefakte konkretisieren ihre Ausprägungsinstanz (*Firefox* als *Browser* und *MasterWS* als *WSDeployer*), die anderen manifestieren ihre Instanzen anonym. Die Ressourcen mit Rechenkapazität – *Client*, *Server*, *Socket* und *PLC* – sind gemäß Abschnitt 13.1.1 mit dem Stereotyp *GaExecHost* versehen. Ihre Eigenschaftswerte spezifizieren den Kommunikationsoverhead für den Empfang (*commRcvOvh*) und das Senden (*commTxOvh*) einer Nachricht mit der Größe von einem Kilobyte (KB). Die Anzahl der Ressourcen *Socket* und *PLC* ist über den Parameter *$SocketCount* (vgl. Bild 19.2) angegeben. Die Knoten *Internet* und *LAN* sind als Kommunikationsressourcen mit dem Stereotyp *GaCommHost* annotiert, innerhalb dem die Kapazität der Ressource (*capacity*) und ihre Übertragungszeit pro Quant (*blockT*) definiert sind. Für jeden Knoten im Diagramm wurde je ein zu ermittelnder Parameter für seine Auslastung (*out$Util{Knotenname}*) spezifiziert. Alle Artefakte sind – da es sich dabei um Ressourcen handelt, um deren Kapazität Prozesse konkurrieren – als *SchedulableResource* ohne weitere Eigenschaften annotiert. Die Referenzdatengewinnung für die MARTE-Eigenschaften im Modell – sowohl für das Struktur- als auch für das Verhaltensdiagramm – erfolgte in einer separaten Arbeit [187] durch Messungen an den Prototypen.

Das annotierte Modell der Systemarchitektur der nicht verteilten Lösung kann Bild E.2, Anhang E.2 entnommen werden.

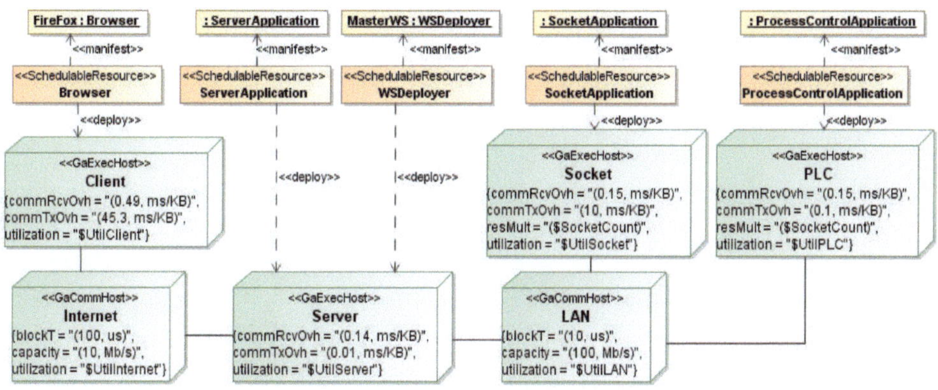

BILD 19.1 FALLSTUDIE TELEAUTOMATION: SYSTEMARCHITEKTUR DER VERTEILTEN LÖSUNG

Der im Abschnitt 19.1 geschilderte Ablauf der verteilten Lösung wurde in UML in Form eines Aktivitätsdiagramms abgebildet (s. Bild 19.2). Die Ressourcen, die den Ablauf ausführen, sind *WebBrowser*, *WebServer*, *MasterWS*, *pSocket* und *PLC*, die in der Eigenschaft *instance* des ihnen angehängten Stereotyps *PaRunTInstance* definieren, um die Laufzeitinstanz welcher Ressource aus der Systemarchitektur es sich handelt. Der Ablauf wird vom *WebBrowser* initiiert (s. Startknoten im Bild 19.2), der eine Anfrage an den *WebServer* sendet (*SendRequest*). Der Letztere nimmt diese entgegen (*GetClientRequest*) und leitet sie an den *MasterWS* weiter. Der *MasterWS* verteilt die Anfragen auf die einzelnen *pSocket*s (*GetData*), die ihrerseits mit den verbundenen *PLC* kommunizieren (*GetSelectedProcData*). Der *PLC* bearbeitet die Anfrage und sendet das Ergebnis an den *pSocket* zurück (*ProceedRequest*), der dieses an den *MasterWS* weiterleitet (*ForwardData*). Dort wird jede Antwort gespeichert (*SaveLastProcData*). Alle verfügbaren *pSocket*s werden von *MasterWS* parallel aufgerufen und zwar solange, bis alle vom Benutzer angeforderten Daten aktualisiert wurden (s. Schleife im Modell im

Bild 19.2; s. auch nächste Seite). Die Parallelität in der Ausführung ergibt sich aus der Anzahl der Socket-Clients bzw. Steuerungen (vgl. Eigenschaft *resMult* im Bild 19.1) und nicht unmittelbar aus dem Ablauf in der Aktivität. Dann fügt MasterWS alle Antworten zusammen und sendet diese an den *WebServer* (*SendAllProcData*). Der Letztere leitet diese an den Browser (*SendLastProcData*), der diese empfängt (*ReceiveLastData*) und visualisiert (*VisualizeCurrProcData*). Der Ablauf endet in einem namenlosen Endknoten.

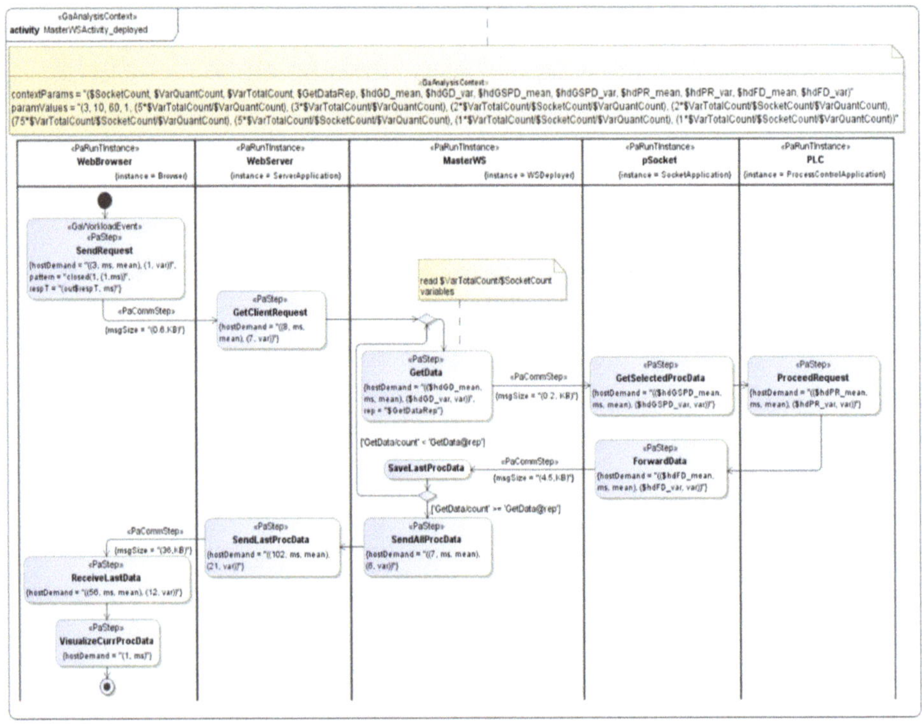

BILD 19.2 FALLSTUDIE TELEAUTOMATION: VERHALTEN DER VERTEILTEN LÖSUNG

Der Start- und Endknoten sowie die Aktion *SaveLastProcData*, die als zeitlos betrachtet wird, werden nicht mit MARTE-Stereotypen versehen. Alle anderen Aktionen im Modell wurden mit *PaStep* stereotypisiert. Durch die Stereotypeigenschaft *hostDemand* wird die Dauer des Schrittes mit Mittelwert und Varianz angegeben. Da einige Zeiten von der Anzahl der Ressourcen *pSocket* bzw. *PLC* abhängt, wurden diese durch Parameterzusammenhänge ausgedrückt. Dafür wurden globale Parameter für den Kontext definiert und ihnen Werte zugeordnet. Die Definition der Parameter und die Zuordnung von Werten erfolgt in den Eigenschaften *contextParams* und *paramValues* des Stereotyps *GaAnalysisContext*, mit dem die Aktivität annotiert wurde. Während die drei Parameter *$SocketCount* (Anzahl der Socket-Clients), *$VarQuantCount* (aus wie vielen Variablen besteht eine Anfrage an einen Socket-Client) und *$VarTotalCount* (Anzahl der relevanten Prozessdatenpunkte) mit konkreten

Ganzzahlen belegt wurden, stellen die anderen Parameter mathematische Zusammenhänge dar, die zunächst auszurechnen sind. Die Variablennamen wurden nach einem bestimmten Muster vergeben: *„hd"* steht für *hostDemand*, danach folgt ein aus den Großbuchstaben gebildetes Akronym des Aktionsnamen (*„GD"* steht für *GetData*, *„GSPD"* für *GetSelected-ProcData* usw.) und nach einem Unterstrich (*„_"*) folgt die Bezeichnung *„mean"* für die Mittelwerte bzw. *„var"* für die Varianz der einzelnen Schritte.

Durch die Annotierung der Aktion *SendRequest* mit dem Stereotyp *GaWorkloadEvent* wurde definiert, dass der Ablauf nach einem geschlossenen Muster verläuft (*pattern=closed(…)*). Die Anfragen werden von einem Benutzer erzeugt – ab der zweiten Initiierung des Szenarios nach dem Empfang der letzten Antwort um 1 ms verzögert (*…closed(1, (1, ms))*). Um die Antwortzeit für jeden Zyklus zu ermitteln, wurde die MARTE-Eigenschaft *respT* mit der *out$*-Variable *out$respT* eingeführt.

In den zwei Bedingungen innerhalb der Partition *MasterWS* wurde – um einen höheren Grad an Formalisierung im UML-Modell zu erreichen – eine spezielle Notation verwendet, die von der Transformationssoftware „verstanden" wird. Die Terme der Bedingungen bestehen aus dem Namen einer Aktion, nach einem Schrägstrich folgt dann die Eigenschaft dieser Aktion. Mit dem Zeichen „@" wird eine MARTE-Eigenschaft gekennzeichnet (*@rep* wird durch den aktuellen Wert der Eigenschaft *rep* in *GetData* ersetzt), *count* ist eine Hilfsvariable, die die Anzahl der Ausführungen des bestimmten Schrittes repräsentiert. Die Eigenschaft *rep* spezifiziert die Anzahl der Wiederholungen des Schrittes.

Um die Größe der ausgetauschten Nachrichten zwischen *WebBrowser* und *WebServer* bzw. zwischen *MasterWS* und *pSocket* zu definieren, wurden die Kanten, die Aktionen aus ihren Verantwortungsbereichen verbinden, mit dem Stereotyp *PaCommStep* versehen. Die Eigenschaft *msgSize* beinhaltet dann den konkreten Wert.

Das Aktivitätsdiagramm für die nicht verteilte Lösung zeigt B ILD E.3 Bild E.3 im Anhang E.3.

19.3   E RGEBNIS DER T RANSFORMATION

Die beiden Leistungsmodelle (der nicht verteilten und der verteilten Lösung), die jeweils aus zwei Diagrammen bestehen, wurden vom Modellierungswerkzeug exportiert, nach der Vollendung des Präprozesses in oAW importiert und in jeweils ein Generalisiertes Netz überführt (vgl. Kapitel 17). Das Ergebnis aus der Transformation des Modells der verteilten Lösung ist im Bild 19.3 dargestellt. Das generierte Netz enthält fünf Transitionen, die aus den Partitionen des Leistungsmodells hervorgingen und demnach deren Namen übernahmen. Für jede Aktion wurde je eine Ausgangsstelle für die Transition erzeugt, die die Partition darstellte, in der sie platziert war. Der Name der Stelle wurde mit dem Aktionsnamen belegt. Für keine der Aktionen war eine Teilung nötig (vgl. Anschnitt 13.4.7). Unter Berücksichtigung der Steuerflüsse wurden die entsprechenden Stellen (Aktionen) zu Eingangsstellen für diese Transitionen erklärt, in denen sich die Stellen-Äquivalente ihrer Nachfolgeaktionen befanden. Alle Hilfselemente des generierten Generalisierten Netzes sind im Bild 19.3 ausgeblendet. Dies betrifft insbesondere den lokalen Speicher der Transitionen sowie die globalen und Parameterelemente.

Als Äquivalente der Start- und Endknoten wurden im GN-Modell die Stellen *Start* und *End* generiert. Für das definierte geschlossene Ankunftsmuster der Systemlast soll am Beginn der Simulation eine Marke erzeugt werden, die dann, sobald sie die letzte Stelle *End* erreicht, nach einer Verzögerung von der angegebenen Denkzeit von 1 ms über die zusätzlich generierte *Workload-Transition* (vgl. Abschnitt 13.4.3) wieder in die Stelle *Start* übergeht.

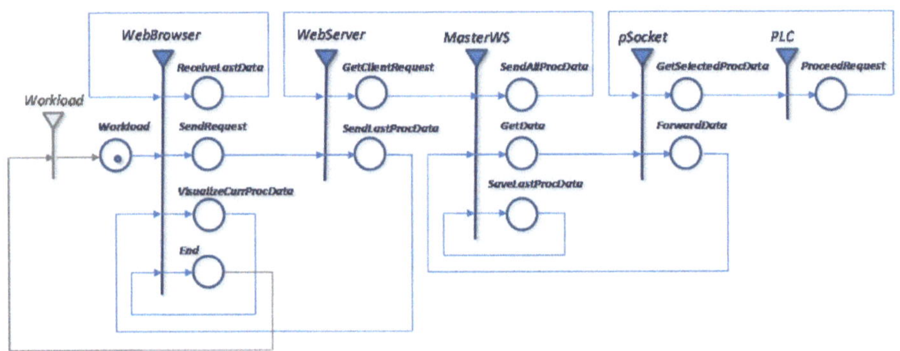

Die globalen Kontextparameter wurden als Charakteristiken der Parametermarke übernommen und mit den ihnen im UML-Modell zugeordneten Werten initialisiert. Die Bedingungen an der die Aktionen verbindenden Entscheidung wurden in die entsprechenden Prädikate der Transition *MasterWS* übernommen (auf die Darstellung der vollständigen Indexmatrizen wird aus Platzgründen verzichtet). Alle Leistungsparameter aus den Annotierungen mit den Stereotypen *PaStep* und *PaCommStep* wurden zusammen mit den Angaben aus dem Verteilungsdiagramm in die charakteristischen Funktionen der Stellen eingepflegt. Als Beispiel für den Inhalt einer charakteristischen Funktion würde der Verweilzeit einer Marke, die die Stelle *SendRequest* verlässt und in die Stelle *GetClientRequest* übergeht, ein Aufschlag aufsummiert, der aus drei Zeitkomponenten besteht. Zum einen ist es erforderlich, die Bearbeitungszeit für den Schritt selbst (8 ± 7 ms) hinzuzuaddieren, zum anderen sind die Kommunikationszeiten für das Senden und Empfangen der Nachricht zu berücksichtigen. Die konkrete Nachricht würde einen Overhead von

$$(45.3 \text{ ms/KB} \times 0.6 \text{ KB} + 100\ \mu\text{s}(/\text{KB}) \times 0.6 \text{ KB} + 0.14 \text{ ms/KB} \times 0.6 \text{ KB})$$

erzeugen. Die 0,6 KB sind die Größe der Nachricht, die zwischen *WebBrowser* und *WebServer* auszutauschen ist, die anderen Zeiten wurden aus dem Verteilungsdiagramm ermittelt. Es wurde dabei mittels einer Baumsuche ein Pfad identifiziert, der die „realen" Ressourcen der Laufzeitinstanzen verbindet. Da die Ausführungsressource vom *WebBrowser* der *Client* bzw. die vom *WebServer* der *Server* darstellen (MARTE-Referenz *instance*), geht der einzige mögliche Pfad zwischen ihnen über das *Internet*. Die drei Zeiten in der angegebenen Berechnung sind der *commTxOvh* des Clients, die *blockT* des Internets und die *commRcvOvh* des Web-Servers, in derselben Reihenfolge.

An dieser Stelle wird auf eine tiefergehende Betrachtung des Modells verzichtet und auf den Anhang E.4 verwiesen, der die bei der Transformation und dem Postprozess generierte XML-Datei auszugsweise beinhaltet.

19.4 Simulation, Verifikation und Auswertung

Immer wenn mit Modellen gearbeitet wird, stellt sich die Frage, inwieweit sie – in Bezug auf die Fragestellung – die Realität korrekt abbilden. Dieser Abschnitt gibt einen Einblick in die Validierung und Verifikation der in den Abschnitten 19.2 und 19.3 vorgestellten Modelle. Zunächst soll erwähnt werden, dass die vorgenommene Validierung und Verifikation sowohl des UML- als auch des GN-Modells durch die Simulation der bei der Transformation generierten Generalisierten Netzen erfolgte. Würden sich diese als valide zeigen, kann schlussgefolgert werden, dass auch die Prozesse der Modellierung in UML sowie der Transformation richtig stattfanden.

Die durchgeführte Simulation erstreckte sich über die Modelle von drei Laufzeitvarianten, denn für die verteilte Lösung wurden Untersuchungen sowohl mit zwei als auch mit drei Socket-Clients unternommen. Durch die Einführung eines Parameters für die Anzahl der Socket-Clients bzw. Steuerungen sowie die Modellierung der Beanspruchung der Ressourcen in Abhängigkeit von dieser Anzahl konnte eine hohe Skalierbarkeit des Modells erreicht werden, denn dadurch beschränkt sich die Konfigurationsänderung auf die Abwandlung eines einzigen Parameters. Gleichermaßen variierbar ist auch die Anzahl der zu bedienenden Datenpunkte im technischen Prozess. Diese wurde jedoch bei den folgenden Untersuchungen, insbesondere wegen des Mehraufwands bei den Messungen, konstant gehalten. Der Simulationsschritt betrug bei allen Konstellationen und Modellen 1 ms.

Zum Zweck der Validierung der Netze wurden alle Ereignisse während der Simulation, insbesondere alle Markenbewegungen, mit Bezeichnung der Marke, des Zeitpunkts des Überganges und der aufnehmenden Ausgangsstelle protokolliert. Anhang E.5 präsentiert einen Auszug aus einem Simulationsexperiment mit einem der GN-Modelle. Neben den laufenden Ereignissen im Netz verdienen die Charakteristiken der globalen Marke am Ende der Datei

Aufmerksamkeit (für die Bedeutung einiger der protokollierten Inhalte siehe auch Abschnitt 20.4). Die Ereignisse aus verschiedenen Protokolldateien aus der Simulation wurden mit Protokolldateien aus den Messungen an den realen Prototypen verglichen. Sowohl in der Ereignisfolge als auch in den Eintrittszeitpunkten der Ereignisse stimmten die Protokolldateien überein (vgl. [187]), womit die Modelle validiert und verifiziert werden konnten.

Antwortzeiten [ms]	Nicht verteilt	Verteilt: 2 Sockets	Verteilt: 3 Sockets
Messung	831,2 ± 71,5	576,1 ± 48,1	489,4 ± 21,2
Simulation	832,1 ± 14,4	575,6 ± 8,0	485,4 ± 16,8

TABELLE **19.1** ANTWORTZEITEN DER VERSCHIEDENEN LÖSUNGEN BEI EINER KONFIDENZ VON **95%**

Als Ergebnis der Simulation wurden – wie vom Analyseziel gefordert – die Antwortzeiten der drei verschiedenen Konfigurationen zusammengefasst und in Tabelle 19.1 eingetragen. Die erste Zeile der Tabelle zeigt die real an den Prototypen gemessenen Zeiten, die untere Zeile stellt die durch die Simulation erzielten Ergebnisse dar. Beide Methoden führten einheitlich zur Schlussfolgerung, dass die Lösung mit drei Socket-Clients die niedrigsten Antwortzeiten liefert. Bei der Messung konnten im Durchschnitt 489 ms erzielt werden; die Simulation ermittelte 485 ms als Resultat. Der relative Fehler bei der Untersuchung ist bei dieser Konstellation der größte und beträgt 1 %. In der Tabelle fällt auf, dass die Ergebnisse bei der Simulation eine deutlich niedrigere Standardabweichung haben als die der Messung. Dies ist primär darauf zurückzuführen, dass die Simulationsergebnisse aus einem Vielfachen an Rohdaten errechnet wurden.

Bild 19.4 stellt in seiner linken oberen Ecke die erzielten Antwortzeiten grafisch dar. Die anderen drei Diagramme im selben Bild zeigen die simulativ ermittelten Ressourcenauslastungen für die drei verschiedenen Varianten. Während bei der nicht verteilten Lösung die SPS mit ihrer 51%-igen Auslastung einen Engpass in der Lösung darstellt, sinkt ihre Auslastung bei der verteilten Variante mit drei *pSocket*s auf 31%. Entgegen der Erwartung, dass die verteilte Lösung einen höheren Kommunikationsoverhead aufweisen würde (vgl. Abschnitt 19.1), bleibt der Anteil der Stack- und Kommunikationszeiten bei allen Realisierungen verhältnismäßig gleich. Der Effekt ist auf die Parallelisierung der Kommunikation mit den Socket-Clients zurückzuführen.

Zusammenfassend kann gesagt werden, dass von den untersuchten Realisierungen die Lösung mit den drei Socket-Clients die besten Eigenschaften, sowohl aus Sicht der Zykluszeit, als auch die Ressourcenauslastung betreffend, aufweist. Demzufolge ist sie für die Übernahme in den realen Betrieb zu empfehlen.

Würde die Analyse nach dem in dieser Arbeit vorgeschlagenen Ansatz in den frühen Phasen der Systementwicklung stattfinden, könnte bereits in diesem Stadium eine zielführende Ent-

scheidung über die künftige Implementierung erfolgen. Als Folge wäre eine einmalige Realisierung notwendig, die aus den möglichen Alternativen die Nutzeranforderungen – bereits
verifiziert – am weitestgehenden erfüllt.

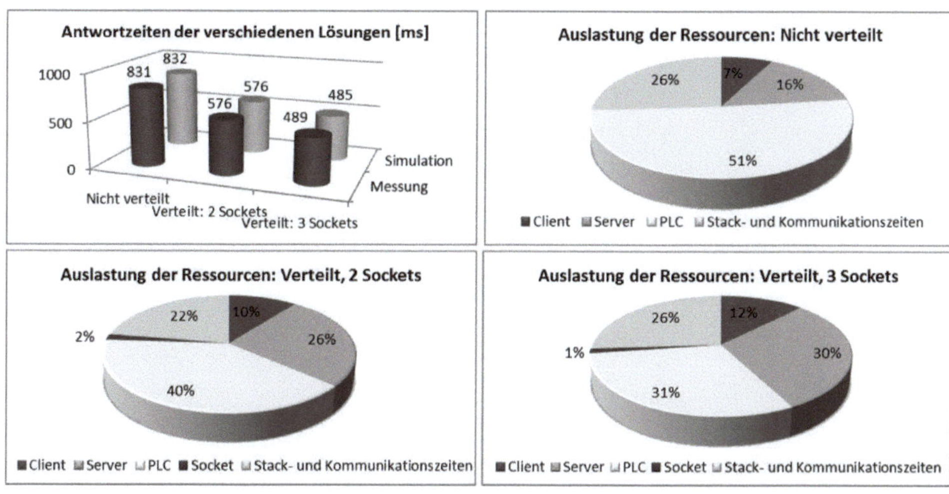

BILD 19.4 FALLSTUDIE TELEAUTOMATION: SIMULATIONSERGEBNISSE

20 BEISPIEL PRODUKTIONSOPTIMIERUNG

Während im vorherigen Kapitel 19 die Leistungsuntersuchung der Auswahl einer bestgeeigneten Variante zur späteren Implementierung diente, zeigen die folgenden Abschnitte, wie der in dieser Arbeit vorgeschlagene Ansatz zur Optimierung von Prozessen – in bereits vorhandenen genauso wie in zu projektierenden Systemen – verwendet werden kann. Im konkreten Fall wird die Produktionsoptimierung innerhalb einer existierenden Modellanlage angestrebt, bei der die Aufträge von autonomen Robotern ausgeführt werden.

20.1 SYSTEMBESCHREIBUNG UND ANALYSEZIEL

Das untersuchte Fallbeispiel bezieht sich auf eine Produktionslinie im Miniformat. Sie besteht aus drei Bearbeitungsstationen, einer Parkstation zum Beladen, Entladen und Ruhephasen der Roboter und einer schwarzen verbindenden Linie zwischen den Stationen (s. Bild 20.1). Spezielle Flächen wie die Eingänge der Bearbeitungsstationen oder der Bereich der Parkstation sind grau eingefärbt. Die Umgebungsfarbe ist Weiß. Die Außenmaße der Produktionslinie betragen 72 x 236 cm. Die Aufträge werden von autonomen Robotern von Typ *Lego Mindstorms NXT* (s. Bild 20.2) ausgeführt, die als Beförderer der zu bearbeitenden Werkstücke verwendet werden. Deren Hauptkomponente stellt der intelligente Baustein (1) dar, der alle angebrachten Sensoren und Aktuatoren steuert. Alle teilnehmenden Roboter sind identisch konstruiert und besitzen einen Servomotor zum Fahren vor- und rückwärts mit zwei Rotationssensoren zum Abbiegen links bzw. rechts (2), einen Ultraschallsensor für die Detektion von Hindernissen (3) und zwei Lichtsensoren (4), mit deren Hilfe der schwarzen Linie gefolgt wird bzw. die Stationen anhand der grau gefärbten Bereiche erkannt werden. Alle Roboter unterstützen die Kommunikation über Bluetooth.

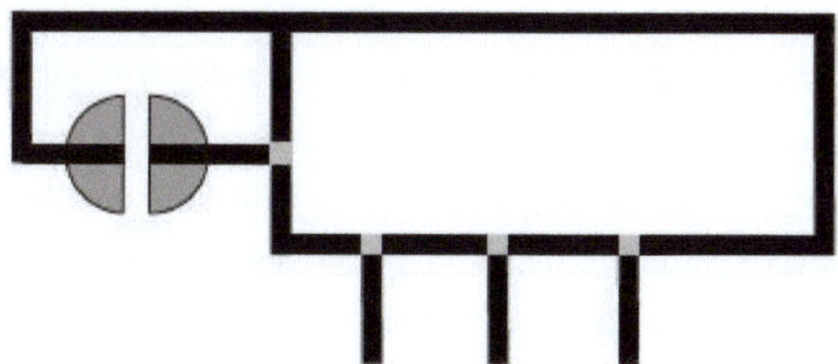

BILD 20.1 PRODUKTIONSLINIE   **BILD 20.2 KONSTRUKTION DER ROBOTER**

Lego Mindstorms NXT ist ein programmierbarer Bausatz, der optional das Betriebssystem *Lejos* [94] für Implementierungen in Java oder das Betriebssystem *nxtOSEK* [95] für Realisierungen in C++ verwendet. Die hier untersuchte Lösung ist Java-basiert. Der Ablauf auf der Modellanlage wird von zwei Artefakten gesteuert. Das erste ist das intelligente Softwaremodul für die Roboter, das auf dem Prozessor-Baustein läuft. Das zweite Artefakt ist die Steuerungssoftware, die auf einer gängigen Arbeitsstation läuft und dem Bediener die Beobachtung und Steuerung des Produktionsprozesses ermöglicht. Zu den wichtigsten Funktionen des letzten Moduls zählen die Auftragsvergabe sowie die Erfassung von verschiedenen Ereignissen und Zuständen der Aufträge und der Produktionslinie, z.B. ob eine Station aktuell besetzt ist oder ob ein Auftrag bereits erfolgreich absolviert wurde.

Die beschriebene Anlage ist durch eine Mehrzahl Parameter charakterisiert, die – nach Bedarf und Möglichkeit – variiert werden können, um eine optimale Bearbeitung von Kundenaufträgen zu erreichen. Ein essentieller Parameter dieser Anlage stellt die Anzahl der Roboter dar. Weitere Parameter spezifizieren die Bearbeitungsdauer auf einer Station. Dabei kann es sich um integrale Prozesse wie Bohren oder Fräsen handeln, für die die Bearbeitungsstationen verantwortlich sind, oder aber auch um die Parkdauer bzw. Verzögerung zum Beladen und Entladen der Werkstücke auf der Parkstation. Sinnvollerweise sollten all diese Parameter für die vorhandenen Stationen separat definierbar sein. Einen weiteren wichtigen Parameter für den Produktionsprozess stellt die Periode zwischen den Startzeiten zweier aufeinander folgenden Roboter dar.

Die hier zur Veranschaulichung ausgewählte Bearbeitungssequenz ist für alle teilnehmenden Roboter gleich[24]. Der Ablauf beginnt auf der Parkstation. Die Roboter fahren auf der Bahn im Uhrzeigersinn und folgen mit Hilfe ihrer Lichtsensoren der schwarzen Linie. Alle Roboter bis auf den ersten starten zeitversetzt, indem sie einen bestimmten Zeitabstand zu ihrem unmittelbaren Vorgänger einhalten. Die Bearbeitung des Kundenauftrags umfasst einen einzigen Schritt, der entweder in der ersten (ab dem Startpunkt gesehen) oder der dritten Bearbeitungsstation, die redundant zu einander ausgerüstet sind, abzuschließen ist. In welcher der beiden Bearbeitungsstationen der Auftragsschritt tatsächlich vollbracht wird, wird zur Produktionszeit dynamisch entschieden und hängt davon ab, ob die von einem Roboter zuerst erreichte Station zu diesem Zeitpunkt frei ist oder nicht. Dazu fahren die Roboter von der Parkstation zunächst bis zum ersten grauen Feld und halten davor an. Es folgt die Kommunikation mit der Steuerungssoftware bzw. der Leitstation, in der der Roboter abfragt, ob die erreichte Station frei ist. Antwortet die Leitstation positiv, dann meldet der Roboter dieselbe Station als besetzt, biegt in sie ein und fährt bis zu ihrem Ende (bis seine Lichtsensoren Weiß sehen), wo er den Auftragsschritt ausführen lässt. Danach verlässt er die Station, wobei er an ihrer Ausfahrt die entsprechende Station wieder als frei meldet. Antwortet die Leitstation, dass die erreichte Bearbeitungsstation momentan besetzt ist, fährt der Roboter weiter, bis

---

[24] Auf Grund der im Abschnitt 13.4.8 angesprochenen Restriktion sind mit UML und MARTE nur Abläufe modellierbar, die für alle Teilnehmer (Roboter) gleich sind. In der GN-Domäne können Workload-Instanzen unterscheidbar gestaltet werden und in Abhängigkeit von ihren Eigenschaften einen anderen Pfad im selben Szenario durchlaufen. Die Erweiterung hat jedoch manuell zu erfolgen.

er eine andere Station erreicht, die den Auftragsschritt ausführen kann. Vor ihr wiederholt sich das Vorgehen analog. Wurde der Auftrag in der ersten Station vollbracht, fährt der Roboter bis zur Parkstation, wo er das fertige Werkstück ablegt. Ist der aktuelle Kundenauftrag nicht komplett bearbeitet, belädt er ein neues Werkstück und startet eine neue Runde. Gleiches gilt, wenn der Auftragsschritt in der dritten Station vollbracht wurde. Waren in derselben Runde beide Stationen besetzt, findet auf der Parkstation kein Wechsel statt, bevor der Roboter wieder startet. Es ist zu erwähnen, dass die Ausführungsschritte bei der beschriebenen Anlage sowie die Prozesse des Be- und Entladens der Werkstücke imaginäre Prozesse darstellen. Real handelt es dabei um Wartezeiten auf den entsprechenden Stellen der Modellanlage. Als letzte Regel in diesem Szenario gilt es, dass ein Roboter, der über seinen Ultraschallsensor ein Hindernis erkannt hat, eine Sekunde lang zurückfahren und kurz warten muss, bevor er einen neuen Versuch startet, durchzukommen.

Als Ziel der folgenden Untersuchung gilt zu ermitteln, mit wie vielen Robotern sowie mit welchem Abstand zwischen ihnen eine möglichst schnelle Abarbeitung von 12 Kundenaufträgen bei dem oben beschriebenen Reglement zu erreichen ist.

20.2 Referenzdatengewinnung und Modellbildung

Die angestrebte Optimierung basiert auf dem Leistungsmodell der beschriebenen Anlage, das als MARTE-annotiertes UML-Aktivitätsdiagramm das oben beschriebene Abarbeitungsszenario abbildet. Bei einer Modellierung zum Zweck der (Produktions-)Prozessoptimierung kann oft auf ein Strukturdiagramm verzichtet werden, denn bei dieser Art der Betrachtung spielen die Architektur und die Kommunikation zwischen den Systemressourcen meistens keine Rolle (dennoch sind sie geeignet zu deklarieren, siehe weiter unten). Das Verhaltensmodell impliziert in der Regel Besonderheiten sowohl der Anlage (Dekomposition in Teilstrecken der Produktionsstraße) als auch des Produktionsauftrages (primär repräsentiert durch die Reihenfolge der Schritte und den Bedingungen im Modell). Somit beschränkt sich die Modellierung auf die Bildung eines oder mehrerer Verhaltensdiagramme, die während oder nach der Spezifikation der gewünschten Funktionalität um die notwendigen Leistungsparameter erweitert werden. In der konkreten Fallstudie wurde das reine Ablaufmodell zunächst mit Standardmitteln der UML-Aktivitätsdiagramme modelliert und nachträglich um leistungsrelevante Information ergänzt. Die Referenzdaten dazu wurden durch Messungen an der realen Modellanlage ermittelt. Sie beziehen sich primär auf die Dauer bestimmter Ablaufschritte bzw. die Dauer für das Hinterlegen von Teilstecken der Anlage – im Modell repräsentiert durch getrennte Aktionen –, die in das Modell in Form von einem Mittelwert und seiner Varianz einflossen. Die Abweichungen in den Zeiten ergeben sich hauptsächlich durch das Pendeln der Roboter zwischen den beiden abgrenzenden Konturen der schwarzen Bahn zum weißen Umfeld. Zu erwähnen ist noch, dass das Drehen einen viel langsameren

Prozess darstellt als das Vorwärtsfahren, wodurch es zum Effekt kommt, dass die Hinterlegung von kürzeren Strecken auch eine längere Zeit in Anspruch nehmen kann als längere, wenn sie Drehungen umschließen. Die Zeiten für die einzelnen Ablaufschritte wurden zunächst durch sich wiederholende Messungen an der realen Modellanlage mit einem fahrenden Roboter ermittelt. Die Wechselwirkungen zwischen den Robotern wie Kollisionen, auf die später in diesem Abschnitt ausführlicher eingegangen wird, wurden dann anhand von variierenden Fahrkonstellationen mit mehreren bedienenden Robotern gemessen und verallgemeinert.

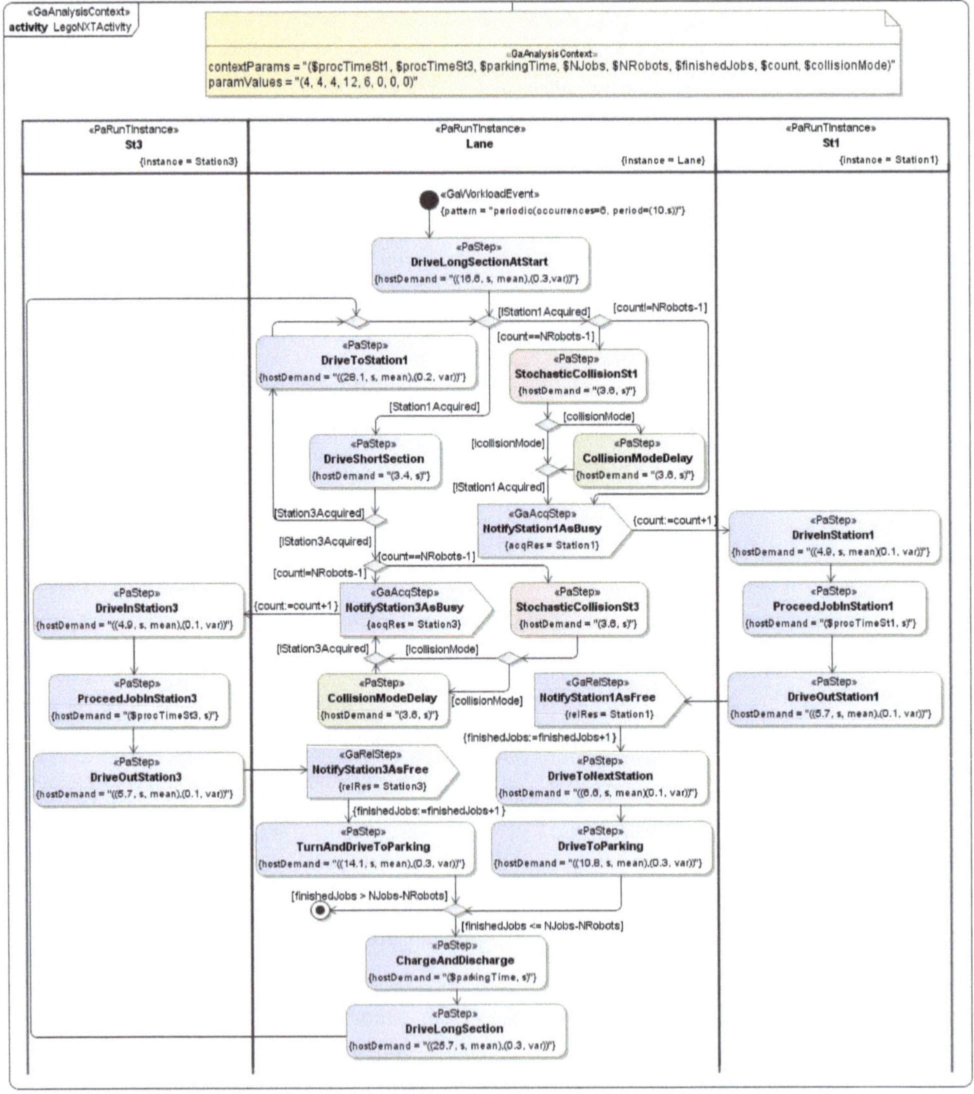

BILD 20.3 LEISTUNGSMODELL DER FALLSTUDIE ZUR PRODUKTIONSOPTIMIERUNG

Das erzeugte Leistungsmodell, das das Szenario, die relevanten Leistungsparameter des Systems sowie die stochastischen Besonderheiten im Ablauf berücksichtigt, zeigt Bild 20.3. Das Element, das alle anderen umschließt und damit den zu analysierenden Kontext abgrenzt, ist die Aktivität, im konkreten Fall *LegoNXTActivity* genannt. Diese Aktivität, also der Bezeichner des Diagramms, ist annotiert mit dem MARTE-Stereotyp *GaAnalysisContext*, um innerhalb seiner Attribute die globalen Parameter für die Anlage spezifizieren zu können. Zu den wichtigen globalen Parametern des Produktionsprozesses, die innerhalb der Eigenschaft *contextParams* definiert wurden, zählen die Dauer der Produktionsschritte auf den verschiedenen Bearbeitungsstationen (hier aufgrund des Szenarios eingeschränkt auf die Abarbeitung der ersten und dritten Station – *$procTimeSt1* und *$procTimeSt3*), die Verweilzeit auf der Parkstation (*$parkTime*), die Anzahl der zu bearbeitenden Aufträge (*$NJobs*) sowie die maximale Anzahl der an der Produktion teilnehmenden Roboter (*$NRobots*). Zwei zusätzliche globale Parameter helfen, aktuelle Zustände im Modell zu speichern und dadurch den Produktionsprozess dynamisch zu steuern – der Parameter *$finishedJobs* ist als Zähler für die bereits absolvierten Aufträge zu verstehen; die Hilfsvariable *$count* hingegen wird genutzt, um den letzten teilnehmenden Roboter bestimmen und anderweitig steuern zu können. Auf die Rolle dieser Maßnahme sowie die Bedeutung des Parameters *$collisionMode* wird in einem der folgenden Absätze näher eingegangen. Die Initialwerte aller globalen Parameter sind innerhalb des Tags *paramValues* in derselben Reihenfolge wie deren Deklaration aufgezählt. Das ihnen vorgesetzte Dollar-Zeichen „$" gibt an, dass es sich um Eingabeparameter handelt.

Die Aktivität ist unterteilt in drei Partitionen, die die Verantwortlichkeitsbereiche der teilnehmenden Anlagenressourcen definieren. Die als *PaRunTInstance* stereotypisierten Laufzeitinstanzen *Lane*, *St1* und *St3* sind abgeleitet von den generischen Ressourcen *Lane*, *Station1* und *Station3*, deren Definition außerhalb des Aktivitätsdiagramms erfolgte. Nicht relevante Ressourcen wie *Station2* wurden bei der Modellierung des Produktionsablaufes außer Acht gelassen. Die Zuordnung einer Laufzeitinstanz zu einer Ressource entsteht in ihrer Eigenschaft *instance* durch die Referenz auf die instanziierte *SchedulableResource.*

Der eigentliche Ablauf beginnt mit einem Startknoten und besteht aus einer Sequenz von Aktionen, Signalen und den sie verbindenden Steuerflüssen, die ihrerseits Bedingungen und Kontrollknoten integrieren. Das Szenario endet in einem Endknoten. Alle modellierten Aktionen und Signale sowie die Start- und Endknoten sind einer der drei Partitionen zugeordnet, um zu kennzeichnen, welche Ressource bei der Ausführung dieses Schrittes beansprucht wird. Die Zuordnung geschieht implizit durch die Platzierung des Elementes innerhalb der die entsprechende Ressource repräsentierenden Schwimmbahn. Als Beispiel für diesen Mechanismus sei die Aktion *ProceedJobInStation1* erwähnt, die von der Laufzeitinstanz *St1* der generischen Ressource *Station1* ausgeführt wird. Die Positionierung der Steuerflüsse und der Kontrollknoten ist unbedeutend (vgl. Abschnitt 13.4.7).

Der unbenannte Startknoten, der den Einstieg in die Aktivität bezeichnet, spezifiziert als Wurzelelement den Workload des Szenarios. Dafür ist innerhalb des Stereotyps *GaWorkloadEvent*, mit dem der Startknoten annotiert wurde, ein periodisches (*periodic*) Muster (*pattern*) definiert. In der konkreten Konstellation im Bild 20.3 besagt dieses Muster, dass insgesamt sechs Ereignisse (*occurences*) im Abstand von je 10 Sekunden (*period*) zu generieren sind, also sechs Roboter alle zehn Sekunden starten. Vom Startknoten führt der Kontrollfluss zur Aktion *DriveLongSectionAtStart*, die der Abschnitt zwischen der Parkstation und dem ersten grauen Feld der Modellproduktionslinie (s. Bild 20.1) abbildet. Die Aktion ist mit dem Stereotyp *PaStep* annotiert, um zu bezeichnen, dass es sich dabei um einen atomaren Schritt des Szenarios handelt. Der Schritt hat eine Dauer von 13.5 ± 0.3 s, spezifiziert durch die MARTE-Eigenschaft *hostDemand*. Analog wurden alle anderen Aktionen im Modell mit *PaStep* annotiert und deren bei den Messungen ermittelte Dauer in identischer Weise angegeben.

Nach der ersten Aktion ist eine Entscheidung zu treffen – ist *St1* frei, meldet der aktuell dort befindliche Roboter, dass er die Station akquiriert, indem er das Signal *NotifyStation1AsBusy* sendet. Anschließend biegt er in sie ein (*DriveInStation1*). Das Einbiegen in *St1*, die Ausführung des Produktionsschrittes auf dieser Bearbeitungsstation (*ProceedJobInStation1*), deren Dauer durch den globalen Parameter *$procTimeSt1* angegeben ist, und das Herausfahren aus der Station (*DriveOutStation1*) werden dann in dieser Folge durchlaufen und beanspruchen die Laufzeitressource *St1*. Danach gibt der Roboter die Station durch das Senden des Signals *NotifyStation1AsFree* wieder frei und sie kann wieder durch andere Roboter besetzt werden. Alle Schritte der Akquirierung und der Freigabe sind mit den MARTE-Stereotypen *GaAcqStep* bzw. *GaRelStep* annotiert und die betroffene Ressource innerhalb der Eigenschaften *acqRes* bzw. *relRes* angegeben. Ist Station *St1* jedoch aktuell als besetzt gemeldet, fährt der Roboter weiter bis zum Eingang der dritten Bearbeitungsstation (*DriveShortSection*) und prüft, ob sie frei ist. Ist *St3* unbesetzt, meldet er seine Nutzungsabsicht (*NotifyStation3AsBusy*), fährt in sie hinein (*DriveInStation3*), lässt den entsprechenden Produktionsschritt ausführen (*ProceedJobInStation3*), fährt wieder aus der Station (*DriveOutStation3*) und meldet sie als frei (*NotifyStation3AsFree*). Ist bei der Nachfrage auch *Station3* besetzt, fährt der Roboter noch eine Runde, um den Auftrag fertig zu stellen (*DriveToStation1*). Im vorgegebenen Produktionsszenario muss jeder Roboter eine einzelne Station befahren, um die Verarbeitung eines Werkstücks abzuschließen. Erfolgte die Bearbeitung in *St1*, nimmt der entsprechende Roboter nach dem Produktionsschritt direkte Fahrt auf die Parkstation. Dazu hinterlegt er zwei Strecken – *DriveToNextStation* bis zum dritten grauen Feld und anschließend den Abstand bis zur Parkstation *DriveToParking*. Die Gruppe Roboter, die ihren Produktionsschritt in *St3* anfertigen ließen, fahren dann den Abschnitt zum Parkplatz, nachdem sie an der Einfahrt der *Station3* einmal um 90° nach links gedreht haben (*TurnAndDriveToParking*).

Bei der autonomen Fahrt der Roboter kommt es beim beschriebenen Szenario regelmäßig zu stochastischen Effekten wie Kollisionen oder Kollisionsgefahren zwischen den Robotern. Diese treten beispielsweise dann auf, wenn ein Roboter den Abstand zum Vorausfahrenden verringert, weil dieser in eine Kurve abbiegt bzw. wenn beim Ausfahren eines Roboters aus einer Bearbeitungsstation ein anderer dort vorbeifährt. Die Zeit, in der der Roboter zurückfährt und wartet, bevor er weiterfährt, nimmt 3,6 Sekunden in Anspruch und wurde durch die Aktion *StochasticCollisionSt1* für den Eingang der Station1 bzw. *StochasticCollisionSt3* für den Bereich um *Station3* modelliert. Einige Kollisionsgefahren können nicht immer zuverlässig erkannt werden, z.B. wenn beide Roboter sich so nähern, dass sie sich außerhalb des Beobachtungsbereichs der Ultraschallsensoren befinden. Diese enden mit einer Kollision, wodurch mindestens ein Roboter aus der Bahn geschoben wird. Das hat letztendlich die Unterbrechung der Auftragsbearbeitung als Folge. Solche Situationen, die unter anderem mit den geometrischen Maßen der Anlage sowie der Roboter und deren genauen Positionierung zusammenhängen, wurden bei der Modellierung außer Acht gelassen, um das Modell nicht unnötig zu verkomplizieren und auf einen zu niedrigen Abstraktionsgrad herunter zu brechen. Aus der gleichen Überlegung wurde auch keine separate Laufzeitressource für die Parkstation instanziiert. Im Zusammenhang mit den Kollisionen ist noch zu erwähnen, dass die Aktion einer stochastischen Kollision nur einmalig und zwar lediglich für den zuletzt startenden Roboter durchlaufen wird (in Abhängigkeit von der Anzahl der Roboter vor der ersten oder dritten Station im Wechsel). Gründe dafür sind zum einen, dass nur die Kollisionen des letzten Roboters einen Einfluss auf die gesamte Bearbeitungsdauer hat (empirisch bestätigt), zum anderen, dass bei den verschiedenen Abständen zwischen den Startzeiten der Roboter im Mittel eine Kollision pro Auftrag erfolgt. Bei zwei der untersuchten Abstände, nämlich bei 8 und 9 s, ereignet sich jedoch im Mittel mindestens eine Kollision mehr, was zur Einführung von zwei Modi in das Modell führte: ein Modus bezeichnet die Situation einer üblichen, kollisionsarmen Fahrt (globaler Parameter *$collisionMode = 0*) und ein anderer Modus führt für die zwei kollisionsreichen Fälle eine zusätzliche Aktion *CollisionModeDelay* ein (*$collisionMode = 1*). Experimentell konnte ermittelt werden, dass der genaue Zeitpunkt der Kollision keine allzu große Rolle spielt. Da die Mehrheit der Kollisionen in der Realität sich um die Ein- bzw. Ausfahrten der Bearbeitungsstationen ereignet, wurden (arbiträr) die Kollisions-Aktionen auf die entsprechenden Stellen im Modell positioniert.

Jedes Mal, wenn ein Roboter die Parkstation erreicht, folgt die Überprüfung, ob die geforderte Anzahl von Werkstücken für den aktuellen Auftrag bereits fertig produziert wurde. Wenn ja (Bedingung *finishedJobs > NJobs - NRobots*) wird das Szenario abgeschlossen, indem der Steuerfluss im Endknoten mündet. Andernfalls fährt derselbe Roboter noch eine Runde auf der Anlage. Um diese Information ermitteln zu können, werden die Hilfsvariablen *count* und *finishedJobs* während der Ausführung des ganzen Szenarios an entsprechenden Stellen im Modell ständig aktualisiert (vgl. Bild 20.3). Die Zuweisung der aktuellen Werte geschieht im Rahmen von Zusicherungen, z.B. *{finishedJobs := finishedJobs + 1}* nach den Freigabesignalen.

20.3   ERGEBNIS DER TRANSFORMATION

Dieser Abschnitt gibt einen Überblick über das Generalisierte Netz, das im Rahmen des implementierten Frameworks aus dem im letzten Abschnitt erläuterten, annotierten UML-Modell automatisch generiert wird. Als Container sämtlicher Elemente wird zunächst ein neues GN-Modell angelegt. Darin wird dann als Äquivalent für das modellierte Verhaltensdiagramm (Bild 20.3) das gleichnamige Generalisierte Netz generiert, auf dessen Basis die simulationsbasierte Analyse vollzogen wird. Bild 20.4 zeigt das resultierende äquivalente Produktionsszenario in grafischer Form. Im Bild sind die automatisch generierten Hilfselemente ausgeblendet. Jedoch sorgen die Parameter-Elemente weiterhin für die Übernahme der globalen Kontextparameter (aus dem Stereotyp *GaAnalysisContext*) und ihre Verwaltung während der Simulation. Die lokalen Elemente sind verantwortlich für das Aufsammeln von spezifischen Informationen über die Transitionen und die globalen Elemente stellen zusammengefasste Metriken zur Verfügung (vgl. Teil III der Arbeit).

Zu den essentiellen Elementen des Netzes gehören die drei Transitionen *Lane*, *St1* und *St2*, die den Partitionen und damit den Laufzeitinstanzen mit den gleichen Namen im Aktivitätsdiagramm entsprechen. Als Äquivalente für alle Aktionen, Signale, den Start- und den Endknoten im UML-Modell wird jeweils eine entsprechende Stelle erzeugt. Der Name des transformierten Elements wird, sofern vorhanden, übernommen. Als nächstes werden die Äquivalente von den Aktionen und Signalen aus dem Verantwortungsbereich einer Partition zu Ausgangsstellen der mit ihr korrespondierenden Transition erklärt. Die Vorgänger dieser Aktionen bzw. Signale werden als Eingangsstellen mit dem Transitionssymbol verbunden. Eine Ausnahme davon stellt der nicht benannte Startknoten dar, der als Knoten ohne eingehende Flüsse einen Netzeingang des Generalisierten Netzes bildet und dadurch lediglich als eine Eingangsstelle mit der Transition *Lane* verbunden ist. Bei der Transformation erhält er – da er als Platz für die Markengenerierung bzw. als Quelle der Systemlast dient – den Service-Namen *Start*. Eine weitere Besonderheit betrifft den Endknoten, der ebenso als unbenanntes Element einen Service-Namen, diesmal *End* bekommt, und sich von den anderen Ausgangsstellen darin unterscheidet, dass keine Pfeile von ihm weggehen, also einen Netzausgang darstellt, der „fertige" Marken sammelt. Eine Teilung von Stellen ist in diesem Modell nicht notwendig (vgl. Abschnitt 13.4.7), sodass für jedes Element, das in eine GN-Stelle überführt wird, nur ein einziger Korrespondent gebildet wird.

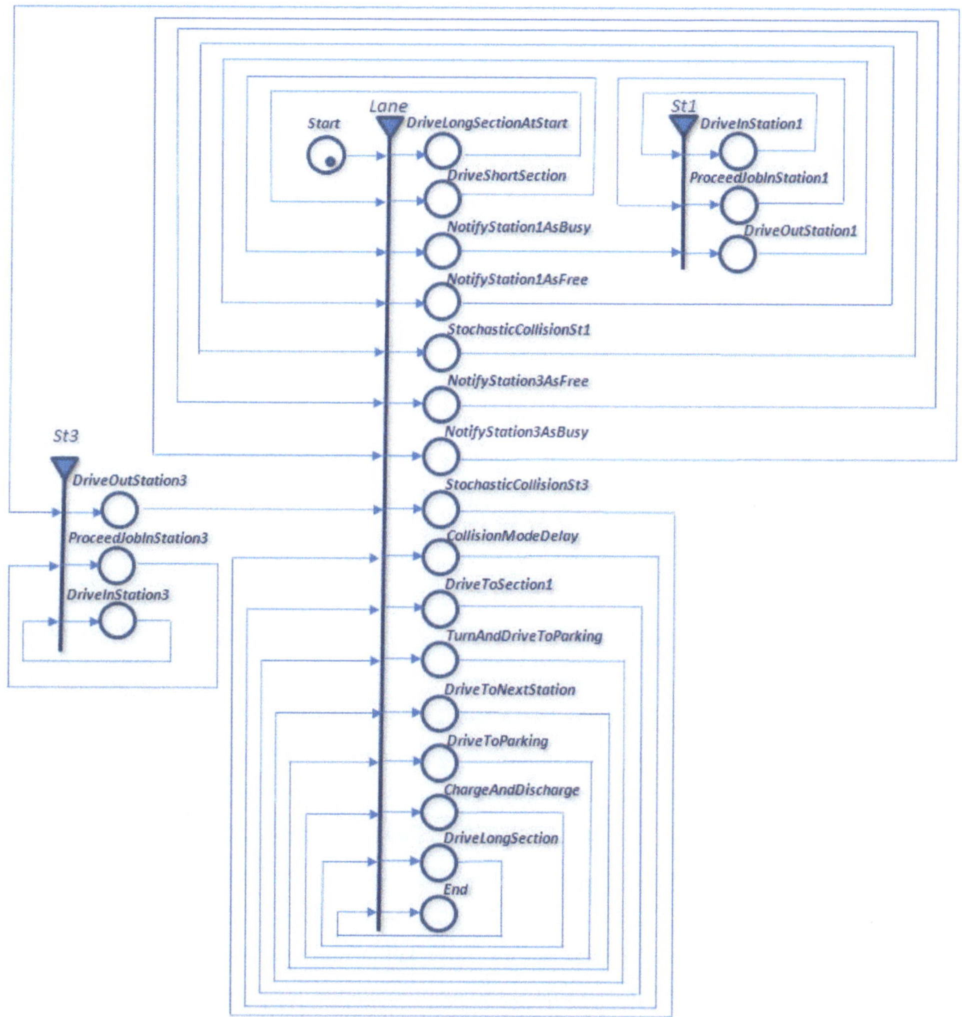

BILD 20.4 DAS SZENARIO LEGONXTACTIVITY ALS GENERALISIERTES NETZ

Der Workload am Wurzelelement im UML-Modell spezifiziert ein periodisches Muster für die den Ablauf triggernden Ereignisse. Für jedes dieser Ereignisse (Anzahl wie in *occurences* spezifiziert, im Diagramm im Bild 20.3 konkret 6) wird im korrespondierenden Generalisierten Netz die Definition einer äquivalenten Marke hinterlegt (die Marke im Bild 20.4 ist exemplarisch). Die Marken haben unterschiedliche Bezeichner und sind somit – im Unterschied zu deren Definition in UML – voneinander unterscheidbar. Diese Tatsache bringt entscheidende Vorteile bei der Auslegung der Simulationsergebnisse mit sich, denn die Auswertung kann nach konkreten Teilnehmern und mit ihnen zusammenhängenden Ereignissen erfolgen. Die erste Marke des Musters wird so spezifiziert, dass sie zum nullten Simulationsschritt generiert wird, alle anderen um so viele Zeiteinheiten später, wie die Periode im Workload-Muster besagt. Dazu findet eine Anpassung der Zeiteinheiten im Muster an den Simulationsschritt, der für diese Studie auf 100 ms festgelegt wurde, statt (10 s Periode entspricht somit einem Abstand von 100 Simulationsschritten, also 10.000 ms zwischen zwei Markengenerierungen). Der Simulationsschritt ist der größtmögliche, bei dem es zu keinen Abrundungen von Zeiten und damit Zeitverluste kommt (da die Dauer aller Aktionen mit nur einer Nachkommastelle im Sekundenbereich angegeben wurde), aber gleichzeitig keine unnötigen Simulationsschritte ausgeführt werden.

Im Unterschied zur Fallstudie aus Abschnitt 19, bei der wegen des geschlossenen Musters eine zusätzliche schließende Transition gebildet wurde, um die Marken von der Endposition zum Anfang zu befördern, sind hier beim periodischen Muster keine zusätzlichen Maßnahmen erforderlich. Der Rücktransport der Marken (Anfang einer neuen Runde auf der Produktionsstrecke) ist daher ein integraler Bestandteil des Modells und erfolgt implizit durch die Ausführung der entsprechenden Aktionen, die den Steuerfluss dorthin leiten.

Alle Zusicherungen wie *count:=count+1* sowie die Kontrolle über das Verharren der Marken in einer Stelle für die Ausführungszeit einer Aktion übernehmen die charakteristischen Funktionen der generierten Stellen. Alle Bedingungen (*guards*) im UML-Modell hingegen werden im GN als Prädikate kodiert und in die Indexmatrizen der Transitionen übernommen. Sind an den Steuerflüssen zwischen zwei benachbarten Aktionen bzw. Signalen mehrere Bedingungen platziert, werden diese bei ihrer Übernahme in das entsprechende Prädikat UND-verknüpft. Beispielsweise wird an der Kreuzung der Zeile *StochasticCollisionSt1* (Eingang) und der Spalte *NotifyStation1AsBusy* (Ausgang) in der Indexmatrix der Transition *Lane* das Prädikat (*(!collisionMode) AND (!Station1Acquired)*) eingefügt. Existiert eine Verbindung zwischen zwei Elementen im UML-Modell und wurde dafür keine Bedingung angegeben, dann wird das entsprechende Prädikat für den Übergang zwischen ihnen auf *true* gesetzt. Für alle restlichen Elemente, die im UML-Modell nicht miteinander verbunden sind, aber im GN-Modell aufgrund der Matrixstruktur die Definition eines Prädikats erforderlich ist, wird es mit dem konstanten Wert *false* belegt (Übergang stets unmöglich). Die momentanen Wahrheitswerte der definierten Prädikate bestimmen die Markenbewegungen im Netz und somit die Logik im Modell. Auf die Darstellung der Indexmatrizen der Transitionen wird aus Platzgründen verzichtet.

20.4   SIMULATION, VERIFIKATION UND AUSWERTUNG

Dieser Abschnitt validiert und verifiziert die Modelle aus den Abschnitten 20.2 bzw. 20.3 (vgl. Vorgehen aus dem Abschnitt 19.4) und schildert weitere durch die Analyse gewonnene Erkenntnisse.

Nach der Generierung des GN-Modells der Fallstudie (Bild 20.4) wurde eine Reihe von Simulationsexperimenten mit ihm durchgeführt. Folgender Auszug aus einer Datei, die während der Simulation entstand (Listing 20.1), veranschaulicht die Information, die aufgezeichnet wird und die Basis sowohl für die Verifikation als auch für die spätere Analyse der Systemleistung dient.

```
1   … … …
2   [LegoNXTActivity] Token 'Flow from User 1' is in place 'Start'
3   [LegoNXTActivity] Step #0
4   [LegoNXTActivity] Token 'Flow from User 1' is in place 'DriveLongSectionAtStart'
5   [LegoNXTActivity] Step #1
6   … … …
```

LISTING 20.1 AUSZUG AUS EINER SIMULATIONSDATEI

In der Protokolldatei wird zunächst auf jeder Zeile in Klammern angegeben, welches Modell aktuell simuliert wird. Es folgt die Information, welche Marke in welche Stelle übergeht (Zeilen 2 und 4). Die direkt nach jedem Ereignis (Markenübergang) folgende Zeile gibt den Simulationsschritt an, in dem es auftrat (Zeilen 3 und 5 im Listing). Die Wortzusammenstellung „`Flow from User {Nr.}`" ist die allgemein verwendete Bezeichnung unabhängiger Entitäten der Systemlast und im konkreten Fall als die Abstraktion eines Roboters mit laufender Nummer (*1*) zu verstehen. Der Auszug zeigt die „Generierung" des ersten Roboters in der Stelle *Start* im nullten Schritt und seinen ersten Übergang zum Schritt 1 der Simulation. Die Verfolgung aller beim Experiment mit einem Roboter protokollierten Ereignisse konnte bestätigen, dass das gewonnene GN-Modell das gewünschte Szenario (Abschnitt 20.1) realisiert. Die Reihenfolge der Ereignisse stimmte mit der Systembeschreibung überein. Die Zeitpunkte der Ereignisse ließen eine Übereinstimmung mit den MARTE-Vorgaben vom Leistungsmodell erkennen.

Die Verifikation des GN-Modells erfolgte durch die Gegenüberstellung von realen Messdaten und erzielten Simulationsergebnissen bei verschiedenen Fahrtkonstellationen zum bekannten Produktionsszenario. Bild 20.5 zeigt die Mittelwerte der erreichten Gesamtbearbeitungszeiten bei beiden Methoden, die durch die Ankunft des zuletzt startenden Roboters bestimmt wird. Ermittelt wurde die Abarbeitung von 12 Werkstücken mit 4 Robotern bei variierendem Abstand zwischen den Fahrzeugen. Die Gegenüberstellung zeigt, dass sowohl die Messung, als auch die Simulation die minimale Bearbeitungszeit bei einem Abstand von 10

Sekunden zwischen den Robotern lokalisiert. Der maximale relative Fehler bei der Untersuchung betrug 1,5%.

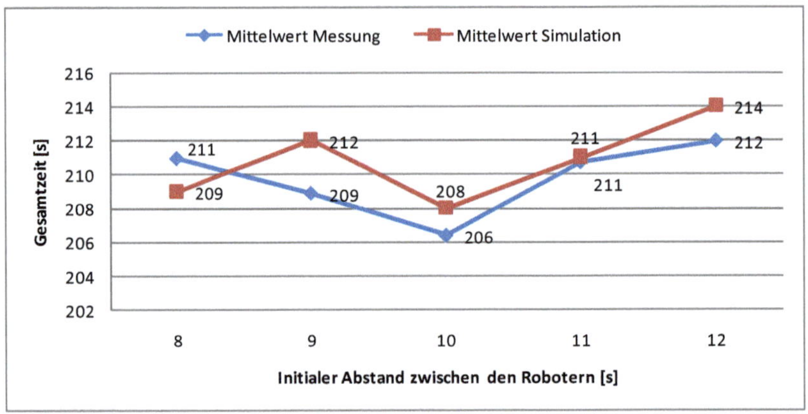

BILD 20.5 MODELLVERIFIKATION: MESSUNG VS. SIMULATION

Das gesetzte Ziel der Analyse lautete zu ermitteln, mit wie vielen Robotern und welchem Abstand zwischen ihnen die Produktion von zwölf Werkstücken eines Kundenauftrages am schnellsten vollendet werden kann (vgl. Abschnitt 20.1). Zu diesem Zweck wurden im UML-Aktivitätsdiagramm der globale Parameter *$NRobots* sowie der Workload des Systems variiert. Bei dem Workload wurde sowohl der Term *occurences* als auch der Abstand zwischen den Ereignissen *period* verändert. Es wurde mit ganzzahligen Perioden zwischen 8 und 12 Sekunden simuliert. Der untere Grenzwert beruht auf der Erfahrung, dass die Roboter mindestens 8 Sekunden Abstand zwischen einander brauchen, um kollisionsfrei eine 90° Drehung vollenden zu können. Der obere Grenzwert ist der Tatsache geschuldet, dass ab einem Abstand von 10 Sekunden die Bearbeitungszeiten annähernd linear ansteigen und dort kein weiteres Optimum zu erwarten ist. Bei der Anzahl der Roboter wurden als sinnvolle Werte die Ganzzahlen zwischen 2 und 7 erachtet. Der kleinste Wert beruht auf der logischen Überlegung, dass zwei Roboter die gleiche Menge Aufträge auf jeden Fall schneller abarbeitet als einer. Die maximale Zahl ergibt sich daraus, dass bei mehr als 7 Robotern selbst bei kleinen Abständen der letzte erst zwischen den anderen Teilnehmern, die bereits eine Runde absolviert haben, starten könnte. Dies stellt sicherlich keinen sinnvollen Effekt bei einem Produktionsprozess dar.

Mit den verifizierten, unterschiedlich parametrierten Netzen wurden anschließend zahlreiche Simulationsexperimente durchgeführt. Bei diesen Experimenten konnte festgestellt werden, dass die kürzeste Bearbeitungsdauer für das vorgegebene Szenario bei sechs autonomen Robotern und einer Periode von 10 Sekunden zwischen ihren Startzeiten erreicht werden kann. In diesem optimalen Fall beträgt die Gesamtbearbeitungsdauer für die zwölf

Werkstücke 165 ± 1 s. Diese Produktionskonstellation wurde anschließend an der realen Modellanlage getestet. Dabei wurde eine Gesamtzeit von 164 ± 2 s gemessen.

Zur weiteren Optimierung des Prozesses können die Ressourcenauslastung oder der Durchsatz der Anlage in Betracht gezogen werden. Die weiteren globalen Parameter im Modell wie die Verweildauer auf der Parkstation, die sich aus den Zeiten zum Be- und Entladen ergibt, sowie die Dauer eines Produktionsschrittes sind in aller Regel technisch bedingt und ihre Variierung hat keine Praxisrelevanz. Weiteres Optimierungspotenzial im energetischen, organisatorischen und wirtschaftlichen Sinn steckt in der Minimierung der Verweilzeiten der Roboter auf der Strecke. Die batteriebetriebenen Roboter müssen immer wieder erneut geladen werden, was im Offline-Modus geschieht. Dies führt unvermeidlich zum Ausfall des Roboters für die Zeit der Neuaufladung. Wenn in dieser Periode kein Ersatzroboter vorhanden ist, könnte das unter Umständen sogar die Unterbrechung des (imaginären) Produktionsprozesses bedeuten. Ziel wäre natürlich, einen möglichst hohen Durchsatz pro Aufladung zu erzielen. Gegebenenfalls hat die Optimierung über mehrere Roboter zu erfolgen.

20.5 Spezifische Leistungskenngrößen in Produktionssystemen

Neben den typischen Leistungskenngrößen in Informations- und Automatisierungssystemen interessieren in der Produktion und der Logistik auch weitere Kenngrößen, die Merkmale der Systemleistung darstellen. Dazu gehören laut [176] die Produktionsrate, der Bestand an Vorprodukten, Halbfertigerzeugnissen und Endprodukten, die Durchlaufzeit von Kundenaufträgen, die Leerzeit einer Produktionsanlage, etc. Diese Leistungskenngrößen lassen sich über die Analyse der entsprechenden Generalisierten Netze unkompliziert ermitteln. Beispielsweise wäre die Produktionsrate über die Ankunftszeit von aufeinanderfolgenden Marken (die stets bekannt ist) in einer bestimmten Stelle, die die Beendigung der Produktion eines Werkstückes kennzeichnet, berechenbar. Obwohl sämtliche relevante Ereignisse und weitere Charakteristiken des Produktionsprozesses in der während der Simulation angelegten Protokolldatei prinzipiell auffindbar sind, wäre für die Auswertung dieser Leistungskenngrößen ein zusätzlicher Implementierungsaufwand notwendig, der die Erweiterung der vorliegenden charakteristischen Funktionen im GN umfasst. Die Erweiterung kann je nach Bedarf innerhalb der Transformationsregeln (Anwendbarkeit für alle Modelle) oder aber am generierten GN (einmalige bzw. gelegentliche Notwendigkeit) erfolgen. Alternativ kann die Analyse auch innerhalb eines externen Auswertetools (vgl. Kapitel 17 bzw. Abschnitt 17.10) stattfinden.

VI SCHLUSSTEIL

Die zwei folgenden Kapitel schließen diese Arbeit ab. Kapitel 21 fasst ihre Essenz zusammen und hebt ihren wissenschaftlichen Beitrag hervor. Kapitel 22 zeigt in einem Ausblick einige Weiterentwicklungsmöglichkeiten des vorgestellten Ansatzes sowie des Frameworks auf.

21 ZUSAMMENFASSUNG

In der Leistungsanalyse in den frühen Stadien der Systementwicklung wurde in den letzten Jahren ein großes Potenzial zur Begrenzung von Überschreitungen der Projektzeit und -kosten erkannt. Dadurch sollen nicht anforderungskonforme Lösungen relativ früh ausgeschlossen und dadurch Fehlimplementierungen vermieden werden. Des Weiteren können früh Varianten verglichen werden, um daraus die optimale Lösung zu identifizieren. Aus der durchgeführten umfangreichen Literaturrecherche sind zahlreiche Ansätze bekannt, die die frühe Leistungsbewertung ermöglichen sollen. Die meisten von ihnen nutzen als Systemmodell UML und unterscheiden sich in der Art der Annotierung und des verwendeten Leistungsanalysemodells. Bis dato konnte sich jedoch keiner dieser Ansätze durchsetzen. Als Gründe dafür konnten im Teil I der Arbeit unter anderem die fehlende Systematik sowie der niedrige Grad der Automatisierung der Methoden erkannt werden. Zudem unterstützen die meisten Verfahren nur eine Modellierungssicht und lassen den konkret für den Bereich der Automatisierungstechnik essentiellen technischen Prozess außer Acht. Deshalb war das Ziel dieser Arbeit, einen neuen Ansatz zur Leistungsanalyse von Informations- und Automatisierungslösungen in den frühen Phasen der Systementwicklung zu erarbeiten, der die genannten Defizite ausgleicht.

Der neue, hier vorgestellte Ansatz nutzt zur Systemmodellierung den OMG-Standard UML. UML erlaubt durch ihre 14 unterschiedlichen Diagramme die Modellierung sowohl der Struktur, als auch des Verhaltens des Systems. Verhalten kann dabei in drei verschiedenen Perspektiven abgebildet werden. Die für das Leistungsmodell notwendige und in UML nativ nicht abbildbare Leistungsinformation kann durch die Annotierung der UML-Elemente mit MARTE-Stereotypen erfolgen. Das MARTE-Profil ist eine von der OMG standardisierte UML-Erweiterung für die Modellierung und Analyse von Echtzeit- und eingebetteten Systemen und gehört zusammen mit UML, QVT, OCL und XMI zur MOF-Familie. Obwohl das UML-basierte Leistungsmodell damit alle notwendigen Komponenten des zu analysierenden Systems beschreibt, ist keine direkte Analyse des Entwurfs möglich. Gründe dafür liegen primär in der nicht streng formalen Spezifikation von UML. Als Resultat ergibt sich die Notwendigkeit, das annotierte UML-Modell in eine formale, analysierbare Domäne zu überführen. Die gängigen Leistungsanalysedomänen wurden in dieser Arbeit aufgeführt und objektiv bewertet. Da alle von ihnen mit ihren Vor- und Nachteilen einhergehen, wurde nach einer Methode gesucht, die für die gesetzten Ziele die bestmöglichen Kompromisse macht. Die optimale Analysemethode wurde in den Generalisierten Netzen gefunden, denn sie bringen die bekannten Vorteile der klassischen Petri-Netze mit, weisen jedoch durch ihre Objektstruktur nicht mehr die sonst klassenspezifischen Defizite auf, wie die typischerweise schnell wachsende Größe des Modells und die aufgrund des unterschiedlichen Abstraktionsgrades fehlende Kongruenz zwischen den Elementen beider Domänen. Für die Verwendung eines Petri-Netz-basierten Ansatzes sprach neben dem mächtigen Konzept der Petri-Netze auch der Fakt, dass sie aufgrund ihrer Eigenschaften ein bewährtes und gängiges Modellierungsmittel auf dem Gebiet der Automatisierungstechnik darstellen, sodass bei dem Umgang mit den Generalisierten Netzen, d.h. bei der Modellierung, Implementierung oder Analyse, auf vorhandenes Wissen zugegriffen werden kann. Aus einer Gegenüberstellung der analytischen und simulativen Methoden der Auswertung des Leitungsanalysemodells wurde die Simulation als der allgemeinere Ansatz erachtet und somit als Auswertemethode für den neuen Ansatz favorisiert.

Da UML, MARTE und der bevorzugte Transformationsmechanismus QVT, deren Grundlagen im Teil II aufgeführt wurden, alle dem MOF-basierten Konzept unterliegen, war die Existenz der Zieldomäne im selben Kontext mit der Erwartung verbunden, dadurch eine Vereinfachung der Transformationsregelwerke sowie einen hohen Grad der Automatisierung zu erzielen. Um dieses zu ermöglichen, wurde im Kapitel 11 ein MOF-basiertes Metamodell für die Generalisierten Netze erarbeitet. Es wurde gezeigt, dass dieses Metamodell mit der von Atanassov gegebenen Definition, aufgeführt im Kapitel 10, übereinstimmt.

Auf Basis der drei MOF-basierten Modelle – von UML, MARTE und GNs – wurde im Teil III der Arbeit ein Transformationsregelwerk erarbeitet. Obwohl UML und MARTE im Leistungsmodell eine integrale Einheit bilden, wurde herausgearbeitet, dass die separate Überführung beider Spezifikationen eine allgemeinere und wiederverwendbare Lösung darstellt und somit für die verfolgten Ziele besser geeignet ist. Aufgrund dessen wurden im Kapitel 12 diagrammübergreifende Transformationsregeln für MARTE und im Kapitel 13 Regelwerke für UML-Elemente spezifiziert. Zur Wahrung der Universalität der Regeln erfolgte ihre Spezifikation auf der MOF-Metamodellebene M2. Um die Definition abstrakterer QVT-Relationen für die MARTE-Elemente zu ermöglichen, wurden die leistungsrelevanten Stereotype aus MARTE in vier Gruppen eingeordnet. Die Gruppierung unterscheidet sich von der Struktur der MARTE-Spezifikation, die die Elemente in den einzelnen Kapiteln bzw. Paketen (*GRM*, *GQAM* und *PAM*) in alphabetischer Reihenfolge aufzählt und damit keine semantische Verbindung zwischen ihnen aufbaut. Die in dieser Arbeit vorgenommene Gruppierung erlaubt nicht nur das Regelwerk kompakt zu halten, sie hilft in diesem Sinne, die MARTE-

Spezifikation intellektuell transparent zu machen und unterstützt damit ihre sichere und zweckmäßige Anwendung. Als eine weitere Maßnahme in diese Richtung wurden bei allen UML-Elementen neben ihrer Definition und der Regel, nach der sie in die GN-Domäne überführt werden, aufgelistet, mit welchen Stereotypen und Eigenschaften sie sinnvollerweise zu annotieren sind.

Kapitel 12 definiert eine umfassende Systematik für die Überführung der direkt für die Modellierung von Leistung angewendeten MARTE-Stereotype. Dafür wurden für die gebildeten MARTE-Gruppen vier allgemeine Relationen spezifiziert. Als deren Spezialisierung wurden für alle leistungsrelevanten Stereotype eigene QVT-Mappings eingeführt und erläutert. Um das Verständnis bei den Transformationsregeln zu erhöhen und die spätere Annotierung zu vereinfachen, wurden in den Mappings alle für das Stereotyp zulässigen Eigenschaften mit Beispielswerten belegt.

Kapitels 13 stellt nach dem aktuellen Kenntnisstand die erste Methodik vor, die alle drei Verhaltenssichten von UML – aktions-, interaktions- und zustandsbasiert – bis zu den Elementen auf *Compliance Level L2* handhaben kann. Alle anderen bekannten Ansätze nutzen nur ein bis zwei Diagrammarten, betrachten die Elemente unsystematisch und/oder machen nur punktuelle Betrachtungen der Elemente bzw. Sachverhalte. Als zusätzliches Ergebnis ist die Gesamtheit der Beispieldiagramme, die jeden Abschnitt dieses Kapitel abschließen, um eine zusammenhängende Transformation dieses Diagramm aufzuzeigen, als eine Art Kompendium für die Anwendung von UML (und MARTE) auf dem Gebiet der Automatisierungstechnik zu verstehen.

Im Kapitel 14 wird der Mechanismus der Rückführung der Analyseergebnisse zurück ins ursprüngliche UML-Modell geschildert. Dies stellt ein effizientes Vorgehen zur Verifikation und Optimierung von Entwurfslösungen dar.

Als praxisorientierte Machbarkeitsstudie wurden die spezifizierten Regeln innerhalb eines automatisierten Frameworks softwaretechnisch realisiert. Die Implementierung der Transformationsregeln erfolgte innerhalb eines Transformationsmoduls in der *eclipse*-Entwicklungsumgebung. Dafür wurde unter anderem die mächtige M2M-Sprache *Xtend* aus dem Umfang des oAW-Werkzeugs verwendet. Neben der Integration der korrespondierenden Elemente aus der UML- und GN-Domäne sind hier besonders die zahlreichen implementierten Formalisierungsmechanismen (vgl. Abschnitt 18.2.6) hervorzuheben.

Um die richtige und zielgerichtete Anwendung des realisierten Frameworks zu stützen, wurde im Kapitel 17 ein Arbeitsfluss geschildert bzw. empfohlen. Dieses Kapitel adressiert zahlreiche Besonderheiten der Schnittstellen und Komponenten im Framework. In Ergänzung soll erwähnt werden, dass das Framework einen Prototypen darstellt und die spezifizierten

Regeln nicht vollständig deckt. Zudem wurde die Machbarkeit vieler Funktionen über Vorgängerlösungen belegt, sodass sie bei der aktuellen Lösung nicht mehr verfolgt wurden.

Die korrekte Funktionsweise des implementierten Frameworks wurde durch zwei automatisierungstechnische Fallstudien exemplarisch nachgewiesen. Eine handelt von einer webbasierten Lösung zur Bedienung und Beobachtung einer verfahrenstechnischen Anlage. Ziel ist dabei, die bessere aus mehreren Alternativen für die (spätere) Implementierung zu bestimmen. Die zweite Fallstudie behandelt die Optimierung eines Produktionsprozesses in einer Modellanlage mit autonomen Robotern. Beide Fallstudien konnten bis zur Analyse der Ergebnisse erfolgreich durchgeführt werden und das gesetzte Ziel wurde erreicht. Der Vergleich der Simulationsergebnisse mit Messdaten zeigte eine gute Übereinstimmung, der relative Fehler lag dabei typischerweise bei ca. 1-1,5%.

Erwähnenswert ist weiterhin die Erkenntnis, dass mit UML und MARTE prinzipiell keine unterscheidbaren Instanzen (des Ereignisflusses der Systemlast) in einem Szenario modelliert werden können. Da die Marken in den Generalisierten Netzen, genauso wie die anderen GN-Elemente auch, unterscheidbare Instanzen mit eigenen Charakteristiken darstellen, wäre ein möglicher Ausweg, die einzelnen Instanzen erst im bei der Transformation entstandenen Generalisierten Netz unterscheidbar zu gestalten. In manchen Fällen dürfen die notwendigen Modifikationen ein solches Ausmaß aufweisen, dass es sinnvoller ist, auf die Modellierung in UML zu verzichten und das gewünschte Szenario direkt in der GN-Domäne zu hinterlegen.

Abschließend kann zusammengefasst werden, dass mit dem erarbeiteten Ansatz alle am Beginn der Arbeit gesetzten Ziele erreicht wurden. Es wurde eine umfassende Methodik geschaffen, deren Reichweite sowohl bezüglich der unterstützten UML-Elemente als auch bei den betrachteten leistungsrelevanten Stereotypen der MARTE-Spezifikation über die bekannten Ansätze hinausgeht. Somit erfüllt der hier vorgestellte Ansatz die Voraussetzungen für eine hohe Automatisierung und als Folge dessen auch für eine bessere Akzeptanz durch den Anwender im Vergleich zu den bekannten Verfahren zur frühen Leistungsanalyse. Da es sich bei MARTE um eine verhältnismäßig junge Spezifikation handelt, dürfte die vorliegende Arbeit zu den ersten gehören, die eine derart umfängliche Betrachtung dieses Standards anbieten. Besonders hervorzuheben ist beim neuen Ansatz sein Fokus auf den automatisierungstechnischen Bereich. In Bezug auf die gewählte Leistungsanalysemethode – die Generalisierten Netze – zeigte sich, dass sie die Erwartungen erfüllten und keine konzeptionellen Mängel offenbarten. Ihre künftige Anwendung ist daher vorbehaltlos zu empfehlen. Durch die Implementierung des Ansatzes in Form eines automatisierten, formalen Frameworks, dessen korrekte Funktionsweise durch reale Beispiele nachgewiesen wurde, wird seine praktische Anwendbarkeit gewährleistet. Die Anwendung der Methode in den frühen Phasen der

Systementwicklung verspricht eine steigende Produktqualität bei gleichzeitiger Reduktion von Projektzeit und Projektkosten.

22 AUSBLICK

Trotz der nachgewiesenen Anwendbarkeit des in dieser Arbeit vorgestellten Ansatzes, existierten im selben Kontext noch zahlreiche Verbesserungs- und Weiterentwicklungsmöglichkeiten. Die nächsten zwei Abschnitte zeigen einige davon auf. Der erste Abschnitt 22.1 fokussiert dabei auf der Softwarelösung, Abschnitt 22.2 hingegen handelt von einem allgemeineren Forschungsbedarf.

22.1 SOFTWARETECHNISCHE WEITERENTWICKLUNG

Da es sich beim in dieser Arbeit implementierten Framework um eine prototypische Entwicklung handelt, existieren mehrere Möglichkeiten, dieses zu verbessern und zu erweitern. Die folgenden vier Unterabschnitte schildern einige der erkannten Potenziale.

22.1.1 WEITERENTWICKLUNG DES TRANSFORMATIONSMODULS

Das aktuell existierende Framework unterstützt lediglich einen Teil der leistungsrelevanten MARTE-Stereotype und Eigenschaften. Wünschenswert wäre die vollständige Implementierung der erarbeiteten Transformationsregeln. Selbiges gilt in Bezug auf UML, denn die vorhandene Realisierung kann nur Aktivitätsdiagramme handhaben. Eine Weiterentwicklung des Transformationsmoduls soll die Einbeziehung von anderen UML-Diagrammarten, insbesondere von Sequenz- und Zustandsdiagrammen, berücksichtigen.

In das Transformationsmodul wurden bereits zahlreiche Codegerüste eingebunden, aus denen unter Beachtung der modellspezifischen Information die charakteristischen Funktionen des Generalisierten Netzes generiert werden. Solche Funktionen beziehen sich auf die Berechnung von typischen Leistungskenngrößen wie Antwortzeiten und Ressourcenauslastung. Vorteilhaft wäre die Implementierung weiterer Methoden, beispielsweise für die automatische Berechnung des Durchsatzes einer Ressource oder eines Szenarios bzw. einiger oft zu ermittelnder Produktionskenngrößen (vgl. Abschnitt 20.5).

Die Transformation der Modelle wird aktuell innerhalb der *eclipse*-Entwicklungsumgebung ausgeführt. Dazu muss sie entsprechend installiert sein und bei jeder Anwendung gestartet werden. Zur Erhöhung der Benutzerfreundlichkeit ist anzustreben, die implementierte Funktionalität in Form einer schlankeren und handhabbareren (weiterhin *eclipse*-basierten) *Stand-Alone*-Softwareapplikation zu gestalten.

22.1.2 VERBESSERUNG DER MODELLINTERGRATION

Im Kapitel 17 wurden einige Unzulänglichkeiten in der Schnittstelle zwischen dem UML-Werkzeug und *oAW* angesprochen, die zurzeit aufwändig manuell beseitigt werden. Eine Alternative, mit der das Problem grundsätzlich umgangen werden kann, ist die Durchführung der Modellierung und der Transformation innerhalb derselben Entwicklungsumgebung (*eclipse*), sodass kein Modellexport bzw. -import notwendig ist. Eine andere Möglichkeit wäre, die existierende Lösung zu behalten, jedoch den Präprozess zu automatisieren. Da es sich um bekannte, systematische Unvollkommenheiten handelt, sollte dies keine besonders anspruchsvolle Aufgabe darstellen.

Eine weitere Verbesserungsmöglichkeit bezieht sich auf die automatische Ermittlung des optimalen Simulationsschrittes für das erzeugte Generalisierte Netz. Das Transformationsmodul sollte diesen berechnen und bereits bei der Generierung des Netzes berücksichtigen.

Der Simulator *GNTicker* soll so verändert werden, dass die Prädikats- und charakteristische Funktionen nicht lose als *mixed Content* in den XML-Elementen erwartet werden, sondern sich an dem MOF-Konzept orientieren. Dies würde die Anwendung des MOF-basierten Metamodells der GN ermöglichen.

22.1.3   VERBESSERUNG DER FUNKTIONALITÄT DES SIMULATORS

Des Weiteren fielen beim Simulator *GNTicker* zahlreiche Defizite auf, deren Beseitigung dringend zu empfehlen ist. Dazu gehört neben der Anpassung der Import-Schnittstelle zunächst der Austausch der eingebundenen JavaScript-Engine für die Ausführung der charakteristischen Funktionen. Die Länge der Simulationsexperimente ist aktuell stark eingeschränkt, denn JavaScript meldet relativ früh Speicherüberläufe, insbesondere wenn im Modell viele Markenteilungen vorzunehmen sind. Es wurden zudem Unstimmigkeiten bei Modellen mit eingebetteten Elementen beobachtet. Allgemein soll die Funktionalität des Simulators so erweitert werden, dass das gesamte Potenzial der Generalisierten Netze ausgeschöpft werden kann. Zurzeit unterstützt der Simulator nur einen Teil der GN-Definition; viele Komponenten werden mit unveränderbaren Vorgabewerten belegt. Grundsätzlich kann auch die Benutzerfreundlichkeit in der Interaktion nachgebessert werden.

22.1.4   AUSWERTUNG DER ANALYSEERGEBNISSE

In der existierenden Lösung ist das Endprodukt der Simulation eine Protokolldatei, die zur Extraktion der relevanten Leistungsinformation manuell zu bearbeiten ist. Eine deutliche Verbesserung des Frameworks ist zu erwarten, wenn der Inhalt dieser Datei abschließend automatisiert an ein oder mehrere Auswertewerkzeuge weitergeleitet werden könnte. So soll die Möglichkeit Statistiken und Zusammenhänge zu ermitteln (z.B. Gegenüberstellung von Varianten), berechnen (Findung von Optima, lokalen Minima, etc.) und visualisieren (in Form von Diagrammen), den Nutzen des Frameworks zur Leistungsanalyse steigern, indem es dem Anwender Hilfestellung bei der Auswertung und ggf. bei der Optimierung leistet. Unter anderem auch in diesem Kontext stellt die softwaretechnische Realisierung des Rückwärtszweigs im Framework eine essentielle Weiterentwicklung dar. Optimalerweise erfolgt die Rückführung der Simulationsergebnisse analog zum Vorwärtszweig in Form einer M2M-Lösung.

22.2 ZUKÜNFTIGE FORSCHUNGSARBEITEN

Die simulationsbasierte Auswertung des Leistungsanalysemodells ist ein universeller Ansatz, deren weiterer Einsatz in der frühen Leistungsbewertung durchaus zu empfehlen ist. Die eigenständige Entwicklung und Wartung eines Simulators wie *GNTicker* stellt jedoch eine anspruchsvolle, zeitintensive und fehleranfällige Aufgabe dar. Angesichts der Tatsache, dass auf dem Markt ausgereifte Simulatoren mit beachtlicher Funktionalität vorhanden sind, könnten die Umstände einer Eigenentwicklung über den Ersatz des Simulators für Generalisierte Netze durch einen gängigen Simulator umgangen werden. Dementsprechend wäre eine neue Methodologie zu entwickeln, die das Leistungsmodell in das konkrete Simulationsmodell überführt.

Im Kapitel 16 wurde angesprochen, dass aufgrund von Unterschieden in den Export-Schnittstellen der UML-Modellierungswerkzeuge, zurzeit lediglich spezielle Lösungen entwickelt werden können. Des Weiteren führt Kapitel 4 auf, dass die verschiedenen Leistungsanalysemethoden ihre Vorteile in bestimmten Situationen zum Ausdruck bringen, während sie sich bei anderen Konstellationen als eher ungeeignet erweisen. Optimal wäre aus Sicht des Anwenders eine Lösung, die beliebige Modellierungswerkzeuge mit beliebigen Analysemethoden und -werkzeugen kombinieren kann. Daher ist es nach Möglichkeiten zu suchen, die die Auswertung einer möglichst hohen Anzahl an verschiedenen Leistungsmodellen (u.a. nicht UML-basierten) in einem integrierten Framework auf verschiedenen Weisen erlauben. Als einen nächsten Schritt könnte eine gewisse Intelligenz in dieses Framework eingebaut werden, die die Gegebenheiten des Modells sowie des Systems, auf dem die Auswertung läuft, evaluiert und die für den konkreten Fall optimale Lösungsvariante eigenständig vorschlägt.

Im hier vorgestellten Framework stellt die Nachbesserung des Modells eine Aufgabe des Anwenders dar. Es ist aus Gründen der Effizienz nach geeigneten (ergänzenden) Verfahren zu suchen, die einen automatisierten Optimierungsprozess realisieren können.

Die Qualität einer Lösung wird an vielen Kriterien gemessen. Die in dieser Arbeit im Fokus stehende Systemleistung ist nur eins davon. Um eine umfassende Systembewertung zu ermöglichen, soll Leistung eher in einem zusammenhängenden Bündel mit anderen Systemeigenschaften betrachtet werden. So ist es als Erweiterung des erarbeiteten Ansatzes bzw. Frameworks die Unterstützung von weiteren UML-Profilen wie *SysML* [125], dem *UML Testing Profile* [118], dem *UML Profile for Modeling QoS and FT Characteristics and Mechanisms* [123] sowie dem SAM-Teilprofil von MARTE (s. Kapitel 16 in [120]) von Interesse. Nach den

Regeln aus Kapitel 13 sollten diese Erweiterungen nahtlos integriert werden können, jedoch ist in diesem Zusammenhang zunächst zusätzliche Forschungsarbeit erforderlich.

Aufgrund der Wechselseitigkeit von Leistung und anderen Systemmerkmalen lohnt es sich zudem, eine multikriterielle Systemoptimierung in Betracht zu ziehen, denn eine gute Leistung, die beispielsweise auf Kosten der unzureichenden Sicherheit geht und umgekehrt, ist sicherlich keine optimale Lösung im Gesamtkontext.

VII ANHANG

A. TRANSFORMATIONSREGELN FÜR INTERAKTIONSDIAGRAMME

Neben den im Abschnitt 13.5 behandelten Sequenzdiagrammen spezifiziert UML drei weitere Interaktionen. Die folgenden Abschnitte erklären die Modellierungsschwerpunkte dieser Diagrammarten und zeigen exemplarisch ihre Anwendung für Automatisierungslösungen. Es werden geeignete MARTE-Annotierungen für ihre Elemente (bis einschließlich *Compliance Level L2*) hervorgehoben und elementspezifische Transformationsregeln spezifiziert.

A.1 KOMMUNIKATIONSDIAGRAMM

Ein Kommunikationsdiagramm (*communication diagram*) ist ähnlich wie das Sequenzdiagramm ein Verhaltensdiagramm aus der Gruppe der Interaktionen und bietet somit eine bestimmte Sicht auf die dynamischen Aspekte des modellierten Systems an. Im Unterschied zum Sequenzdiagramm betont das Kommunikationsdiagramm jedoch die Existenz von Beziehungen zwischen den interagierenden Teilnehmern und ihrer Topologie. Der Zeitaspekt rückt dabei in den Hintergrund – die Reihenfolge der ausgetauschten Nachrichten ist über ihre Nummerierung zwar immer noch erkennbar, jedoch in keiner Hinsicht räumlich geordnet und somit nicht prioritär wahrnehmbar.

Viele der Elemente eines Kommunikationsdiagramms sind (semantisch) identisch mit den im Abschnitt 13.5 bereits eingeführten Elementen der Sequenzdiagramme. Die einzelnen Ähnlichkeiten und Unterschiede bzw. noch nicht eingeführten Elemente für Interaktionen wie z.B. Assoziationen werden in den nächsten Abschnitten elementweise erläutert.

Bild A.1 führt ein Kommunikationsdiagramm ein, an dem im Folgenden die Elemente dieser Diagrammart erklärt werden. Beim Beispiel handelt es sich um eine Anwendung aus dem Anwendungsbereich der Luft- und Raumfahrt, nämlich um ein inertiales Navigationssystem (INS). Aufgabe solcher Systeme ist die Bestimmung der eigenen Position und Geschwindigkeit eines Flugkörpers, ohne dass ein Bezug zur äußeren Umgebung erforderlich ist [175]. Das Beispiel zeigt die Ermittlung der Lage eines Flugzeugs in absoluten Koordinaten aus den gemeldeten Daten dreier unabhängiger intelligenter Inertialsensoren und den sogenannten Navaids (*Navigational Aids,* [160]) – einer Art Navigationshilfe. Die Inertialsensoren sind ein Teil des sogenannten *Inertial Reference System* (IRS) und liefern die Basis für diese Art Navigation durch das Erfassen der Beschleunigung und der Drehrate des Flugkörpers. Das modellierte Kommunikationsdiagramm zeigt die Nachrichtübermittlung zwischen den Teilnehmern eines solchen INS in ihrer logischen Reihenfolge.

A.1.1   LEBENSLINIEN

Lebenslinien repräsentieren im Kommunikationsdiagramm ebenso wie im Sequenzdiagramm die Objekte bzw. Akteure, die Nachrichten austauschen. Eine Lebenslinie wird hier jedoch grafisch durch ein Rechteck (ohne weitergeführte Linie) dargestellt (vgl. Bild A.1).

Aus den sechs Lebenslinien im Diagramm (Bild A.1) wird das *FlightManagementSystem* lokal deklariert, während die anderen fünf Lebenslinien extern deklarierte Klassen *(:Intertial-Sensor* und *:Radionavigation)* und Akteure *(:Pilot)*, teils anonym, instanziieren. Lebenslinien können in eine Leistungsanalyse ohne Annotierung *(:Pilot)*, mit einer eigenen, im Diagramm angehängten (Stereotypisierung vom *FlightManagementSystem* als *SchedulableResource)* oder mit einer von extern übernommenen Annotierungen (*GaExecHost* bei *IS1..3* und der *RadioNavigation)* einfließen. Es ist anzumerken, dass es nicht möglich ist, die im Kommunikationsdiagramm definierten Lebenslinien als Ausführungsressourcen, d.h. mit den Stereotypen *ProcessingResource*, *GaExecHost* und *GaCommHost*, zu annotieren. Diese Stereotype können dennoch im Diagramm erscheinen, falls die Lebenslinie eine Klasse instanziiert, die in einem Strukturdiagramm wie Klassen-, Anwendungsfall- oder Verteilungsdiagramm bereits so stereotypisiert wurde. Diesen Ressourcen können über Eigenschaftswerte instanzspezifische Ausführungseigenschaften zugeordnet werden, auf deren Darstellung hier aus Gründen der Übersichtlichkeit verzichtet wird.

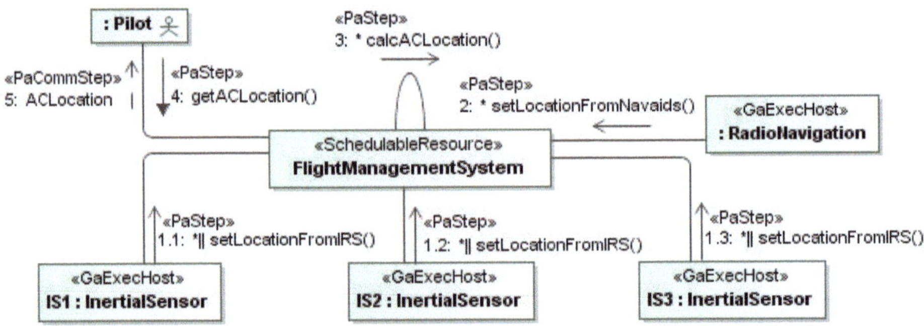

BILD A.1 LEBENSLINIEN, ASSOZIATIONEN UND NACHRICHTEN IM KOMMUNIKATIONSDIAGRAMM

Bis auf die obigen drei Ausnahmen können Lebenslinien mit allen Elementen aus der MARTE-Gruppe der Ressourcen annotiert werden. Oft wird das Stereotyp *PaRunTInstance* genutzt, um Laufzeitinstanzen von extern definierten Ressourcen (einer Systemarchitektur) zu deklarieren. Im Unterschied zum Sequenzdiagramm, bei dem *PaRunTInstance* das einzig zulässige Stereotyp für Lebenslinien ist, können hier durch die entsprechende Annotierung die Ressourcen selbst definiert und nicht lediglich instanziiert werden. Unter Umständen kann dann auf ein separates Strukturdiagramm verzichtet werden, denn das Verhaltensdiagramm integriert bereits die notwendige Leistungsinformation.

Lebenslinien werden in GN-Transitionen überführt (vgl. Bild 13.21). Je nach angewendetem Stereotyp ergeben sich Besonderheiten, die den im Abschnitt 13.5.1 spezifizierten Regeln zu entnehmen sind.

A.1.2   ASSOZIATIONEN

Der Austausch von Nachrichten zwischen zwei Objekten im Kommunikationsdiagramm ist – im Unterschied zum Sequenzdiagramm – nur dann möglich, wenn vorher durch eine Assoziation explizit festgelegt wurde, dass zwischen diesen Objekten grundsätzlich eine Verbindung existiert. Diese Verbindung – die Assoziation (*UML::Association*) – wird als durchgezogene Linie zwischen deren Lebenslinien gezeichnet, beispielsweise wie zwischen den Teilnehmern *FlightManagementSystem* und *:RadioNavigation* im Bild A.1.

Da für die Leistungsanalyse allerdings die tatsächlich stattfindende Kommunikation zwischen den Objekten in Form von Nachrichten von Interesse ist und nicht die potentielle Möglichkeit des Nachrichtenaustausches, werden bei der Transformation des Kommunikationsdiagramms in ein GN-Modell keine äquivalenten Elemente gebildet. Wurde jedoch eine Assoziation durch Eigenschaftswerte mit kommunikationsrelevanter Information wie etwa die Kapazität eines Kanals behaftet, wird diese bei der Berechnung der entsprechenden Kommunikationsmetriken vom GN-Modell berücksichtigt (ähnlich wie die Kommunikationspfade im Verteilungsdiagramm, vgl. Abschnitt 13.1.4).

A.1.3   NACHRICHTEN

Nachrichten sind die Kommunikationseinheiten, die durch die Reihenfolge ihres Auftretens den Ablauf im Diagramm festlegen. Semantisch sind sie identisch mit den Nachrichten im Sequenzdiagramm. Die im Abschnitt 13.5.2 eingeführte Nachrichtenvielfalt gilt gleichermaßen auch für Kommunikationsdiagramme. Unterschiedlich sind wiederum die grafische Darstellung und die Art der Nummerierung der Nachrichten. Grafisch werden hier die Nachrichten wieder durch Linien mit Pfeilspitzen dargestellt, die jedoch nicht durchgängig vom Sender zum Empfänger verlaufen, sondern als kurze, gerichtete Linien an die ihr zugrunde liegende Assoziation notiert werden. Die Darstellungsform der Linie gibt die Art (synchron, asynchron, etc.) und die Richtung (Festlegung des Senders und Empfängers) der Kommunikation vor (vgl. Bild A.1). So ist es beispielsweise dem Diagramm aus Bild A.1 zu entnehmen, dass die Intertialsensoren *IS1* bis *IS3* asynchrone Nachrichten (*setLocationFromIRS()*) an das *FlightManagementSystem* senden, während der *Pilot* über eine synchrone Nachricht *getACLocation()* eine Rückantwort mit dem gewünschten Wert *ACLocation* erhält. Da bei dieser Diagrammart kein (vertikaler) Zeitstrahl vorhanden ist, bestimmt allein die Nummerierung der Nachrichten die Reihenfolge in der Kommunikation. In der Nummerierung können Codierungen und Sonderzeichen verwendet werden, die die Rolle einiger (sonst hier nicht anwendbaren) Operatoren vom Sequenzdiagramm übernehmen. So wird beispielsweise eine Iteration durch einen Stern hinter der Nachrichtennummer (z.B. 1*) und das parallele Senden von Nachrichten durch einen vertikalen doppelten Strich (1||) definiert. Eine Nachricht mit einer Untersequenznummer (z.B. 1.1) bedeutet hingegen, dass sie zeitlich nach dem Empfang der Nachricht 1 zu erfolgen hat. Die Tiefe einer Untersequenz wird durch einen Doppelpunkt terminiert (1.1: {Nachrichtenname}). Bedingungen werden nach der Nachrichtennummer in eckigen Klammern angegeben (z.B. 1.2 [x>0]). Dieses Bezeichnungskonzept wurde im Bild A.1 bei den Nachrichten 1.1 bis 1.3 verwendet, um auszudrücken, dass sie in einer übergeordneten Routine parallel zueinander gesendet werden und zwar in einem endlosen Zyklus („*" nach der Nachrichtennummer und fehlende Bedingung für den Abbruch der Schleife).

Im Übrigen unterscheidet sich weder die Annotierung, noch die Transformation der Nachrichten im Kommunikationsdiagramm von denen des Sequenzdiagramms. Sinnvoll ist daher die Annotierung einer Nachricht mit MARTE-Elementen aus der Gruppe der Schritte. Für Ausführungsschritte dürfte das Stereotyp *PaStep* das am häufigsten verwendete sein (s. Nachrichten 1.1 bis 4 im Bild A.1), für Kommunikationsschritte ist eine Annotierung mit *PaCommStep* zweckdienlich (s. Nachricht 5 im Bild A.1). Nachrichten werden in GN-Stellen transformiert. Für weitere Details bezüglich der Transformation sei hier auf Abschnitt 13.5.2 verwiesen.

Andere Elemente, die in Bezug auf das Sequenzdiagramm eingeführt wurden, sind im Rahmen eines Kommunikationsdiagramms per Spezifikation (vgl. [122]) nicht anwendbar.

A.1.4 BEISPIEL DER TRANSFORMATION VON KOMMUNIKATIONSDIAGRAMMEN

Dieser Abschnitt stellt ein Beispiel für die Überführung eines Kommunikationsdiagramms in die GN-Domäne vor. Im Bild A.2 befindet sich die Struktur des modellierten (Teil-)Systems, abgebildet in der Form eines Klassendiagramms. Klassendiagramme stellen eine alternative Möglichkeit der Strukturbeschreibung neben dem im Abschnitt 13.1 eingeführten Verteilungsdiagramm dar. Das abgebildete Teilsystem besteht aus einer speicherprogrammierbaren Steuerung, kurz SPS (*PLC*), die über eine Profibus-Schnittstelle (*Profibus*) mit einem Sensor und einem Aktuator kommuniziert. Bei dem Sensor handelt es sich um einen Füllstandsensor (*LiquidLevelIndicator*). Der Aktuator ist ein Zuflussventil (*DeliveryValve*), durch dessen Öffnung und Schließung der Füllstand gesteuert wird. Die Steuerung implementiert drei Methoden, die im Klassensymbol aufgelistet sind (s. Bild A.2). Die intelligenten Sensor und Aktuator sowie die Steuerung sind – da sie Ausführungsinstanzen darstellen – mit dem MARTE-Stereotyp *GaExecHost* annotiert, während das Kommunikationsmedium *Profibus* als *GaCommHost* stereotypisiert wird. Entsprechende Eigenschaftswerte spezifizieren die so definierten Ressourcen näher (vgl. Bild A.2). Eine mögliche Aufgabenstellung für diese Architektur wäre die Identifizierung der optimalen Bitrate von *Profibus* (per Definition im Bereich zwischen 9600 bit/s und 12 Mbit/s wählbar), sodass die Antwortzeit für das zugehörige im Bild A.3 dargestellte Szenario, d.h. die Bearbeitung der Nachrichten 1 bis 3.4, eine bestimmte vorgegebene Zeit nicht überschreitet. Der Datenverkehr ist aus Effizienzgründen jedoch minimal zu halten. Um die Bitrate leicht variieren und verschiedene Experimente mit unterschiedlichen Werten durchführen zu können, wird der Kontextparameter *$rateProfibus* eingeführt (s. Eigenschaften von *Profibus* im Bild A.2).

BILD A.2 MARTE-ANNOTIERTES KLASSENDIAGRAMM

Der zu untersuchende, auf dieser Systemarchitektur ausgeführte Ablauf (Bild A.3) stellt ein für die Automatisierungstechnik typisches Szenario dar und besteht in der Kommunikation zwischen den Teilnehmern *:PLC*, *:Profibus*, *:LiquidLevelIndicator* und *:DeliveryValve*. Bei den kommunizierenden Einheiten handelt es sich um abstrakte Objekte der eingeführten gleichnamigen Klassen (vgl. Bild A.2). Die extern vorgenommene Annotierung der Lebenslinien wird bei der Instanziierung in das Kommunikationsdiagramm übernommen. Die Objekte tauschen eine Reihe von Nachrichten aus, deren Reihenfolge durch ihre Nummerierung festgelegt ist. In einer initiierenden synchronen Nachricht erfragt die Steuerung durch den Aufruf der Methode *getSensorValue* (Nachricht 1 im Bild A.3) den Sensorwert. Diese Nachricht wird in einer Untersequenz vom Profibus an den Füllstandsensor weitergeleitet (Nachricht 1.1: *transmit*), der den aktuellen Mittelwert ermittelt (Nachricht 1.2) und an ihn zurücksendet (Nachricht 1.3). Nach der Übermittlung der Nachricht 1.4 ermittelt die SPS den im internen Steuerungsalgorithmus zugeordneten Aktuatorwert (Nachricht 2) und setzt diesen durch die Sendung der Nachricht 3: *setActuatorValue*. Nach dem Empfang der Nachricht 3.1 setzt der Aktuator den Befehl um (Nachricht 3.2) und meldet seinen aktuellen Wert (Nachricht 3.3) zurück. Dieser wird schließlich an die Steuerung übermittelt (Nachricht 3.4).

Die vier teilnehmenden Lebenslinien existieren in dem mit diesem Kommunikationsdiagramm korrespondierenden Generalisierten Netz (Bild A.4 oben) als gleichnamige Transitionen. Jede Nachricht wird in eine Ausgangsstelle für die Transition überführt, die der sendenden Lebenslinie entspricht. Der Name der Stellen wird mit dem Nachrichtennamen belegt. Eine Abweichung davon weisen die Stellen auf, die aus der Überführung der Nachrichten *transmit* entstehen. Wegen der Namenswiederholung erhalten diese zusätzlich nachgestellte laufende Nummern. Es sei der Einfachheit halber angenommen, dass die früheren Nachrichten eine kleinere Nummer im Stellennamen erhalten. So entspricht die Nachricht 1.1 der Stelle *transmit* (ohne Nummer, da noch kein Namenskonflikt), die Nachricht 1.4 der Stelle *transmit1* usw. Für alle generierten Stellen sind die Verbindungen zwischen ihnen und den Transitionssymbolen herzustellen.

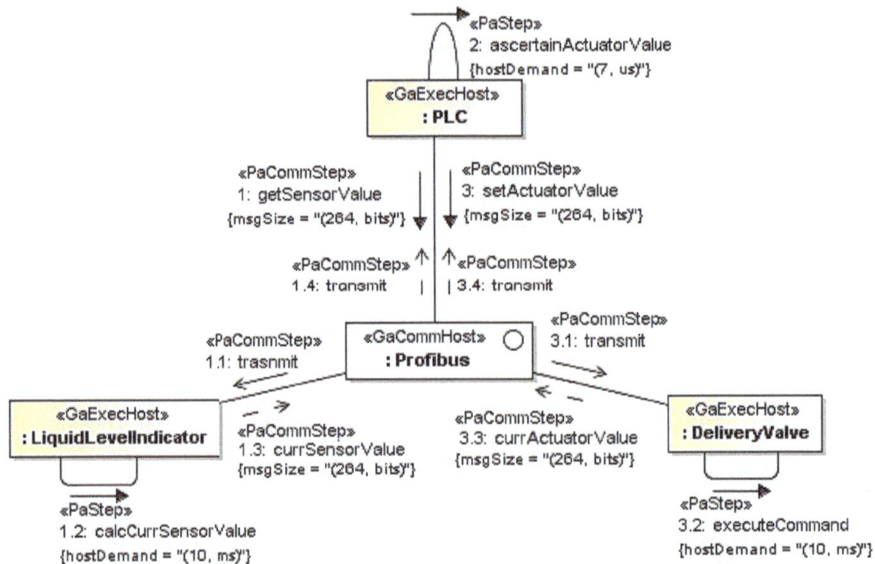

BILD A.3 MARTE-ANNOTIERTES KOMMUNIKATIONSDIAGRAMM: BUSKOMMUNIKATION

Des Weiteren werden im GN der Netzeingang *Start* und der Netzausgang *End* gebildet. Die Stelle *Start* stellt eine Eingangsstelle für die Transition *PLC* dar. Sie dient als Host für die Markengenerierung (hier aus Übersichtlichkeitsgründen kein Muster spezifiziert), die durch ihren Übergang in die Stelle *getSensorValue* den Ablauf im Netz initiieren. Die Stelle *End* sammelt als Ausgangsstelle derselben Transition alle Marken, die aus der Stelle *transmit3* kommen und damit den Ablauf vollendet haben.

Um auszudrücken, welche Vorgänger-Nachfolger-Beziehungen existieren, werden in die Indexmatrizen der Transitionen die Prädikate *true* und *false* (im Beispiel fehlen bedingte Übergänge) eingetragen. Den Wahrheitswert *true* bekommen alle Elemente in der Indexmatrix, die den Übergang zwischen zwei Stellen bestimmen, die aus zwei direkt aufeinanderfolgenden Nachrichten hervorgegangen sind. Somit sind – um einige Beispiele zu geben – die Prädikate für den Übergang zwischen den Stellen *ascertainActuatorValue* und *setActuatorValue* (Nachrichten 2 und 3), *Start* und *getSensorValue* bzw. *transmit3* und *End* mit dem Wert *true* zu belegen. Im Bild A.4 unten ist zur Veranschaulichung dieses Konzepts exemplarisch die Indexmatrix der Transition *PLC* dargestellt. Die Indexmatrix erfüllt die Einschränkung für synchrone Nachrichten (s. Abschnitt 13.5.2), da ein Markenübergang in die Stelle *ascertain-ActuatorValue* nur dann stattfinden kann, wenn die Marke vorher in der Stelle *transmit1* war, d.h. nachdem die synchrone Nachricht *getSensorValue* ihre Rückantwort erhalten hat.

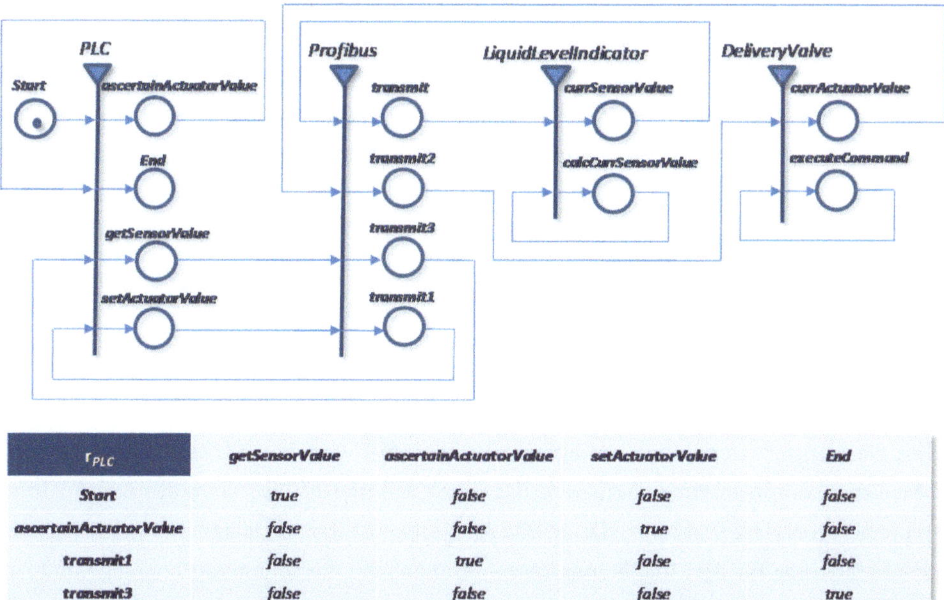

r_{PLC}	getSensorValue	ascertainActuatorValue	setActuatorValue	End
Start	true	false	false	false
ascertainActuatorValue	false	false	true	false
transmit1	false	true	false	false
transmit3	false	false	false	true

BILD A.4 AUS DEM BEISPIELKOMMUNIKATIONSDIAGRAMM RESULTIERENDES GENERALISIERTES NETZ

Die angegebenen Eigenschaftswerte der angewandten Stereotype werden durch die charakteristischen Funktionen der Stellen übernommen. So erhöht beispielsweise das Senden der Nachricht 2, d.h. jeder Markeneintritt in die Stelle *ascertainActuatorValue*, die Auslastung der SPS um 7 µs (Eigenschaft *hostDemand*). Die errechneten Größen werden in den Markencharakteristiken gespeichert.

A.2　ZEITDIAGRAMM

Das Zeitdiagramm ist wie Sequenz- und Kommunikationsdiagramme eine UML-Interaktion. Zeitdiagramme fokussieren jedoch auf die Ereignisse und Bedingungen, die Zustandswechsel innerhalb einer oder zwischen den Lebenslinien verursachen. Ein Zeitdiagramm verfügt über zwei Achsen. Die Zustandsübergänge werden auf einer linearen horizontalen Zeitachse, auf der die Zeit von links nach rechts fortschreitet, vorgenommen. Auf der vertikalen Achse werden die teilnehmenden Objekte mit ihren Zuständen aufgetragen. Mit Hilfe von Linien kann der Zusammenhang zwischen Ereignis, Zustandswechsel und Zeit dargestellt werden. Dafür können Zeitpunkte und Zeiträume als Grenzen benannt und zu erfüllende Bedingungen definiert werden [113].

Zeitdiagramme gehören zu den jüngsten Diagrammarten in UML. Sie wurden erst in der UML 2.0 in Anlehnung an bekannte Anwendungen in der Elektronik und Elektrotechnik spezifiziert, mit dem Ziel, die Modellierung von Echtzeitsystemen besser zu unterstützen. Die Praxis erweckt jedoch den Eindruck, dass sie immer noch sehr eingeschränkt verwendet werden. Die meisten UML-Modellierungswerkzeuge unterstützen diese Diagrammart nicht. Aus einer Vielzahl an getesteten Werkzeugen unterstützen nur wenige Zeitdiagramme; diese deckten auch nur einige der zulässigen UML-Elemente dieses Diagrammtyps ab. In der Bearbeitungszeit der vorliegenden Arbeit wurde kein Werkzeug gefunden, das gleichzeitig Zeitdiagramme und MARTE handhaben konnte. In der Literatur wurden kaum Beispiele von annotierten Zeitdiagrammen gefunden. Diese bezogen sich stets auf Schedulability-Aspekte der modellierten Systeme und nicht auf deren Leistung. Es ist zu vermuten, dass Zeitdiagramme auch in Zukunft eher eine untergeordnete Rolle bei der Modellierung, insbesondere bei der Leistungsmodellierung, spielen werden.

Dennoch soll zur Darstellung der Umfänglichkeit des erarbeiteten Ansatzes gezeigt werden, dass die Transformation von Zeitdiagrammen denselben Regeln unterliegt wie alle anderen UML-Verhaltensdiagramme. Dazu wird das (nicht annotierte) Diagramm aus Bild A.5 in ein Generalisiertes Netz überführt, das im Bild A.6 gezeigt ist. Das Zeitdiagramm modelliert eine Ampelsteuerung für drei Teilnehmerarten – Straßenbahn, Personenkraftfahrzeuge und Fußgänger. Die Straßenbahn und die Fußgänger verkehren dabei parallel zueinander, während die Autos in einer ihnen quer gestellten Richtung fahren. Die nächsten drei Unterabschnitte erklären die Elemente des Diagramms; im vierten abschließenden Unterabschnitt wird auf die Modelltransformation eingegangen.

A.2.1   LEBENSLINIEN

Zu den Grundelementen des Zeitdiagramms zählt die Lebenslinie. Das Element hat eine identische Semantik wie bei den anderen Interaktionen (vgl. Abschnitt 13.5.1 bzw. A.1.1) und es unterscheidet sich lediglich in ihrer grafischen Repräsentation: im Bild A.5 stellen die als *TrafficLightsTram*, *TrafficLightsCars* und *PedestrianLights* bezeichneten, abgegrenzten, horizontal verlaufenden Bereiche die Lebenslinien des Zeitdiagramms dar.

Sinnvolle MARTE-Annotierungen für Lebenslinien sind die Stereotype aus der Gruppe der Ressourcen. Die MARTE-Spezifikation lässt dabei die Anwendung aller Stereotype bis auf die Ausführungsressourcen (*ProcessingResource*, *GaExecHost* und *GaCommHost*) zu (vgl. auch Abschnitt A.1.1).

Lebenslinien werden bei ihrer Transformation in GN-Transitionen überführt. Für Besonderheiten, die aus der Stereotypisierung hervorgehen, sei auf Abschnitt 13.5.1 verwiesen.

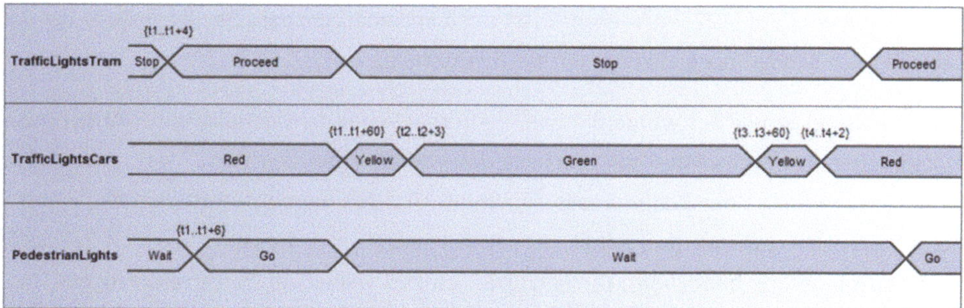

BILD A.5 ZEITDIAGRAMM

A.2.2 NACHRICHTEN

Nachrichten in Zeitdiagrammen unterscheiden sich in ihrer Semantik und Definition nicht von den Nachrichten eines Sequenz- oder Kommunikationsdiagramms. Diese können dementsprechend dem Abschnitt 13.5.2 entnommen werden. Unterschiedlich ist wiederum deren Darstellung, die hier in Form von vertikalen gerichteten Linien mit der entsprechenden, die Art der Nachricht bezeichnenden Pfeilspitze zwischen den interagierenden Lebenslinien zu erfolgen hat. Nachrichten können im Zeitdiagramm im Unterschied zu den anderen Interaktionen auch weggelassen werden (vgl. Bild A.5), denn der Fokus liegt hier auf den von den Lebenslinien eingenommenen Zuständen und nicht auf derer Kommunikation. Die Möglichkeit, Nachrichten weglassen zu können, wirkt sich entsprechend auf die Transformation der Nachrichten im Zeitdiagramm aus. Nachrichten werden hier nicht wie gewohnt in GN-Stellen überführt, sondern entsprechen Markencharakteristiken, die die charakteristische Funktion der aufnehmenden Stelle den wandernden Marken hinzufügt. Die Markencharakteristik enthält den Bezeichner der Nachricht.

Nachrichten in einem Zeitdiagramm können mit Stereotypen aus der MARTE-Gruppe der Schritte annotiert werden. Wie im letzten Absatz verzeichnet, werden für sie – abweichend von den im Abschnitt 12.4 spezifizierten Regeln – keine Stellen generiert, sondern es werden nur die definierten Eigenschaftswerte entsprechend berücksichtigt.

A.2.3 ZUSTANDS- UND WERTLINIEN

Speziell für Zustandsdiagramme spezifiziert UML zwei neue Elemente – die Zustandslinie (in der UML-Spezifikation als *„State or condition timeline"* bezeichnet) und die Wertlinie (*UML::General value lifeline*). Die Zustandslinie definiert, welche Zustände eine Lebenslinie im Laufe der Zeit einnimmt. Ihre Bedeutung ist ähnlich wie der der Zustandsinvariante (s. Abschnitt 13.5.5), allerdings mit dem Unterschied, dass bei einem Zustandswechsel eine Invariante durch die nächste aufgehoben und ersetzt wird. Für die Darstellung solcher Zustandslinien wird auf [122] verwiesen. Es ist noch anzumerken, dass bei ihr anstelle von Zuständen auch Bedingungen eingetragen werden können.

In dem Beispiel im Bild A.5 wurde die zweite Alternative für die Darstellung der Änderungen in den Lebenslinien gewählt – die Wertlinie. Wertlinien legen den Wert[25] fest, die eine Lebenslinie innerhalb eines Zeitintervalls einnimmt. Grafisch werden Wertlinien als aneinandergereihte Hexagramme dargestellt, wobei die Spitze eines Hexagramms den Zeitpunkt einer Wertänderung bezeichnet. Die Letzteren können wiederum durch zeitbezogene Zusicherungen (*TimeConstraint*, *DurationConstraint*, etc., vgl. Abschnitt 13.5.5) näher spezifiziert werden. So wird im Bild A.5 festgelegt, dass die Lebenslinie *TrafficLightsCar* bei der Initialisierung des im Diagramm beschriebenen Ablaufs den Wert *Red* besitzt. Nach 60 Zeiteinheiten geht sie in *Yellow* über, und nach 3 weiteren Zeiteinheiten nimmt sie den Wert *Green* an. Die Gesamtheit der Hexagramme *Red-Yellow-Green-Yellow-Red* bildet somit die Wertlinie der Lebenslinie *TrafficLightsCar*.

Jeder Zustand sowie jeder Wert, den eine Lebenslinie in einem Zeitdiagramm einnimmt, erfährt sein Äquivalent in der GN-Domäne in Form einer Stelle. Die Stelle ist als Ausgang für die Transition zu deklarieren, die der zugehörigen Lebenslinie entspricht.

Als geeignete Stereotype für die Annotierung von Zustands- und Wertlinien sind die MARTE-Schritte zu nennen. Bei der Transformation eines annotierten Elements dieser Art sind die Besonderheiten der Stereotypeigenschaften entsprechend den Transformationsregeln im Abschnitt 12.4 zu beachten.

A.2.4   WEITERE UML-ELEMENTE IM ZEITDIAGRAMM

Die folgenden Absätze fassen einige spezielle Elemente des Zeitdiagramms und ihre Betrachtung aus Sicht der GN-Domäne zusammen.

Die *Zeitskala* eines Zeitdiagramms entspricht der *Zeitskala* eines Generalisierten Netzes. Wurde eine Markierung vorgenommen, ist es sinnvoll, diese als Simulationsschritt zu übernehmen. Da Zusicherungen im Zeitdiagramm oft auf den Startpunkt der Zeitskala bzw. den Zeitpunkt eines Wechsels in ihrer Definition verweisen, ist es zweckdienlich, diese Zeiten zu bezeichnen und als Referenzpunkt für weitere Ereignisse zu nutzen. Im konkreten Beispiel würde *t1* den Beginn der Simulation angeben (die ersten Ereignisse im Diagramm referenzieren auf *t1*, vgl. Bild A.5). Analog wären für alle weiteren Zustandswechsel im Diagramm die

---

[25] Die UML-Spezifikation legt nicht näher fest, wie der Begriff Wert zu verstehen ist. Denkbar wäre unter anderem auch die Zuweisung eines Wertes zu einem Zustand, wodurch Wert auch synonym zu Zustand verwendet werden könnte.

Referenzpunkte *t2*, *t3*, *t4* zu setzen, an denen sich bestimmen lässt, wann *t2+3*, *t3+60*, *t4+2* auftreten.

Zusicherungen im Zeitdiagramm, die auf einen Zeitpunkt oder ein Zeitintervall bezogene Zeitbedingungen darstellen, werden in die GN-Domäne als Prädikate übernommen. Im Abschnitt A.2.5 wird diese Aussage anhand von Beispielen konkretisiert.

Eine weitere wichtige Betrachtung im Zusammenhang mit Zeitdiagrammen stellt die Definition eines Ereignisses (oder Stimulus) dar. Ein *Ereignis* hat einen Bezeichner oder stellt einen Zeitpunkt auf der spezifizierten Zeitskala dar und bewirkt den Zustandswechsel an mindestens einem teilnehmenden Objekt im modellierten Zustandsdiagramm. Da Zeitdiagramme durch eine diskrete Zeitskala definiert werden, können Änderungen nur zu bestimmten vordefinierten Zeitpunkten erfolgen, selbst wenn das auslösende Ereignis zwischen ihnen auftritt. Die gleiche Funktionsweise ist auch bei den Generalisierten Netzen als einer ihrer grundlegenden Mechanismen zu finden.

A.2.5   Beispiel der Transformation von Zeitdiagrammen

Dieser Abschnitt beschreibt die Transformation des eingeführten Zeitdiagramms (Bild A.5) und das daraus resultierende Generalisierte Netz (Bild A.6).

Nach den im aktuellen Abschnitt A.2 eingeführten Regeln wird jede Lebenslinie in eine entsprechende GN-Transition überführt. Die Regel führt im konkreten Beispiel zur Generierung der Transitionen *TrafficLightsTram*, *TrafficLightsCars* und *PedestrianLights* für die jeweilige Lebenslinie gleichen Namens aus dem Zeitdiagramm. Alle Zustände, die die Lebenslinien einnehmen können, werden in Ausgangsstellen der entsprechenden Transitionen überführt. Die Stelle *Red* zerfällt während der Transformation in drei Derivate, die in ihrem Namen nach der Trennung durch einen Unterstrich die Bezeichnung der Transition erlangen, mit der sie als Eingangsstelle verbunden sind (vgl. Bild A.6). Diese Maßnahme ist erforderlich, denn dasselbe Ereignis bewirkt Zustandsübergänge für mehrere Lebenslinien, also Transitionen. Es führt zum Zustandsübergang von *Red* zu *Yellow* bei der KfZ-Ampel, spezifiziert durch die erste Zusicherung an der Lebenslinie *TrafficLightsCars* (*{t1..t1+60}*). Zugleich veranlasst es einen zusammenhängenden Wechsel bei den Ampeln der Bahn und der Fußgänger (die keine eigenen Zusicherungen aufweisen, jedoch die Markierung den Zusammenhang erkennen lässt). Demzufolge stellt die (imaginäre) Stelle *Red* eine Art Synchronisationsstelle dar. Nachdem ihre festgelegte Dauer verstrichen ist, soll an allen drei Transitionen im Modell ein Markenübergang stattfinden. Diese Synchronisierung ist nur dann möglich, wenn jede Transition sozusagen über einen eigenen Thread – eine eigene Eingangsstelle – über das Verlassen des Zustandes *Red* „informiert" wird. Damit die Straßenbahnampel auf dieses Ereignis reagieren kann, wird das Verlassen des Zustandes (der Stelle) Rot über die Stelle *Red_Traffic-*

LightsTram an sie propagiert. Analog setzen die aus der Stelle *Red_PedestrianLights* kommenden Marken den Ablauf bei der Transition *PedestrianLights* fort. Schließlich bewirkt das Verlassen des Zustandes *Red* auch bei der Autoampel einen Zustandswechsel, wozu eine Schleife über die Stelle *Red_TrafficLightsCars* zur Transition *TrafficLightsCars* gebildet wird. Zur Realisierung dieses Benachrichtigungsapparats findet eine entsprechende Markenteilung statt (siehe nächsten Absatz).

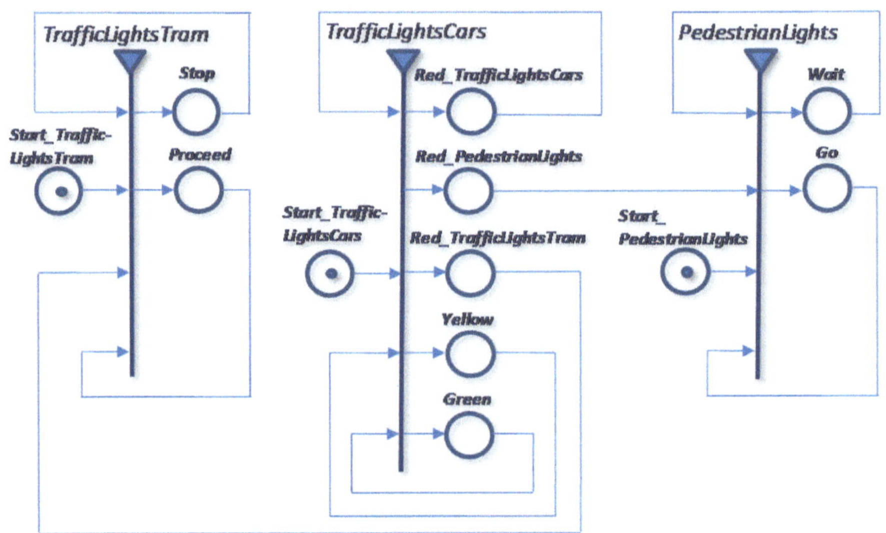

Bild A.6 Aus der Transformation des Beispielzeitdiagramms resultierendes Generalisiertes Netz

Jede Lebenslinie, also GN-Transition, erhält, um unabhängig initialisiert werden zu können, einen eigenen Netzeingang. Die Netzeingänge bekommen den Service-Namen *Start* sowie – zur Beseitigung des Namenskonflikts – den Namen ihrer zugehörigen Transition (nach einem Unterstrich). Beim Simulationsbeginn wird in allen Netzeingängen je eine Marke generiert. Dadurch werden alle Transitionen aktiviert und die Ampelobjekte gelangen durch die Wanderung der entsprechenden Marken in ihren jeweiligen Initialzustand (Stelle) *Stop*, *Wait* und *Red*, wobei bei der Transition *TrafficLightsCars* die Einnahme des Zustandes *Red* durch die synchrone Markierung der Stellenderivate *Red_TrafficLightsCars*, *Red_TrafficLightsTram* und *Red_PedestrianLights* repräsentiert wird. Dazu müssen übergehende Marken von der Transition *TrafficLightsCars* in drei geteilt werden.

Im Diagramm werden mit t_i die Zeitpunkte gekennzeichnet, in denen der letzte Zustandswechsel derselben Lebenslinie eingetreten ist (vgl. Abschnitt A.2.4). Beispielsweise bezeichnet *t1* die Zeit des Eintretens des Zustandes *Red*, *t2* die von *Yellow* usw. Die zweite Zeiteingabe in einer Zusicherung bezeichnet den Zeitpunkt, in dem der entsprechende Zustand verlassen werden muss. Die Überwachung der Verweildauer wird von den charakteristischen

Funktionen der entsprechenden Stellen übernommen, indem sie die in einer Stelle gelangte Marke erst dann für die weitere Fortbewegung „freigibt", nachdem die vorgegebene Zeit für die konkrete Stelle abgelaufen ist. Dazu wird ein Prädikat eingeführt. Beispielsweise wird das Prädikat, das aus der Transformation der Zusicherung *{t1..t1+60}* entsteht, nur dann als wahr ausgewertet, wenn die aktuelle Marke (Eintrittszeitpunkt wird in ihren Charakteristiken gespeichert) bereits mindestens 60 Zeiteinheiten in der Stelle *Red_TrafficLightsCars* verharrte.

Anzumerken ist noch, dass die letzten Zustände auf den Zustandslinien so zu verstehen sind, dass sobald die Autoampel wieder in den Zustand *Red* gelangt, der Ablauf wieder von vorn beginnt. Daher handelt es sich um einen endlosen Ablauf, weshalb für das generierte GN kein sammelnder Netzausgang *End* erzeugt wird.

A.3   INTERAKTIONSÜBERSICHT

Die Interaktionsübersicht ist die vierte und letzte Diagrammart aus der Gruppe der Interaktionen. Typisch für eine Interaktionsübersicht ist die Verwendung von Interaktionsverwendungen (*ref*), wodurch auf extern spezifizierte Diagramme verwiesen wird (vgl. Abschnitt 13.5.4). Ziel ist bei dieser Art der Modellierung, einen höheren Grad an Übersichtlichkeit zu erreichen, indem untergeordnete Abläufen in einer gröberen Struktur eingebettet werden. Im Übrigen kombiniert die Interaktionsübersicht die aus den anderen Interaktionstypen bekannten UML-Elemente Lebenslinien und Nachrichten (vgl. stellvertretend Abschnitt 13.5.1 bzw. 13.5.2). Ein Beispiel für eine Interaktionsübersicht zeigt Bild 14.28 in [122]. Die Transformationsvorschriften für alle UML-Elemente, die in einer Interaktionsübersicht zulässig sind, wurden bereits in den vergangenen Abschnitten erläutert (Abschnitte 13.5, A.1 sowie A.2), weswegen hier von einer erneuten Betrachtung abgesehen wird.

B. GNSCHEMA.XSD

```xml
<?xml version="1.0"?>
<xsd:schema xmlns="http://www.clbme.bas.bg/GN" xmlns:xsd="http://www.w3.org/2001/XMLSchema"
xmlns:xhtml="http://www.w3.org/1999/xhtml" targetNamespace="http://www.clbme.bas.bg/GN" ele-
mentFormDefault="qualified">
    <xsd:simpleType name="transitionType">
        <xsd:restriction base="xsd:string"/>
    </xsd:simpleType>
    <xsd:element name="point" type="visualPositionType"/>
    <xsd:complexType name="pointList">
        <xsd:sequence maxOccurs="unbounded">
            <xsd:element ref="point"/>
        </xsd:sequence>
    </xsd:complexType>
    <xsd:simpleType name="capacityMatrix">
        <xsd:list itemType="xsd:nonNegativeInteger"/>
    </xsd:simpleType>
    <xsd:simpleType name="integerInf">
        <xsd:restriction base="xsd:integer">
            <xsd:minInclusive value="-1"/>
        </xsd:restriction>
    </xsd:simpleType>
    <xsd:complexType name="placeRefType">
        <xsd:all>
            <xsd:element name="arc" type="pointList" minOccurs="0"/>
        </xsd:all>
        <xsd:attribute name="ref" type="xsd:NMTOKEN" use="required"/>
    </xsd:complexType>
    <xsd:element name="transition">
        <xsd:complexType>
            <xsd:sequence>
                <xsd:element name="inputs">
                    <xsd:complexType>
                        <xsd:sequence maxOccurs="unbounded">
                            <xsd:element name="input" type="placeRefType"/>
                        </xsd:sequence>
                    </xsd:complexType>
                </xsd:element>
                <xsd:element name="outputs">
                    <xsd:complexType>
                        <xsd:sequence maxOccurs="unbounded">
                            <xsd:element name="output" type="placeRefType"/>
                        </xsd:sequence>
                    </xsd:complexType>
                </xsd:element>
                <xsd:element name="predicates">
                    <xsd:complexType>
                        <xsd:sequence minOccurs="0" maxOccurs="unbounded">
                            <xsd:element name="predicate">
                                <xsd:complexType>
                                    <xsd:simpleContent>
                                        <xsd:extension base="xsd:NMTOKEN">
                                            <xsd:attribute name="input" type="xsd:IDREF"
                                            use="required"/>
                                            <xsd:attribute name="output" type="xsd:IDREF"
                                            use="required"/>
                                        </xsd:extension>
                                    </xsd:simpleContent>
                                </xsd:complexType>
                            </xsd:element>
                        </xsd:sequence>
                        <xsd:attribute name="default" default="false">
                            <xsd:simpleType>
```

```
                            <xsd:restriction base="xsd:string">
                                <xsd:enumeration value="true"/>
                                <xsd:enumeration value="false"/>
                            </xsd:restriction>
                        </xsd:simpleType>
                    </xsd:attribute>
                </xsd:complexType>
            </xsd:element>
            <xsd:element name="capacities" type="capacityMatrix" minOccurs="0"/>
        </xsd:sequence>
        <xsd:attributeGroup ref="common"/>
        <xsd:attributeGroup ref="visualBounds"/>
        <xsd:attribute name="startTime" type="xsd:nonNegativeInteger" default="0"/>
        <xsd:attribute name="lifeTime" type="integerInf" default="-1"/>
        <xsd:attribute name="type" type="transitionType"/>
    </xsd:complexType>
    <!-- keys -->
    <xsd:key name="inputKey">
        <xsd:selector xpath="inputs/input"/>
        <xsd:field xpath="@ref"/>
    </xsd:key>
    <xsd:key name="outputKey">
        <xsd:selector xpath="outputs/output"/>
        <xsd:field xpath="@ref"/>
    </xsd:key>
    <xsd:key name="predicateKey">
        <xsd:selector xpath="predicates/predicate"/>
        <xsd:field xpath="@input"/>
        <xsd:field xpath="@output"/>
    </xsd:key>
    q122<!-- keyrefs -->
    <xsd:keyref name="predicateInputRef" refer="inputKey">
        <xsd:selector xpath="predicates/predicate"/>
        <xsd:field xpath="@input"/>
    </xsd:keyref>
    <xsd:keyref name="predicateOutputRef" refer="outputKey">
        <xsd:selector xpath="predicates/predicate"/>
        <xsd:field xpath="@output"/>
    </xsd:keyref>
</xsd:element>
<xsd:attributeGroup name="common">
    <xsd:attribute name="id" type="xsd:ID" use="required"/>
    <xsd:attribute name="priority" type="xsd:nonNegativeInteger" default="0"/>
    <xsd:attribute name="name" type="xsd:string" default=""/>
</xsd:attributeGroup>
<xsd:attributeGroup name="visualPosition">
    <xsd:attribute name="positionX" type="visualCoordinatesType"/>
    <xsd:attribute name="positionY" type="visualCoordinatesType"/>
</xsd:attributeGroup>
<xsd:attributeGroup name="visualSize">
    <xsd:attribute name="sizeX" type="visualMetricType" default="0"/>
    <xsd:attribute name="sizeY" type="visualMetricType" default="0"/>
</xsd:attributeGroup>
<xsd:attributeGroup name="visualBounds">
    <xsd:attributeGroup ref="visualPosition"/>
    <xsd:attributeGroup ref="visualSize"/>
</xsd:attributeGroup>
<xsd:element name="place">
    <xsd:complexType>
        <xsd:attributeGroup ref="common"/>
        <xsd:attributeGroup ref="visualPosition"/>
        <xsd:attribute name="char" type="xsd:string" default="ID"/>
        <xsd:attribute name="capacity" type="integerInf" default="-1"/>
        <xsd:attribute name="merge" type="xsd:boolean" default="false"/>
        <xsd:attribute name="mergeRule" type="xsd:string" default="ID"/>
```

```
        </xsd:complexType>
    </xsd:element>
    <xsd:simpleType name="charType">
        <xsd:restriction base="xsd:string"/>
    </xsd:simpleType>
    <xsd:element name="char">
        <xsd:complexType>
            <xsd:simpleContent>
                <xsd:extension base="charType">
                    <xsd:attribute name="name" type="xsd:NMTOKEN" default="Default"/>
                    <xsd:attribute name="type" type="xsd:string" use="required"/>
                    <xsd:attribute name="history" type="xsd:positiveInteger" default="1"/>
                </xsd:extension>
            </xsd:simpleContent>
        </xsd:complexType>
    </xsd:element>
    <xsd:complexType name="tokenType">
        <xsd:sequence minOccurs="0" maxOccurs="unbounded">
            <xsd:element ref="char"/>
        </xsd:sequence>
        <xsd:attributeGroup ref="common"/>
        <xsd:attribute name="host" type="xsd:IDREF" use="required"/>
        <xsd:attribute name="entering" type="xsd:nonNegativeInteger" default="0"/>
        <xsd:attribute name="leaving" type="integerInf" default="-1"/>
    </xsd:complexType>
    <xsd:simpleType name="generatorMode">
        <xsd:restriction base="xsd:string">
            <xsd:enumeration value="periodic"/>
            <xsd:enumeration value="conditional"/>
            <xsd:enumeration value="random"/>
        </xsd:restriction>
    </xsd:simpleType>
    <xsd:complexType name="generatorType">
        <xsd:complexContent>
            <xsd:extension base="tokenType">
                <xsd:attribute name="type" type="generatorMode" use="required"/>
                <xsd:attribute name="predicate" type="xsd:NMTOKEN" default="true"/>
                <xsd:attribute name="period" type="xsd:positiveInteger" default="1"/>
            </xsd:extension>
            <!-- generator attributes -->
        </xsd:complexContent>
    </xsd:complexType>
    <xsd:simpleType name="functionType">
        <xsd:restriction base="xsd:string"/>
    </xsd:simpleType>
    <xsd:element name="import">
        <xsd:complexType>
            <xsd:attribute name="fundefs" type="xsd:string"/>
        </xsd:complexType>
    </xsd:element>
    <xsd:simpleType name="unitsType">
        <xsd:restriction base="xsd:string">
            <xsd:enumeration value="px"/>
            <xsd:enumeration value="mm"/>
        </xsd:restriction>
    </xsd:simpleType>
    <xsd:simpleType name="visualMetricType">
        <xsd:restriction base="xsd:double">
            <xsd:minInclusive value="0"/>
        </xsd:restriction>
    </xsd:simpleType>
    <xsd:simpleType name="visualCoordinatesType">
        <xsd:restriction base="xsd:double"/>
    </xsd:simpleType>
    <xsd:complexType name="visualSizeType">
```

```
        <xsd:attributeGroup ref="visualSize"/>
    </xsd:complexType>
    <xsd:complexType name="visualPositionType">
        <xsd:attributeGroup ref="visualPosition"/>
    </xsd:complexType>
    <xsd:complexType name="visualBoundsType">
        <xsd:attributeGroup ref="visualBounds"/>
    </xsd:complexType>
    <xsd:element name="visual-parameters">
        <xsd:complexType>
            <xsd:all>
                <xsd:element name="metric">
                    <xsd:complexType>
                        <xsd:attribute name="units" type="unitsType" default="px"/>
                        <xsd:attribute name="value" type="xsd:double" default="1"/>
                    </xsd:complexType>
                </xsd:element>
                <xsd:element name="placeRadius" type="visualMetricType"/>
                <xsd:element name="transitionTriangleSize" type="visualSizeType"/>
            </xsd:all>
        </xsd:complexType>
    </xsd:element>
    <xsd:element name="gn-model">
        <xsd:complexType>
            <xsd:all>
                <xsd:element ref="gn"/>
                <xsd:element ref="visual-parameters" minOccurs="0"/>
            </xsd:all>
        </xsd:complexType>
    </xsd:element>
    <xsd:element name="gn">
        <xsd:complexType>
            <xsd:all>
                <xsd:element name="transitions">
                    <xsd:complexType>
                        <xsd:sequence maxOccurs="unbounded">
                            <xsd:element ref="transition"/>
                        </xsd:sequence>
                    </xsd:complexType>
                </xsd:element>
                <xsd:element name="places">
                    <xsd:complexType>
                        <xsd:sequence minOccurs="0" maxOccurs="unbounded">
                            <xsd:element ref="place"/>
                        </xsd:sequence>
                    </xsd:complexType>
                </xsd:element>
                <xsd:element name="tokens">
                    <xsd:complexType>
                        <xsd:sequence minOccurs="0" maxOccurs="unbounded">
                            <xsd:choice>
                                <xsd:element name="token" type="tokenType">
                                    <xsd:unique name="uniqueTokenChar">
                                        <xsd:selector xpath="char"/>
                                        <xsd:field xpath="@name"/>
                                    </xsd:unique>
                                </xsd:element>
                                <xsd:element name="generator" type="generatorType">
                                    <xsd:unique name="uniqueGeneratorChar">
                                        <xsd:selector xpath="char"/>
                                        <xsd:field xpath="@name"/>
                                    </xsd:unique>
                                </xsd:element>
                            </xsd:choice>
                        </xsd:sequence>
```

```
                    </xsd:complexType>
                </xsd:element>
                <xsd:element name="functions" minOccurs="0">
                    <xsd:complexType mixed="true">
                        <xsd:sequence minOccurs="0" maxOccurs="unbounded">
                            <xsd:element ref="import"/>
                        </xsd:sequence>
                    </xsd:complexType>
                </xsd:element>
                <xsd:element ref="visual-parameters" minOccurs="0"/>
            </xsd:all>
            <xsd:attributeGroup ref="visualBounds"/>
            <xsd:attribute name="name" type="xsd:ID" use="required"/>
            <xsd:attribute name="time" type="xsd:positiveInteger"/>
            <xsd:attribute name="timeStep" type="xsd:positiveInteger" default="1"/>
            <xsd:attribute name="timeStart" type="xsd:nonNegativeInteger" default="0"/>
            <xsd:attribute name="fundefs" type="xsd:string"/>
            <xsd:attribute name="root" type="xsd:boolean" default="false"/>
            <xsd:attribute name="language"/>
        </xsd:complexType>
        <!-- keys -->
        <xsd:key name="transitionKey">
            <xsd:selector xpath="transitions/transition"/>
            <xsd:field xpath="@id"/>
        </xsd:key>
        <xsd:key name="placeKey">
            <xsd:selector xpath="places/place"/>
            <xsd:field xpath="@id"/>
        </xsd:key>
        <xsd:key name="tokenKey">
            <xsd:selector xpath="tokens/token"/>
            <xsd:field xpath="@id"/>
        </xsd:key>
        <!-- keyrefs -->
        <xsd:keyref name="hostPlaceReference" refer="placeKey">
            <xsd:selector xpath="tokens/token | tokens/generator"/>
            <xsd:field xpath="@host"/>
        </xsd:keyref>
        <xsd:keyref name="transPlaceReference" refer="placeKey">
            <xsd:selector xpath="transitions/transition/inputs/input |
                              transitions/transition/outputs/output"/>
            <xsd:field xpath="@ref"/>
        </xsd:keyref>
    </xsd:element>
</xsd:schema>
```

C. BACKUS-NAUR FORM DER UNTERSTÜTZTEN OPAQUEEXPRESSIONS

```
<or-expression> ::= <and-expression> | <or-expression> OR <or-expression>

<and-expression> ::= <comparison-expression> | <and-expression> AND
<and-expression>

<comparison-expression> ::= <plus-minus-term> <|>|<=|>=|=|!=
<plus-minus-term> | <boolean-parameter>

<plus-minus-term> ::= <scalar-term> | <plus-minus-term> +|-
<plus-minus-term>

<scalar-term> ::= <number> | '<node-name>@<slot-name>' |
'<token-characteristic-name>' | length(<vector-term>) |
<vector-term>[<scalar-term>] | <scalar-parameter>

<vector-term> ::= <vector-parameter>

<scalar-parameter> ::= <identifier>

<vector-parameter> ::= <identifier>

<boolean-parameter> ::= <identifier>

<assignment> ::= <scalar-parameter> := <plus-minus-term>
```

D. WORKFLOW-DATEI (.OAW): FALLSTUDIE PRODUKTIONSOPTIMIERUNG

```
<workflow>
    <bean class="org.eclipse.mwe.emf.StandaloneSetup">
        <platformUri value=".."/>
    </bean>
    <bean class="oaw.uml2.Setup" standardUML2Setup="true"/>
    <component class="oaw.emf.XmiReader">
        <modelFile value="samples/nxt_appl/LegoCaseStudy.uml"/>
        <outputSlot value="umlmodel"/>
    </component>
    <component class="oaw.xtend.XtendComponent">
        <metaModel class="oaw.uml2.UML2MetaModel"/>
        <metaModel class="oaw.uml2.profile.ProfileMetaModel">
            <profile value="samples/nxt_appl/MARTE_Profile.Time.profile.uml"/>
        </metaModel>
        <metaModel class="oaw.uml2.profile.ProfileMetaModel">
            <profile value="samples/nxt_appl/MARTE_Profile.PAM.profile.uml"/>
        </metaModel>
        <metaModel class="oaw.uml2.profile.ProfileMetaModel">
            <profile value= "samples/nxt_appl/MARTE_Profile.GQAM.
                                        GQAM_Resources.profile.uml"/>
        </metaModel>
        <metaModel class="oaw.uml2.profile.ProfileMetaModel">
            <profile value= "samples/nxt_appl/MARTE_Profile.
                                  GQAM.GQAM_Workload.profile.uml"/>
        </metaModel>
        <metaModel class="oaw.uml2.profile.ProfileMetaModel">
            <profile value="samples/nxt_appl/MARTE_Profile.GRM.profile.uml"/>
        </metaModel>
        <metaModel class="oaw.uml2.profile.ProfileMetaModel">
            <profile value="samples/nxt_appl/MARTE_Profile.VSL.profile.uml"/>
        </metaModel>
        <metaModel id="gnmm" class="org.openarchitectureware.xsd.XSDMetaModel">
            <schemaFile value="meta/GNschema.xsd"/>
        </metaModel>
            <globalVarDef name="umlmodel" value="umlmodel"/>
            <invoke value="generateGN::Context2GNModel()"/>
            <outputSlot value="model"/>
    </component>
    <component id="dirCleaner"
            class="oaw.workflow.common.DirectoryCleaner"
            directory="src-gen-lego"/>
    <component class="org.openarchitectureware.xsd.XMLWriter">
            <metaModel idRef="gnmm" />
            <modelSlot value="model" />
            <uriExpression varName="docroot"
                expression="'src-gen-lego/'+createGN::getFileName(docroot)" />
    </component>
</workflow>
```

E. Fallstudie Teleautomation

E.1 Oberfläche der Web-Lösung

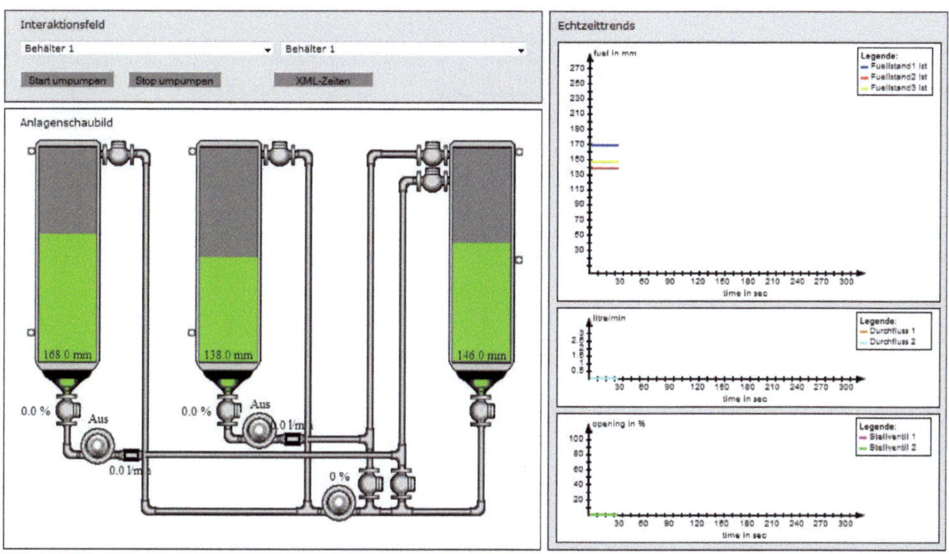

BILD E.1 FALLSTUDIE TELEAUTOMATION: WEB-OBERFLÄCHE DER LÖSUNG

E.2 Verteilungsdiagramm der nicht verteilten Lösung

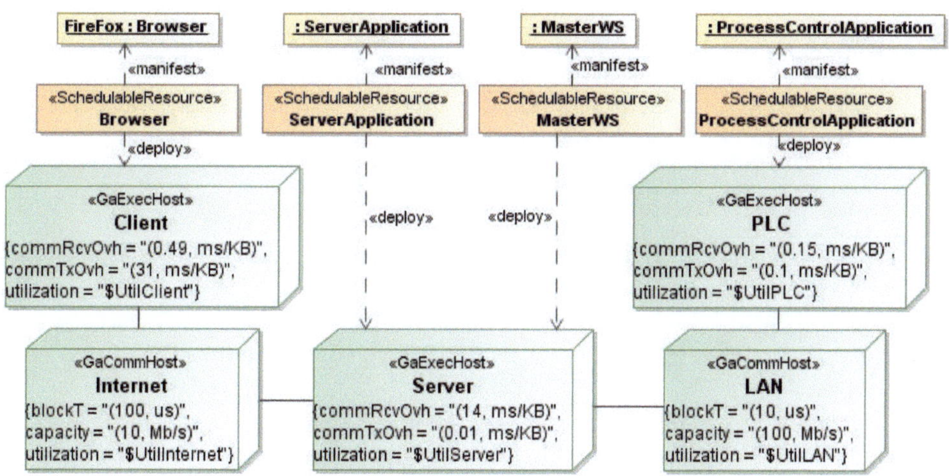

BILD E.2 FALLSTUDIE TELEAUTOMATION: VERTEILUNGSDIAGRAMM DER NICHT VERTEILTEN LÖSUNG

E.3 AKTIVITÄTSDIAGRAMM DER NICHT VERTEILTEN LÖSUNG

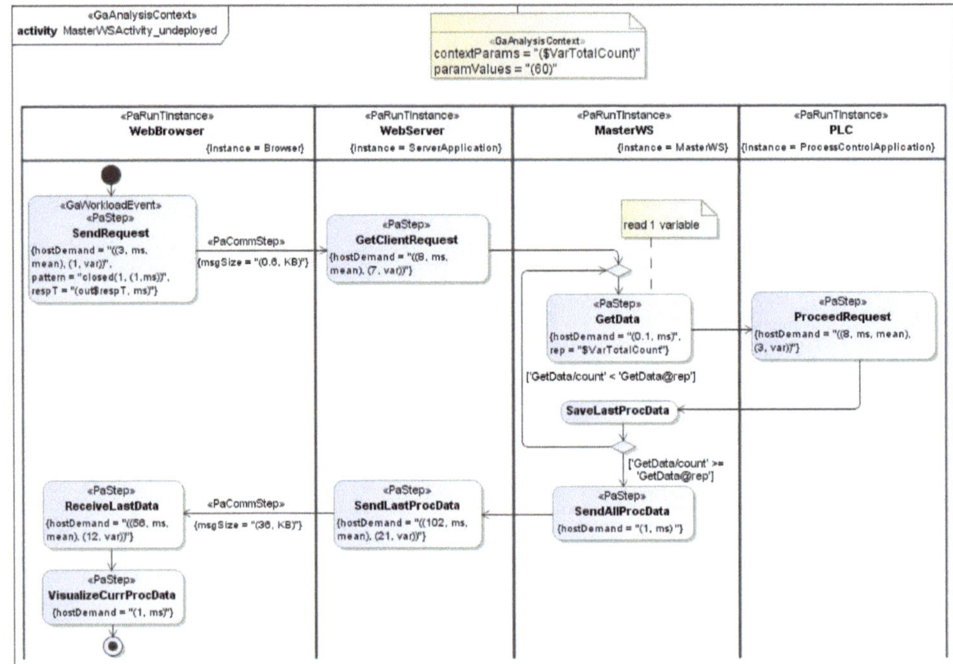

BILD E.3 FALLSTUDIE TELEAUTOMATION: AKTIVITÄTSDIAGRAMM DER NICHT VERTEILTEN LÖSUNG

E.4 GENERIERTES GENERALISIERTES NETZ: AUSZUG AUS DER XML-DATEI

```xml
<?xml version="1.0" encoding="UTF-8"?>
<GN:gn xmlns:fn="http://www.w3.org/2005/xpath-functions" xmlns:GN="http://www.clbme.bas.bg/GN"
xmlns="http://www.clbme.bas.bg/GN" xmlns:pregn="http://www.clbme.bas.bg/GN-UML-Intermediate"
xmlns:uml="http://schema.omg.org/spec/UML/2.0"
xmlns:umlfn="http://www.clbme.bas.bg/UML2GNFunctions"
xmlns:xhtml="http://www.w3.org/1999/xhtml"
xmlns:xmi="http://schema.omg.org/spec/XMI/2.1"
xmlns:xs="http://www.w3.org/2001/XMLSchema"
xmlns:xsi="http://www.w3.org/2001/XMLSchema-instance"
xsi:schemaLocation="http://www.clbme.bas.bg/GN GNschema.xsd"
name="MasterWSActivity" language="JavaScript">
//Definition einer Transition (Beispiel)
<transitions>

... ... ...

        <GN:transition id="_16_0_1_320032_1243353969186_847224_833" name="WebServer">
            <inputs>
                <input ref="_16_0_1_320032_1243353969186_847224_833_LocalMemory"/>
                <input ref="_16_0_1_320032_1243354984381_521837_1339"/>
                <input ref="_16_5_3_331e061f_1249375393361_171200_586"/>
            </inputs>
            <outputs>
                <output ref="_16_0_1_320032_1243353969186_847224_833_LocalMemory"/>
                <output ref="_16_0_1_320032_1243355001446_373037_1352"/>
                <output ref="_16_0_1_320032_1243414768298_862978_1838"/>
            </outputs>
            <predicates>
                <predicate input="_16_0_1_320032_1243353969186_847224_833_LocalMemory"
                output="_16_0_1_320032_1243353969186_847224_833_LocalMemory">true</predicate>
```

```
        <predicate input="_16_0_1_320032_1243354984381_521837_1339" output=
        "_16_0_1_320032_1243355001446_373037_1352">W_16_0_1_320032_1243354984381_521837
        _1339__16_0_1_320032_1243355001446_373037_1352</predicate>
         <predicate input="_16_5_3_331e061f_1249375393361_171200_586"
        output= "_16_0_1_320032_1243414768298_862978_1838">
        W_16_5_3_331e061f_1249375393361_171200_586__16_0_1_320032_1243414768298_862978_
        1838</predicate>
        </predicates>
      </GN:transition>
</transitions>
//Definition von Stellen (Auszug)
 <places>
      <GN:place char="_16_0_1_320032_1243353934564_212746_821_LocalMemory_fun"
      id="_16_0_1_320032_1243353934564_212746_821_LocalMemory" name="Local Memory of Web-
      Browser"/>

        … … … … … … …
      <GN:place char="_16_0_1_320032_1243354943139_996149_1333_fun"
      id="_16_0_1_320032_1243354943139_996149_1333" name="Start"/>
       <GN:place char="_16_0_1_320032_1243354984381_521837_1339_fun"
      id="_16_0_1_320032_1243354984381_521837_1339" name="SendRequest"/>
       <GN:place char="_16_0_1_320032_1243355001446_373037_1352_fun"
      id="_16_0_1_320032_1243355001446_373037_1352" name="GetClientRequest"/>
       … … … … … … …
      <GN:place char="_16_5_3_331e061f_1249375393361_171200_586_fun"
      id="_16_5_3_331e061f_1249375393361_171200_586" name="SendAllProcData"/>
       <GN:place char="empty" id="GlobalPlace" name="GlobalPlace"/>
       <GN:place char="empty" id="ParametersPlace" name="ParametersPlace"/>

… … …
</places>
//Definition von Marken (Auszug)
<tokens>
      <token host="_16_0_1_320032_1243353934564_212746_821_LocalMemory"
      id="_16_0_1_320032_1243353934564_212746_821_LocalMemory_Token" name="Local Memory of
      WebBrowser Token">
        <GN:char name="Default" type="double">1</GN:char>
        <GN:char name="Name" type="string">Local Memory of WebBrowser Token</GN:char>
      </token>

        … … …
       <token host="_16_0_1_320032_1243354943139_996149_1333"
      id="_16_0_1_320032_1243354943139_996149_1333_Token_1" name="User 1">
        <GN:char name="Default" type="double">1</GN:char>
        <GN:char name="Name" type="string">Flow from User 1</GN:char>
      </token>
      <token host="GlobalPlace" id="GlobalToken" name="GlobalToken"/>
      <token host="ParametersPlace" id="ParametersToken"/>
</tokens>
//Beginn des Funktionsblocks (mixed Content)
//Initialisierung des Netzes
//Übernahme der globalen Parameter (Auszug)
<functions>function GNInit(){
      print("&lt;?xml version='1.0' encoding='UTF-8' ?&gt;\n");
      print("&lt;gn-output&gt;\n");
      GN.Tokens["ParametersToken"].Chars["SocketCount/type"] = "explicit";
      GN.Tokens["ParametersToken"].Chars["SocketCount"] = 3;
      GN.Tokens["ParametersToken"].Chars["VarQuantCount/type"] = "explicit";
      GN.Tokens["ParametersToken"].Chars["VarQuantCount"] = 10;
      GN.Tokens["ParametersToken"].Chars["VarTotalCount/type"] = "explicit";
      GN.Tokens["ParametersToken"].Chars["VarTotalCount"] = 60;

      … … …
      GN.Tokens["ParametersToken"].Chars["hdFD_mean"] =
      1*getParameter(GN.Tokens["ParametersToken"], "VarTotal-
      Count")/getParameter(GN.Tokens["ParametersToken"], "Sock-
      etCount")/getParameter(GN.Tokens["ParametersToken"], "VarQuantCount");
      GN.Tokens["ParametersToken"].Chars["hdFD_var/type"] = "explicit";
```

```
        GN.Tokens["ParametersToken"].Chars["hdFD_var"] =
        1*getParameter(GN.Tokens["ParametersToken"], "VarTotal-
        Count")/getParameter(GN.Tokens["ParametersToken"], "Sock-
        etCount")/getParameter(GN.Tokens["ParametersToken"], "VarQuantCount");
}

... ... ...

//Funktion zur Berechnug der Ressourcenauslastung:
//genutzt in den charakteristischen Funktionen der Stellen
function utilize(tok, host, t, delay1) {
            var s;
            var Global = GN.Tokens["GlobalToken"];
            var luo = (Global["LastUtilOn/"+host] == null)? 0:Global["LastUtilOn/"+host];
            if (Global.Chars["Utilization/"+host] == null)
            {Global.Chars ["Utilization/"+host] = 0; }
            if ( (t+delay1) &gt; luo) {
                  Global.Chars["Utilization/"+host] =
                  Global.Chars["Utilization/"+host] + min(delay1, ((t + delay1) - luo) );
                  Global.Chars["LastUtilOn/"+host] = t + delay1;
            }
      }

... ... ...

// charakteristische Funktion (der Stelle GetClientRequest)
function _16_0_1_320032_1243355001446_373037_1352_fun(token) { // GetClientRequest
      var LT = GN.Tokens["_16_0_1_320032_1243353969186_847224_833_LocalMemory_Token"];
      var GT = GN.Tokens["GlobalToken"]; // Global token
      var s;

      print("[MasterWSActivity_verteilt] Token '" + token.Chars["Name"] + "' is in place
      'GetClientRequest' \n");
      s = "nextVisitTransition/" + token.Chars["Name"] + "/" + token.Chars["Iteration"];

            if (LT.Chars[s] &gt; 0) {
                  print("[MasterWSActivity_verteilt] Response from token "
                  + token.Chars["Name"] + " into transition WebServer:\n")

                  if (LT.Chars[s] &lt; GN.Time){
                        if (GT.Chars["lateResponses/WebServer"] == null) {
                        GT.Chars["lateResponses/WebServer"]  = 0; }
                        if (GT.Chars["lateResponsesSumTimes/WebServer"]  == null) {
                        GT.Chars["lateResponsesSumTimes/WebServer"]  = 0; }
                        GT.Chars["lateResponses/WebServer"]  =
                        GT.Chars["lateResponses/WebServer"] + 1  ;
                        GT.Chars["lateResponsesSumTimes/WebServer"] =
                        GT.Chars["lateResponsesSumTimes/WebServer"] + step-
                        sToTime(GN.Time - LT.Chars["startTime/"+s], "ms");
      print("Increasing to " + stepsToTime(GN.Time - LT.Chars["startTime/"+s], "ms") + "\n");
      print("[MasterWSActivity_verteilt] LATE! expected at " + LT.Chars[s] + "\n");
      } else {
            if ( GT.Chars["timelyResponses/WebServer"]  == null) {
            GT.Chars["timelyResponses/WebServer"]  = 0; }
            if ( GT.Chars["timelyResponsesSumTimes/WebServer"] == null) {
            GT.Chars["timelyResponsesSumTimes/WebServer"] = 0; }
            GT.Chars["timelyResponses/WebServer"]= GT.Chars["timelyResponses/WebServer"]+1;
            GT.Chars["timelyResponsesSumTimes/WebServer"] =
            GT.Chars["timelyResponsesSumTimes/WebServer"] + stepsToTime(GN.Time -
            LT.Chars["startTime/"+s], "ms");
            print("[MasterWSActivity_verteilt] on time\n");
            //print("Totally " + GT.Chars["timelyResponsesSumTimes/WebServer"]
            + " sum timely times\n");
                  }
                  LT.Chars[s] = 0;
            } else {}
```

```
// check if this is a second visit to this place and it is too late
s = "nextVisitPlace/GetClientRequest/" + token.Chars["Name"]
+ "/" + token.Chars["Iteration"];
if (LT.Chars[s] == null) { LT.Chars[s] = 0; }
if (LT.Chars[s] &gt; 0) {
        print("[MasterWSActivity_verteilt] Response from token "
        + token.Chars["Name"] + " into place GetClientRequest:\n");
        if (LT.Chars[s] &lt; GN.Time) {
                if ( GT.Chars["lateResponses/GetClientRequest"] == null)
                { GT.Chars["lateResponses/GetClientRequest"] = 0; }
                if ( GT.Chars["lateResponsesSumTimes/GetClientRequest"] == null)
                { GT.Chars["lateResponsesSumTimes/GetClientRequest"] = 0; }
                GT.Chars["lateResponses/GetClientRequest"] =
                GT.Chars["lateResponses/GetClientRequest"] + 1;
                GT.Chars["lateResponsesSumTimes/GetClientRequest"] =
                stepsToTime(GN.Time - LT.Chars["startTime/"+s], "ms") +
                GT.Chars["lateResponsesSumTimes/GetClientRequest"];
                print("[MasterWSActivity_verteilt] LATE! expected at
                "+LT.Chars[s] + "\n");
        } else {
                if ( GT.Chars["timelyResponses/GetClientRequest"]== null) {
                GT.Chars["timelyResponses/GetClientRequest"] = 0;}
                if ( GT.Chars["timelyResponsesSumTimes/GetClientRequest"]==null)
                { GT.Chars["timelyResponsesSumTimes/GetClientRequest"]  = 0; }
                GT.Chars["timelyResponses/GetClientRequest"] =
                GT.Chars["timelyResponses/GetClientRequest"] + 1;
                GT.Chars["timelyResponsesSumTimes/GetClientRequest"] =
                stepsToTime(GN.Time - LT.Chars["startTime/"+s], "ms") +
                GT.Chars["timelyResponsesSumTimes/GetClientRequest"];
                print("[MasterWSActivity_verteilt] on time\n");
        }
} else {}

if (token.Chars["GetClientRequest/count/" + token.Chars["Iteration"]] == null)
{ token.Chars["GetClientRequest/count/" + token.Chars["Iteration"]] = 0; }
token.Chars["GetClientRequest/count/" + token.Chars["Iteration"]] =
token.Chars["GetClientRequest/count/" + token.Chars["Iteration"]] + 1 ;
var delay1 = 0;

        delay1 += (token.Chars["prevPlace"].Id ==
        "_16_0_1_320032_1243354984381_521837_1339") ? ((convertTime(100, "us") *
        convertPacketAmount(convertDataQuant(0.6, "KB")))
        + (convertTimePerDataQuant(45.3, "ms/KB") * convertDataQuant(0.6,"KB"))
        + (convertTimePerDataQuant(0.14, "ms/KB") * convertDataQuant(0.6,"KB")))
        :
                0;

var demand = 0;
demand += convertTime(8, "ms");
demand += random_normal(0, 7);

token.Chars["_16_0_1_320032_1243353888848_455986_777/waitUntil"] =
GN.Time + delay1 + demand;
// utilize hosts with demands
utilize (token.Chars["Name"], "_16_0_1_320032_1243353314214_628508_517",
GN.Time, demand);
// utilize hosts with communication overheads
if (token.Chars["prevPlace"].Id == "_16_0_1_320032_1243354984381_521837_1339")
{
utilizeComm (token.Chars["Name"], "_16_0_1_320032_1243353296017_708289_496",
GN.Time, (convertTimePerDataQuant(45.3, "ms/KB") * convertDataQuant(0.6,
"KB")));
utilizeComm (token.Chars["Name"], "_16_0_1_320032_1243353314214_628508_517",
GN.Time, (convertTimePerDataQuant(0.14, "ms/KB") * convertDataQuant(0.6,
"KB")));
```

```
                }
                else
                { 0; }

        // calculate latency on communication hosts
        token.Chars["prevPlace"].Id == "_16_0_1_320032_1243354984381_521837_1339" ?
        calcCommLatency (token.Chars["Name"], "_16_0_1_320032_1244447155538_638020_828",
        GN.Time, (convertTime(100, "us") * convertPacketAmount(convertDataQuant(0.6, "KB")))) :
                        0;
        // update Host to Host of current place (of this function)
        token.Chars["Host"] = "_16_0_1_320032_1243353314214_628508_517";
        // update prevPlace to current place (of this function)
        token.Chars["prevPlace"] = GN.Places["_16_0_1_320032_1243355001446_373037_1352"];
                }
... ... ...
// Prädikat: Übergang zwischen SendRequest und GetClientRequest
// main predicate function
W_16_0_1_320032_1243354984381_521837_1339__16_0_1_320032_1243355001446_373037_1352(token){
            if (((GN.Tokens["ParametersToken"].Chars["ServerApplicationAcquired"]) ===
            'true') &amp;&amp;
            GN.Tokens["ParametersToken"].Chars["ServerApplicationLastAcquiredBy"]!=token.Id)
                { //print("[MasterWSActivity_verteilt] Token '"
                + token.Chars["Name"] + "' is waiting for release' \n");
                return false;
                 }
            if (!delay(token)) return false;
            var or_res = false;
            var and_res = true;
            or_res = or_res || and_res;
            return or_res;
        }
... ... ...
// Funktion, die den aktuellen Wahrheitswert des Prädikats auswertet (Beispiel)
// Berücksichtigung von Guards
function W__16_5_1_331e061f_1249225311608_450442_1481(tobj, t) {
        var s;
        var val;
        s = "EvaluatedPredicate/_16_5_1_331e061f_1249225311608_450442_1481/OnStep/" + t;
        var chv = (tobj.Chars[s] == null) ? 0 : tobj.Chars[s];
        if (chv &gt; 0){
                val = chv - 1;
            } else {
                val = true;

                //original guard: "'GetData/count' &lt; 'GetData@rep'"
                var val2 = ( tobj.Chars["GetData/count/"+tobj.Chars["Iteration"]]
                &lt; getParameter(GN.Tokens["ParametersToken"], "GetDataRep"));
                val = val &amp;&amp; val2;
                if (val) {
                        val=1;
                }else{
                        val=0;
                }
                tobj.Chars[s] = val + 1;
                if (val&gt;0) {
                // now execute any existing constraints
                0;
                }
            }
... ... ...
        &lt;/functions&gt;
&lt;/GN:gn&gt;
```

E.5 SIMULATION: PROTOKOLLDATEI (AUSZUG)

```
<?xml version='1.0' encoding='UTF-8' ?>
<gn-output>
//Beginn der Simulation: erste Iteration
respT iter[0] [MasterWSActivity_deployed] Step #0
//Ereignisse im Netz: Welche Marke geht in welche Stelle über...
[MasterWSActivity_deployed] Token 'Flow from User 1' is in place 'SendRequest'
//... und wann
[MasterWSActivity_deployed] Step #1

... ... ...

[MasterWSActivity_deployed] Token 'Flow from User 1' is in place 'GetClientRequest'
[MasterWSActivity_deployed] Step #5

... ... ...

[MasterWSActivity_deployed] Token 'Flow from User 1' is in place 'GetData'
[MasterWSActivity_deployed] Step #29

... ... ...

[MasterWSActivity_deployed] Step #64
[MasterWSActivity_deployed] Token 'Flow from User 1' is in place 'GetSelectedProcData'
[MasterWSActivity_deployed] Step #65
[MasterWSActivity_deployed] Token 'Flow from User 1' is in place 'ProceedRequest'
[MasterWSActivity_deployed] Step #66

... ... ...

[MasterWSActivity_deployed] Token 'Flow from User 1' is in place 'ForwardData'
[MasterWSActivity_deployed] Step #237
[MasterWSActivity_deployed] Step #238
[MasterWSActivity_deployed] Token 'Flow from User 1' is in place 'SaveLastProcData'
[MasterWSActivity_deployed] Step #239

... ... ...

[MasterWSActivity_deployed] Token 'Flow from User 1' is in place 'SendAllProcData'
[MasterWSActivity_deployed] Step #285

... ... ...

[MasterWSActivity_deployed] Token 'Flow from User 1' is in place 'SendLastProcData'
[MasterWSActivity_deployed] Step #294

... ... ...

[MasterWSActivity_deployed] Step #405
[MasterWSActivity_deployed] Token 'Flow from User 1' is in place 'ReceiveLastData'
[MasterWSActivity_deployed] Response from token Flow from User 1 into transition WebBrowser:
[MasterWSActivity_deployed] on time
[MasterWSActivity_deployed] Step #406

... ... ...

[MasterWSActivity_deployed] Step #511
[MasterWSActivity_deployed] Token 'Flow from User 1' is in place 'VisualizeCurrProcData'
[MasterWSActivity_deployed] Step #512
[MasterWSActivity_deployed] Step #513
[MasterWSActivity_deployed] Step #514
//Beginn der zweiten Iteration
respT iter[1] [MasterWSActivity_deployed] Step #515
[MasterWSActivity_deployed] Token 'Flow from User 1' is in place 'SendRequest'
[MasterWSActivity_deployed] Awaiting response in WebBrowser from Flow from User 1 at latest
step 1516
[MasterWSActivity_deployed] Step #516
[MasterWSActivity_deployed] Step #517
[MasterWSActivity_deployed] Step #518
[MasterWSActivity_deployed] Step #519
[MasterWSActivity_deployed] Token 'Flow from User 1' is in place 'GetClientRequest'
[MasterWSActivity_deployed] Step #520

... ... ...

... ... ...

... ... ...
```

```
[MasterWSActivity_deployed] Step #49980
[MasterWSActivity_deployed] Token 'Flow from User 1' is in place 'VisualizeCurrProcData'
[MasterWSActivity_deployed] Step #49981
[MasterWSActivity_deployed] Step #49982
[MasterWSActivity_deployed] Step #49983
//Beginn der 102. Iteration
respT iter[101] MasterWSActivity_deployed] Step #49984
[MasterWSActivity_deployed] Token 'Flow from User 1' is in place 'SendRequest'
MasterWSActivity_deployed] Awaiting response in WebBrowser from Flow from User 1 at latest
step 50985
[MasterWSActivity_deployed] Step #49985
[MasterWSActivity_deployed] Step #49986
[MasterWSActivity_deployed] Step #49987
[MasterWSActivity_deployed] Token 'Flow from User 1' is in place 'GetClientRequest'
[MasterWSActivity_deployed] Step #49988

... ... ...

//Ausgabe der Markencharakteristiken der lokalen Marke des Web-Browsers (Auszug)
//Das XML-Format vereinfacht die Datenrückführung und -analyse
<token containerDef="MasterWSActivity_deployed_GNoaw.xml" containerTime="50000"
host="_16_0_1_320032_1243353934564_212746_821_LocalMemory"
id="_16_0_1_320032_1243353934564_212746_821_LocalMemory_Token">
  <char name="Default" type="double">1</char>
  <char name="Name" type="string">Local Memory of WebBrowser Token</char>

... ... ...

  <char name="respT/nextVisitTransition/Flow from User 1/1" type="double">515</char>
  <char name="respT/nextVisitTransition/Flow from User 1/10" type="double">463</char>
  <char name="respT/nextVisitTransition/Flow from User 1/100" type="double">517</char>
  <char name="respT/nextVisitTransition/Flow from User 1/101" type="double">505</char>

... ... ...

  <char name="respT/nextVisitTransition/Flow from User 1/97" type="double">487</char>
  <char name="respT/nextVisitTransition/Flow from User 1/98" type="double">530</char>
  <char name="respT/nextVisitTransition/Flow from User 1/99" type="double">530</char>
  <char name="respT_iter/Flow from User 1" type="double">101</char>
  <char name="respT_mean/Flow from User 1" type="double">494.891</char>
  <char name="respT_sum/Flow from User 1" type="double">49984</char>
  <char name="startTime/nextVisitTransition/Flow from User 1/0" type="double">1</char>
  <char name="startTime/nextVisitTransition/Flow from User 1/1" type="double">516</char>
  <char name="startTime/nextVisitTransition/Flow from User 1/10" type="double">4870</char>
  <char name="startTime/nextVisitTransition/Flow from User 1/100" type="double">49480</char>
  <char name="startTime/nextVisitTransition/Flow from User 1/101" type="double">49985</char>

... ... ...

</token>
//Markencharakteristiken der Parametermarke (Auszug)
//Werte der globalen Parameter am Ende der Simulation
<token containerDef="MasterWSActivity_deployed_GNoaw.xml" containerTime="50000"
host="ParametersPlace" id="ParametersToken">
  <char name="BrowserAcquired" type="string">false</char>
  <char name="GetDataRep" type="double">1</char>
  <char name="GetDataRep/type" type="string">explicit</char>
  <char name="ProcessControlApplicationAcquired" type="string">false</char>
  <char name="ServerApplicationAcquired" type="string">false</char>
  <char name="SocketApplicationAcquired" type="string">false</char>
  <char name="SocketCount" type="double">3</char>
  <char name="SocketCount/type" type="string">explicit</char>
  <char name="VarQuantCount" type="double">10</char>
  <char name="VarQuantCount/type" type="string">explicit</char>
  <char name="VarTotalCount" type="double">60</char>
  <char name="VarTotalCount/type" type="string">explicit</char>

... ... ...

</token>
//Charakteristiken der globalen Marke
<token containerDef="MasterWSActivity_deployed_GNoaw.xml" containerTime="50000"
host="GlobalPlace" id="GlobalToken">
```

```xml
        <char name="CommLatency/_16_0_1_320032_1243353666501_285538_664"
              type="double">37.976</char>
        <char name="CommLatency/_16_0_1_320032_1244447155538_638020_828"
              type="double">2957.76</char>
        <char name="CommUtilization/_16_0_1_320032_1243353296017_708289_496"
              type="double">4554</char>
        <char name="CommUtilization/_16_0_1_320032_1243353314214_628508_517"
              type="double">108.76</char>
        <char name="CommUtilization/_16_5_3_331e061f_1249228882717_510648_898"
              type="double">4548.03</char>

        ... ... ...

        <char name="Utilization/_16_0_1_320032_1243353296017_708289_496"
              type="double">6089.21</char>
        <char name="Utilization/_16_0_1_320032_1243353314214_628508_517"
              type="double">15122.1</char>
        <char name="Utilization/_16_0_1_320032_1244447048744_81816_723"
              type="double">15123.1</char>
        <char name="Utilization/_16_5_3_331e061f_1249228882717_510648_898"
              type="double">601.899</char>
        <char name="timelyResponses/WebBrowser" type="double">101</char>
        <char name="timelyResponsesSumTimes/WebBrowser" type="double">39113</char>
</token>
//Dauer der Simulation in Simulationsschritten
<steps>50000</steps>
</gn-output>
```

BILDVERZEICHNIS

LITERATURVERZEICHNIS

[1] AIDA (2005) MEDEIA. [Online]. http://www.medeia.eu/fileadmin/Publications/MEDEIA_White-Paper_V001_2010-03-16.pdf; Zuletzt aufgerufen am: 26.08.2010.

[2] Alsaadi, A.: *A performance analysis approach based on the UML class diagram* in Proceeding of the 4th international Workshop on Software and Performance (WOSP'04), Redwood Shores, California, 2004, S. 254-260.

[3] Andolfi, F.; Aquilani, F.; Balsamo, S.; Inverardi, P.: *Deriving performance models of software architectures from message sequence charts* in Proceedings of the 2nd International Workshop on Software and Performance (WOSP'00), Ottawa, Canada, 2000, S. 47-57.

[4] Aquilani, F.; Balsamo, S.; Inverardi, P.: *Performance analysis at the software architecture design level*. Performance Evaluation, Vol. 45(2), Nr. 2-3, S. 205-221, Juli 2001.

[5] Arief, L. B.: *A Framework for Supporting Automatic Simulation Generation from Design*. Department of Computing Science University of Newcastle upon Tyne, 2001, Dissertation.

[6] Arief, L. B.; Speirs, N. A.: *Automatic generation of distributed system simulations from UML* in Proceedings of 13th European Simulation Multiconference (ESM), Warsaw, Poland, 1999, S. 85-91.

[7] Arief, L. B.; Speirs, N. A.: *Using SimML to bridge the transformation from UML to simulation* in Proceedings of One Day Workshop on Software Performance and Prediction extracted from Design, Edinburgh, Scotland, November 1999.

[8] Arief, L.B.; Speirs, N. A.: *A UML tool for an automatic generation of simulation programs* in Proceedings of the 2nd international Workshop on Software and Performance (WOSP'00), Ottawa, Ontario, Canada, 2000, S. 71-76.

[9] Atanassov, Kr.: *On the Concept "Generalized Nets"*. AMSE Review, Vol. 1, Nr. 3, S. 1-9, 1984, in Russisch.

[10] Atanassov, Kr.: *Generalized Nets*. World Scientific, Singapore, New Jersey, London, 1991.

[11] Atanassov, Kr.: *On Generalized Nets Theory*. Sofia "Professor Marin Drinov" Academic Publishing House, 2007.

[12] Atanassov, Kr.; Nikolov, N.: *Intuitionistic fuzzy generalized nets: definitions, properties, applications* in Systematic Organization of Information in Fuzzy Systems, Amsterdam, Netherlands, 2003, S. 161-175.

[13] Balsamo, S.; Bernardo, M.; Simeoni, M.: *Combining stochastic process algebras and queueing networks for software architecture analysis* in Proceedings of the 3rd international Workshop on Software and Performance (WOSP), Rome, Italy, New York, NY, Juli 2002, S. 190-202.

[14] Balsamo, S.; Bernardo, M.; Simeoni, M.: *Performance Evaluation at the Software Architecture Level*. Formal Methods for Software Architectures, Third International School on Formal Methods for the Design of Computer, Communication and Software Systems: Software Architectures (SFM), LNCS, Vol. 2804, S. 207-258, 2003.

[15] Balsamo, S.; Marzolla, M.: *A simulation-based approach to software performance modeling* in Proceeding of the Joint 9th European Software Engineering Conference (ESEC) & 11th SIGSOFT Symposium on the Foundations of Software Engineering (FSE), Helsinki, Finnland, September 2003, S. 363-366.

[16] Balsamo, S.; Marzolla, M.: *Towards performance evaluation of mobile systems in UML* in Proceedings of the European Simulation and Modelling Conference (ESMc'03), Naples, Italy, 2003, S. 61–68.

[17] Balsamo, S.; Marzolla, M.: *Performance evaluation of UML software architectures with multiclass Queueing Network models* in Proceeding of the 5th international Workshop on Software and Performance (WOSP'05), Palma, Illes Balears, Spain, 2005, S. 37-42.

[18] Becker, S.; Koziolek, H.; Reussner, R.: *Model-based performance prediction with the palladio component model* in Proceedings of the 6th international Workshop on Software and Performance (WOSP'07), New York, USA, 2007, S. 54-65.

[19] Bennett, A. J.; Field, A. J.; Woodside, C. M.: *Experimental Evaluation of the UML Profile for Schedulabiity, Performance and Time*. Proceedings UML 2004, LNCS, Vol. 3273, S. 143-157, October 2004.

[20] Berardinelli, L.; Bernardi, S.; Cortellessa, V.; Merseguer, J.: *UML profiles for non-functional properties at work: analyzing reliability, availability and performance* in Second International Workshop on Non-Functional System Properties in Domain Specific Modeling Languages (NFPinDSML), held within MODELS09, Denver (Colorado, USA), 2009.

[21] Bernardi, S.; Donatelli, S.; Merseguer, J.: *From UML sequence diagrams and statecharts to analysable petri net models* in Proceedings of the 3rd international Workshop on Software and Performance (WOSP'02), Rome, Italy, 2002, S. 35-45.

[22] Bernardi, S.; Merseguer, J.; Petriu, D. C., *A dependability profile within MARTE in Software and Systems Modeling.*: Springer Berlin Heidelberg, 2009.

[23] Bernardo, M.; Ciancarini, P.; Donatiello, L.: *Aempa: A process algebraic description language for the performance analysis of software architectures* in Proceedings of the 2nd international Workshop on Software and Performance (WOSP'00), Ottawa, Canada, 2000, S. 1-11.

[24] Bernardo, M.; Ciancarini, P.; Donatiello, L.: *On the formalization of architectural types with process algebras* in Foundations of Software Engineering, SIGSOFT '00/FSE-8: Proceedings of the 8th ACM SIGSOFT international symposium on Foundations of software engineering, San Diego, California, United States, New York, NY, USA, 2000, S. 140-148.

[25] Bernardo, M.; Donatiello, L.; Ciancarini, P.: *Stochastic Process Algebra: From an Algebraic Formalism to an Architectural Description Language.* Performance Evaluation of Complex Systems: Techniques and Tools, LNCS, Vol. 2459, S. 173-182, 2002.

[26] Bernardo, M.; Gorrieri, R.: *A tutorial on EMPA: A theory of concurrent processes with nondeterminism, priorities, probabilities and time.* Theoretical Computer Science, Vol. 202, Nr. 1–2, S. 1–54, Juli 1998.

[27] Bertolino, A.; Marchetti, E.; Mirandola, R.: *Performance Measures for Supporting Project Manager Decisions.* Software Process: Improvement and Practice, Vol. 12, Nr. 2, S. 141-164, March/April 2007.

[28] Bertolino, A.; Mirandola, R.: *Towards component-based software performance engineering* in Proceedings of the 6th Workshop on Component-Based Software Engineering (CBSE): Automated Reasoning and Prediction, ACM/IEEE 25th International Conference on Software Engineering (ICSE), Portland, Oregon, USA, 2003, S. 1-6.

[29] Bertolino, A.; Mirandola, R.: *CB-SPE Tool: Putting Component-Based Performance Engineering into Practice.* Component-Based Software Engineering (CBSE), LNCS, Vol. 3054, S. 233-248, 2004.

[30] Billington, J.; Reisig, W., Eds.: *Application and theory of Petri Nets 1996, LNCS, Vol. 1091.* Osaka, Japan, 1996.

[31] Bozga, M. et al.: *Timed Extensions for SDL.* Proceedings of the 10th SDL Forum, LNCS, Vol. 2078, S. 223-240, Juni 2001.

[32] Buhr, R. J. A.; Casselman, R. S.: *Use Case Maps for Object-Oriented Systems.* Prentice-Hall, 1996.

[33] Canevet, C.; Gilmore, S.; Hillston, J.; Prowse, M.; Stevens, P.: *Performance modelling with UML and stochastic process algebras* in IEE Proceedings: Computers and Digital Techniques, March 2003, S. 107-120.

[34] Cassandras, Chr. G.; Lafortune, St.: *Introduction to Discrete Event Systems.* Kluwer Academic Publishers, 1999.

[35] Chen, P. P.-Sh.: *The Entity-Relationship Mode - Toward a Unified View of Data.* ACM Transactions on Database Systems, Vol. 1, Nr. 1, S. 9-36, 1976.

[36] Chen, Sh.; Liu, Y.; Gorton, I.; Liu, A.: *Performance prediction of component-based applications.* Journal of Systems and Software, Vol. 74, Nr. 1, S. 35–43, 2005.

[37] Choi, H.; Kulkarni, V. G.; Trivedi, K. S.: *Transient analysis of deterministic and stochastic Petri nets*. Application and Theory of Petri Nets 1993, LNCS, Vol. 691, S. 166-185, 1993.

[38] Clark, A.; Gilmore, St.; Hillston, J.; Tribastone, M.: *Stochastic Process Algebras*. Formal Methods for Performance Evaluation, LNCS, Vol. 4486, S. 132-179, 2007.

[39] Constant, O.; Monin, W.; Graf, S.: *From Complex UML Models to Systematic Performance Simulation*. Gieres, France, TR-2007-10, 2007.

[40] Constant, O.; Monin, W.; Graf, S.: *A model transformation tool for performance simulation of complex UML models* in Companion of the 30th International Conference on Software Engineering, Leipzig, Germany, 2008, S. 923-924.

[41] Cortellessa, V.; D'Ambrogio, A.; Iazeolla., G.: *Automatic derivation of software performance models from CASE documents*. Performance Evaluation, Vol. 45, S. 81-105, 2001.

[42] Cortellessa, V.; Di Gregorio, S.; Di Marco, A.: *Using ATL for transformations in software performance engineering: a step ahead of java-based transformations?* in Proceedings of the 7th international Workshop on Software and Performance (WOSP'08), Princeton, NJ, USA, 2008, S. 127-132.

[43] Cortellessa, V.; Mirandola, R.: *Deriving a queueing network based performance model from UML diagrams* in Proceedings of the 2nd international Workshop on Software and Performance (WOSP'00), Ottawa, Canada, 2000, S. 58-70.

[44] Cortellessa, V.; Mirandola, R.: *PRIMA-UML: A Performance Validation incremental Methodology on early UML Diagrams*. Science of Computer Programming: Special issue on unified modeling language (UML 2000), Vol. 44, Nr. 1, S. 101-129, Juli 2002.

[45] Cortellessa, V.; Mirandola, R.; Iazeolla, G: *Early generation of performance models for object-oriented systems*. IEE Proceedings Software, Vol. 147, Nr. 3, S. 61-72, 2000.

[46] Cortellessa, V.; Pierini, P.; Spalazzese, R.; Vianale, A.: *MOSES: MOdeling Software and platform architEcture in UML 2 for Simulation-based performance analysis*. QoSA 2008, LNCS, Vol. 5281, S. 86-102, 2008.

[47] D'Ambrogio, A.: *A model transformation framework for the automated building of performance models from UML models* in Proceedings of the 5th International Workshop on Software and Performance (WOSP'05), Palma, Illes Balears, Spain, 2005, S. 75-86.

[48] De Miguel, M.; Lambolais; T., Hannouz; M., Betgé-Brezetz, S.; Piekarec, S.: *UML extensions for the specifications and evaluation of latency constraints in architectural models* in Proceedings of the 2nd international Workshop on Software and Performance (WOSP'00), Ottawa, Canada, 2000, S. 83-88.

[49] Di Marco, A.: *Model-based Performance Analysis of Software Architectures*. Dipartimento di Informatica, Università di L'Aquila, Italy, 2005, Dissertation.

[50] eclipse.org: (2009) openArichtectureWare. [Online]. http://www.openarchitectureware.org/ ; Zuletzt aufgerufen am: 01.08.2010.

[51] eclipse.org: (2010) ATL - ATL Transformation Language. [Online]. http://www.eclipse.org/atl/ ; Zuletzt aufgerufen am: 27.08.2010.

[52] Fritzsche, M.; Johannes, J.: *Putting Performance Engineering into Model-Driven Engineering: Model-Driven Performance Engineering*. Models in Software Engineering (MoDELS 2007), LNCS, Vol. 5002, S. 164-175, 2008.

[53] Fritzsche, M.; Johannes, J.; Zschaler, St.; Zherebtsov, A.; Terekhov, A.: *Application of Tracing Techniques in Model-Driven Performance Engineering* in Proceedings of the 4th ECMDA-Traceability Workshop, 2008, S. 111-120.

[54] Fritzsche, M.; Johannes, J.; Zschaler, St.; Zherebtsov, A.; Terekhov, A.: (2008) Courses Template - ModelPlex. [Online]. http://www.eclipse.org/gmt/omcw/resources/chapter07/downloads/ ModelPlex-WP6Training_IntroductionToModelDrivenSimulation.ppt; Zuletzt aufgerufen am: 16.04.2010.

[55] Gilmore, St. et al.: *Non-functional properties in the model-driven development of service-oriented systems*. Software and Systems Modeling, special issue on Non-functional System Properties in Domain Specific Modeling Languages, 2010.

[56] Gilmore, S.; Hillston, J: *The PEPA wokbench: A tool to support a process algebra-based approach to performance modelling* in Proceedings of the 7th international Conference on Modelling Techniques and Tools for Performance Evaluation, Vienna, Austria, 1994, S. 353–368.

[57] Gomaa, H.: *Designing Concurrent, Distributed, and Real-Time Applications with UML*. Addison-Wesley, 2000.

[58] Gomaa, H.; Menascé, D. A.: *Performance engineering of component-based distributed software systems*. Performance Engineering, LNCS, Vol. 2047, S. 40-55, 2001.

[59] Gómez-Martínez, E.; Merseguer, J.: *A Software Performance Engineering Tool based on the UML-SPT* in Proceedings of the 2nd international Conference on the Quantitative Evaluation of Systems (QEST), Torino, Italy, 2005, S. 247.

[60] Grassi, V.; Mirandola, R.: *PRIMAmob-UML: A methodology for performance analysis of mobile software architectures* in Proceedings of the 3rd international Workshop on Software and Performance (WOSP'02), Rome, Italy, Juli 2002, S. 262–274.

[61] Grassi, V.; Mirandola, R.; Sabetta, A.: *From design to analysis models: a kernel language for performance and reliability analysis of component-based systems* in Proceedings of the 5th international Workshop on Software and Performance (WOSP'05), Palma, Illes Balears, Spain, 2005, S. 25-36.

[62] Grassi, V.; Mirandola, R.; Sabetta, A.: *A Model Transformation Approach for the Early Performance and Reliability Analysis of Component-Based Systems*. Proceedings of CBSE 2006, LNCS, Vol. 4063, S. 270-284, 2006.

[63] Grassi, V.; Mirandola, R.; Sabetta, A.: *A model-driven approach to performability analysis of dynamically reconfigurable component-based systems* in Proceedings of the 5th international Workshop on Software and Performance (WOSP'07), Buenes Aires, Argentina, 2007, S. 103-114.

[64] Grassi, V.; Mirandola, R.; Sabetta, A.: *Filling the gap between design and performance/reliability models of component-based systems: A model-driven approach*. Journal of Systems and Software, Vol. 80, S. 528-558, April 2007.

[65] Gu, G. P.; Petriu, D. C.: *XSLT transformation from UML models to LQN performance models* in Proceedings of the 3rd international Workshop on Software and Performance (WOSP'02), Vol. Workshop on Software and Performance, Rome, Italy, 2002, S. 227-234.

[66] Harel, D.: *Statecharts: A Visual Formalism for Complex Systems*. Science of Computer Programming, Vol. 8, S. 231-274, 1987.

[67] Hennig, A.; Eckardt, H.: *Challenges for simulation of systems in software performance engineering* in Proceedings of the 15th European Simulation Multiconference (ESM'01), Prague, Czech Republic, 2001, S. 121–126.

[68] Hennig, A.; Hentschel, A.; Tyack, J.: *Performance Prototyping - Generating and Simulating a distributed IT-System from UML models* in Proceedings of the 17th European Simulation Multiconference (ESM'03), Nottingham, UK, 2003.

[69] Hennig, A.; Revill, D.; Pönitsch, M.: *From UML to Performance Measures - Simulative Performance Predictions of IT-Systems using the JBoss Application Server with OMNET++* in Proceedings of the 17th European Simulation Multiconference (ESM'03), Nottingham, UK, 2003.

[70] Hermanns, H.; Herzog, U.; Katoen, J.: *Process algebra for performance evaluation*. Theoretical Computer Science, Vol. 274, Nr. 1-2, S. 43-87, März 2002.

[71] Hermanns, H.; Herzog, U.; Klehmet, U.; Mertsiotakis, V.; Siegle, M.: *Compositional Performance Modelling with the TIPPtool*. Computer Performance Evaluation, LNCS, Vol. 1469, S. 51-62, 1998.

[72] Hillston, J.: *Pepa-performance enhanced process algebra*. Dept. of Computer Science, University of Edinburgh, Tech. Rep. CSR-24-93, 1993.

[73] Hillston, J.; Pooley, R.: *Stochastic Process Algebras and their Application to Performance Modelling* in Proceedings Tutorial of TOOLS'98, Palma de Mallorca, Spain, 1998.

[74] Hillston, J.; Wang, Y.: *Performance evaluation of UML models via automatically generated simulation models* in Proceedings of the 19th Annual UK Performance Engineering Workshop, Warwick, UK, Juli 2003, S. 64-78.

[75] Hoeben, F.: *Using UML models for performance calculations* in Proceedings of the 2nd international Workshop on Software and Performance (WOSP'00), Ottawa, Canada, 2000, S. 77-82.

[76] Hopcroft, J.; Ullman, J.: *Introduction to automata theory, languages and computations.* Addison-Wesley, 1979.

[77] Huang, X.; Zhang, W.; Zhang, Bo; Wei, J.: *Impacts Separation Framework for Performance Prediction of Middleware-Based Systems* in Proceedings of the 33rd Annual IEEE International Computer Software and Applications Conference (COMPSAC), Vol. 02, Seattle, WA, USA, 2009, S. 178-187.

[78] Ifigenia: (2009) GNTCFL. [Online]. http://ifigenia.org/wiki/GNTCFL; Zuletzt aufgerufen am: 27.08.2010.

[79] ITU-T: (1999) Languages and general Software Aspects for Telecommunication Systems: FDT - SDL(Z.100).[Online]. http://www.itu.int/ITU-T/studygroups/com10/languages/ Z.100_1199.pdf; Zuletzt aufgerufen am: 27.08.2010.

[80] ITU-T: (2004) Languages and general Software Aspects for Telecommunication Systems: FDT - MSC(Z.120).[Online]. http://www.itu.int/ITU-T/2005-2008/com17/languages/Z120.pdf; Zuletzt aufgerufen am: 27.08.2010.

[81] Jain, R.: *The Art of Computer Systems Performance Analysis.* John Wiley&Sons, Inc., 1991.

[82] Janschek, K.: *Ereignisdiskrete Systeme.* TU Dresden, 2009, Vorlesungsskript.

[83] Kähkipuro, P.: *UML-Based Performance Modeling Framework for Component-Based Distributed Systems.* Performance Engineering, State of the Art and Current Trends: LNCS, Vol. 2047, S. 167-184, 2001.

[84] Kiencke, U.: *Ereignisdiskrete Systeme: Modellierung und Steuerung verteilter Systeme.* Oldenbourg Wissenschaftsverlag, München, 2006.

[85] King, P. J. B.; Pooley, R. J.: *Using UML to derive stochastic Petri nets models* in Proceedings of the 15th Annual UK Performance Engineering Workshop, Bristol, UK, 1999, S. 45-56.

[86] King, P. J. B.; Pooley, R. J.: *Derivation of petri net performance models from UML specifications of communications software.* Proceedings of the 11th international Conference on Computer Performance Evaluation: Modelling Techniques and Tools (TOOLS), LNCS, Vol. 1786, S. 262–276, 2000.

[87] Kounev, S.: *Performance Modeling and Evaluation of Distributed Component-Based Systems Using Queueing Petri Nets*. IEEE Transactions on Software Engineering, Vol. 32, Nr. 7, S. 486-502, Juli 2006.

[88] Koycheva, E.; Janschek, K.: *Leistungsanalyse von Systementwürfen mit UML und Generalisierten Netzen - Ein Framework zur frühen Qualitätssicherung*. atp - Automatisierungstechnishce Praxis, Vol. 50, Nr. 8, S. 62-69, August 2008.

[89] Koziolek, H.: *Empirische Bewertung von Performance-Analyseverfahren für Software-Architekturen*. Carl von Ossietzky Universität Oldenburg, 2004, Diplomarbeit.

[90] Koziolek, H.: *Parameter Dependencies for Reusable Performance Specifications of Software Components*. Fakutät II - Informatik,Wirtschafts- und Rechtswissenschaften Carl von Ossietzky Universität Oldenburg, 2008, Dissertation.

[91] Laprie, J.C.: *Dependability: Basic Concepts and Terminology*. Springer Verlag, 1992.

[92] Lavenberg, S. S.: *Computer Performance Modeling Handbook*. New York, USA Academic Press, 1983.

[93] Law, A.; Kelton, W. D.: *Simulation Modeling & Analysis*, 4th ed. McGraw-Hill, 2007.

[94] Lego: (2008) Lejos - Java for Lego Mindstorms. [Online]. http://lejos.sourceforge.net ; Zuletzt aufgerufen am: 01.08.2010.

[95] Lego: (2008) The nxtOSEK project: RTOS for Lego Mindstorms NXT. [Online]. http://lejos-osek.sourceforge.net/ ; Zuletzt aufgerufen am: 01.08.2010.

[96] Lindemann, Chr.; Thümmler, A.; Klemm, A.; Lohmann, M.; Waldhorst, O. P.: *Quantitative System Evaluation with DSPNexpress 2000* in Proceedings of the 2nd international Workshop on Software and Performance (WOSP'00), Ottawa, Canada, 2000, S. 12-17.

[97] Lindemann, Chr.; Thümmler, A.; Klemm, A.; Lohmann, M.; Waldhorst, O. P.: *Performance Analysis of Time-enhanced UML Diagrams Based on Stochastic Processes* in Proceedings of the 3rd international Workshop on Software and Performance (WOSP'02), Rome, Italy, 2002, S. 25-34.

[98] Liu, Y.; Fekete, A.; Gorton, I.: *Design-level performance prediction of component-based applications*. IEEE Transactions on Software Engineering, Vol. 31, Nr. 11, S. 928–941, 2005.

[99] López-Grao, J. P.; Merseguer, J.; Campos, J.: *Performance Engineering based on UML & SPN's: A software performance tool* in Proceedings of 7th international Symposium On Computer and Information Sciences (ISCIS'02), Orlando, Florida, USA, 2002, S. 405-409. [Online]. http://webdiis.unizar.es/CRPetri/papers/jcampos/02_LGMC_ISCIS.pdf

[100] López-Grao, J. P.; Merseguer, J.; Campos, J.: *From UML activity diagrams to Stochastic Petri nets: application to software performance engineering*. ACM SIGSOFT Software Engineering Notes, Vol. 29, Nr. 1, S. 25-36, Januar 2004.

[101] Marca, D.; McGowan, C.: *Structured Analysis and Design Technique*. McGraw-Hill, 1987.

[102] Marsan, M. A.; Balbo, G.; Conte, G.; Donatelli, S.; Franceschinis, G.: *Modeling with Generalized Stochastic Petri Nets*. John Wiley & Sons, 1995.

[103] Marsan, M. A.; Chiola, G.: *On Petri nets with deterministic and exponential transition firing times* in Proceedings of the 7th European Workshop on Application and Theory of Petri Nets, Oxford, England, Juni 1986, S. 151–165.

[104] Marzolla, M.: *Simulation-Based Performance Modeling of UML Software Architectures*. Dipartimento di Informatica Universitá Ca' Foscari di Venezia, 2004, Dissertation.

[105] Menascé, D. A.: *A framework for software performance engineering of client/server systems* in Proceedings of the 1997 Computer Measurement Group Conference, Orlando, Florida, 1997.

[106] Menasce, D. A.; Almeida, V. A. F.; Dowdy, L. W.: *Performance by Design*. Prentice Hall, 2004.

[107] Menasce, D. A.; Gomaa, H.: *On a language based method for software performance engineering of client/server systems* in Proceedings of the 1st international Workshop on Software and Performance (WOSP'98), Santa Fe, New Mexico, USA, 1998, S. 63-69.

[108] Menasce, D. A.; Gomaa, H.: *A Method for Design and Performance Modeling of Client/Server Systems*. IEEE Transaction on Software Engineering, Vol. 26, Nr. 11, S. 1066-1085, November 2000.

[109] Mitschele-Theil, A.; Müller-Clostermann, B.: *Performance Engineering of SDL/MSC Systems*. Computer Networks: The International Journal of Computer and Telecommunications Networking, special issue on advanced topics on SDL and MSC, Vol. 31, Nr. 17, S. 1801-1815, Juni 1999.

[110] Molloy, M. K.: *Performance analysis using stochastic petri nets*. IEEE Transactions on Computers, Vol. 31, Nr. 9, S. 913-917, September 1982.

[111] Moreno, G. A.; Merson, P.: *Model-Driven Performance Analysis*. Proceedings of the 4th international Conference on Quality of Software-Architectures: Models and Architectures (QoSA'08), LNCS, Vol. 5281, Oktober 2008.

[112] No Magic, Inc.: (2010) Magic Draw UML. [Online]. http://www.magicdraw.com/

[113] Oestereich, B.: *Die UML 2.0 Kurzreferenz für die Praxis*. Oldenbourg Wissenschaftsverlag, 2004.

[114] OMG: (2005) UML Profile for Schedulability, Performance, and Time (SPT), Version 1.1, OMG-Dokument: formal/05-01-02. [Online]. http://www.omg.org/cgi-bin/doc?formal/2005-01-02 ; Zuletzt aufgerufen am: 28.08.2010.

[115] OMG: (2006, Januar) Meta Object Facility (MOF) Core Specification Version 2.0: formal/2006-01-01. [Online]. http://www.omg.org/spec/MOF/2.0/; Zuletzt aufgerufen am: 21.07.2009.

[116] OMG: (2007, Juli) Meta Object Facility (MOF) 2.0 Query/View/Transformation (QVT) Specification. Final Adopted Specification ptc/07-07-07. [Online]. http://www.omg.org/cgi-bin/doc?ptc/2007-07-07; Zuletzt aufgerufen am: 30.05.2009.

[117] OMG: (2007) MOF 2.0 / XMI Mapping Specification, Version 2.1.1, OMG-Dokument: formal/2007-12-01. [Online]. http://www.omg.org/cgi-bin/doc?formal/2007-12-01; Zuletzt aufgerufen am: 28.08.2010.

[118] OMG: (2007) UML 2.0 Testing Profile Version 1.0, OMG-Dokument: formal/05-07-07. [Online]. http://www.omg.org/cgi-bin/doc?formal/05-07-07 ; Zuletzt aufgerufen am: 28.08.2010.

[119] OMG: (2008, Juni) MARTE specification version 1.0 (formal/2009-11-02). [Online]. http://www.omg.org/spec/MARTE/1.0/PDF/; Zuletzt aufgerufen am: 27.08.2010.

[120] OMG: (2008, Juni) MARTE Specification, Version Beta2. [Online]. http://www.omgmarte.org/Documents/Specifications/08-06-09.pdf ; Zuletzt aufgerufen am: 24.05.2009.

[121] OMG: (2009, Februar) OMG Unified Modeling Language (OMG UML), Infrastructure Version 2.2, OMG-Dokument: formal/2009-02-04. [Online]. http://www.omg.org/spec/UML/2.2/Infrastructure; Zuletzt aufgerufen am: 28.08.2010.

[122] OMG: (2009) OMG Unified Modeling Language (OMG UML), Superstructure Version 2.2, OMG-Dokument: formal/2009-02-02. [Online]. http://www.omg.org/spec/UML/2.2/Superstructure ; Zuletzt aufgerufen am: 28.08.2010.

[123] OMG: (2010) formal/2008-04-05, Version 1.1. [Online]. http://www.omg.org/spec/QFTP/1.1/PDF/; Zuletzt aufgerufen am: 29.03.2010.

[124] OMG: (2010) Object Constraint Language (OCL) Version 2.2, OMG-Dokument: formal/2010-02-01. [Online]. http://www.omg.org/spec/OCL/2.2/PDF/ ; Zuletzt aufgerufen am: 01.08.2010.

[125] OMG: (2010) OMG Systems Modeling Language (SysML) Version 1.2, OMG-Dokument: formal/2010-06-02. [Online]. http://www.omg.org/spec/SysML/1.2/; Zuletzt aufgerufen am: 27.08.2010.

[126] OMG: Model Driven Architecture (MDA): Overview and Specifications. [Online]. http://www.omg.org/mda/specs.htm; Zuletzt aufgerufen am: 27.08.2010.

[127] OMG: Object Management Group. [Online]. http://www.omg.org; Zuletzt aufgerufen am: 01.08.2010.

[128] OMG: UML Profile for MARTE: Official Site. [Online]. http://www.omgmarte.org; Zuletzt aufgerufen am: 27.08.2010.

[129] Perez-Palacin, D.; Merseguer, J.: *Performance Evaluation of Self-reconfigurable Service-oriented Software With Stochastic Petri Nets*. Electronic Notes in Theoretical Computer Science (ENTCS), Vol. 261, S. 181–201, Februar 2010.

[130] Petri, C. A.: *Kommunikation mit Automaten*. Institut für Instrumentelle Mathematik, Technische Hochschule Darmstadt, 1962, Dissertation.

[131] Petriu, D. B.; Amyot, D.; Woodside, M.: *Scenario-based Performance Engineering with UMCNav* in SDL Forum 2003, Stuttgart, July 2003.

[132] Petriu, D. C.; Shen, Hui: *Applying the UML Performance Profile: Graph Grammar-Based Derivation of LQN Models from UML Specifications*. Proceedings of the 12th International Conference on Computer Performance Evaluation, Modelling Techniques and Tools, LNCS, Vol. 2324, S. 159-177, 2002.

[133] Petriu, D. C.; Shen, H.; Sabetta, A.: *Performance analysis of aspect-oriented UML models*. Software and Systems Modeling, Vol. 6, Nr. 4, S. 453-471, 2007.

[134] Petriu, D. C.; Wang, X.: *From UML descriptions of high-level software architectures to LQN performance models*. Proceedings of the International Workshop on Applications of Graph Transformations with Industrial Relevance, LNCS, Vol. 1779, S. 47-62, 1999.

[135] Petriu, D. B.; Woodside, M.: *Analysing Software Requirements Specifications for Performance* in Proceedings of the 3rd international Workshop on Software and Performance (WOSP'02), Rome, Italy, Juli 2002, S. 1-9.

[136] Petriu, D. C.; Woodside, C. M.: *Software performance models from system scenarios in Use Case Maps*. Computer Performance Evaluation: Modelling Techniques and Tools, LNCS, Vol. 2324, S. 141-158, 2002.

[137] Petriu, D. C.; Woodside, C. M., *Performance Analysis with UML: Layered Queueing Models from the Performance Profile* in *UML for real: design of embedded real-time systems*.: Kluwer Academic Publishers Norwell, MA, USA, 2003, S. 221-240.

[138] Petriu, D. B.; Woodside, M.: *A Metamodel for Generating Performance Models from UML Designs*. Proceedings of the 7th International Conference UML 2004 - Modelling Languages and Applications, LNCS, Vol. 3273, S. 41-53, 2004.

[139] Petriu, D. B.; Woodside, M.: *Software performance models from system scenarios*. Performance Evaluation, Vol. 61, Nr. 1, S. 65-89, June 2005.

[140] Petriu, D. B.; Woodside, M.: *An intermediate metamodel with scenarios and resources for generating performance models from UML designs*. Software and Systems Modeling, Vol. 6, Nr. 2, S. 163-184, June 2007.

[141] Pooley, R. J.: *Using UML to derive stochastic process algebra models* in Proceedings of the 15th Annual UK Performance Engineering Workshop (UKPEW'99), Bristol, UK, 1999, S. 23-34.

[142] Pustina, L.; Schwarzer, S.; Gerharz, M.; Martini, P.; Deichmann, V.: *Performance evaluation of a DVB-H enabled mobile device system model* in Proceedings of the 6th international Workshop on Software and Performance (WOSP'07), Buenes Aires, Argentina, 2007, S. 164-171.

[143] Pustina, L.; Schwarzer, S.; Gerharz, M.; Martini, P.; Deichmann, V.: *A practical approach for performance-driven UML modelling of handheld devices - A case study.* Journal of Systems and Software, Vol. 82, Nr. 1, S. 75-88, January 2009.

[144] Reisig, W.: *Petri nets: an introduction.* Springer-Verlag New York, Inc., 1985.

[145] Rolia, J. A.; Sevcik, K. C.: *The method of layers.* IEEE Transactions on Software Engineering, Vol. 21, Nr. 8, S. 689–700, August 1995.

[146] Sabetta, A.; Petriu, D. C.; Grassi, V.; Mirandola, R.: *Abstraction-raising Transformation for Generating Analysis Models.* Proceedings of MoDELS 2005 Conference Satellite Events, LNCS, Vol. 3844, S. 217-226, 2006.

[147] Schmietendorf, A.; Dimitrov, E.; Atanassov, Kr.: *The use of generalized nets within tasks of software engineering* in Proceedings of the Second International Workshop of Generalized nets, Sofia, Bulgaria, 2001, S. 1-12.

[148] Shen, H.; Petriu, D. C.: *Performance Analysis of UML Models Using Aspect-Oriented Modeling Techniques.* Model Driven Engineering Languages and Systems, LNCS, Vol. 3713, S. 156-170, 2005.

[149] Smith, C. U.: *Performance Engineering of Software Systems.* Addison-Wesley, 1990.

[150] Smith, C. U.: *Introduction to Software Performance Engineering: Origins and Outstanding Problems.* Formal Methods for Performance Evaluation, LNCS, Vol. 4485, 2007.

[151] Smith, C. U.; Lladó, C. M.; Cortellessa, V.; Di Marco, A.; Williams, L. G.: *From UML models to software performance results: an SPE process based on XML interchange formats* in Proceedings of the 5th international Workshop on Software and Performance (WOSP'05), Palma, Illes Balears, Spain, 2005, S. 87-98.

[152] Smith, C. U.; Williams, L. G.: *Introduction to Software Performance Engineering.* Addison Wesley, 2001.

[153] Smith, C. U.; Williams, L. G.: *Performance Solutions: A Practical Guide To Creating Responsive, Scalable Software.* Addison-Wesley, 2002.

[154] Smith, C. U.; Williams, L. G.: *Best Practices for Software Performance Engineering* in Proceedings of the Computer Measurement Group, Dallas, USA, 2003.

[155] Society of Automotive Engineers: (2007) AADL. [Online].   http://www.aadl.info/; Zuletzt aufgerufen am: 29.03.2010.

[156] Sztrika, J.; Kim, Che S.: *Performance modeling tools with applications*. Annales Mathematicae et Informaticae, Vol. 33, S. 125-140, 2006, [Online] http://www.ektf.hu/tanszek/matematika/ami.

[157] Szyperski, Cl.; Gruntz, D.; Murer, St.: *Component Software: Beyond Object-Oriented Programming*, 2nd ed. Addison-Wesley, 2002.

[158] Tawhid, R.; Petriu, D. C.: *Integrating Performance Analysis in the Model Driven Development of Software Product Lines*. Proceedings of the 11th international conference on Model Driven Engineering Languages and Systems, LNCS, Vol. 5301, S. 490-504, 2008.

[159] Tawhid, R.; Petriu, D. C.: *Towards automatic derivation of a product performance model from a UML software product line model* in Proceedings of the 7th international Workshop on Software and Performance (WOSP'08), Princeton, NJ, USA, 2008, S. 91-102.

[160] Techniklexikon: Navaids. [Online].   http://www.techniklexikon.net/d/navaids/navaids.htm; Zuletzt aufgerufen am: 17.07.2009.

[161] Tigris.org: Open Source Software Engineering Tools. [Online]. http://argouml.tigris.org/; Zuletzt aufgerufen am: 01.08.2010.

[162] Tribastone, M.; Gilmore, St.: *Automatic extraction of PEPA performance models from UML activity diagrams annotated with the MARTE profile* in Proceedings of the 7th international Workshop on Software and Performance (WOSP'08), Princeton, NJ, USA, 2008, S. 67-78.

[163] Tribastone, M.; Gilmore, St.: *Automatic translation of UML sequence diagrams into PEPA models* in Proceedings of the 5th international Conference on the Quantitative Evaluation of SysTems (QEST'08), St. Malo, France, 2008, S. 205-214.

[164] Triffonov, Tr.: (2006) GNticker v0.2 - A Brief Description. [Online]. http://debian.fmi.uni-sofia.bg/~spooler/gnticker/GNticker.pdf ; Zuletzt aufgerufen am: 27.08.2010.

[165] Trowitzsch, J.: *Quantitative Evaluation of UML State Machines Using Stochastic Petri Nets*. Fakultät IV - Elektrotechnik und Informatik, Technische Universität Berlin, 2007, Dissertation.

[166] Trowitzsch, J.; Zimmermann, A.: *Real-time UML state machines: An analysis approach* in Workshop on Object Oriented Software Design for Real Time and Embedded Computer Systems, Net.ObjectDays 2005, Erfurt, Germany, 2005.

[167] Trowitzsch, J.; Zimmermann, A.; Hommel, G.: *Towards Quantitative Analysis of Real-Time UML Using Stochastic Petri Nets* in Proceedinngs of the 19th IEEE International Parallel and Distributed Processing Symposium (IPDPS'05) - Workshop 2 - Vol. 03, Denver, Colorado, 2005, S. 139.2.

[168] Varga, A.: *The OMNET++ discrete event simulation system* in Proceedings of the 15th European Simulation Multiconference (ESM'01), Prague, Czech Republic, June 2001, S. 319–324.

[169] Vogel-Heuser, B.: *Systems Software Engineering: Angewandte Methoden des Systementwurfs für Ingenieure*. Oldenbourg Wissenschaftsverlag, 2003.

[170] W3C: (1996) eXtensible Markup Language (XML). [Onlinehttp://www.w3.org/XML/; Zuletzt aufgerufen am: 01.08.2010.

[171] W3C: (2004) XML Schema. [Online]. http://www.w3.org/XML/Schema.html; Zuletzt aufgerufen am: 01.08.2010.

[172] W3C: (2005) Document Object Model (DOM). [Online]. http://www.w3.org/DOM/; Zuletzt aufgerufen am: 01.08.2010.

[173] W3C: (2007) XSLT 2.0. [Online]. http://www.w3.org/TR/xslt20/; Zuletzt aufgerufen am: 01.08.2010.

[174] Waters, G.; Linington, P.; Akehurst, D.; Utton, P.; Marting, G.: *PERMABASE: predicting the performance of distributed systems at the design stage*. IEE Transactions on Software, Vol. 148, Nr. 4, S. 113-121, August 2001.

[175] Wendel, J.: *Integrierte Navigationssysteme - Sensordatenfusion, GPS und Inertiale Navigation*. München Oldenbourg Wissenschaftsverlag, 2007.

[176] Wirtschaftslexikon: (2009) Leistungskenngrößen in der Produktion und Logistik. [Online]. http://www.wirtschaftslexikon24.net/d/leistungskenngroesse/leistungskenngroesse.htm; Zuletzt aufgerufen am: 06.06.2010.

[177] Woodside, M.: *Performance Analysis with MARTE*. Burlingame, California, Presentation to OMG's MARTE Information Day, 12.12.2007.

[178] Woodside, M.: *From Annotated Software Designs (UML SPT/MARTE) to Model Formalisms*. Formal Methods for Performance Evaluation, LNCS, Vol. 4486, S. 429-467, 2007.

[179] Woodside, M.: *Understanding Performance Aspects of Layered Software with Layered Resources*. Carleton University, Ottawa, Canada, Presentation at North Carolina State University and the Triangle Universities, 27.01.2003.

[180] Woodside, M,; Franks, Gr.; Petriu, D. C.: *The Future of Software Performance Engineering* in International Conference on Software Engineering: Future of Software Engineering, 2007, S. 171-187.

[181] Woodside, C. M.; Hrischuk, C.; Selic, B.; Brayarov, S.: *Automated performance modeling of software generated by a design environment*. Performance Evaluation, Vol. 45, Nr. 2-3, S. 107–123, Juli 2001.

[182] Woodside, M. et al.: *Performance by Unified Model Analysis (PUMA)* in Proceedings of the 5th international Workshop on Software and Performance (WOSP'05), Palma, Illes Balears, Spain, 2005, S. 1 - 12.

[183] Wu, X.: *An approach to predicting performance for component based systems*. Carleton University, Ottawa, Canada, Juli 2003, Master thesis.

[184] Wu, X.; McMullan, D.; Woodside, M.: *Component Based Performance Prediction* in Proceedings of 6th ICSE workshop on Component-Based Software Engineering (CBSE 2003), Portland, Oregon, USA, 2003, S. 13-18.

[185] Xu, J.: *Rule-based automatic software performance diagnosis and improvement* in Proceedings of the 7th international Workshop on Software and Performance (WOSP'09), Princeton, NJ, USA, 2009, S. 1-12.

[186] Xu, J.; Woodside, M.; Petriu, D.: *Performance Analysis of a Software Design Using the UML Profile for Schedulability, Performance, and Time*. Computer Performance: TOOLS 2003, LNCS, Vol. 2794, S. 291-307, 2003.

[187] Ziehl, St.: *Möglichkeiten der automatisierten Modelltransformation am Beispiel der frühen Leistungsanalyse von UML-Entwürfen*. Institut für Automatisierungstechnik TU Dresden, 2009, Studienarbeit.

[188] Zimmermann, A.; Trowitzsch, J.: *Eine Quantitative Untersuchung des European Train Control System mit UML State Machines* in Proceedings Entwurf komplexer Automatisierungssysteme (EKA'06), Braunschweig, Mai 2006, S. 283-304.

Bei Fragen zur Produktsicherheit wenden Sie sich bitte an:
If you have any questions regarding product safety,
please contact:

Walter de Gruyter GmbH
Genthiner Straße 13
10785 Berlin
productsafety@degruyterbrill.com